우리 주변에서 만나는 식물의 모든 것

식물 학습 도감

윤주복 지음

책 머리에

우리 주변에는 수많은 식물이 무리를 이루며 살아가고 있습니다. 현재 지구상에 살고 있는 식물은 30만 종이 넘는다고 합니다. 이 식물들은 광합성을 통해 스스로 양분을 만들며 살아갑니다. 스스로 양분을 만들지 못하는 동물이나 사람들은 식물이 만든 양분을 먹고 살아갑니다.

사람들은 식물을 먹거리뿐만 아니라 옷과 같은 의생활, 집을 짓는 재료인 목재 등 의식주의 모든 부분에서 널리 이용하고 있습니다. 또 약이나 종이, 공예품 등 우리 생활에 이용되는 특용 식물도 많습니다. 화단의 꽃이나 공원의 관상수 등은 우리 주변을 아름답게 장식하여 마음을 상쾌하게 만들어 줍니다. 이 책의 '재배식물' 장에서는 이런 모든 재배식물을 자세히 소개하였습니다.

식물은 지구상의 거의 모든 곳에서 살아가고 있습니다. 주변의 들과 산뿐만 아니라 바닷가, 물가, 물 위, 물속에서도 살고, 높은 산이나 사막과 같은 거친 땅에 적응하며 살아가는 식물도 있습니다. 식물은 살아가는 데 필요한 햇빛, 온도, 물, 양분 등이 적당한 곳에서는 무리를 이루며 살아가지만, 환경이 나쁜 곳에서는 그곳에 적응한 식물만이 살 수 있습니다. 물이 부족한 사막에서는 물을 많이 저장하는 몸을 가진 선인장이 살고, 물에서 사는 부레옥잠은 잎자루에 스펀지 모양의 공기주머니를 만들어서 물에 떠서 살아가고 있습니다. '식물이 사는 곳' 장에서는 이렇게 다양한 장소에서 살아가는 식물을 골고루 소개하였습니다.

식물 중에는 꽃을 볼 수 있는 풀이나 나무와 달리 고사리나 이끼처럼 꽃이나 열매를 볼 수 없는 것들도 있습니다. 이들은 아주 오래 전에 지구상에 태어난 하등 식물로 자연 환경에 끊임없이 적응하며 진화해서 꽃이 피는 식물로 발전한 것입니다. '식물의 구분' 장에서는 꽃이 피지 않는 민꽃식물과 겉씨식물 등을 소개하였습니다. 마지막으로 부록인 '식물 지식 사전'에서는 식물을 학습하는 데 필요한 기초적인 지식을 정리해 놓았습니다. 또 학습에 참고할 수 있도록 이름의 유래를 알 수 있는 식물은 모두 정리해서 설명해 놓았습니다.

식물을 관찰하고 사진으로 기록하며 여러 곳을 돌아다닌 세월이 벌써 20년을 훌쩍 넘었습니다. 그동안 만나서 기록한 식물들 중에서 우리 생활과 밀접한 관련이 있는 식물과 생태를 이해하는 데 필요한 식물을 골랐습니다. 그리고 이 식물들을 새 교육 과정에 따라 만들어진 과학 교과서를 참고하여 구분해 실었습니다. 이 책에는 인간 생활과 밀접한 국내외의 다양한 식물이 소개되어 있기 때문에 한번 구입하면 두고두고 학습에 참고할 수 있는 도감이 될 것입니다. 아무쪼록《식물 학습 도감》이 넓고 깊은 식물의 세계를 이해하는 데 도움이 되었으면 합니다.

2013년 가을 윤주복

이 책의 구성 및 활용 방법

《식물 학습 도감》은 우리나라에 살고 있는 식물을 쓰임새별, 서식지별, 무리별로 구분하여 주변 식물을 도감에서 쉽게 찾고 해당 식물과 관련된 다양한 정보를 함께 볼 수 있도록 구성하였다. 본문에는 생활에 이용하기 위한 재배식물과 들, 산, 물 등 식물이 사는 곳, 그리고 씨식물과 겉씨식물, 민꽃식물 등 무리별 기준으로 식물을 선정해 소개하였으며, 식물 종류마다 분류와 학명, 크기 및 생태 정보를 상세하게 싣고, 꼭 알아야 할 식물 학습 정보와 식물에 얽힌 이야기는 초록색과 파란색 글 상자에 따로 담았다. 부록에는 식물을 쉽게 이해할 수 있는 기본적인 정보를 '식물 지식 사전'으로 안내하였다.

● 분류별 표제지 구성

이 책에서는 재배식물, 식물이 사는 곳, 식물의 구분까지 총 3개의 큰 분류 기준에 따라 주변 식물을 다루었다.

● 본문 구성

각 기준별로 주변에서 쉽게 찾을 수 있는 식물의 생태 사진과 정보를 실었다.

● 부록 구성

식물의 정의와 형태, 각 구성 기관의 역할과 특징 등 식물을 이해하는 데 필요한 기본적인 정보를 사진으로 담았다.

제목과 설명

이해를 돕는 사진

상세 주제와 설명

개체 이름과
생태 설명

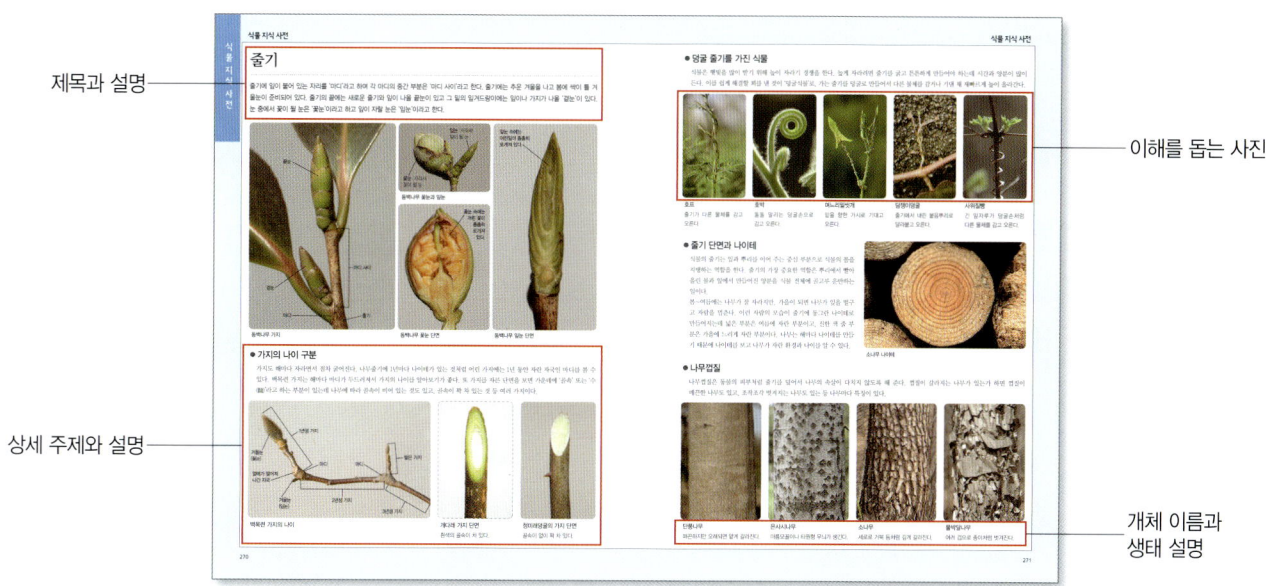

● 용어 해설

식물 용어를 어린이도 쉽게 이해할 수 있도록 사진을 곁들여 설명하였다.

식물 용어

용어 설명

용어 관련 사진

● 찾아보기

이 책에서 다루는 식물 전체의 우리말 이름을 ㄱ, ㄴ, ㄷ 순서로 찾을 수 있게 하였다.

차례

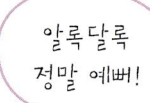

알록달록
정말 예뻐!

식물이 사는 곳

부록 식물 지식 사전

식물의 구분

일러두기

1. 《식물 학습 도감》은 초등학교와 중학교 교과서에 실린 식물을 포함해 우리 주변에서 쉽게 만나는 다양한 식물을 용도별, 서식지별, 무리별로 구분하여 총 707종을 실었다.
2. 식물이 살아가는 곳을 한눈에 볼 수 있도록 '식물이 사는 곳'을 세밀화로 꾸몄다.
3. 식물의 꽃, 잎, 줄기, 열매, 군락 등 사진만으로 생태를 확인할 수 있게 다양한 사진을 실었다.
4. 식물 이름의 유래는 파란색 글자로 별도 표기하였다.
5. 식물을 설명하는 내용은 일반 식물도감을 참고로 작성하였기 때문에 드물게 식물의 크기나 꽃 피는 시기 등의 정보가 부족한 식물도 있다. 또 사진 설명에는 실제 촬영한 시기를 넣어 꽃 피는 시기에 다소 차이가 날 수 있다.
6. 초록색 글 상자에는 식물 학습 정보를 실어 암꽃과 수꽃의 특징, 열매와 줄기 모양, 역사가 깊은 식물 등 꼭 알아야 할 식물 정보를 담고, 중요한 정보는 굵은 글씨로 표기하였다.
7. 파란색 글 상자에는 식물 이름의 유래나 전설 등 식물에 얽힌 재미있는 이야기를 담았다.
8. 본문의 식물이 속한 과와 학명은 최신의 분류 체계인 APG 분류 체계를 참고하여 작성하였다.

식물이 사는 곳

식물은 지구 상의 거의 모든 곳에서 살아가고 있다.

우리 주변의 들, 산, 물가, 바닷가 외에도 사막이나 높은 산에서도 식물이 살아간다.

식물은 사는 곳의 환경에 적응하여 생김새나 자라는 방법이 제각각 특색 있다.

재배 식물

원시 시대의 인류는 야생에서 먹을거리를 구해서 살아가야만 했다. 사람이 필요로 하는 영양분은 주로 식물에서 쉽게 얻을 수 있기 때문에 야생에서 자라는 나무나 풀의 열매와 씨앗 중에서 먹을 수 있는 것을 골라서 채집했다. 하지만 열매나 씨앗이 여물지 않는 계절에는 먹을거리가 부족하여 식량을 구하기에 바빴다. 그 뒤에 인류가 농사를 짓기 시작하면서부터는 필요한 식량을 안정적으로 얻을 수 있는 '식용식물'을 재배하게 되었고 한곳에 정착하여 사는 사람이 늘어났다.

사람들은 먹을거리뿐만 아니라 집을 짓는 데 필요한 목재나 옷을 만드는 섬유처럼 생활에 필요한 재료도 식물로부터 얻었는데, 이를 '특용식물'이라고 한다. 식량과 생활에 필요한 재료를 재배하면서 사람들의 생활은 점차 윤택해졌다. 살림살이에 여유가 생긴 사람들은 생활 공간을 꽃과 나무 등을 이용해 아름답게 꾸미기 시작하였는데, 이런 식물을 '화훼식물'이라고 한다.

사람이 재배하는 식물이 이렇게 많았구나!

감나무와 곶감

옥수수밭

보리밭

메밀밭

유채밭

꽃밭

도라지밭

초겨울의 배추밭

사과나무

가을의 논

과일 가게

차나무밭

화문석 가게

식용식물

사람들이 생활에 이용할 목적으로 재배하는 농작물 중에서 먹을거리로 이용하기 위해 재배하는 식물을 '식용식물'이라고 한다. 식용식물에는 벼나 밀처럼 식물의 씨앗을 먹는 '곡식'과 사과나 배처럼 열매를 먹는 '과일'이 있다. 우리가 반찬으로 이용하는 '채소'는 식물의 잎뿐만 아니라 줄기, 뿌리, 열매, 꽃을 먹기도 한다. 또 고사리나 고비와 같은 '고사리식물'과 김이나 미역과 같은 '바닷말'도 식용으로 하고, 느타리나 송이와 같은 '버섯무리'도 먹기 위해 재배한다. 현재 세계의 작물 재배 면적 중에서 절반 이상이 식용식물을 기르고 있다.

당근

자두

녹두

수박

논과 밭

배추밭

곡식

곡식은 사람들이 주식으로 먹는 벼, 밀, 콩과 같은 식물의 씨앗을 말한다. 곡식의 주성분은 녹말이며, 수분이 적고 단단해서 오랫동안 저장할 수 있고, 운반과 보관이 간편하여 가장 중요한 식량으로 이용되어 왔다. 곡식의 재배 면적은 식용식물 재배 면적의 90%를 차지할 정도로 넓다. 곡식 중 벼는 아시아 지역에서, 밀은 유럽 지역에서 주식으로 널리 이용되고 있다.

보리밭

9월에 핀 꽃

10월의 열매

씨앗

메밀(마디풀과) *Fagopyrum esculentum*

한해살이풀, 높이 60~90㎝, 꽃 7~10월

메밀은 서늘한 기후를 좋아하고 거친 땅에서도 잘 자란다. 또 열매를 수확할 때까지의 기간이 60~100일로 짧고 가뭄에도 잘 견디기 때문에 조상들이 흉년에 굶주림을 이겨 내는 데 큰 도움을 준 고마운 작물이다. 씨앗을 갈아서 만든 메밀가루는 묵이나 국수를 만드는 원료로 옛날부터 메밀묵과 냉면을 만들어 먹었다. 가루를 내고 남은 메밀 껍질을 말려서 베갯속으로 넣는다. '메밀'은 '메(산)에서 자라는 밀'을 뜻하며 '모밀'이라고도 한다.

식물도 혈액형이 있다?

일본 도후쿠에서 일어난 살인 사건을 조사하던 경찰은 죽은 사람이 베고 있던 베개에 묻은 핏자국의 혈액형을 조사하려고 약을 뿌렸는데, 핏자국이 없는 부분에서도 AB형의 혈액이 있는 것으로 반응이 나왔다. 이상하게 생각한 경찰이 더 조사를 했더니 베갯속에 들어 있던 메밀의 열매껍질이 AB형의 혈액과 같은 반응을 나타냈다. 그래서 여러 식물의 수액에 사람의 혈액형을 검사하는 약을 넣어 보니 사람처럼 반응해서 혈액형을 구분할 수 있었다고 한다. 식물은 혈액이 없으므로 당연히 혈액형이 있을 수 없지만, 식물의 수액이나 열매의 즙 등에 혈액형을 조사하는 약을 넣은 후 반응을 보니 다음과 같은 결과가 나왔다.

A형 : 식나무, 사스레피나무
B형 : 꽝꽝나무, 줄사철나무
AB형 : 메밀, 자두나무, 아왜나무, 가막살나무
O형 : 무, 포도, 동백나무, 호박

9월의 메밀밭

이와 같이 혈액형처럼 반응하는 물질은 식물뿐만 아니라 동물도 가지고 있으며 세균 중에서도 반응하는 것이 있다고 한다.

10월의 콩밭

건강에 좋은 전통 식품 콩나물

8월에 핀 꽃

검정콩

터진 꼬투리 속의 씨앗

콩나물

콩(콩과) *Glycine max*
한해살이풀, 높이 60㎝ 정도, 꽃 7~8월

보통 줄기가 곧게 서지만 덩굴로 자라는 품종도 있다. 기다란 꼬투리는 털로 덮여 있으며 속에 1~3개의 씨앗이 들어 있다. 품종에 따라 씨앗의 모양이나 색깔이 조금씩 다른데 연노란색이나 검은색 품종이 많다. 콩에는 단백질과 지방이 많이 들어 있으며 밥에 넣어 먹거나 메주를 쑤어 간장과 된장을 만들고, 청국장이나 두부를 만들어 먹는다. 또 싹을 틔워 나물로 먹기도 한다. 콩으로 짠 콩기름은 식용이나 공업용으로 널리 쓰이며 찌꺼기는 사료로 쓴다.

콩나물은 콩을 싹을 틔워서 기른 채소로 고려 시대의 의학 책인《향약구급방》에 기록이 나올 정도로 오랜 옛날부터 널리 이용한 우리나라 고유의 전통 식품이다. 콩나물은 흔히 머리와 꼬리로 구분하는데 머리는 양분을 공급하는 떡잎 부분이고, 꼬리는 줄기와 뿌리 부분이다.
콩나물은 콩에 싹이 터서 자라는 과정에서 영양 성분이 많이 달라진다. 지방과 단백질이 많이 줄어드는 대신에 섬유질과 비타민이 많이 늘어난다. 특히 비타민 A와 비타민 C가 많이 늘어나기 때문에 건강에 도움을 준다.

7월의 열매

6월에 핀 꽃

씨앗

씨앗

6월의 덩굴강낭콩

8월의 붉은강낭콩

강낭콩(콩과) *Phaseolus vulgaris* var. *humilis*
한해살이풀, 높이 60㎝ 정도, 꽃 6~7월

남아메리카 원산으로 밭에서 재배한다. 보통 줄기가 곧게 서지만 덩굴로 자라기도 하는 등 여러 재배 품종이 있다. 덩굴로 자라는 붉은강낭콩 같은 품종은 나뭇가지 등으로 받침대를 세워 주어야 한다. 줄기에 어긋나게 달리는 잎은 3장의 작은잎이 모여 달리는 세겹잎이다. 초여름에 흰색이나 연한 자주색 꽃이 피며 길고 납작한 꼬투리를 맺는다. 꼬투리는 씨앗이 든 부분이 올록볼록하게 튀어나오며 황갈색으로 익는다. 씨앗은 품종에 따라 빨간색, 흰색, 갈색, 얼룩무늬 등 여러 가지이다. 덜 여문 꼬투리를 따서 꼬투리째 삶아 먹거나 채소로 이용한다. 씨앗은 밥에 넣어 먹거나 떡이나 빵을 만들 때 맛을 내기 위해 속에 넣는 소로 이용된다. 또 과자나 양갱 등을 만드는 재료로도 많이 이용한다. 우리나라에는 중국 남쪽인 강남 지방에서 처음 들어와 '강남콩'이라고 부르던 것이 변해 '강낭콩'이 되었다. 강낭콩은 씨앗이 크고 자라는 기간이 3~4개월 정도로 짧아서 식물의 한살이를 관찰하는 데 적당하다.

8월에 핀 꽃　　　　　　　　8월 말의 열매

꽃 모양

4월에 핀 꽃　　　　6월의 열매　　　꼬투리 단면

동부(콩과) *Vigna sinensis*

한해살이덩굴풀, 꽃 8월

줄기는 보통 덩굴로 자라지만 곧게 자라는 품종도 있다. 잎겨드랑이에서 자란 꽃대 끝에 나비 모양의 푸른 보라색 꽃이 모여 핀다. 열매는 팥과 비슷하지만 종자가 약간 길고 종자의 눈도 길어서 구분된다. 종자를 밥에 넣어 먹거나 떡의 소 또는 과자를 만드는 재료로 이용한다. 또 꼬투리가 여물기 전에 따서 데쳐서 나물로 먹기도 한다. 열대 아시아 원산으로 중국을 거쳐 우리나라에 들어왔다. 콩팥이나 위장을 튼튼히 하는 약재로도 쓴다.

완두콩(콩과) *Pisum sativum*

한두해살이덩굴풀, 길이 1m 정도, 꽃 4~5월

깃꼴겹잎은 끝이 덩굴손으로 되어 다른 물체를 감는다. 흰색 꽃이 피지만 붉은색 꽃이 피는 품종도 있다. 길고 납작한 꼬투리 속에는 5~6개의 동그란 연두색 열매가 들어 있다. 대부분 늦가을에 씨를 뿌려 이듬해 5~6월경에 수확한다. 풋콩을 밥에 넣어 먹으며 떡, 과자의 소로도 이용된다. 덜 익은 어린 꼬투리를 통째로 삶아 먹는다. '멘델'이라는 학자가 유전 법칙을 연구하는 실험에 완두콩을 이용한 것으로 유명하다. 완두(豌豆)는 한자 이름이다.

📷 완두콩 실험으로 발견한 멘델의 유전 법칙

붉은색 꽃이 피는 적완두

오스트리아에서 태어난 멘델은 수도원의 사제였다. 멘델은 빈대학에서 교사가 되기 위한 공부를 하면서 '웅거'라는 교수가 잡종에 대해 연구하는 모습을 보고 유전에 흥미를 가지게 되었다. 수도원으로 돌아온 멘델은 완두를 기르면서 유전 현상에 관한 연구에 몰두하였다.

멘델은 7년간 약 12,000그루의 완두콩을 기르면서 수많은 실험을 하였고, 그 결과를 꼼꼼하게 정리하고 연구한 끝에 부모에게서 자식에게로 대물림하는 유전의 기본 원칙을 발견해 냈다.

멘델은 둥근 씨앗에서 싹이 튼 완두와 주름진 씨앗에서 싹이 튼 완두를 교배하였다. 이렇게 교배된 완두에서 열린 열매 속에는 모두 둥근 모양의 씨앗만 들어 있었다. 다시 멘델은 이렇게 얻은 둥근 모양의 씨앗을 다음 해에 심어 기르면서 자신의 꽃가루로 꽃가루받이를 하는 '제꽃가루받이(자가수분)'를 시켰더니 5,474개의 둥근 씨앗과 1,850개의 주름진 씨앗을 얻을 수 있었다.

멘델은 이 실험을 통해 제1세대의 잡종에서 둥근 모양의 씨앗만 나온 것은 둥근 씨앗이 유전적으로 우세한 우성 형질을 가졌기 때문이며, 유전적으로 열세한 열성 형질을 가진 주름진 씨앗은 형질이 씨앗 속에 숨어 있다는 결론을 내렸다. 이를 '우열의 법칙'이라고 한다. 또한 제1세대의 잡종을 제꽃가루받이를 통해 길러서 나온 잡종 제2세대는 우성(둥근 씨앗) : 열성(주름진 씨앗) =3 : 1의 비율로 분리되어 나타나는데 이를 '분리의 법칙'이라고 한다. 이것은 멘델의 첫 번째 중요한 발견인데 식물의 형질은 열성이더라도 손상되지 않은 채 보존되었다가 다음 세대에 전달된다는 사실로 당시로서는 획기적인 개념이었다.

또 둥글고 황색인 완두와 주름지고 녹색인 완두를 교배하면 잡종 1대에서는 우성인 둥글고 황색인 완두만 나타나고, 잡종 2대에서는 둥글고 황색 : 둥글고 녹색 : 주름지고 황색 : 주름지고 녹색 =9 : 3 : 3 : 1의 비율로 나타나는데 이를 '독립의 법칙'이라고 한다.

멘델은 아마추어 식물학자였으므로 당시에는 그의 연구가 인정받지 못했지만 멘델이 죽은 후에 후대 학자들에 의해 인정받게 되었으며, 지금 그는 '유전학의 아버지'로 불린다.

갈라진 꼬투리

씨앗

8월의 꽃과 어린 꼬투리

녹두(콩과) *Phaeolus radiatus*

한해살이풀, 높이 50㎝ 정도, 꽃 7~8월

가늘고 긴 꼬투리는 털로 덮여 있으며 검은색으로 익는다. 한자 이름 '녹두(綠豆)'는 '푸른 콩'이라는 뜻으로 씨앗이 녹색이라서 붙여진 이름이다. 예전부터 입맛이 없거나 술을 많이 마셨을 때 녹두죽을 쑤어 먹었다. 녹두는 맷돌로 곱게 갈아서 돼지고기와 함께 빈대떡으로 부쳐 먹거나 녹두묵으로 만들어 먹는데 흔히 '청포묵'이라고도 부른다. 또 씨앗의 싹을 틔워 기른 것을 흔히 '숙주나물'이라고 하며 나물로 무치거나 만두 속에 넣어 먹는다.

어린 꼬투리   꼬투리 단면

씨앗

7월에 핀 꽃

팥(콩과) *Phaseolus angularis*

한해살이풀, 높이 30~50㎝, 꽃 8월

녹두와 생김새가 비슷하지만 가늘고 긴 꼬투리는 털이 없다. 꼬투리 속에는 3~10개의 씨앗이 들어 있다. 씨앗은 보통 적갈색이지만 검은색이나 푸른색 품종도 있다. 팥은 보통 밥에 넣어 먹으며, 삶아서 떡이나 빵 속에 소로 넣는다. 팥으로 죽을 쑤어 먹기도 하는데 특히 24절기 중 하나인 '동지'에는 꼭 팥죽을 쑤어 먹는다. 이는 귀신이 싫어하는 빨간색 팥죽을 쑤어서 집 안 곳곳에 뿌린 다음 먹으면 불운을 물리칠 수 있다고 믿었기 때문이다.

 ## 숙주나물 이야기

콩의 싹을 틔워 기른 나물은 '콩나물'이라고 하는 것처럼 녹두의 싹을 틔워 기른 나물은 '녹두나물'이라고 불러야 하는데 사람들은 흔히 '숙주나물'이라고 부릅니다. 왜 그럴까요? 여기에는 다음과 같은 이야기가 숨어 있습니다.

조선 시대에 학문을 연구하던 기관인 집현전에 '신숙주'라는 대학자가 있었습니다. 신숙주는 당시 왕이었던 문종으로부터 어린 아들인 단종을 잘 도와 달라는 부탁을 받았습니다. 하지만 문종이 돌아가신 후 단종의 삼촌인 수양대군의 끈질긴 설득을 뿌리치지 못한 신숙주는 문종의 부탁을 저버리고 수양대군의 편에 서게 됩니다. 결국 수양대군은 조카인 단종의 왕위를 빼앗고 스스로 임금이 됩니다.

당시 단종의 편에 섰던 많은 집현전 학자가 죽임을 당하는데 그들의 대표가 성삼문, 박팽년, 하위지, 이개, 유성원, 유응부로 흔히 '사육신'이라고 부릅니다. 숙주나물은 콩나물과 달리 온도가 조금만 높아도 쉽게 상하는 단점이 있습니다. 사람들은 집현전 학자 중에서 사육신과 달리 변절을 택했던 신숙주를 잘 변질되는 녹두나물에 빗대어서 '숙주나물'이라고 부르기 시작했다고 합니다.

또한 신숙주가 평소에 녹두나물을 즐겨 먹었고 이를 안 세조가 "녹두나물을 숙주나물로 부르라." 하고 명을 내려서 숙주나물로 부르게 되었다는 이야기도 전해집니다.

 ## 동지팥죽 이야기

옛날 중국 진나라의 공공에게는 말썽쟁이 아들이 하나 있었습니다. 매일같이 온갖 말썽을 부리던 아들은 동짓날에 갑자기 죽더니 전염병을 퍼뜨리는 역신이 되었습니다. 마을 사람들은 역신이 퍼뜨리는 전염병에 걸려 하나 둘 죽기 시작했습니다. 아들 때문에 사람들이 죽는 것을 본 공공은 무척 마음이 아팠는데, 그러다가 생전에 아들이 팥죽을 몹시 싫어했던 기억이 떠올랐습니다.

'맞아. 팥죽을 쑤어서 곳곳에 뿌려 놓으면 그 역신이 마을로 들어오지 못할 거야.'

공공이 마을 사람들에게 이 이야기를 전하자 사람들은 붉은 팥죽을 쑤어 집 안 곳곳에 뿌리고 나누어 먹었습니다. 그러자 거짓말처럼 전염병이 사라졌습니다.

그 이후로 사람들은 동짓날이 되면 팥죽을 쑤어 먹기 시작했다고 합니다. 동지팥죽은 팥을 고아 죽을 만든 다음 찹쌀로 새알 모양의 단자를 만들어 넣고 끓여서 만듭니다. 팥죽은 먼저 사당에 올리고, 각 방과 장독 등 집 안 곳곳에 놓았다가 식은 다음 식구들이 모여 먹습니다.

팥죽

8월의 조

이삭 부분

좁쌀(씨앗)

조(벼과) *Setaria italica*

한해살이풀, 높이 1~1.5m, 꽃 6~7월

여름에 줄기 끝에 이삭이 패어 꽃이 피는데 꽃잎이 없는 작은 꽃들이 빽빽이 붙는다. 열매가 노랗게 익으면 열매의 무게로 줄기가 둥글게 휘어진다. 씨앗은 흔히 '좁쌀'이라고 부르며 쌀과 함께 섞어 밥을 지어 먹고, 엿이나 떡을 만들기도 하며 병아리나 새의 먹이로도 이용된다. 거칠고 메마른 땅에서도 잘 자라 산간 마을에서 많이 심어 길렀다. 옛날에는 보리 다음으로 많이 심어 길렀지만 요즘에는 식생활이 바뀌면서 많이 재배되지 않는다.

 조바심의 유래

어떤 일이 바라는 대로 안되면 어떻게 될지 걱정하면서 마음을 졸일 때 '조바심 난다'는 표현을 쓴다. '조바심'은 '조'와 '바심'이 합쳐진 말로 조는 곡식을 뜻하고, 바심은 곡식의 이삭을 털어서 낟알을 거두는 타작(打作)의 순우리말이다.

가을이 되면 잘 익은 조 이삭을 추수한 다음 말려서 타작한다. 하지만 작은 좁쌀 알갱이를 싸고 있는 속껍질이 단단히 붙어 있어서 아무리 비벼도 좀처럼 떨어지지 않는다. 그래서 조를 타작하는 일이 생각대로 잘되지 않아서 조급해지고 초조한 마음이 들게 마련이다. 또 타작을 하다 보면 작은 알갱이가 밖으로 튀어나가기 일쑤라서 조금도 마음을 놓지 못하고 조심해야만 한다.

10월의 조

'조바심'의 원래 뜻은 조를 타작한다는 의미였지만, 점차 조를 타작할 때처럼 마음이 초조하고 안절부절못할 때 '조바심 난다'라는 표현을 쓰게 되었다.

8월의 기장

기장밭

씨앗

기장(벼과) *Panicum miliaceum*

한해살이풀, 높이 50~120㎝, 꽃 8~9월

가늘고 둥근 초록색 줄기는 마디가 굵다. 여름이면 줄기 끝에서 이삭이 나와 꽃이 핀다. 열매가 익으면 조보다 성글게 달리는 이삭이 한쪽으로 치우쳐서 고개를 숙인다. 씨앗의 생김새는 좁쌀과 비슷하지만 크기가 약간 크다. 기장은 밥에 넣어 먹거나 떡으로 만들어 먹고, 가축의 사료로도 쓴다. 이삭은 엮어서 빗자루로 만들어 쓴다. 우리나라에서는 옛날부터 재배하였는데 메마른 땅에서도 잘 자라며 생육 기간이 짧아 주로 산간 지방에서 재배한다.

6월의 귀리

이삭 모양

귀리(벼과) *Avena sativa*

한해살이풀, 높이 1m 정도, 꽃 5~6월

곧게 자라는 줄기 끝에 층층으로 달리는 작은 이삭은 밑으로 처진다. 씨앗은 가루를 내어 수프로 만들어 먹는데 이를 '오트밀'이라고 하며 서양 사람들의 아침 식사이다. 그 밖에 귀리는 술이나 과자를 만드는 원료로 쓰이며 가축의 사료로도 쓰인다. 우리나라에는 고려 시대에 몽고군이 군대의 말먹이로 가져온 것이 시초라고 생각된다. 그 후 북부 지방의 산간 지대에서 주로 재배하였으며 최근에는 가축의 사료로 쓰기 위해 기르는 경우가 있다.

식용식물 | 곡식

꽃 모양

이삭 부분

9월의 수수

씨앗

수수(벼과) *Sorghum bicolor*

한해살이풀, 높이 2m 정도, 꽃 여름

줄기는 곧게 자라고 단단하며 마디가 많다. 줄기 끝에 이삭이 패어 꽃이 피는데 품종에 따라 이삭이 곧게 선 것과 숙인 것 등이 있다. 거친 땅에서도 잘 자라고 생육 기간도 짧아서 산간 지방에서 많이 재배하고 있다. 옛날부터 어린아이의 생일이나 돌에는 붉은 수수팥떡을 만들어 먹이는데, 붉은색을 싫어하는 나쁜 귀신의 접근을 막고 건강하게 자라라는 의미를 담고 있다. '수수깡'이라고 부르는 마른 줄기는 공작 재료로 이용하였다.

수수밭과 호랑이 이야기

옛날 깊은 산골에 어머니와 오누이가 살고 있었습니다. 어머니는 아랫마을에서 일을 마치고 밤늦게 집으로 돌아가다가 갑자기 나타난 호랑이에게 잡아먹혔습니다.

호랑이는 어머니처럼 변장을 하고 오누이를 찾아갔습니다. 어머니인 줄 알고 문을 열어 준 오누이는 호랑이를 피해서 급히 나무 위로 몸을 숨겼습니다. 호랑이가 나무 위로 기어오르기 시작하자 오누이는 하느님에게 기도를 했습니다.

"저희를 살려 주시려거든 새 밧줄을 내려 주시고, 죽이시려거든 썩은 밧줄을 내려 주세요."

그때 하늘에서 새 밧줄이 내려와 오누이는 하늘로 올라갈 수 있었습니다. 그 모습을 본 호랑이도 똑같이 따라서 기도했습니다.

"저를 살리시려거든 새 밧줄을 내려 주시고, 죽이시려거든 썩은 밧줄을 내려 주세요."

그러자 하늘에서 또 다른 밧줄이 내려왔습니다. 호랑이가 밧줄을 잡고 올라가 오누이를 잡으려는 순간 밧줄이 끊어지면서 호랑이는 수수밭에 떨어져 죽고 말았습니다. 이때 호랑이가 죽으면서 흘린 피 때문에 수수 줄기는 붉은색이 돈다고 합니다.

수수 줄기

아프리카의 옥수수밭

수꽃 모양

열매 단면

7월의 옥수수

옥수수(벼과) *Zea mays*

한해살이풀, 높이 1~3㎝, 꽃 6~8월

줄기는 곧게 자라고 굵은 마디가 있으며 껍질이 단단하다. 열매인 옥수수는 간식용으로 쪄서 먹는데 약간 덜 여문 것을 따서 바로 쪄야 맛이 좋다. 여문 옥수수로는 엿, 밥, 술 등을 만들어 먹는다. 줄기와 잎은 열매와 함께 가축 사료로 이용하기 때문에 근래에는 재배 면적이 전 세계적으로 크게 늘어났다. 옥수수 수염은 차로 끓여 마시기도 한다. 수수와 비슷하지만 열매 속에는 구슬(옥:玉) 모양의 낟알이 가득 들어서 '옥수수'라고 한다.

옥수수 수염의 정체는?

수많은 옥수수 수염은 열매 속의 낟알과 하나씩 모두 연결되어 있어요.

옥수수 알갱이마다 붙어 있는 수염 모양의 암술

옥수수 열매 끝 부분에는 '옥수수 수염'이라고 하는 긴 비단실이 수백 개씩 뭉쳐져서 늘어지는데 이는 모두 '암꽃이삭의 암술'이다. 열매껍질을 까면 비단실 모양의 암술이 옥수수 낟알 하나하나와 연결되어 있는 것을 볼 수 있다.

옥수수 줄기 끝에 있는 수꽃이삭의 꽃가루가 바람에 날려 퍼지다가 비단실 모양의 암술에 묻으면 꽃가루받이가 이루어지고, 열매 속의 밑씨와 수정이 이루어져 개개의 낟알이 여문다. 열매 속에는 간혹 낟알이 없는 곳이 있는데 꽃가루받이가 이루어지지 못한 암술도 있기 때문이다.

5월의 보리밭

이삭   씨앗

보리(벼과) *Hordeum vulgare* var. *hexastichon*

두해살이풀, 높이 50~100㎝, 꽃 4~5월

가을에 씨앗을 뿌리면 싹이 터서 겨울을 나고, 이듬해 봄에 줄기가 쑥쑥 자란다. 줄기 끝의 이삭에는 수염처럼 길게 벋는 까락이 있는데 매우 거칠다. 보리 이삭의 겉껍질을 벗겨 내면 우리가 먹는 보리쌀이 나온다. 보리는 보통 쌀과 섞어서 밥을 지어 먹으며 맥주를 만드는 원료로도 이용한다. 엿기름을 만들어 엿이나 감주로 만들기도 하며, 볶아서 보리차로 사용한다. 오곡의 하나로 우리나라에서는 예로부터 매우 중요한 식량 자원의 하나였다.

유연보리밭   유연보리 이삭

사료용 보리 품종 개발

우리나라 사람들의 육류 소비량이 늘어나면서 가축을 기르는 축산 농가가 많이 늘어났다. 가축을 먹이는 데 필요한 사료는 옥수수처럼 대부분이 수입을 해서 먹이고 있지만 보리나 호밀 등을 길러서 먹이로 쓰기도 한다.

보리이삭의 까락은 껄끄럽기 때문에 가축이 먹기를 꺼리고, 또 먹고 나면 기침이 나는 단점이 있었다. 그래서 농촌진흥청에서는 보리의 까락 끝 부분이 짧고 뭉툭하며 부드러워서 가축이 먹기 편한 '유연보리'를 개발하여 축산 농가에 보급하고 있다.

5월 말의 밀밭

5월의 밀   씨앗

밀(벼과) *Triticum aestivum*

두해살이풀, 높이 1m 정도, 꽃 4~5월

가을에 씨앗을 뿌리면 싹이 터서 겨울을 나고, 이듬해 봄에 줄기가 쑥쑥 자란다. 줄기 끝의 이삭에는 수염처럼 길게 벋는 까락이 있는데 매우 거칠다. 씨앗은 대부분 밀가루로 만들며 빵, 과자, 국수 등을 만들어 먹는다. 밀짚으로는 여름에 쓰는 밀짚모자나 방석을 짜기도 한다. 쌀과 함께 세계 2대 곡물의 하나로 전 세계 인구의 절반 정도가 밀을 주식으로 한다. 1만 년 전부터 심어 길렀으며, 우리나라에서도 삼국 시대 이전부터 심어 길렀다고 한다.

우리나라의 수입 작물

우리나라는 1970년대에 식량의 70% 이상을 자급했지만 도시화가 빠르게 진행되면서 자급률이 계속 떨어져서 2,000년대에는 거꾸로 식량의 70% 이상을 수입에 의존하는 실정이다.

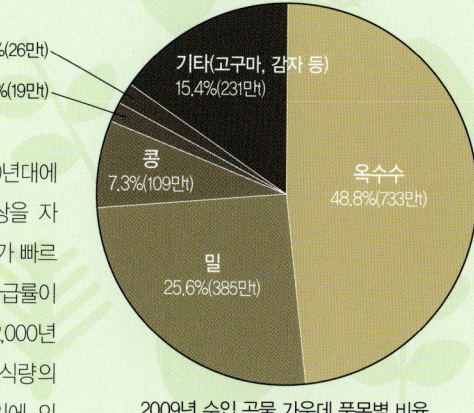

쌀 1.7%(26만)
보리 1.3%(19만)
기타(고구마, 감자 등) 15.4%(231만)
콩 7.3%(109만)
옥수수 48.8%(733만)
밀 25.6%(385만)

2009년 수입 곡물 가운데 품목별 비율
자료 : 농림축산식품부

2009년 농림축산식품부 자료에 따르면 가장 많이 수입하는 곡물은 '옥수수'로 전체의 48.8%를 차지하고, 그 다음은 '밀'과 '콩' 순이다. 옥수수의 수입량이 많은 것은 육류 소비량이 많아져서 가축 사료로 쓰기 때문이고, 밀은 빵이나 과자 등의 원료로 수입하며, 콩은 기름을 짜기 위해서 수입한다.

이렇게 식량을 지나치게 외국에 의존하면 가뭄이나 홍수 등으로 세계적인 식량 부족 사태가 발생했을 때 큰 혼란이 벌어질 수 있으므로 식량 자급률을 높일 수 있게 힘써야 한다.

6월의 호밀　　　　　　　　　　　꽃이삭

호밀(벼과) *Secale cereale*

두해살이풀, 높이 1.5~3m, 꽃 5월

밀처럼 가을에 씨앗을 뿌리면 싹이 터서 겨울을 나고, 이듬해 봄에 줄기가 쑥쑥 자란다. 밀과 비슷하지만 밀보다 키가 훨씬 크고 전체적으로 거칠며 연한 푸른색이 돈다. 열매이삭은 밀보다 길고 약간 편평하다. 씨앗은 밀보다 약간 길쭉하며 밀과 같이 밀가루로 만들어 이용한다. 특히 흑빵이나 위스키를 만드는 재료로 쓴다. 근래에는 가축의 사료로 쓰기 위해 재배한다. 중앙아시아 지방이 원산지로, 추위에 강하며 메마른 땅에서도 잘 자란다.

우리나라 농업의 발달 과정

- **구석기 시대** : 이동 생활을 하면서 열매나 식물을 채집하고 동물을 사냥함. 불을 사용함.
- **신석기 시대** : 정착 생활을 하면서 원시적인 농사가 시작됨. 빗살무늬 토기를 만들어 먹거리를 보관함.
- **청동기 시대** : 기원전 1,000년경 청동기로 만든 기구를 이용해 농사를 지어서 생산량이 늘어남. 고조선이 세워짐.
- **철기 시대** : 벼, 보리, 기장, 콩 등 농작물의 종류가 다양해짐. 소나 말을 이용해 논밭을 갈아서 생산량이 더욱 늘어남. 뽕나무를 길러 누에를 치고 옷감을 짬.
- **삼국 시대** : 오곡과 함께 과일과 채소를 재배함. 벽골제 같은 저수지를 만들어 농사에 필요한 물을 공급함. 화초 및 약용식물 재배를 시작함.
- **고려 시대** : 외국과 교역이 활발해지면서 농작물 종류가 다양해짐. 문익점이 목화씨를 들여와 의생활에 큰 변화 생김. 인삼 재배를 시작함.
- **조선 시대** : 《농사직설》과 같이 농사법을 알려 주는 책이 많이 만들어짐. 고구마, 담배 등 다양한 작물이 재배됨.
- **근대** : 비료와 농약을 사용해 생산량이 대폭 늘어남. 전체 인구의 70%가 농업에 종사함.
- **현재** : 중공업이 빠르게 발전하면서 농촌 인구가 일자리를 찾아 도시로 떠나기 시작해 지금은 전체 인구의 20% 이하로 줄어듦. 트랙터와 경운기 등 농사의 기계화가 이루어짐.

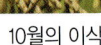
10월의 이삭

9월 초의 꽃이삭

흑미는 이삭도 검은색이다.

현미

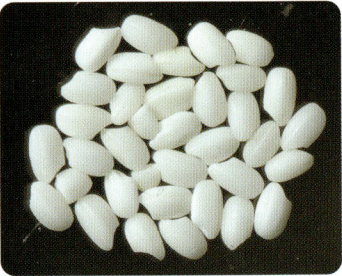
찹쌀

흑미

벼(벼과) *Oryza sativa*

한해살이풀, 높이 50~100㎝, 꽃 7~8월

여름에 줄기 끝에 이삭이 패어 꽃이 피고, 가을에 누런색으로 익은 벼이삭은 고개를 숙인다. 벼의 낟알은 '왕겨'라고 부르는 겉껍질에 싸여 있는데 왕겨를 벗겨 내면 쌀이 나온다. 쌀로 밥을 지어 먹으며 떡, 술, 과자, 엿 등의 원료로 쓰인다. 밀과 함께 세계 2대 곡물의 하나로 전 세계 인구의 40% 정도가 쌀을 주식으로 한다. 볍씨에서 왕겨만 살짝 벗겨낸 쌀은 '현미(玄米)'라고 하고, 다시 껍질을 완전히 벗겨낸 것은 색깔이 하얗기 때문에 '백미(白米)'라고 한다. 현미는 단단하고 거칠어서 밥맛이 좋지 않지만 영양분이 풍부하며, 백미는 맛은 좋지만 영양분이 부족하다. 찰기가 있는 쌀은 '찹쌀'이라고 하며, 벼이삭이나 씨앗의 색깔이 검은 품종은 '흑미'라고 한다.

채소

채소는 먹기 위해 기르는 풀이며, 보통 신선한 상태에서 반찬거리로 이용한다. 채소는 참외처럼 열매를 이용하는 '열매채소'와 시금치처럼 잎이나 줄기를 이용하는 '잎줄기채소', 고구마처럼 뿌리를 이용하는 '뿌리채소'로 구분한다. 근래에는 비닐하우스나 온실에서 채소를 재배하기 때문에 사시사철 싱싱한 채소를 먹을 수 있다.

꽃이 활짝 핀 봄의 배추밭

● 열매를 먹는 채소

8월의 토마토 열매

8월의 방울토마토 열매

토마토(가지과) *Solanum lycopersicum*

한해살이풀, 높이 1~1.5m, 꽃 6~7월, 열매를 먹는 채소

줄기는 받침대를 세워 줘야 하며 독특한 냄새가 난다. 열매인 토마토는 지름이 5~14㎝이며 붉은색으로 익는다. 무르고 물기가 많은 신선한 열매는 날로 먹거나 익혀 먹기도 한다. 또 토마토주스나 케첩 등으로도 만든다. 한입에 먹기 좋도록 열매의 크기를 작게 개량한 품종이 있는데 흔히 '방울토마토'라고 부른다. 영어 이름 '토마토(Tomato)'는 원산지인 멕시코의 방언에서 유래되었다. 열매의 모양이 감과 비슷해서 '일년감'이라고도 한다.

토마토는 과일일까? 채소일까?

'과일'은 나무 따위를 가꾸어 얻으며 사람이 먹을 수 있는 열매를 말하고, '채소'는 뿌리나 잎, 줄기, 열매 등을 부식이나 간식으로 먹기 위해 밭에서 기르는 풀을 말한다. 토마토는 사람이 가꾸어 먹는 열매이므로 과일에도 속하고, 열매를 부식으로 이용하며 밭에서 재배하는 풀이니 채소에도 속하지만 사람들은 대부분 토마토를 '채소'라고 말한다. 대체 왜 그럴까?

지금부터 100여 년 전 미국은 다른 나라에서 수입하는 농산물 중에서 채소에는 세금을 내도록 하고, 과일에는 세금을 물리지 않았다. 그런데 토마토를 놓고 정부는 채소이니 세금을 내라고 하였고, 수입업자는 과일이니 세금을 낼 수 없다고 맞섰다. 결국 재판에서 대법원은 토마토는 저녁 식사에는 나오지만 후식으로는 나오지 않으므로 '채소'라는 판결을 내렸다. 이때부터 미국에서는 토마토를 채소로 분류하였다.

토마토의 빨간색에는 '라이코펜'이라는 몸에 좋은 항산화 성분이 많이 들어 있기 때문에 토마토는 잘 익은 열매를 먹는 것이 좋다. 또 라이코펜은 열을 가하여 익혀 먹을수록 몸에 흡수가 잘된다고 한다.

6월의 꽃과 어린 열매　　8월의 열매

고추(가지과) *Capsicum annuum*

한해살이풀, 높이 60~90㎝, 꽃 7~8월, 열매를 먹는 채소

배추, 무와 함께 3대 채소의 하나이다. 잎겨드랑이에 별 모양의 흰색 꽃이 피고 기다란 고추 열매가 열린다. 고추는 붉은색으로 익으며 매운맛이 난다. 열매를 말린 뒤 가루를 내어 음식에 넣는 양념으로 널리 사용하고 있다. 풋고추는 조려서 반찬으로 하고 고춧잎은 데쳐서 나물로 먹는다. 가정에서 장을 담근 뒤 장독 속에 빨간 고추를 집어 넣기도 한다. 한자 이름 '고초(苦草)'는 '괴로운 풀'이라는 뜻이며, '초'가 '추'로 변해 '고추'가 되었다.

 고추는 왜 매울까?

고추가 매운 이유는 고추 속에 든 '캡사이신'이라는 성분 때문인데 이 성분은 열매살보다는 씨에 많이 들어 있다. 고추는 동물로부터 열매와 씨를 보호하기 위해서 매운맛을 낸다. 고추의 매운맛에 한번 혼이 난 동물은 다시는 고추를 먹지 않기 때문이다.

캡사이신은 식욕을 돋우며 지방을 태워 없애기 때문에 다이어트에 효과가 있다고 한다. 또 통증을 없애 주는 작용을 하기 때문에 진통제를 만드는 데 사용되며, 근래에는 항암 효과가 있는 것으로 밝혀졌다.

우리말 속담에 '작은 고추가 맵다'라는 말이 있는데 일반적으로 작은 크기의 고추일수록 매운맛이 강한 경우가 많다. 대표적인 매운 품종으로 '청양고추'가 있으며 주로 풋고추로 이용된다. 인도에서 재배되는 '부트 졸로키아'라는 고추는 청양고추보다 100배 이상 맵기 때문에 먹으면 혼이 난다고 하여 '유령고추'로 불리기도 한다. 인도군은 부트 졸로키아를 이용하여 최루탄을 만들어 쓴다고 한다.

부트 졸로키아 고추

파프리카 열매

6월의 열매　　미니 파프리카 열매

피망(가지과) *Capsicum annuum* var. *angulosum*

고추의 변종으로 채소로 재배하는데 여러 가지 품종이 있다. 영어 이름은 '스위트 페퍼(Sweet Pepper)'로 '단맛이 나는 고추'라는 뜻이며 우리말로 '단고추'라고도 한다. 근래에는 '파프리카'라는 이름의 품종도 흔히 볼 수 있다. 일반적으로 피망은 약간 매운맛이 있고 열매살이 질긴 것을 말하며, 파프리카는 단맛이 나고 열매살을 씹는 느낌이 좋아서 날로 먹기 좋은 품종을 말한다. 근래에는 한입에 먹기 좋도록 크기가 작은 '미니 파프리카'도 시장에 많이 나온다. '피망'은 '프랑스어(Piment)'에서 유래된 이름이다.

8월의 가지　　달걀형 열매가 열리는 품종

가지(가지과) *Solanum melongena*

한해살이풀, 높이 60~100㎝, 꽃 6~8월, 열매를 먹는 채소

이른 봄에 온상에서 키운 모종을 밭에다 옮겨 심어 기른다. 가지에 연자주색 꽃이 피는데 꽃받침은 자주색을 띤다. 주렁주렁 매달리는 길쭉한 열매는 검은 자주색으로 익으며 광택이 난다. 씨가 여물지 않은 열매를 따서 반찬으로 이용하는데 쪄서 나물로 먹고 찜과 전으로 만들어서 먹는다. 아주 오래전 신라 시대부터 재배한 기록이 있다. 서양에서는 주로 달걀형의 열매가 이용되기 때문에 영어로는 '에그 플랜트(Egg Plant)'라고 한다.

꽃 모양

4월의 딸기　　어린 열매　　익은 열매

딸기(장미과) *Fragaria × ananassa*

여러해살이풀, 높이 10~20cm, 꽃 4~5월, 열매를 먹는 채소

땅 위를 기는줄기에서 뿌리가 나와 새 포기로 자란다. 봄에 뿌리에서 나온 꽃줄기에 흰색 꽃이 모여 핀다. 살이 많은 열매 겉을 자세히 살피면 자잘한 씨앗들이 다닥다닥 붙어 있는 것을 볼 수 있다. 열매는 다른 과일처럼 날로 먹지만 설탕을 넣고 졸여서 잼으로도 만든다. 요즘에는 비닐하우스에서 재배를 하기 때문에 겨울에도 시장에서 딸기를 만날 수 있다. 딸기는 남아메리카 원산으로 우리나라에서 재배한 시기는 얼마 되지 않는다.

7월에 핀 꽃　　　　　　8월의 열매

참외(박과) *Cucumis melo*

한해살이덩굴풀, 길이 1~4m, 꽃 6~7월, 열매를 먹는 채소

덩굴지는 줄기는 길게 옆으로 벋으며 덩굴손으로 다른 물체를 감고 오른다. 암수한그루로 잎겨드랑이에 깔때기 모양의 노란색 꽃이 핀다. 타원형 열매는 보통 노란색으로 익지만 품종에 따라 열매의 모양과 색깔이 조금씩 다른 것도 있다. 열매인 참외는 날로 먹는데 여름철 주요 과일의 하나이다. 옛날에는 열매꼭지나 어린 열매를 음식 먹고 체했을 때 약으로도 썼다. 인도 원산으로 우리나라에서도 아주 오래전부터 재배되었다.

8월 초에 핀 꽃　　　　7월의 열매

오이(박과) *Cucumis sativus*

한해살이덩굴풀, 길이 1.5~2.5m, 꽃 6~8월, 열매를 먹는 채소

덩굴지는 줄기는 길게 옆으로 벋으며 덩굴손으로 다른 물체를 감고 오른다. 여름에는 잎겨드랑이에 노란색 꽃이 핀다. 기다란 원통형의 열매는 어릴 때 가시 같은 돌기가 있으며 진한 황갈색으로 익는다. 열매는 채소로 이용하는데 수분이 많고 향기가 좋아서 날로 먹거나 무침, 냉국을 만들어 먹으며, 피클로도 만든다. 피부에 화상을 입었을 때는 열매의 즙을 짜서 바른다. 오이는 인도 원산으로 아주 오래전부터 심어 길렀다.

오이와 도선국사 이야기

옛날에 월출산 기슭의 마을 앞 냇가에서 한 처녀가 빨래를 하고 있었습니다. 처녀가 한참 빨래를 하는 중에 파란 오이 하나가 둥실 떠내려 왔습니다. 그렇지 않아도 배가 고팠던 처녀는 탐스런 오이를 건져 맛있게 먹었습니다.

그 후 몇 개월이 지나자 처녀의 배가 점점 불러오기 시작했습니다. 깜짝 놀란 어머니는 처녀에게 물었습니다.

"어찌된 일이야? 처녀가 아이를 배다니?"

"저도 무슨 영문인지 모르겠어요."

동네 사람들은 처녀가 아이를 가졌다고 수군거렸습니다. 처녀는 10개월 만에 튼튼한 사내 아이를 낳았습니다. 화가 난 처녀의 아버지는 아기를 갈대밭에 내다 버렸습니다.

방 안에 틀어박혀 며칠 동안 울고만 있던 처녀는 몰래 아기를 보려고 갈대밭으로 나갔습니다. 그랬더니 비둘기들이 아기를 포근히 감싸고 있는 것이었습니다. 처녀는 아기를 안고 집으로 돌아 왔습니다. 처녀의 이야기를 들은 부모님은 할 수 없이 아기를 기르도록 허락해 주었습니다. 아기는 무럭무럭 잘 자랐고 총명해서 공부도 잘했습니다.

이 아이가 바로 신라 시대 말기의 유명한 스님인 '도선국사'입니다. 도선국사는 고려를 세운 왕건 임금이 태어날 것을 예언하였으며, 왕건 임금이 고려를 세운 후에는 나라의 기틀을 다지는 데 큰 도움을 주었다고 합니다.

7월의 애호박

9월의 호박

6월에 핀 꽃　　　　　　8월의 열매　　　　　　　8월에 핀 꽃　　　　　　9월의 호박

수박(박과) *Citrullus lanatus*

한해살이덩굴풀, 길이 1.5~3m, 꽃 6~7월, 열매를 먹는 채소

덩굴지는 줄기는 길게 옆으로 벋으며 덩굴손으로 다른 물체를 감고 오른다. 둥근 열매는 세로로 진한 녹색 줄무늬가 있다. 열매 속살은 붉은색이며, 달고 수분이 많아서 여름 과일의 대표로 꼽힌다. 수박을 많이 먹으면 소변을 통해 몸속에 쌓여 있던 찌꺼기를 걸러 내서 좋다고 한다. 열매가 타원형인 품종도 있으며, 씨 없는 수박도 있다. 수박은 아프리카 원산으로 고대 이집트 시대부터 재배되었다고 한다. '수박'은 '물(水)이 많은 박'이라는 뜻이다.

호박(박과) *Cucurbita moschata*

한해살이덩굴풀, 길이 8~10m, 꽃 6~10월, 열매를 먹는 채소

덩굴지는 줄기는 길게 옆으로 벋으며 덩굴손으로 다른 물체를 감고 오른다. 커다란 호박 열매는 품종에 따라 모양과 색깔이 조금씩 다르다. 열매는 익기 전부터 맛이 좋아서 애호박으로 반찬을 만들어 먹는다. 또 익은 호박으로 호박고지나 호박범벅 등을 만든다. 어린잎은 데쳐서 쌈을 싸 먹는다. '호박'은 '중국'을 뜻하는 '호(胡)'와 '박'이 합쳐진 이름으로 '중국에서 들어온 박'이라는 뜻이다. 호박은 삼국 시대에도 이미 재배되었다고 한다.

식물도 음악을 들을 수 있을까?

식물은 사람처럼 귀가 없는데 음악을 들을 수 있을까? 우리가 소리를 들을 수 있는 것은 공기를 타고 온 음파가 귓속의 고막을 두드리기 때문이다.

식물의 몸을 구성하는 세포는 세포막 안쪽에 끈끈한 세포액이 차 있다. 식물에게 음악을 들려 주면 공기를 타고 전해진 음파가 식물 세포막을 두드리는 자극으로 세포액까지 미세한 떨림이 전해져서 식물에 활력을 불어 넣는다고 한다. 음악을 들려 주면서 식물 속의 전류를 확인해 보면 심한 굴곡을 보이는 것을 확인할 수 있다고 한다. 사람이 귀로 음악을 듣는다면 식물은 온몸으로 음악을 듣는 셈이다.

그렇다고 식물이 모든 음악을 다 좋아하는 것은 아니라고 한다. 미국의 과학자인 도로시 레털렉은 식물에게 여러 가지 음악을 들려 주고 반응을 관찰하는 실험을 하였다. 도로시는 한 호박에는 조용한 클래식 음악을 들려 주고, 또 다른 호박에는 시끄러운 락 음악을 들려 주었다. 그랬더니 클래식 음악을 들은 호박은 스피커 쪽을 향해 무성하게 잘 자랐고, 락 음악을 들은 호박은 스피커 반대 방향을 향하며 제대로 자라지 못했다고 한다.

또 토마토에 여성의 목소리와 남성의 목소리를 들려 주었을 때, 여성의 목소리를 들은 토마토는 남성의 목소리나 전혀 소리를 듣지 않은 토마토보다

더 잘 자랐다는 실험 결과도 있다.

지금까지의 실험 결과를 종합해 보면 식물에게 잔잔한 고전 음악이나 물소리, 새소리와 같은 자연의 소리를 들려 주면 광합성이 활발해지면서 잘 자라고, 잎 뒷면의 숨구멍이 많이 열리면서 호흡도 활발해질 뿐만 아니라 병충해에도 잘 견딘다고 한다. 반면에 시끄러운 락 음악이나 찍찍거리는 소리 등을 들려 주면 스트레스를 받기 때문인지 제대로 자라지 못하고 싹도 잘 트지 않는다고 한다.

관상용으로 기르는 호박 품종을 '색동호박' 또는 '꽃호박'이라고 하는데 열매의 모양과 색깔이 여러 가지이다.

꽃송이

열매

열매 단면

열매 모양

줄기와 꽃

열매 단면

파인애플(파인애플과) *Ananas comosus*

늘푸른여러해살이풀, 높이 50~120㎝, 열매를 먹는 채소

칼 모양의 두꺼운 잎 무더기 사이에서 나온 짧은 꽃대 끝에 솔방울열매 모양의 원통형 열매가 열리는데 익으면 노란색으로 된다. 물기가 많은 열매는 상쾌한 신맛과 함께 단맛이 난다. 열매는 날로 먹기도 하지만 주로 통조림을 만들며, 잼, 젤리, 주스, 시럽 등으로도 만든다. 영어 이름 '파인애플(Pineapple)'은 '솔방울 사과'라는 뜻으로 열매가 솔방울열매를 닮았고 사과처럼 새콤달콤한 맛이 나서 붙여졌다. 제주도에서는 온실에서 재배한다.

용과(선인장과) *Hylocereus undatus*

늘푸른여러해살이덩굴풀, 길이 4~8m, 열매를 먹는 채소

중앙아메리카 원산으로 열대 지방에서 재배하며 우리나라에서는 제주도의 온실에서 기른다. 덩굴지는 줄기는 나무 등의 물체를 타고 오른다. 큼직한 노란색 꽃이 진 다음 열리는 타원형 열매는 달린 모습이 용이 여의주를 물고 있는 모습이어서 '용과(龍果)'라는 이름으로 불린다. 열매는 붉은색이나 노란색으로 익으며 속살은 흰색이나 붉은색이다. 열매는 날로 먹기도 하고 갈아 먹기도 하는데 몸에 유익한 미네랄과 영양분이 풍부해서 건강에 좋다.

꽃송이

열매송이

원예 품종

원예 품종

바나나(파초과) *Musa* sp.

늘푸른여러해살이풀, 높이 3~10m, 열매를 먹는 채소

줄기 윗부분에 8~10개의 긴 타원형 잎이 모여 난다. 잎 사이에서 자란 긴 꽃줄기에 연한 누런색 꽃이 층층으로 2줄씩 핀다. 꽃줄기 밑부분에는 암꽃이 피고 끝에는 수꽃이 핀다. 기다란 바나나 열매는 층층으로 돌려 가며 커다란 송이를 이루고 매달린다. 열매는 과일로 먹는데 껍질을 벗기면 달콤하면서도 부드러운 열매살이 나온다. 열매살 속에는 씨앗이 없어서 먹기가 편한데 오랜 기간 개량을 통해 씨가 없는 품종이 만들어졌다고 한다. 열매는 날로 먹으며 기름에 튀기거나 삶거나 굽거나 쪄서 먹고, 샐러드를 만들어 먹기도 한다. 또 썰어 말려서 건과일을 만들고 과자나 음료를 만드는 재료로 쓰며, 술을 담그기도 한다. 어린 꽃송이는 잘게 썰어서 채소로 먹는다. 잎자루에서는 섬유를 얻으며 줄기잎에서는 검은색 물감을 채취한다. 꽃이나 무늬잎을 보기 위해 관상용으로 심는 품종도 있다. 영어 이름 '바나나(Banana)'는 '손가락'을 뜻하는 아랍어(Banan)에서 유래되었으며 열매송이의 모양이 손가락을 닮아서 붙여진 이름이다.

● 잎이나 줄기를 먹는 채소

5월에 핀 수꽃　　　　　5월에 핀 암꽃

시금치(비름과) *Spinacia oleracea*

한두해살이풀, 높이 50㎝ 정도, 꽃 5월, 잎이나 줄기를 먹는 채소

줄기 윗부분에 자잘한 연노란색 꽃이 이삭 모양으로 다닥다닥 모여 피며 열매에는 2개의 뿔이 있다. 뿌리에서 뭉쳐나는 뿌리잎을 포기째 잘라서 채소로 이용한다. 시금치는 날로 먹거나 데쳐서 나물로 무쳐 먹으며, 토장국을 끓여 먹기도 한다. 특히 뿌리잎 상태로 겨울을 난 시금치는 특유의 단맛과 향이 있다. 시금치에는 비타민과 철분 등의 영양소가 많이 있어 건강에 중요한 식품이다. 시금치를 많이 먹으면 몸이 튼튼해지고 피가 맑아진다고 한다.

 시금치를 먹으면 정말 힘이 세질까?

5월의 어린 시금치 열매　　　겨울을 난 시금치

유명한 만화 〈뽀빠이〉를 보면 뽀빠이는 좋아하는 여인 올리브가 위험에 빠질 때마다 시금치를 먹고 힘이 강해져서 올리브를 구해 낸다. 본래 미국 어린이들에게 시금치를 많이 먹이려고 이 만화를 만들었다고 한다. 칼슘 및 철분 성분과 함께 비타민이 많이 들어 있는 시금치가 어린이들을 잘 자라게 하고 빈혈을 예방하는 데 도움을 주기 때문이다.

시금치를 먹을 때마다 만화 속 주인공인 뽀빠이처럼 바로 힘이 세지지는 않겠지만 시금치는 어린이들의 성장에 도움이 되는 채소이므로 많이 먹는 것이 좋다.

10월에 핀 꽃　　　　　4월의 배추꽃밭

배추(겨자과) *Brassica rapa*

두해살이풀, 높이 40~80㎝, 꽃 4~5월, 잎이나 줄기를 먹는 채소

넓적한 잎은 뿌리에서 모여 나고 안으로 굽으면서 포개져 자라 통배추가 되는데 겉잎은 녹색이고 햇빛을 잘 쬐지 못하는 속잎은 연노란색을 띤다. 한자 이름 '백채(白菜)'는 '흰 채소'라는 뜻이며, 점차 변해서 '배추'가 되었다고 한다. 봄에 뿌리잎 사이에서 줄기가 나와 노란색 꽃이 모여 피는데 이때가 되면 배추밭은 온통 노란 물결로 뒤덮인다. 배추로는 주로 김치를 담가 먹고 국이나 나물을 해 먹기도 한다. 무, 고추와 더불어 3대 채소의 하나이다.

 높고 시원한 땅에서 자라는 고랭지 채소

통배추 단면　　　　　눈에 덮인 배추밭

'고랭지(高冷地)'는 '높고 시원한 땅'이라는 뜻으로 해발 600m 이상 되는 지역을 말한다. 고랭지를 고도가 낮은 지역과 비교했을 때 평균 기온이 낮에는 4℃ 정도, 밤에는 6~7℃ 정도 낮을 뿐만 아니라 낮과 밤의 일교차도 크게 난다.

고도가 낮은 평지에서는 여름에 기온이 높아서 배추와 같은 채소가 제대로 자라기 어려운데, 고랭지는 평지보다 기온이 낮고 일교차가 커서 배추 속이 꽉 들어차며 잘 자란다. 그래서 강원도 대관령 일대의 고랭지에서는 여름 한철 배추 등의 고랭지 채소를 재배해 전국에 공급한다.

양배추밭

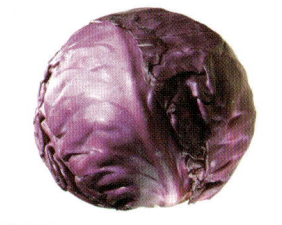

8월에 핀 꽃

적양배추

양배추(겨자과) *Brassica oleracea* var. *capitata*

두해살이풀, 높이 60~100㎝, 꽃 5~6월, 잎이나 줄기를 먹는 채소

넓적한 청록색 잎은 뿌리에서 모여 나는데 두꺼우며 흰색이 돈다. 잎은 자라면서 가운데를 보고 서로 겹쳐져서 공처럼 둥글게 된다. 속잎은 햇빛을 받지 못해 흰색에 가까운 연녹색을 띤다. 잎이 붉은 자주색을 띠는 적양배추도 있다. 양배추는 비타민이 많아서 샐러드로 많이 이용되며 살짝 데쳐서 쌈으로 먹기도 한다. 지중해 바닷가가 원산지로 100년 전쯤에 우리나라에 들어왔다고 한다. 배추와 비슷한 종류로 서양에서 들여와 '양배추'라고 한다.

 과일과 채소의 색깔에 따라 영양소가 달라요!

우리가 건강하려면 몸에 필요한 영양소를 고루 섭취해야만 한다. 그러기 위해서는 음식을 골고루 먹는 것이 좋다고 하지만, 사실 어느 음식을 얼마큼 먹어야 모든 영양분을 충분히 섭취하는지를 매번 계산하면서 먹기가 쉽지 않다.

이런 고민을 쉽게 해결할 수 있는 방법은 바로 음식을 색깔별로 골고루 먹는 것이다. 왜냐하면 비슷한 색을 가진 농산물에는 비슷한 영양분이 들어 있기 때문이다.

예를 들면 사과나 토마토, 고추처럼 붉은색을 띠는 농산물에는 비타민 C와 리코펜, 캡사이신 등의 영양분이 들어 있어서 심장을 튼튼하게 만들고 혈액 순환을 도와주는 역할을 한다. 또 배추나 상추, 시금치처럼 녹색을 띤 농산물에는 루테인 등의 성분이 많이 들어 있어서 손상된 세포를 치료해 주며 기억력 향상에 도움을 준다.

양파나 마늘, 무처럼 흰색을 띠는 농산물에는 알리신과 같은 성분이 들어 있어서 살균 작용을 하고 나쁜 콜레스테롤을 줄여 준다. 검정콩이나 검정깨처럼 검은색을 띠는 농산물에는 세포를 재생하고 신장을 튼튼하게 해 주는 영양분이 들어 있다.

또한 가지나 포도처럼 보라색을 띠는 농산물은 안토시아닌 성분이 많아서 혈관을 깨끗하게 만들기 때문에 피로 회복에 도움이 된다. 오렌지나 호박, 파인애플처럼 노란색을 띠는 농산물은 베타카로틴 등의 성분이 많아서 암을 예방하는 데 도움을 준다.

4월에 핀 꽃

겨울을 난 갓

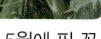

5월에 핀 꽃

잎

갓(겨자과) *Brassica juncea*

두해살이풀, 높이 50~100㎝, 꽃 4~6월, 잎이나 줄기를 먹는 채소

뿌리에서 모여 나는 타원형 잎은 주름이 지며 검은 자주색이 돌고 까끌거리는 털이 나 있다. 뿌리잎은 약간 매운맛이 나며 향기가 있기 때문에 김장 김치를 담글 때 함께 넣는다. 또 쪽파와 함께 갓 김치를 담그기도 하고 나물로 먹기도 한다. 봄이 되면 뿌리잎 사이에서 줄기가 나와 노란색 꽃이 모여 핀다. 작은 구슬 모양의 씨앗은 매운맛이 나는데 가루를 내서 겨자를 만들기도 한다. 겨자는 냉면이나 생선회 등에 향신료로 쓰인다.

케일(겨자과) *Brassica oleracea* var. *acephala*

두해살이풀, 높이 50~100㎝, 꽃 5~6월, 잎이나 줄기를 먹는 채소

청록색 잎은 뿌리에서 모여 나는데 두꺼우며 흰색이 돈다. 잎은 오글쪼글하며 가장자리에 불규칙한 톱니가 있고 양배추처럼 겹으로 포개지지 않는다. 봄에 뿌리잎 사이에서 자란 꽃줄기에 십자 모양의 연노란색 꽃이 모여 핀다. 케일 잎에는 비타민과 무기 염류가 많이 들어 있어 잎을 갈아서 채소 주스를 만들어 마시고, 쌈을 싸 먹기도 한다. 케일이 우리나라에 들어와 재배되기 시작한 것은 최근의 일이다. '케일(Kale)'은 영어 이름에서 유래되었다.

식용식물 | 채소

아욱은 특히 우리나라와 중국에서 많이 먹는데 중국에서는 '채소의 왕'으로 불려요.

6월에 핀 꽃　　　　잎줄기

아욱(아욱과) *Malva verticillata*

한해살이풀, 높이 60~90㎝, 꽃 봄~가을, 잎이나 줄기를 먹는 채소

곧게 자라는 줄기에 어긋나는 둥근 잎은 가장자리가 5~7갈래로 얕게 갈라진다. 줄기 윗부분의 잎겨드랑이에 흰색이나 연분홍색의 작은 꽃이 모여 핀다. 꽃받침에 싸여 있는 단지 모양의 열매는 가을에 황갈색으로 익는다. 연한 잎줄기로 국을 끓여 먹거나 쌀과 함께 죽을 쑤어 먹는다. 잎은 살짝 데쳐서 쌈을 싸 먹기도 한다. 한방에서 씨앗은 오줌이 잘 나오게 하는 약재로 쓴다. 유럽 원산으로 우리나라에서도 아주 오래전부터 재배하였다.

9월에 핀 꽃　　　　잎줄기

소엽/차즈기(꿀풀과) *Perilla frutescens* var. *crispa*

한해살이풀, 높이 20~80㎝, 꽃 8~9월, 잎이나 줄기를 먹는 채소

들깨와 생김새가 비슷하지만 전체가 자주색이 돈다. 기다란 꽃이삭에 연자주색 꽃이 모여 핀다. 향기가 나는 잎은 깻잎처럼 고기와 함께 쌈을 싸서 먹거나 요리에 넣으며 음식에 자주색 물을 들이는 물감으로 쓰기도 한다. 감기로 열이 나거나 기침을 할 때 그늘에 말려 두었던 잎을 끓여 마신다. 목욕물에 잎줄기를 넣으면 향기가 나고 몸이 따뜻해지는 효과가 있다. 여름철에 벌레에 물렸을 때 즙을 내어 바르기도 한다.

꽃 모양

8월에 핀 꽃　　　　양상추

상추(국화과) *Lactuca sativa*

두해살이풀, 높이 40~100㎝, 꽃 6~7월, 잎이나 줄기를 먹는 채소

넓적한 잎은 주름이 지고 품종에 따라 녹색이나 붉은색이 돌며 상추쌈이나 샐러드로 이용된다. 초여름에 뿌리잎 사이에서 자란 줄기 윗부분의 잔가지마다 노란색 꽃송이가 달린다. '날로 먹는 채소'라는 뜻의 한자 이름 '생채(生菜)'가 '상치'로 변했다가 '상추'가 되었다. 중국에서는 맛있는 고려산 상추 씨는 천금을 주어야 살 수 있어서 '천금채(千金菜)'라고 불렀다. 양상추는 서양에서 개량된 품종으로 양배추처럼 잎이 둥글게 겹쳐지고 샐러드에 넣는다.

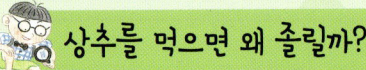 상추를 먹으면 왜 졸릴까?

상추 녹색 잎 품종　　　　붉은색 잎 품종

상추를 먹으면 졸린다고 하는데 정말일까?

상추 잎이나 줄기를 자르면 흰색 즙이 나오는데, 이 즙 속에는 '락투카리움'이라는 성분이 들어 있다. **상추를 먹으면 약간 쓴맛이 나는데 바로 락투카리움 때문이다.** 락투카리움은 진정 작용과 최면 작용을 해서 나른하니 졸음이 오게 만든다.

보통 상추쌈을 싸서 밥을 먹으면 평소보다 밥을 많이 먹게 되고 위는 소화시키기 위해 위액을 많이 분비하면서 신경이 집중되는 데다가 락투카리움까지 더해져서 더욱 졸린 것이다.

7월에 핀 꽃 　　　　　　　　　잎줄기

쑥갓(국화과) *Glebionis coronaria*

한두해살이풀, 높이 30~60cm, 꽃 5~6월, 잎이나 줄기를 먹는 채소

새깃 모양으로 갈라지는 잎은 향긋한 냄새가 난다. 쑥갓은 씨앗을 뿌린 뒤 자라는 새순을 계속 잘라 먹는다. 쑥갓 잎은 상추쌈에 곁들이는 쌈 재료로 이용하거나 살짝 데쳐서 나물로 먹는다. 생선과 함께 끓이면 비린내가 없어지고 국물 맛이 시원해져서 생선찌개나 매운탕에 들어간다. 초여름에 가지 끝에 지름 3cm 정도의 노란색 꽃이 하늘을 향해 핀다. 꽃이 아름다워 서양에서는 관상용으로 심기도 한다. 유럽의 지중해 지방이 원산지이다.

7월에 핀 꽃 　　　　　　　　　잎줄기

치커리(국화과) *Cichorium intybus*

여러해살이풀, 높이 30~100cm, 꽃 7~10월, 잎이나 줄기를 먹는 채소

뿌리에서 모여 나는 긴 타원형의 뿌리잎은 약간 주름이 진다. 여름에 가지 끝이나 잎겨드랑이에 남색 꽃이 피는데 품종에 따라 흰색 또는 담홍색인 꽃도 있다. 약간 쌉싸래한 맛이 나는 잎은 입맛을 돋워 주며 쌈을 싸 먹거나 샐러드로 이용하고 살짝 데쳐서 요리에 곁들인다. 유럽에서는 굵은 뿌리를 말린 다음 가루를 내어 커피 대용으로 차를 만들어 마시거나 커피에 타서 마신다. 지중해 연안이 원산지로 우리나라에서는 근래에 재배를 시작하였다.

8월에 핀 꽃 　　　　　　　　　잎

부추(수선화과) *Allium tuberosum*

여러해살이풀, 높이 30~40cm, 꽃 7~9월, 잎이나 줄기를 먹는 채소

땅속의 비늘줄기에서 가늘고 긴 잎이 뭉쳐나고 꽃줄기 끝에 흰색 꽃이 모여 핀다. 연한 잎을 채소로 이용하는데 독특한 향기가 입맛을 돋워 준다. 흔히 날로 무쳐서 먹고 오이소박이나 김치를 담글 때 함께 넣는다. 밀가루와 함께 부추전을 부쳐 먹기도 한다. 경상도에서는 부추를 '정구지'라고 하고, 전라도에서는 '솔'이라고 하며, 충청도에서는 '졸'이라고 부른다. 비늘줄기는 위를 튼튼하게 하거나 불에 데인 상처를 치료하는 약재로 쓴다.

　　　　　　　　　　　　　　꽃 모양　　5월의 열매

4월에 핀 꽃 　　　　　　　　　잎 단면

파(수선화과) *Allium fistulosum*

여러해살이풀, 높이 70cm 정도, 꽃 7~10월, 잎이나 줄기를 먹는 채소

줄기는 여러 겹의 비늘잎으로 되어 있으며 기다란 원통형의 잎은 속이 비어 있다. 꽃줄기 끝에 자잘한 흰색 꽃이 공처럼 둥글게 모여 핀다. 땅속의 비늘줄기와 잎은 특이한 냄새가 있어 마늘과 함께 양념으로 쓰이는데 비린내나 누린내를 없애 준다. 날로 먹으면 약간 톡 쏘는 매운맛이 있다. 파를 자르면 나오는 액체에는 '알리신'이라는 성분이 들어 있는데, 알리신은 살균 작용을 하고 혈액 순환을 도와준다.

식용식물 ㅣ 채소

 요즘 새롭게 이용되는 쌈채소

적근대(명아주과)
Beta vulgaris var. *cicla*
근대의 한 종류로 잎맥이 붉은색이라서 '적근대'라고 한다. 넓적한 잎은 쌈채소로 먹거나 샐러드를 만들어 먹는데 피부 미용에 좋고 어린이의 성장에도 좋다. 잎을 수확해도 다시 어린잎이 자라므로 계속 딸 수 있다.

겨자(겨자과)
Brassica juncea var. *crispifolia*
넓적한 잎 가장자리에는 날카로운 톱니가 있다. 잎으로 쌈을 싸 먹는데 약간 매콤하면서도 쌉싸래한 맛이 난다. 씨앗의 가루를 내서 만든 향신료를 '겨자'라고 한다. 한자 이름 '개자(芥子)'가 변해서 '겨자'라는 이름이 생겼다.

비타민채(겨자과)
Brassica rapa cv.
비타민 성분이 많아서 붙여진 이름이며 '다채'라고도 한다. 우리나라에서는 어린 뿌리잎을 쌈채소로 먹거나 샐러드로 만들어 먹는다. 잎에는 비타민뿐만 아니라 칼슘과 철분도 많이 들어 있다. 서리를 맞은 잎은 맛이 더욱 달다.

청경채(겨자과)
Brassica rapa var. *chinensis*
중국 배추의 한 종류로 잎은 매우 연하며 특별한 향이나 맛이 없다. 어린 뿌리잎을 쌈채소로 먹거나 김치로 담그고, 녹즙을 내어 먹는다. 중국 요리에 많이 이용된다. '청경채(靑莖菜)'는 잎과 줄기가 푸른색을 띠어서 붙여진 한자 이름이다.

오크리프(겨자과)
Lactuca sativa 'Oak-Leaf'
잎몸이 새깃 모양으로 갈라지는 유럽 상추의 한 종류로 서양에서는 고기 요리에 곁들여 먹으며, 쌈채소로 먹거나 샐러드를 만든다. '오크리프(Oak Leaf)'는 '참나무 잎'이라는 뜻으로 잎의 모양이 유럽참나무 잎을 닮아서 붙여진 이름이다.

토스카노/뉴그린(겨자과)
Brassica oleracea var.
acephala 'Toscano'
브로콜리의 한 종류로 올록볼록하게 주름이 지는 잎을 쌈채소로 먹거나 샐러드를 만들어 먹는다. 이탈리아의 '토스카노' 지방에서 많이 재배하기 때문에 붙여진 이름이며, '뉴그린'이라고도 한다.

콜라비(겨자과)
Brassica oleracea var.
gongylodes
유럽 원산으로 잎은 쌈채소로 먹거나 녹즙을 내어 먹는다. 점차 굵어지는 줄기는 배추의 뿌리 맛과 비슷하며 샐러드로 먹는다. '콜라비'는 '양배추'와 '순무'가 합쳐진 이름이며, '순무양배추'라고도 한다.

말라바시금치(바셀라과)
Basella alba
열대 아시아 원산의 채소로 '바우새'라고도 한다. 덩굴지는 줄기는 1~4m 길이로 벋는다. 덩굴이 1m 정도 자라면 밑부분의 잎부터 떼어내서 채소로 이용한다. 둥근 잎은 쌈이나 샐러드로 먹고, 살짝 데쳐 나물로 먹거나 국거리로 먹는다.

● 뿌리를 먹는 채소

8월에 핀 꽃   잎과 뿌리

무/무우(겨자과) *Raphanus sativus var. hortensis for. acanthiformis*

한두해살이풀, 높이 30~100㎝, 꽃 4~6월, 뿌리를 먹는 채소

봄에 뿌리잎 사이에서 자란 줄기에 십자 모양의 연한 자주색 꽃이 모여 핀다. 둥근 기둥 모양으로 자라는 커다란 뿌리와 연한 잎을 채소로 이용한다. 무는 김치와 깍두기를 담그고 단무지를 만든다. 또 국을 끓이거나 조림, 무침 등의 음식을 만들어 먹는다. 무를 잘게 썰어 말린 무말랭이는 양념에 버무려서 밑반찬으로 먹는다. 무즙에는 '디아스타아제'라는 효소가 들어 있어 우리 몸의 소화를 돕는 역할을 한다. 배추, 고추와 함께 3대 채소의 하나이다.

 무와 배추를 접붙인 무추

무 뿌리에 배추를 접붙여 기른 무추

무추는 뿌리가 무처럼 굵은데 그 끝에 달린 잎이 큼직한 배추로 무와 배추가 합쳐진 모양이다. 무추를 키우는 방법은 배추와 무의 씨를 뿌려서 싹이 튼 다음, 배추의 본잎이 3~4장 나왔을 때 배추의 뿌리를 제거하고 무의 윗부분에 접을 붙이면 무추가 자라게 된다. 이런 방법을 이용하면 같은 면적의 땅에서 더 많은 작물을 생산할 수 있고, 병충해나 기후에 잘 견디는 강한 작물을 만들 수 있다.

뿌리에는 감자가 달리고 줄기에는 토마토가 열리는 '토감'도 토마토와 감자를 접을 붙여 키운 작물이다.

6월에 핀 꽃   잎과 뿌리

당근(미나리과) *Daucus carota var. sativus*

여러해살이풀, 높이 1m 정도, 꽃 6~7월, 뿌리를 먹는 채소

자잘한 흰색 꽃이 우산 모양의 꽃가지에 모여 핀다. 무처럼 생긴 굵고 곧은 뿌리는 보통 주황색이 되지만 붉은색이나 노란색 당근도 있다. 당근은 맛이 달 뿐만 아니라 비타민과 같은 영양소가 많이 들어 있어 날로 먹고, 나물, 김치, 샐러드 등을 만들어 먹는다. 당근은 눈을 밝게 해 주고 피로회복에도 좋다고 한다. '당근'은 '당나라에서 들어온 무'라는 뜻의 이름이다. '홍당무'라고도 하는데 '당나라에서 들어온 붉은색 무'라는 뜻이다.

10월에 핀 꽃   덩이뿌리

고구마(메꽃과) *Ipomoea batatas*

여러해살이풀, 꽃 7~8월, 뿌리를 먹는 채소

줄기는 지면을 따라 벋는다. 잎은 어긋나고 하트형이며 잎겨드랑이에 드물게 분홍색 나팔 모양의 꽃이 피기도 한다. 뿌리의 일부가 굵어진 덩이뿌리에 양분을 저장하는데 이를 '고구마'라고 한다. 고구마는 삶아서 먹거나 구워 먹는 등 간식으로 주로 이용되며 엿, 포도당, 과자, 알코올의 원료로 사용한다. 또 연한 줄기의 껍질을 벗겨 데친 것을 나물로 먹기도 한다. 남아메리카 원산으로 조선 시대에 일본으로부터 들어와 재배하기 시작하였다.

6월에 핀 꽃 　　　　　덩이줄기

감자(가지과) *Solanum tuberosum*

여러해살이풀, 높이 60~100㎝, 꽃 5~6월, 뿌리를 먹는 채소

땅속에 있는 줄기마다에서 흰색 가지가 벋으면서 그 끝에 둥근 덩이줄기가 달리는데 이를 '감자'라고 한다. 감자는 삶아서 먹거나 구워 먹기도 하고, 온갖 반찬 재료로 사용한다. 또 알코올과 과자의 원료로 사용한다. 싹이 나거나 빛이 푸르게 변한 감자에는 '솔라닌'이라는 독이 있으므로 먹지 않도록 주의해야 한다. 남아메리카의 안데스 산맥 원산으로 서늘한 기후에 적합해 강원도를 비롯한 북부 지방에서 많이 심어 기른다.

 감자 잎이 자라는 과정

감자는 싹이 틀 때는 홑잎이지만 줄기가 자라면서 겹잎으로 변하고 작은 잎의 수도 점점 많아진다. 이처럼 식물의 잎은 자람에 따라 복잡한 모양으로 변하는 것이 많은데, 거꾸로 복잡한 잎에서 간단한 모양으로 변하는 식물도 있는데, 황칠나무가 그 예이다.

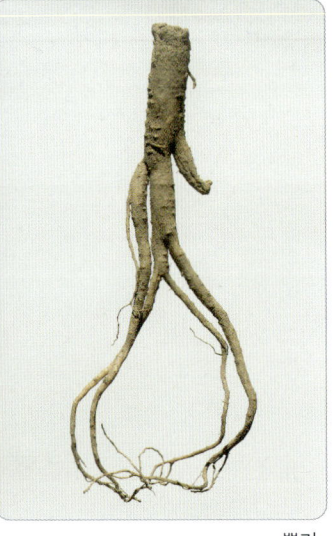

9월에 핀 꽃 　　　　　뿌리

도라지(초롱꽃과) *Platycodon grandiflorus*

여러해살이풀, 높이 40~80㎝, 꽃 7~8월, 뿌리를 먹는 채소

산에서 저절로 자라며 밭에서도 재배한다. 줄기나 뿌리를 자르면 흰색 즙이 나온다. 가지 끝에 보라색이나 흰색 꽃이 피는데 깔때기 모양의 꽃부리는 5갈래로 갈라져 벌어진다. 봄이나 가을에 뿌리를 캐서 나물로 먹는다. 뿌리껍질을 벗긴 뒤 소금물에 담가서 쓴맛을 우려내고, 양념을 하여 생채로 무쳐 먹거나 볶아 먹기도 한다. 도라지 뿌리는 기침을 멈추게 하는 한약재로도 요긴하게 사용된다. 봄에 새순을 뜯어서 나물로 먹는다.

 오빠를 기다리다 꽃이 된 도라지 이야기

옛날 어느 바닷가 마을에 '도라지'라는 소녀가 살고 있었습니다. 부모님을 일찍 여읜 도라지는 먼 친척 오빠와 함께 살고 있었습니다. 친척 오빠는 살기가 점점 힘들어지자 중국으로 돈을 벌러 배를 타고 떠나게 되었습니다. 오빠는 도라지를 뒷산에 있는 절에 맡기면서 말했습니다.

"10년만 기다려. 돈을 많이 벌어서 돌아올게."

도라지는 절에서 잔심부름을 하면서 오빠가 돌아올 날만을 손꼽아 기다렸습니다. 하지만 약속한 10년이 지나도 오빠는 돌아오지 않았습니다. 그래도 도라지는 매일 산 위에 올라가서 바다 건너 중국 땅을 바라보았습니다.

하루는 도라지가 산 위에 올라 먼 바다를 바라보는데 뒤에서

"도라지야!"

하고 부르는 낯익은 목소리가 들렸습니다. 깜짝 놀란 도라지는 뒤를 돌아보다가 그만 절벽 아래로 떨어져 죽고 말았습니다. 이듬해 도라지가 숨진 자리에 못보던 꽃이 피었습니다. 사람들은 그 꽃을 '도라지'라고 불렀습니다.

6월에 핀 꽃 · 뿌리

더덕(초롱꽃과) *Codonopsis lanceolata*

여러해살이덩굴풀, 길이 2m 정도, 꽃 8~9월, 뿌리를 먹는 채소

산에서 저절로 자라며 밭에서도 재배한다. 줄기나 뿌리를 자르면 흰색 즙이 나온다. 짧은 가지 끝에 종 모양의 꽃이 밑을 향해 피는데 꽃잎 안쪽에 자주색 반점이 있다. 뿌리는 도라지처럼 생겼는데 독특한 향기가 나며 해가 더할수록 굵어진다. 뿌리는 양념을 하여 생채로 무쳐 먹고, 볶아 먹거나 구워 먹기도 한다. 뿌리는 기침을 멈추게 하는 한약재료도 요긴하게 사용된다. 도라지와 비슷하지만 향기와 맛이 더 뛰어나서 사람들이 좋아한다.

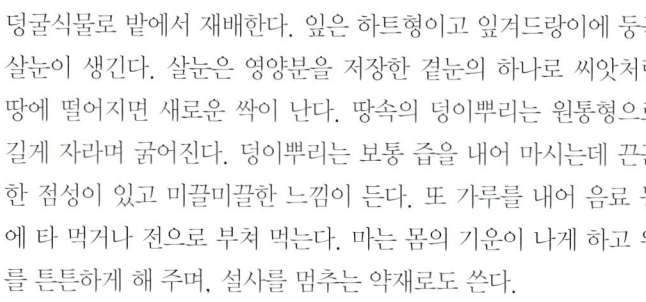
잎겨드랑이의 살눈 · 뿌리

마(마과) *Dioscorea polystachya*

여러해살이덩굴풀, 길이 2~3m, 꽃 6~7월, 뿌리를 먹는 채소

덩굴식물로 밭에서 재배한다. 잎은 하트형이고 잎겨드랑이에 둥근 살눈이 생긴다. 살눈은 영양분을 저장한 곁눈의 하나로 씨앗처럼 땅에 떨어지면 새로운 싹이 난다. 땅속의 덩이뿌리는 원통형으로 길게 자라며 굵어진다. 덩이뿌리는 보통 즙을 내어 마시는데 끈끈한 점성이 있고 미끌미끌한 느낌이 든다. 또 가루를 내어 음료 등에 타 먹거나 전으로 부쳐 먹는다. 마는 몸의 기운이 나게 하고 위를 튼튼하게 해 주며, 설사를 멈추는 약재로도 쓴다.

6월에 핀 꽃 · 뿌리

우엉(국화과) *Arctium lappa*

두해살이풀, 높이 1.5m 정도, 꽃 7월, 뿌리를 먹는 채소

가지 끝에 붉은색 꽃이 피는데 둥근 꽃송이를 덮고 있는 바늘처럼 뾰족한 포는 끝이 갈고리처럼 구부러져서 옷에 잘 달라붙는다. 독특한 향기가 있는 우엉 뿌리는 입속에서 사각거리며 씹히는 느낌이 좋다. 뿌리로는 장아찌를 만들어 먹거나 설탕에 조려 반찬으로 만들어 먹는다. 김밥 속에 넣어 먹기도 한다. 우엉은 아무 땅에나 심어도 잘 자라며 병충해가 거의 없고, 들로 퍼져 나가 저절로 자라기도 한다. 씨앗은 오줌을 잘 나오게 하는 약으로 쓴다.

우엉 열매에서 태어난 벨크로

스위스 사람인 메스트랄은 개와 함께 산책을 나갔다가 바지에 우엉 열매가 잔뜩 붙어 있는 것을 발견하였다. 우엉 열매가 어떻게 해서 바지에 붙는지 궁금해진 메스트랄은 현미경으로 우엉의 가시를 관찰하였는데, 가시에는 미세한 갈고리가 있어서 옷에 잘 붙는다는 사실을 발견해 냈다.

우엉 열매

메스트랄은 이 원리를 이용하여 한쪽 면은 우엉의 열매 표면처럼 미세한 갈고리를 잔뜩 만들고, 다른 쪽 면은 갈고리가 잘 붙는 질긴 섬유로 만들어서 두 물체를 붙일 수 있는 도구를 발명하였다. 메스트랄

벨크로

은 이 발명품의 이름을 '벨크로'라고 붙였으며 영어로 흔히 '매직테이프'라고 하고, 우리말로는 '찍찍이'라고 부른다. 벨크로는 옷에 단추를 대신하여 많이 사용하며 다른 용도로도 널리 쓰이고 있다.

6월에 핀 꽃   비늘줄기

6월에 핀 꽃   비늘줄기

양파(수선화과) *Allium cepa*

두해살이풀, 높이 50~100㎝, 꽃 6~7월, 뿌리를 먹는 채소

밭에서 재배한다. 둥글고 긴 잎은 속이 비어 있는 생김새가 파와
비슷하다. 꽃줄기 끝에 흰색 꽃이 둥글게 모여 핀다. 땅속의 동그
란 비늘줄기는 여러 겹의 비늘잎으로 되어 있으며 바깥쪽 껍질은
갈색을 띠고, 두꺼운 안쪽 비늘잎은 흰색을 띤다. 양파는 매운맛과
독특한 향기가 나서 각종 요리에 양념으로 두루 쓰이는데 생선이
나 고기 요리에 넣으면 비린내나 누린내를 없애 준다. '양파'는 서
남아시아와 지중해 지방 원산으로 '서양에서 도입된 파'를 뜻한다.

마늘(수선화과) *Allium sativum* for. *pekinense*

여러해살이풀, 높이 60㎝ 정도, 꽃 6~7월, 뿌리를 먹는 채소

줄기에는 3~4장의 가늘고 긴 잎이 어긋난다. 땅속의 비늘줄기는
동그스름한 모양으로 연한 갈색 껍질에 싸여 있다. 강한 냄새와
매운맛이 나는 마늘은 음식에 꼭 필요한 양념으로 쓰인다. 꽃대
는 '마늘종'이라고 하는데 날로 먹거나 기름에 볶아 먹고, 장아찌
로 만들어 밑반찬으로 먹는다. 재배할 때는 보통 가을에 마늘쪽을
심어 이듬해 여름에 수확한다. 단군 신화에 곰과 호랑이가 마늘을
먹는 이야기가 나올 정도로 재배한 지 오래되었다.

덩이줄기

잎   덩이줄기 단면

잎줄기   덩이뿌리

토란(천남성과) *Colocasia esculenta*

여러해살이풀, 높이 1m 정도, 꽃 8~9월, 뿌리를 먹는 채소

큼직한 뿌리잎은 자루가 길며 방패 모양의 잎몸은 물이 잘 묻지
않기 때문에 옛날에는 아이들이 우산 대신 쓰기도 하였다. 열대
아시아 원산으로 꽃은 잘 피지 않는다. 땅속에 있는 달걀형의 덩
이줄기를 '토란'이라고 하며 토란국을 끓여 먹는다. 한자 이름 '토
란(土卵)'은 '흙 속에 있는 알'이라는 뜻으로 덩이줄기가 달걀처럼
생겨서 붙여졌다. '토란대'라고 부르는 잎자루는 물에 담가 우려내
어 국에 넣거나 볶아 먹기도 한다.

카사바/타피오카(대극과) *Manihot esculenta*

늘푸른떨기나무, 높이 1.5~3m, 뿌리를 먹는 채소

남아메리카 원산으로 열대 지방에서 널리 재배되는 중요한 식량
자원이다. 잎몸은 손바닥처럼 3~7갈래로 깊게 갈라진다. 땅속
에 고구마처럼 길쭉한 덩이뿌리가 만들어져 사방으로 퍼진다. 덩
이뿌리 속살은 황백색이며 녹말이 많고 칼슘과 비타민 C가 풍부
하다. 보통 감자처럼 쪄 먹으며 녹말을 채취해 죽을 쑤거나 과자,
빵, 알코올, 풀 등을 만드는 원료로 쓴다. 근래에는 깨끗한 에너지
인 바이오 에너지를 만드는 원료로 각광받고 있다.

잎줄기　　　　　　　　　덩이줄기

생강(생강과) *Zingiber officinale*

여러해살이풀, 높이 30∼50㎝, 꽃 7∼8월, 뿌리를 먹는 채소

따뜻한 남부 지방에서 많이 기른다. 곧은 줄기에 칼 모양의 잎이 좌우로 어긋난다. 땅속의 덩이줄기는 황갈색으로 살이 많고 옆으로 벋으며 자란다. 원산지인 인도에서는 줄기 끝에 이삭처럼 생긴 노란색 꽃이 피는데 우리나라에서는 꽃이 피지 않는다. 덩이줄기인 생강은 향긋한 냄새가 나고 매운맛이 있다. 주로 양념으로 이용되며 과자, 생강주, 생강차 등으로 많이 쓰인다. 또 생강은 위장병과 기침을 치료하는 약재로도 널리 이용된다.

꽃　　　　　　　　　　덩이줄기

울금(생강과) *Curcuma aromatica*

여러해살이풀, 높이 90∼150㎝, 뿌리를 먹는 채소

생강과 비슷하지만 줄기와 잎이 모두 크게 자라는 모습이 칸나와 비슷하다. 동남아시아 원산으로 열대 지방에서 많이 재배하며 우리나라 남쪽 섬에서는 온실에서 기른다. 뿌리에서 자란 꽃줄기에 연노란색 꽃이 촘촘히 모여 핀다. 땅속의 덩이줄기는 생강과 비슷하게 생겼으며 식품의 물을 들이는 물감으로 사용한다. 특히 카레를 만들 때에 재료로 꼭 들어가며 단무지, 피클, 버터 등에 물을 들일 때 쓰인다. 또 혈액 순환 등을 돕는 한약재로도 사용한다.

● 꽃을 먹는 채소

1월에 핀 꽃　　　　　　　꽃봉오리

브로콜리(겨자과) *Brassica oleracea* var. *italica*

한두해살이풀, 높이 50∼80㎝, 꽃을 먹는 채소

지중해 원산으로 양배추를 개량해서 만든 품종이다. 잎 사이에서 자란 굵은 줄기 끝에 달리는 꽃봉오리 뭉치를 채소로 이용한다. 꽃봉오리는 날로 먹거나 샐러드 등의 요리를 해 먹는다. 브로콜리는 비타민이 풍부하고 노화를 방지하는 '셀레늄' 등의 성분이 들어 있어 세계 10대 건강 식품에 포함된다. '브로콜리'는 '가지'라는 의미의 라틴어에서 유래되었으며 '작은 가지가 모여 큰 꽃송이가 된다'는 뜻을 지닌 이름이다.

콜리플라워　　　　　　　로마네스코

콜리플라워(겨자과) *Brassica oleracea* var. *botrytis*

한두해살이풀, 높이 50∼80㎝, 꽃을 먹는 채소

지중해 원산으로 양배추를 개량해서 만든 품종이다. 방석처럼 퍼진 잎 사이에서 자란 굵은 꽃줄기에 흰색이나 연노란색 꽃봉오리 뭉치가 달리고, 둘레의 잎은 꽃봉오리를 감싼다. 꽃봉오리 뭉치를 채소로 이용하는데 브로콜리보다 단단하며 떫은맛이 나므로 데쳐서 사용한다. 콜리플라워와 브로콜리를 교배해서 만든 새로운 품종이 '로마네스코'이며 원뿔형의 꽃뭉치가 잔뜩 모여 있는 모양이다. 로마네스코는 콜리플라워보다 연해서 잘 뜯어진다.

과일나무

먹기 위해 가꾸는 나무의 열매를 '과일' 또는 '과실(果實)'이라고 한다. 일반적으로 과일은 열매살과 과즙이 많고, 단맛과 향기가 좋다. 과일은 대부분 80% 이상이 수분이고 탄수화물은 10% 정도밖에 되지 않지만, 비타민과 무기질이 많이 들어 있어서 건강에 좋은 식품이다. 우리나라는 사계절이 뚜렷해서 생산되는 과일의 종류도 많고 맛이 좋기로 소문이 나 있다.

10월의 사과나무

5월의 무화과

꽃주머니 단면

열매 단면

무화과(뽕나무과) *Ficus carica*

갈잎작은키나무, 높이 4~8m, 꽃 봄~여름

서남아시아 원산으로 남부 지방에서 심어 기른다. 무화과는 성경과 그리스 신화에도 등장하는 유명한 과일나무이다. 가지를 자르면 흰색 즙이 나온다. 잎은 어긋나고 잎몸은 5~7갈래로 깊게 갈라진다. 한자 이름 '무화과(無花果)'는 '꽃 없이 열매를 맺는다'는 뜻인데 꽃이 작은 열매 모양의 꽃주머니 속에 있어 보이지 않기 때문에 붙여진 이름이다. 가을에 진한 보라색으로 익는 열매는 날로 먹거나 통조림으로 만들며, 말려 두었다가 먹기도 한다.

 북상하는 농산물 재배지

무화과 열매

지구 온난화로 우리나라의 평균 기온이 지난 100년간 1.7℃ 상승하면서 식물 생태계뿐 아니라 각 지방의 농산물 재배에도 큰 영향을 끼치고 있다. 대표적으로 난대 지방에서 자라는 귤은 제주도와 남쪽 섬의 대표적인 특산물이었다. 하지만 지금은 전남과 경남 지방에서 비록 비닐하우스이긴 하지만 대대적으로 재배하고 있다. 아열대성 작물인 녹차는 제주도와 전남 보성의 특산물이었지만, 지금은 강원도 고성에서도 녹차를 생산하고 있다. 경북 지방이 주산지이던 사과는 강원도 태백과 춘천에서도 재배하고 있다.

또한 따뜻한 곳을 좋아하는 복숭아도 경기 북부 지역인 파주에서도 재배하고 있다. 그리고 전남 영암이 주산지이던 무화과는 충북 충주에서도 재배하고 있다. 이처럼 평균 기온이 상승하고 재배 기술이 발달하면서 농산물의 재배 지역은 날로 북상하고 있는 추세이다.

제주도에서는 망고, 아보카도, 패션푸르트 같은 열대 과일을 온실에서 재배하고 있다. 또 오크라, 공심채, 울금 같은 열대 채소도 온실에서 재배하고 있다.

4월에 핀 꽃　　　　　　　　　6월의 열매

복숭아나무/복사나무(장미과) *Prunus persica*

갈잎작은키나무, 높이 3~6m, 꽃 4~5월

과일나무로 예전에는 집집마다 심어 길렀다. 봄에 잎보다 먼저 분홍색 꽃이 나무 가득 피고 동그란 열매는 노란색이나 연분홍색으로 익는다. 열매 겉에는 잔털이 빽빽하게 나 있으므로 잘 씻어 먹어야 한다. 중국 원산으로 '신선이 즐겨 먹는 과일'이라는 별명이 있을 정도로 장수에 도움이 되는 과일로 알려져 있다. 백도, 황도, 천도 등 여러 품종이 있다. 열매 속에 든 단단한 씨앗은 '도인'이라고 하며 한방에서 피멍을 풀어 주는 약재로 쓴다.

 무릉도원 이야기

중국의 시인 도연명이 지은 《도화원기》에 나오는 이야기입니다. 중국 진나라 때 무릉에 사는 한 어부가 배를 타고 가다가 복숭아꽃이 만발한 곳에 다다랐습니다. 그곳에서 굴을 발견하여 안으로 들어가 보니 굴 안에는 너른 땅과 함께 아름다운 마을이 있었습니다. 그 마을은 먹을 것이 풍족했고 사람들은 춤과 노래를 즐기며 행복하게 살고 있었습니다. 어부는 환대를 받으며 행복하게 지냈습니다. 그 마을에 계속 있고 싶었던 어부는 두고 온 가족 걱정 때문에 집으로 돌아와야 했습니다.

어부는 나중에 다시 가려고 굴 입구에 몰래 표시해 놓고 돌아왔습니다. 하지만 다시 가 보려고 표시해 둔 곳을 찾았지만 끝내 찾을 수가 없었습니다.

사람들은 그 어부의 이야기를 듣고 그곳을 '무릉의 복숭아꽃이 피는 아름다운 동산'이라는 뜻으로 '무릉도원(武陵桃源)'이라고 불렀습니다. 무릉도원은 '사람들이 꿈꾸는 살기 좋은 이상향'을 뜻하는 말이 되었으며 여기에 장수를 상징하는 복숭아가 나옵니다.

꽃이 핀 복숭아나무

4월에 핀 꽃　　　　　　　　　6월의 열매

앵두나무(장미과) *Prunus tomentosa*

갈잎떨기나무, 높이 2~3m, 꽃 4~5월

과일나무로 시골집 마당가에 심어 기른다. 봄에 가지 가득 흰색이나 연분홍색 꽃이 핀다. 가지에 다닥다닥 열리는 작은 열매는 6월에 붉은색으로 익는다. 살이 탱탱한 열매는 단맛이 나며 옛날부터 과일로 즐겨 먹었다. 꽃과 열매가 아름다워 관상용으로도 많이 심는다. 한자 이름은 '앵도(櫻桃)'인데 '앵두 앵', '복숭아 도'가 합쳐진 말로 열매는 작지만 복숭아를 닮아서 붙여졌으며, 나중에 '도'가 '두'로 변해 '앵두'가 되었다.

4월에 핀 꽃　　　　　　　　　6월의 열매

자두나무(장미과) *Prunus salicina*

갈잎작은키나무, 높이 7~8m, 꽃 3~4월

과일나무로 시골집 마당가에 심거나 밭에서 재배한다. 잎이 돋기 전에 흰색 꽃이 핀다. 동그란 열매는 흰색 가루로 덮여 있으며 노란색이나 빨간색으로 익는다. 원래 자두는 신맛이 강하지만 요즘에는 단맛이 나는 품종으로 개량해서 많이 심는다. 열매는 과일로 먹고 잼, 젤리, 통조림 등의 원료로도 쓴다. 한자 이름은 '자도(紫桃)'인데 '자주색 복숭아'라는 뜻으로 열매가 복숭아와 비슷해서 붙여졌으며, 나중에 '도'가 '두'로 변해 '자두'가 되었다.

열매살과 씨는 잘 떨어진다.

7월의 열매

씨의 표면이 거칠다.

살구나무(장미과) *Prunus armeniaca* var. *ansu*

갈잎작은키나무~큰키나무, 높이 5~12m, 꽃 4월

과일나무로 시골집 마당가에 심어 기른다. 봄에 잎보다 먼저 나무 가득 흰색 꽃이 핀다. 초여름에 황색으로 익는 열매는 달고도 새콤한 맛이 나며 과일로 먹고, 통조림, 잼, 건살구, 주스 등으로 가공하기도 한다. 한방에서는 살구씨를 '행인(杏仁)'이라고 하여 기침과 가래를 삭이는 약으로 쓰며 근래에는 화장품이나 비누를 만드는 원료로도 쓴다. 살구나무 목재로 만든 목탁은 소리가 맑고 청아해서 스님들이 좋아한다고 한다.

 한의원을 행림이라고 부르는 이유는?

중국 오나라에 '동봉'이라는 의사가 있었습니다. 동봉은 뛰어난 의술로 환자를 고쳐 주고 치료비 대신 뒷동산에 살구나무를 한 그루씩 심게 했습니다. 얼마 안 가서 뒷동산은 살구나무 숲이 되었고, 동봉은 살구 열매를 곡식과 바꾸어서 가난한 사람들에게 나눠 주었다고 합니다.

사람들은 이 숲을 '행림(杏林)'이라고 하였는데 '살구 행', '수풀 림'이 합쳐져서 원래는 '살구나무 숲'이라는 뜻이었지만 '동봉처럼 진정한 의술을 행하는 병원'을 뜻하는 말이 되었고, 그 뒤부터는 한의원을 '행림'이라고 부릅니다.

열매살과 씨는 잘 떨어지지 않는다.

6월의 열매

씨는 작은 구멍이 많다.

매실나무/매화나무(장미과) *Prunus mume*

갈잎작은키나무, 높이 5m 정도, 꽃 2~4월

중국 원산으로 과일나무로 심어 기르며 꽃을 보기 위해 관상수로도 많이 심는다. 그래서 흔히 '매화(梅花)나무'라고 부르는데 열매인 매실(梅實)의 쓰임새가 커지자 '매실나무'로 부르게 되었다. 봄에 잎보다 먼저 나무 가득 피는 흰색 꽃은 향기가 진하다. 황색으로 익는 열매는 털이 빽빽이 있으며 맛이 매우 시어서 날로 먹기가 어렵다. 덜 익은 매실 열매로 과실주를 담가 먹거나 음료수를 만들어 마시며, 매실장아찌를 만들어 먹기도 한다.

4월에 핀 꽃

10월의 열매

배나무(장미과) *Pyrus pyrifolia* var. *culta*

갈잎작은키나무, 높이 5~10m, 꽃 4월

과일나무로 재배한다. 봄에 나무 가득 흰색 꽃이 핀 모습이 아름답다. 배꽃은 한자로 '이화(梨花)'라고 하는데 옛날 사람들은 꽃을 따서 담근 술을 '이화주'라고 하여 즐겨 마셨다. 동그란 열매는 가을에 황갈색으로 탐스럽게 익는다. 배는 날로 먹지만 고기를 잴 때나 김치를 담글 때 넣고, 냉면 등 여러 음식에도 넣는다. 이렇게 음식에 넣는 이유는 배에 있는 효소의 작용으로 고기를 연하게 만들고 소화를 돕기 때문이다.

10월의 열매   10월의 사과나무

사과나무 (장미과) *Malus pumila*

갈잎큰키나무, 높이 3~10m, 꽃 4~5월

과일나무로 재배한다. 우리나라에는 100년 전쯤에 유럽에서 만들어진 좋은 품종이 들어와 재배되기 시작하였다. 열매는 가을에 붉은색으로 익는다. 사과는 그냥 날로 먹고 사과 주스나 잼을 만들기도 하며, 사과 식초로도 만든다. 사과는 달고 새콤한 맛이 좋아 우리나라에서 가장 많이 생산되는 과일 중 하나이다. 한자 이름 '사과(沙果)'는 옛날에 기르던 사과의 열매살을 씹으면 모래처럼 퍼석거려서 붙여진 이름이라고 한다.

 사과를 깎아 놓으면 왜 색깔이 변할까?

공기 중에서 누렇게 변한 사과(왼쪽)와 소금물에 담갔던 사과(오른쪽)

사과를 먹기 위해 껍질을 깎아 놓으면 점차 색깔이 누런 갈색으로 변해서 보기가 싫어진다. 이는 사과 속에 들어 있는 '폴리페놀'이라는 성분이 공기 중의 산소와 만나 '산화'되기 때문에 생기는 현상으로, 음식이 상하는 것과는 관계가 없으므로 먹어도 문제되지 않는다.

그렇지만 색깔이 변한 사과를 손님에게 대접하기에는 너무 지저분해 보인다. 이럴 때는 깎은 사과를 소금물이나 설탕물에 살짝 담갔다 꺼내면 색깔이 잘 변하지 않는다. 사과 외에도 배나 복숭아, 감자 등도 산화가 된다.

5월 초에 핀 꽃   6월의 열매

양벚 (장미과) *Prunus avium*

갈잎큰키나무, 높이 10m 정도, 꽃 5월

미국 원산으로 시골집에서 과일나무로 심는다. 동그란 열매는 초여름에 붉은색으로 익는데 흔히 '체리'라고 하며 과일로 먹는다. 새콤달콤한 맛이 독특해서 좋아하는 사람이 많으며, 병조림이나 통조림으로 만들고 과자나 초콜릿을 만드는 데 넣기도 한다. 우리나라에서는 열매가 익는 초여름이 장마 기간과 겹치므로 재배하는 데 어려움이 있다. 벚나무 종류로 서양에서 들여와서 '양벚'이라고 하며 여러 재배 품종이 있다.

5월에 핀 꽃   9월의 열매

양다래/키위 (다래나무과) *Actinidia chinensis*

갈잎덩굴나무, 길이 10m 이상, 꽃 5~6월

중국 원산으로 뉴질랜드에서 품종을 개량하였고, 남부 지방에서 재배한다. 달걀형의 열매는 겉에 털이 많으며 갈색으로 익는다. 열매살 가운데 부분은 크림색이고 그 둘레는 연한 녹색이며, 깨알 같은 검은색 씨앗이 점점이 박혀 있다. 열매는 새콤달콤한 맛이 나며 비타민이 풍부하다. 잼이나 아이스크림을 만드는 데 넣기도 한다. 다래의 친척으로 외국에서 들어와서 '양다래'라고 한다. 열매 모양이 뉴질랜드의 나라새인 키위를 닮아서 '키위'라고도 한다.

4월에 핀 꽃

1월의 열매

열매 단면

귤(운향과) *Citrus reticulata*

늘푸른작은키나무, 높이 3~5m, 꽃 5~6월

제주도를 비롯한 남쪽 섬에서 기른다. 동글납작한 열매는 늦가을
부터 주황색으로 익기 시작하는데 요즘에는 온실에서 재배하기
때문에 여름에도 귤을 먹을 수 있다. 지금은 흔한 과일이 되었지
만 옛날에는 임금님이나 지위가 높은 귀족들만 먹을 수 있는 진귀
한 과일이었다. 귤은 즙을 내어 음료수로 마시거나 잼, 과자 등을
만들기도 한다. 말린 귤 껍질에는 비타민이 많이 들어 있어 감기
약으로 쓰는데 오래된 껍질일수록 약효가 좋다고 한다.

귤은 왜 씨가 없을까?

옛쪽 품종인 산귤 열매

산귤 열매 단면

산귤 씨앗

귤 열매를 가로로 잘라 보면 말랑말랑한 열매살 속에는 씨앗이 하나도
없다. 귤의 씨앗은 어떻게 된 것일까? 옛날에 재배하던 품종인 '산귤'의
열매를 잘라 보면 열매조각마다 씨앗이 들어 있는 것을 볼 수 있다. 이처
럼 **귤도 처음에는 열매 속에 씨앗이 있었지만 먹기가 불편하기 때문에
품종 개량을 통해 씨가 없는 과일이 된 것**이다. 시장에서 구입한 귤 중에
서 드물게 열매살 속에 씨앗이 들어 있는 것이 발견된다.

귤처럼 씨앗이 없는 과일로는 바나나가 있으며, 감이나 포도, 수박 등도
씨가 없는 품종이 만들어졌다.

6월에 핀 꽃

11월의 열매

잎 모양

유자나무(운향과) *Citrus junos*

늘푸른떨기나무, 높이 4m 정도, 꽃 5~6월

남쪽 섬에서 재배한다. 줄기에 가시가 있고 잎자루에 날개가 있
다. 귤과 비슷한 열매는 동글납작하고 겉껍질은 울퉁불퉁하며 노
란색으로 익는다. 열매는 신맛이 강해서 날로 먹지는 못하지만,
향기가 좋으므로 잘게 썰어서 유자차로 만들어 마신다. 또 잼이나
주스, 젤리 등을 만드는 데 넣기도 한다. 어린 열매는 탱자 열매처
럼 위장을 튼튼하게 하는 약재로 쓴다. 옛날에 추위를 이기기 위
해 동지에 유자를 넣은 물로 목욕을 했다고 한다.

8월의 열매

문 앞을 장식한 금감(중국)

금감/금귤(운향과) *Fortunella japonica* var. *margarita*

갈잎떨기나무, 높이 3~4m, 꽃 5~6월

중국 원산으로 남부 지방에서 재배한다. 귤과 비슷하지만 열매의
크기가 지름 2~3㎝로 작다. 주황색으로 익는 열매는 껍질째 먹는
데 껍질이 달고 속살은 쌉싸래하다. 또 절임이나 젤리, 마멀레이
드 등에 이용된다. 한자 이름 '금감(金柑)'은 '금빛이 나는 감귤'이
라는 뜻이며 '금귤'이라고도 하고, '낑깡'이라고도 부른다. 중국에
서는 음력설이 되면 행운이 오거나 부자가 되기를 기원하면서 가
정이나 직장마다 열매가 가득한 금감을 문 앞에 놓아 둔다.

6월에 핀 꽃　　　　　　8월의 열매

꽃잎 모자를 벗는 포도

포도 꽃은 꽃이 피면 꽃잎은 모자처럼 위로 벗겨지고 꽃술만 남아요.

① 갓 핀 포도 꽃　② 떨어지는 꽃잎　③ 꽃잎이 없어진 꽃

포도(포도과) *Vitis vinifera*

갈잎덩굴나무, 길이 3~7m, 꽃 5~6월

서아시아 원산이며 세계적으로 가장 많이 생산되는 과일로 과일 생산량의 3분의 1 정도를 차지한다. 탐스럽게 매달리는 열매송이는 초가을에 흑자색으로 익는다. 포도는 날로 먹거나 말려서 건포도로 만들고, 포도주를 담그나 포도 주스를 만들기도 한다. 여러 재배 품종이 있으며 열매가 익어도 연두색 그대로인 품종은 흔히 '청포도'라고 한다. 한자 이름 '포도(葡萄)'는 원산지인 페르시아어 '부다와(Budawa)'를 한자음으로 발음한 것이다.

대부분의 꽃은 꽃이 피면 꽃봉오리가 벌어지면서 아름다운 꽃잎이 펼쳐진다. 꽃잎은 아름다운 색깔로 곤충을 불러 모으고 가운데에 있는 암술과 수술을 보호하는 역할을 한다.

하지만 포도 꽃은 꽃이 피기 시작하면 꽃잎의 밑부분이 떨어지면서 작은 연녹색 꽃잎을 위로 밀어내는데, 마치 그 모습이 녹색 모자를 벗는 듯 보인다. 꽃잎이 떨어져 나가면 안에는 암술과 수술만 남는다. 포도 꽃은 은은한 향기를 풍기는데 벌이 날아와서 꽃가루받이를 도와주기도 하고, 바람에 꽃가루가 날려서 꽃가루받이를 하기도 한다.

6월에 핀 꽃　　9월의 열매　　두꺼운 꽃받침　열매 단면　6월의 석류나무

석류나무(부처꽃과) *Punica granatum*

갈잎작은키나무, 높이 5~6m, 꽃 5~6월

지중해 원산으로 주로 남부 지방에서 재배한다. 가지 끝에 피는 붉은색 꽃이 아름다워서 관상수로도 많이 심는다. 동그란 열매 끝에 뾰족한 꽃받침자국이 남아 있는 모양이 왕관을 쓴 모습과 비슷하다. 이 모습을 보고 서양에서는 석류가 부귀를 상징하는 것으로 여겼다. 열매는 익으면 여러 갈래로 갈라지며 속에는 씨앗이 가득 들어 있다. 씨앗을 싸고 있는 붉은색 열매살은 새콤달콤하며, 입에 넣고 씹으면 톡톡 터지면서 씨앗을 함께 씹는 맛이 있다. 열매살은 음료수를 만드는 원료로도 쓴다. 씨앗이 많은 열매는 많은 자손을 얻는 '다산(多産)'을 뜻해서 부인들의 옷이나 물건에 석류 그림을 그려 넣었다. 석류는 좋은 영양소가 많이 들어 있지만 특히 여성호르몬인 '에스트로겐'이 많이 들어 있어서 여자에게 좋은 과일이다. 이집트 피라미드 벽화에도 그려져 있을 정도로 오래전부터 재배한 과일이다. '석류(石榴)'는 '안석국(安石國:페르시아)에서 온 동그란 열매'라는 한자 이름으로 페르시아에서 중국으로 전해지면서 붙여졌다.

6월에 핀 꽃

10월의 열매

5월에 핀 꽃

6월의 열매

대추나무(갈매나무과) *Zizyphus jujuba* var. *inermis*
갈잎작은키나무, 높이 5~8m, 꽃 6~7월

과일나무로 시골집 마당가에 심어 기른다. 봄이 끝나 갈 무렵 다른 나무들의 잎이 다 자란 후에야 대추나무의 잎이 돋아서 '양반나무'라고 한다. 둥근 타원형 열매를 '대추'라고 부르며 가을에 붉은 갈색으로 익는다. 대추는 한약재로 많이 이용되고, 떡이나 약식을 비롯한 여러 음식에도 들어가며 대추차로 끓여 마신다. 목재는 아주 단단해서 연장이나 공예품을 만드는 재료로 쓴다. 한자 이름 '대조(大棗)'에서 '대추'가 유래되었다고 한다.

블루베리(진달래과) *Vaccinium corymbosum*
갈잎떨기나무, 높이 2~4m, 꽃 4~5월

북아메리카 원산으로 밭에서 재배하거나 관상수로 기른다. 단지 모양의 흰색 꽃은 밑을 향해 핀다. 영어 이름인 '블루베리(Blueberry)'는 '푸른색 물열매'라는 뜻으로 동그란 열매의 색깔이 푸른색이어서 붙여졌다. 열매는 새콤달콤한 맛이 나며, 날로 먹거나 잼, 젤리, 파이, 주스 등을 만드는 원료로 이용된다. 근래에 건강 식품으로 각광받고 있는데 질병을 예방하고 젊음을 유지시켜 주며, 피부 미용에 좋고 눈의 건강을 지켜 준다고 한다.

6월에 핀 꽃

9월의 열매

감나무(감나무과) *Diospyros kaki*
갈잎큰키나무, 높이 10m 정도, 꽃 5~6월

과일나무로 시골집 마당가에 심어 기르거나 밭에서 재배한다. 열매는 품종에 따라 뾰족 감, 납작 감, 동그란 감 등 모양이 다르며 가을에 황홍색으로 익는다. 단단한 생감을 따서 저장하여 말랑말랑해진 감을 '홍시'라고 하고, 생감의 껍질을 벗겨 햇볕에 말린 것을 '곶감'이라고 한다. 감잎은 비타민 C가 풍부해 차로 끓여 마시고, 딸꾹질을 할 때 감꼭지를 달인 물을 마시면 대부분 멈춘다고 한다. 감나무는 전통 가구를 만드는 귀한 목재로 사용하였다.

덜 익은 감은 왜 떫을까?

생감의 껍질을 벗겨 실에 꿰어 말리면 쫀득쫀득한 곶감이 만들어져요.

곶감 말리기

11월의 감나무

덜 익은 감을 베어 물면 떫어서 입안이 텁텁해진다. 이것은 어린 감 속에 '탄닌' 성분이 들어 있기 때문이다. 감의 떫은맛을 없애려면 소금물이나 따뜻한 물에 담그면 된다. 대량으로 떫은맛을 없애는 데는 드라이아이스나 이산화탄소를 이용한다.

탄닌이 많은 감을 먹으면 대변을 굳게 만들기 때문에 변비에 걸리기 쉬운데, 반대로 설사를 멈추는 약으로 쓰기도 한다. 어린 감을 으깬 것을 이용해 물감 들인 옷을 '갈옷'이라고 하는데 떫은맛을 내는 탄닌 성분 때문에 염색이 잘된다고 한다.

암꽃

씨앗

씨앗 단면

8월의 열매

벌어진 열매

9월의 열매

밤나무(참나무과) *Castanea crenata*

갈잎큰키나무, 높이 15m 정도, 꽃 6월

산에서 자라며 마을 주변에도 많이 심는다. 암수한그루로 연한 황백색 꽃은 향기가 진하고 꿀이 많아 벌이 많이 모여든다. 동그란 열매는 가시로 덮여 있고 가을에 갈색으로 익으면 벌어지면서 씨앗이 나온다. 밤은 옛날부터 대표적인 과일로 길렀다. 씨앗인 밤은 구워 먹거나 쪄 먹으며 음식에도 넣고, 생밤은 제사상에도 오른다. 밤나무 목재는 단단하면서도 탄력이 있고 잘 썩지 않아 철길 바닥에 까는 철도 침목으로 이용하였다.

호두나무(가래나무과) *Juglans regia*

갈잎큰키나무, 높이 10~20m, 꽃 4~5월

중앙아시아 원산으로 중국을 통해 들여와 옛날부터 심어 길렀다. 동그란 열매는 보통 2개씩 짝을 지어 달린다. 열매 속의 단단한 씨앗을 '호두'라고 하는데 속살은 고소한 맛이 나며 많이 먹으면 머리가 좋아진다고 한다. 호두 속살에는 우리 몸에 좋은 기름이 많이 들어 있어 기름을 짜서 쓰기도 한다. 한자 이름 '호도(胡桃)'는 '중앙아시아 오랑캐의 나라에서 온 복숭아를 닮은 과일'이라는 뜻이며, 부르기 쉽게 '도'가 '두'로 변해 '호두'가 되었다.

씨앗

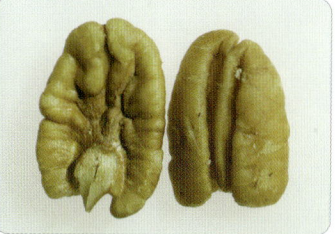

속살

열매 모양

씨앗

10월의 열매

5월에 핀 꽃

피칸(가래나무과) *Carya illinoinensis*

갈잎큰키나무, 높이 30~50m, 꽃 5월

북아메리카 원산으로 과일나무로 심는다. '피칸(Pecan)'은 영어 이름이며 '히코리'라고도 하고 여러 재배 품종이 있다. 긴 타원형 열매는 세로로 모가 지며 몇 개씩 모여 달린다. 속에 든 달걀형의 단단한 씨앗을 깨면 고소한 속살이 나온다. 피칸은 날로 먹거나 설탕을 묻혀서 먹고, 소금에 절여 먹기도 한다. 피칸에는 기름이 많이 들어 있고 뒷맛이 약간 달콤하다. 피칸은 커피 케이크 같은 빵을 만드는 데도 넣고, 초콜릿을 만드는 데 섞기도 한다.

흑호도(가래나무과) *Juglans nigra*

갈잎큰키나무, 높이 20~30m, 꽃 4~6월

북아메리카 원산으로 과일나무로 심는다. 봄에 잎이 돋을 때 꽃도 함께 피는데 수꽃이삭은 밑으로 늘어진다. 호두 모양의 동그란 열매는 흑갈색으로 익는다. 열매 속의 동그란 씨앗은 검은색이라서 '흑호도'라는 이름을 얻었다. 속살은 특유의 향기가 나고 영양분이 많아서 사람들이 먹으며, 고급 과자와 아이스크림 등을 만드는 데 넣고 기름을 짜서 쓰기도 한다. 흑호도는 열매뿐만 아니라 곧게 자라는 나무를 고급 목재로 이용하려고 재배한다.

열대 과일

동남아시아와 같은 열대 지방에서는 다양한 과일이 생산된다. 열대 과일 중에는 우리나라처럼 간식으로 먹는 것이 많지만 빵나무나 바라밀처럼 주식으로 먹는 과일도 있다. 지구 온난화가 계속되면서 기온이 올라가는 제주도와 남쪽 섬에서는 온실에서 열대 과일을 재배하고 있다. 우리나라에서도 싱싱한 열대 과일을 먹을 수 있어서 좋지만 가격이 비싼 것이 문제이다.

열대 지방의 과일가게

흰색 속살은 부드럽고 달콤하기 때문에 영어 이름은 '슈가애플(Sugar apple)'이라고 해요.

열매가지

열매 단면

열매가지

열매 모양

불두과/슈가애플(포포나무과) *Annona squamosa*
늘푸른작은키나무, 높이 3~7m

중앙아메리카 원산의 과일나무이다. 둥근 원뿔형의 열매는 크기가 5~10cm이며 표면이 수많은 작은 조각으로 이루어져 있다. 열매가 울퉁불퉁하게 보이는 것이 부처님 머리 모양과 비슷해서 '불두과(佛頭果)'라고 하며, 수류탄과도 모양이 비슷하다. 열매는 날로 먹으며 과일 샐러드, 밀크셰이크, 아이스크림, 요구르트, 젤리 등을 만드는 원료로도 쓴다. 뿌리와 나무껍질을 달인 물은 설사를 멈추는 약재로 이용한다. 제주도에서는 온실에서 재배한다.

카람볼라/스타후르츠(괭이밥과) *Averrhoa carambola*
늘푸른큰키나무, 높이 6~12m

말레이시아 원산의 과일나무이다. 타원형 열매는 세로로 5개의 능선과 깊은 굴곡이 있다. 열매를 가로로 자른 단면이 별 모양이기 때문에 '스타후르츠(Star Fruit)'라고도 부른다. 열매는 황록색으로 익으면 새콤달콤한 맛이 나며, 향기가 진하고 상큼한 기분이 든다. 잘 익은 열매는 껍질째 얇게 썬 다음 씨앗을 빼고 날로 먹는다. 열량이 낮고 수분이 많아 여성들의 다이어트에 좋은 과일이다. 피클이나 샐러드, 주스, 와인을 만드는 재료로 쓴다.

꽃가지　　　　　　　　　열매가지

열매가 달린 줄기　　　　　　　꽃가지

빵나무(뽕나무과) *Artocarpus altilis*
늘푸른큰키나무, 높이 15m 정도

태평양의 여러 섬이 원산인 과일나무이다. 둥그스름한 열매는 길이가 15~30㎝이며 노란색으로 익고, 속살에는 녹말이 많이 들어 있다. 태평양 섬 주민들의 중요한 식량 자원으로 열매를 불에 구우면 빵처럼 누렇게 익기 때문에 '빵나무(Bread Fruit)'라고 하며 맛은 감자와 비슷하다. 보통 열매를 얇게 잘라서 굽거나 쪄 먹는다. 씨앗은 '브레드 너트(Bread Nut)'라고 하며 기름에 튀기거나 끓여서 먹는다. 나무껍질에서 섬유를 채취해 사용한다.

바라밀/잭후룻나무(뽕나무과) *Artocarpus heterophyllus*
늘푸른큰키나무, 높이 15~40m

인도와 말레이시아 원산의 과일나무이다. 빵나무와 아주 가까운 형제 나무이며 타원형 열매는 길이가 25~90㎝로 빵나무 열매보다 훨씬 크다. 보통은 무게가 10kg 남짓 되지만 큰 것은 40kg에 달하기도 한다. 바라밀은 지구상에서 가장 큰 과일 열매를 맺는다. '잭후룻(Jackfruit)'은 '큰 열매'라는 뜻의 영어 이름이다. 잘 익은 열매는 씨앗을 싸고 있는 열매살을 먹는데 파인애플이나 멜론처럼 단맛이 난다. 씨앗은 밤처럼 쪄서 먹는다.

꽃가지　　　　　　　　　열매가지

어린 열매가 달린 줄기　　　　　　열매 단면

잘 익은 열매

왕귤나무/포멜로(운향과) *Citrus maxima*
늘푸른큰키나무, 높이 10m 정도

동남아시아가 원산인 과일나무이다. 둥그스름한 열매는 지름이 15㎝ 정도이지만 30㎝에 달하는 큰 것도 있으며, 무게는 2kg에 달하기도 한다. 이처럼 열매를 비롯한 모든 부분이 귤나무 종류 중에서 가장 크기 때문에 '왕귤나무'라고 하고 동남아시아에서는 '포멜로'라고 부른다. 열매는 과일로 먹는데 달콤하면서도 시원한 맛이 나며, 씹으면 작은 알갱이가 톡톡 터지는 느낌이 좋다. 설탕에 절여 먹기도 하며 주스나 술을 만들기도 한다.

파파야(파파야과) *Carica papaya*
늘푸른작은키나무, 높이 6m 정도

열대 아메리카 원산의 과일나무이다. 잎겨드랑이에 달리는 타원형 열매는 18~40㎝ 크기이며 황적색으로 익는다. 열매는 날로 먹거나 과일 주스와 잼, 과자 등을 만들며 말려서 먹기도 한다. 씨앗은 독특한 맛이 있어서 향신료로 쓴다. 동남아시아에서는 어린 열매와 잎을 샐러드에 넣거나 채소로 이용한다. 열매에는 단백질을 분해하는 '파파인(Papain)'이라는 효소가 들어 있어 육식을 한 뒤에 먹으면 소화가 잘되어서 후식으로 많이 먹는다.

씨앗을 싸고 있는 속살은 달고 고소한 맛과 독특한 향이 일품이라서 '열대 과일의 왕'으로 불려요.

열매가지　　　열매 단면

어린 열매

열매살은 새콤달콤한 맛과 향기가 뛰어나서 '열대 과일의 여왕'으로 불려요.

과일 가게의 망고스틴　　　열매 속살

두리안나무(아욱과) *Durio zibethinus*

늘푸른큰키나무, 높이 20~30m

열대 아시아 원산의 과일나무이다. 동그스름한 열매는 지름이 15~30㎝이고 표면은 굵은 가시로 덮여 있으며, 무게가 8kg까지 나가기도 한다. '두리안'이라는 이름은 말레이어로 '가시'를 뜻하는 '두리(Duri)'에서 유래되었다. 씨앗을 싸고 있는 연노란색 속살을 날로 먹는데 달고 고소한 맛과 함께 썩는 듯한 냄새도 난다. 그래서 '맛은 천국의 맛이지만 냄새는 지옥의 향기'라고 표현한다. 아이스크림과 캔디, 비스킷, 잼 등의 원료로도 쓴다.

망고스틴(클루시아과) *Garcinia mangostana*

늘푸른큰키나무, 높이 8~15m

열대 아시아 원산의 과일나무이다. 동그란 열매는 지름이 4~7㎝이며 흑자색으로 익고, 꽃받침이 남아 있다. 두꺼운 껍질 속에 있는, 씨앗을 둘러싼 마늘쪽 모양의 흰색 속살을 과일로 먹는데 달콤한 즙과 향이 일품이다. 오래되면 껍질이 딱딱해지면서 신선도가 떨어지므로 껍질을 눌렀을 때 살짝 들어가는 싱싱한 것을 골라야 제대로 된 맛과 향을 즐길 수 있다. 보관이 어려워서 설탕에 절이거나 통조림으로도 만든다. 열매껍질은 염색 물감으로 쓴다.

어린 열매가지　　　열매 송이

꽃가지

열매가지

랑삿나무(멀구슬나무과) *Lansium domesticum*

늘푸른큰키나무, 높이 10~15m

말레이시아 원산의 과일나무이다. 가지에 포도송이 모양의 열매가 주렁주렁 매달리며 황갈색으로 익는다. 동그란 열매알은 크기가 2.5~5㎝이다. 맛있는 열대 과일의 하나로 열매껍질을 벗기면 포도처럼 과즙이 풍부한 속살이 나오며 새콤달콤한 맛이 일품이다. 여러 재배 품종이 있으며 품종에 따라 씨앗이 있는 것과 없는 것이 있다. 씨앗은 쓴맛이 나므로 깨물지 않는 것이 좋다. 원주민들은 씨앗을 열을 내리거나 기생충을 제거하는 약으로 쓴다.

구아바(도금양과) *Psidium guajava*

늘푸른큰키나무, 높이 3~7m

열대 아메리카 원산의 과일나무이다. 잎겨드랑이에 달리는 동그스름한 열매는 길이가 5~12㎝이며 끝에 꽃받침자국이 남아 있고, 연한 붉은색으로 익는다. 열매살은 비타민이나 철분 등의 각종 영양소가 풍부하다. 열매는 날로 먹거나 통조림, 젤리, 잼, 치즈 등으로 만든다. 열매로 주스를 만들어 마시고, 잎과 열매살을 말려 차를 끓여 마시는데 위장이나 당뇨에 좋다고 한다. 생선이나 고기 요리를 할 때 넣으면 비린내나 누린내를 없애 준다.

붉은색 열매

노란색 열매

어린 열매가지

대추야자 가로수

열매가지　　　시장에서 파는 대추야자

람부딴(무환자나무과) *Nephelium lappaceum*
늘푸른큰키나무, 높이 10~15m

말레이시아 원산의 과일나무이다. 가지 끝에 큼직한 열매송이가 달린다. 타원형 열매는 크기가 3~6㎝이며 짧은 가시 모양의 털로 덮여 있다. '람부딴'은 말레이어로 '털이 있는 열매'라는 뜻이다. 열매는 보통 붉은색으로 익지만 노란색으로 익는 품종도 있다. 털로 덮인 겉껍질을 벗겨내면 반투명한 열매살이 나오는데 포도알처럼 과즙이 많고 달콤하다. 열매는 통조림이나 잼으로 만들고, 과일을 끓이는 스튜 요리에도 쓰인다.

대추야자(야자나무과) *Phoenix dactylifera*
늘푸른큰키나무, 높이 25~30m

서아시아와 북아프리카 원산으로 열매이삭은 비스듬히 처지며 타원형 열매는 흑갈색으로 익는다. 야자나무 종류로 열매가 대추 같아서 '대추야자'라고 하며 성경에서는 '종려나무'라고 한다. 열매살은 달고 영양분이 풍부하며 사막의 중요한 식량 자원이다. 또 열매는 말려서 식량으로 삼는데 쫀득거리는 맛이 곶감과 비슷하다. 열매는 과자, 잼, 젤리, 술, 음료 등의 원료로 쓴다. 사막에서는 줄기에 구멍을 내어 나오는 수액을 받아 음료수로 마신다.

꽃가지

열매가지

망고나무(옻나무과) *Mangifera indica*
늘푸른큰키나무, 높이 10~15m

열대 아시아 원산의 과일나무이다. 달걀형의 열매는 길이가 5~22㎝이며 품종마다 모양이나 크기, 색깔이 조금씩 다르다. 열매는 날로 먹고 과자나 음료, 아이스크림 등을 만드는 재료로 쓴다. 원산지에서는 신맛이 강한 어린 열매를 절여서 반찬으로 먹으며 생선이나 카레 요리에도 넣는다. 열매를 말린 가루는 각종 요리에 양념으로 넣는다. 망고는 소화를 도와주므로 후식으로도 많이 먹는다. 우리나라 제주도에서는 온실에서 재배하고 있다.

우리나라에서도 아열대 과일을 재배할까?

여러 가지 열대 과일

근래 들어 지구는 계속해서 지표면의 기온이 조금씩 상승하고 있는데 이를 '지구 온난화'라고 한다. 지구 온난화의 영향으로 우리나라도 연평균 기온이 점차 올라가고 있으며 학자들의 추측으로는 2020년경이면 제주도는 아열대 기후로 바뀔 것이라고 한다.

현재는 제주도에서 망고, 구아바, 파파야, 왁스애플 등 10여 종의 아열대 과일을 온실에서 재배하고 있는데 점차 밭에서 재배할 수 있게 된다. 그렇게 되면 열대 지방에 가지 않고도 싱싱한 아열대 과일들을 손쉽게 맛볼 수 있을 것이다.

특용식물

특별한 용도로 쓰기 위해 기르는 식물을 통틀어서 '특용식물(特用植物)'이라고 한다. 특용식물은 보통 먹기 위해 기르는 식용식물을 제외한 나머지 재배식물을 말하며, '공예식물', '공업식물', '원료식물'이라고도 한다. 특용식물은 기름과 섬유, 약품, 물감, 향신료, 고무, 설탕 등을 얻는 식물로 공업 제품의 원료가 되는 것이 대부분이다.

천연 염색을 한 명주 옷감

강화도의 화문석을 파는 가게

붉은토끼풀

커피나무 씨앗

치자나무 열매

대나무 숲

오미자 열매

기름을 얻는 유지식물

씨앗이나 열매, 가지, 잎 등에 기름 성분을 가지고 있는 식물을 '유지식물(油脂植物)'이라고 하는데 주로 씨앗에서 기름을 많이 얻는다. 식물성 기름은 열량이 높으며 음식 맛을 내는 데 이용하고, 화장품 등을 만드는 데도 쓰인다. 공업용으로는 기계에 기름칠을 해서 녹이 슬지 않도록 하거나 마찰을 줄여 잘 움직이도록 도와준다.

남아프리카공화국의 해바라기밭

11월의 열매　깻잎

9월 초에 핀 꽃　씨앗

들깨(꿀풀과)　*Perilla frutescens* var. *japonica*
한해살이풀, 높이 60~90cm, 꽃 8~9월

달걀형의 잎은 우글쭈글 주름살이 지며 뒷면은 자주색이 돌기도 한다. 가지 끝에 흰색 꽃송이가 달리고 그대로 열매송이가 된다. 갈색 씨앗은 볶아서 양념으로 쓰거나 들기름을 짜는데 맛이 고소하다. 들기름은 나물을 무치거나 반찬을 만들 때 고소한 맛을 내는 양념으로 넣는다. 또 들기름은 페인트나 니스, 잉크, 포마드, 비누 등을 만드는 원료로 쓴다. 독특한 향기가 있는 연한 잎은 쌈을 싸 먹거나 장아찌로 만들어 밑반찬으로 먹는다.

어린열매　갈라진 열매

8월에 핀 꽃　씨앗

참깨(참깨과)　*Sesamum indicum*
한해살이풀, 높이 1m 정도, 꽃 7~8월

잎겨드랑이에 깔때기 모양의 연자주색 꽃이 차례대로 피어 올라간다. 원통형 열매는 끝이 뾰족하며 4갈래 벌어지면서 자잘한 연노란색 씨앗이 나오는데 씨앗이 검은색인 품종도 있다. 씨앗은 볶아서 양념으로 쓰거나 기름을 짜는데 맛이 고소하다. '참깨'는 '진짜 고소한 깨'라는 뜻이다. 참깨는 과자나 두부의 재료로도 쓴다. 기름을 짜고 난 찌꺼기인 깻묵은 사료나 비료로 쓴다. 아프리카 원산으로 고대 이집트에서 사용했을 정도로 역사가 깊다.

8월의 어린 열매

8월에 핀 꽃　　　　　씨앗

유채밭

4월에 핀 꽃　　　　　씨앗

피마자/아주까리(대극과) *Ricinus communis*
한해살이풀, 높이 2m 정도, 꽃 8~9월

동그스름한 열매는 보통 가시털로 덮여 있고 타원형 씨앗에는 진한 갈색 반점이 있다. 씨앗으로 짠 기름을 예전에는 머릿기름이나 등잔 기름으로 썼고, 배탈이 났을 때 설사약으로 이용하였다. 기름은 높은 열에 잘 견디기 때문에 비행기의 윤활유로 사용되며 그 밖에 화장품, 페인트, 니스, 잉크 등의 원료로 쓴다. 열대 아프리카 원산으로 새순은 나물로 먹는다. '피마자'는 잎이 마 잎처럼 크고 씨앗을 약으로 써서 붙여진 이름이며 '아주까리'라고도 한다.

유채(겨자과) *Brassica napus*
두해살이풀, 높이 1m 정도, 꽃 4월

줄기 끝에 노란색 꽃이 모여 핀 모습이 배추와 비슷하다. 꽃에는 꿀이 많아 벌이 많이 모여든다. 기다란 원통형 꼬투리에 들어 있는 동그란 씨앗은 흑갈색으로 익는다. 씨앗으로 기름을 짜는데 수확량이 많고 품질이 좋아서 콩기름 다음으로 많은 기름을 생산한다. 기름은 식용 기름으로 사용하고 공업용으로도 쓰인다. 깻묵은 사료나 비료로 쓴다. 한자 이름 '유채(油菜)'는 '기름을 짜는 채소'라는 뜻이다. 꽃밭의 모양이 보기 좋아 관상용으로 심는다.

8월의 열매

7월에 핀 꽃　　　　　씨앗

해바라기(국화과) *Helianthus annuus*
한해살이풀, 높이 2m 정도, 꽃 8~9월

줄기나 가지 끝에 커다란 노란색 꽃이 옆을 향해 핀다. 꽃이 해를 향해 피기 때문에 '해바라기'라고 하며 '향일화(向日花)'라는 한자 이름으로도 불린다. 씨앗은 날로 까서 먹거나 기름을 짠다. 기름은 비누나 마가린 등의 재료로 사용하며 예전에는 등잔 기름으로 썼다. 그리스 신화에서는 태양의 신 아폴론을 사랑한 요정 크리티가 자신의 사랑을 받아 주지 않은 아폴론을 그저 바라보고만 있다가 그대로 해바라기 꽃이 되었다는 이야기가 전해진다.

해바라기에도 있는 피보나치 수열

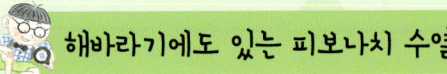

해바라기 꽃의 배열

1, 1, 2, 3, 5, 8, 13, 21, 34, 55, 89… 이렇게 다음에 오는 수는 앞의 두 수의 합과 같은 수로 계속 반복되는 것을 '피보나치 수열'이라고 한다. 이 수열은 이탈리아의 천재 수학자 '레오나르도 피보나치'가 제안하였다. 그런데 식물에서도 피보나치 수열을 흔히 볼 수 있는데 꽃잎의 수나 씨앗의 배열 등에서 찾을 수 있다.

해바라기를 보면 시계 방향으로 도는 나선과 반시계 방향으로 도는 나선 두 종류가 있다. 이 나선의 개수는 한 방향이 34줄이면 반대 방향은 55줄이고, 한 방향이 55줄이면 또 다른 방향은 89줄이 된다.

수확해서 쌓아 놓은 열매

씨앗

시든 수꽃이삭과 열매송이

기름야자(야자나무과) *Elaeis guineensis*

늘푸른큰키나무, 높이 10~20m

열대 아프리카 원산으로 열대 지방에서 널리 재배한다. 잎겨드랑이에 달리는 열매송이에는 씨앗이 다닥다닥 열린다. 열매살로 짠 기름은 '팜유'라고 하며 마가린, 식용유, 윤활유, 양초, 비누, 화장품 등을 만드는 원료로 쓴다. 씨앗으로 짠 기름은 '팜핵유' 또는 '커늘유'라고 하며 마가린, 과자, 아이스크림, 비누 등의 원료로 쓴다. 요즘은 친환경적인 바이오 연료로도 각광받고 있다. 야자나무 종류로 기름을 수확해서 '기름야자'라고 한다.

 세계에서 가장 많은 기름을 생산하는 식물

기름야자 농장

세계적으로 기름을 가장 많이 생산하던 식물은 콩이었다. 그렇지만 2005년부터는 '기름야자'에서 얻는 '팜유'가 콩기름을 누르고 생산량 1위로 올라섰다. 그 이유는 콩은 1ha에서 평균 332kg의 기름을 생산하는 데 비해, 기름야자는 1ha에서 평균 3622kg의 기름을 생산하여 단위 면적당 생산량이 무려 10배가 넘기 때문이다. 그러다 보니 기름야자를 재배하는 농장이 많아지면서 재배 면적도 가파르게 늘고 있다.

기름야자를 가장 많이 재배하는 나라는 동남아시아의 인도네시아와 말레이시아이다.

6월에 핀 꽃

9월의 열매

올리브(물푸레나무과) *Olea europaea*

늘푸른작은키나무, 높이 5~10m

터키 원산으로 지중해 연안에서 많이 재배한다. 타원형 열매가 열리는데 어린 열매는 소금에 절여 피클 등을 만들어 먹는다. 다 익은 열매는 기름을 짜는데 '올리브유'라고 하며 식용이나 화장품의 원료로 사용한다. 목재는 고급 가구를 만드는 재료로 쓰며 관상수로도 많이 심는다. 고대 그리스 올림픽에서 올리브 가지로 만든 월계관을 머리에 씌워 준 이후로 올리브 잎은 평화와 안전을 상징하게 되었으며, 현재 유엔기에 올리브 가지가 새겨져 있다.

분홍색 꽃

꽃가지

나무 모양

마타피아(대극과) *Jatropha integerrima*

늘푸른떨기나무, 높이 4m 정도

가지 끝의 기다란 꽃송이 끝에 붉은색 꽃이 모여 피고 타원형 열매가 열린다. 씨앗에서 짠 기름은 비누를 만들거나 등불을 밝히는 데 쓴다. 단위 면적당 기름 생산량이 많아서 근래에는 바이오 연료로 각광받고 있으며, 열대 지방에서 재배 면적이 늘어나고 있다. 아름다운 붉은색 꽃은 1년 내내 계속해서 피기 때문에 관상수로도 많이 심으며 분홍색 꽃이 피는 품종도 있다. 가지를 자르면 나오는 흰색 즙은 독성이 있으므로 주의해야 한다.

약용식물

'약용식물(藥用植物)'은 몸의 질병을 치료하는 데 이용하는 식물로 흔히 '약초(藥草)'라고도 한다. 옛날에 약으로 사용하는 것은 대부분이 식물이었으며, 화학적인 방법으로 약을 만드는 오늘날에도 약초는 민간약으로 널리 이용되고 있다. 식물 중에는 약 성분과 함께 독성분이 있는 것도 많기 때문에 약초는 전문가의 도움을 받아서 이용해야 한다.

한약방의 약장

6월에 핀 꽃

8월의 열매

수삼(인삼 뿌리)

산에서 자라는 산삼

인삼(두릅나무과) *Panax schinseng*

여러해살이풀, 높이 60㎝ 정도, 꽃 4~6월

인삼은 밭에서 재배하며 그늘을 좋아하기 때문에 짚이나 검은 비닐로 만든 그늘막에서 재배한다. 손바닥 모양의 잎 사이에서 자란 꽃대 끝에 자잘한 백록색 꽃이 모여 피고 콩알만 한 열매는 붉게 익는다. 특유의 향기가 나는 뿌리를 약으로 쓰는데 뿌리 모양이 사람과 비슷해서 '인삼(人蔘)'이라고 한다. 보통 6년 정도 기른 것이 약효가 좋다고 한다. 인삼은 주변의 중국, 러시아, 일본, 미국 등에서도 자라지만, 우리나라에서 자란 것이 약효가 뛰어나 예부터 고려인삼은 세계적으로 유명하다. 인삼은 몸에 좋은 보약으로 널리 이용된다. 요즘에는 인삼차나 음료수로 만들어 많이 이용한다. 땅에서 캔 뿌리를 '수삼(水蔘)'이라고 하며 건조 방법에 따라 '홍삼'과 '백삼'으로 나누어진다. '홍삼(紅蔘)'은 불을 이용해 수삼을 건조한 것으로 홍갈색을 띠어서 이름 붙여졌다. '백삼(白蔘)'은 껍질을 벗겨 태양열로 건조한 인삼으로 색깔이 황백색이어서 이름 붙여졌다. 깊은 산속에서 저절로 자란 것을 '산삼(山蔘)'이라고 하는데 인삼보다 약효가 훨씬 좋다.

4월에 핀 꽃　　　　　　　　11월의 열매　　　　　　　　9월에 핀 꽃　　　　　　　9월의 어린 열매

두충(두충과) *Eucommia ulmoides*

갈잎큰키나무, 높이 10~20m, 꽃 4월

중국 원산으로 약용식물로 재배한다. 잎과 열매를 자르면 고무질 같은 흰색 실이 늘어난다. 나무껍질을 한약재로 쓰는데 속껍질도 자르면 고무질이 늘어난다. 두충은 혈압을 낮추는 한약재로 이용된다. 우리나라는 인삼과 녹용을 최고의 약재로 치지만 중국에서는 두충을 '환상 속의 약초'로 부른다. 옛날 중국에 '두충'이라는 신선이 먹고 도를 깨우쳐서 이름 지어졌다는 이야기가 전해진다. 민간에서는 어린잎을 말려서 두충차로 만들어 마신다.

황기(콩과) *Astragalus membranaceus*

여러해살이풀, 높이 40~70cm, 꽃 8~9월

산에서 자라며 약으로 쓰기 위해 밭에서 약초로 재배한다. 늦여름에 잎겨드랑이에서 자란 꽃송이에 황백색 꽃이 촘촘히 달린다. 뿌리를 캐서 햇볕에 말린 것을 '황기'라고 하여 한약재로 쓰는데 단맛이 난다. 너삼(고삼)과 비슷하고 단맛이 나서 '단너삼'이라고도 한다. 황기는 허약한 몸의 기운을 북돋아 주기 때문에 인삼 대신 사용하며 삼계탕과 같은 음식에 넣는다. 또 감기를 예방하고 오줌을 잘 나오게 하거나 혈압을 내리는 약으로도 쓴다.

꽃 모양

4월에 핀 꽃　　　3개 가지마다 3장씩 달리는 잎　　　　4월에 핀 꽃　　　　　　　뿌리잎

삼지구엽초(매자나무과) *Epimedium koreanum*

여러해살이풀, 높이 20~30cm, 꽃 4~5월

산의 숲 속에서 자란다. 줄기 끝에서 3개의 가지가 갈라지고 가지마다 3장씩 잎이 달려서 '삼지구엽초(三枝九葉草)'라는 한자 이름을 얻었다. '삼지'는 '가지가 셋'이라는 뜻이고, '구엽초'는 '9장의 잎을 가진 풀'이라는 뜻이다. 줄기의 마디에서 나오는 꽃대 끝에 연노란색 꽃이 모여 피는데 기다란 4개의 꽃뿔이 사방으로 벋는 모습이 닻을 닮아서 '닻풀'이라고도 한다. 한방에서 줄기째 잘라 그늘에 말린 것은 몸을 튼튼하게 하는 약재로 쓴다.

깽깽이풀(매자나무과) *Jeffersonia dubia*

여러해살이풀, 높이 10~20cm, 꽃 4~5월

산골짜기에서 자라며 꽃이 아름다워 관상용으로 심기도 한다. 이른 봄에 뿌리에서 자홍색 꽃이 모여 피며 뒤따라 방패 모양의 뿌리잎이 돋아난다. 봄바람에 흔들리는 아름다운 꽃이 깽깽이를 켜며 노는 모습과 비슷해서 '깽깽이풀'이 되었다고 한다. 한자 이름은 '황련(黃蓮)'인데 뿌리가 노란색이고 잎이 연잎을 닮아서 붙여졌다. 뿌리는 설사를 멈추거나 위를 튼튼하게 하는 약재로 쓰며, 노란색을 내는 천연물감의 원료로도 사용한다.

재배식물

8월에 핀 꽃　　　　　　　　　새싹

참당귀(미나리과) *Angelica gigas*

여러해살이풀, 높이 1~2m, 꽃 8~9월

산에서 자라며 밭에서도 재배한다. 줄기는 붉은색이 돌며 늦여름에 자잘한 자주색 꽃이 우산 모양으로 모여 핀다. 뿌리는 '당귀'라고 하며 피가 잘 돌게 하고 혈압을 내리는 한약재로 쓴다. '당귀(當歸)'는 '마땅히 돌아온다'는 뜻으로 중국에서 전쟁에 나가는 남편에게 당귀를 넣어 주면 기운을 회복하여 돌아올 수 있다고 믿은 데서 붙여진 이름이다. 차로 끓여 마시며 당귀를 넣은 물에 목욕을 하면 혈액 순환이 잘되고 피부 미용에 좋다고 한다.

11월에 핀 꽃　　　　　　　　　새싹

시호(미나리과) *Bupleurum falcatum*

여러해살이풀, 높이 40~80㎝, 꽃 8~9월

풀밭에서 자라며 밭에서 재배한다. 잎은 대나무 잎을 닮았고 늦여름에 자잘한 노란색 꽃이 모여 핀다. 뿌리를 '시호'라고 하며 한약재로 쓴다. 시호는 열을 내리는 작용을 하기 때문에 감기약에 들어가고, 사포닌 성분이 있어서 통증을 멈추게 하는 진통제로도 쓴다. 또 호흡기와 소화기 질환에도 사용한다. 이른 봄에 돋는 연한 잎을 데쳐서 나물로 무쳐 먹는데 미나리와 비슷한 향기가 나고 산에서 자란다 하여 '멧미나리'라고도 한다.

9월에 핀 꽃　　　　　　　　9월의 어린 열매

황금(꿀풀과) *Scutellaria baicalensis*

여러해살이풀, 높이 20~60㎝, 꽃 7~8월

중국 원산으로 밭에서 재배한다. 줄기는 여러 대가 모여 나고 여름에 줄기 끝의 꽃송이에 입술 모양의 자주색 꽃이 한쪽 방향을 보고 촘촘히 피어 올라간다. 한방에서 뿌리는 '황금'이라고 하며 한약재로 사용하는데 맛이 쓰다. 황금은 열을 내리는 작용을 하기 때문에 감기약에 들어가고 기침이나 기관지 천식에도 사용된다. 또 오줌을 잘 나오게 도와주거나 설사를 멈추는 약재로도 쓴다. 목욕을 할 때 황금을 물에 넣어 사용하기도 한다.

8월에 핀 꽃　　　　　　　　　10월의 열매

구기자나무(가지과) *Lycium chinense*

갈잎떨기나무, 높이 2~4m, 꽃 6~9월

마을 근처에서 자라며 밭에서 재배한다. 여름에 잎겨드랑이에 자주색 꽃이 피고 타원형 열매는 가을에 붉은색으로 익는다. 열매를 '구기자'라고 하여 약으로 쓴다. 구기자는 몸을 튼튼하게 하거나 혈액 순환이 잘되도록 도와주는 약재로 쓴다. 또 구기자를 먹으면 머리카락이 빠지거나 백발이 되는 것을 막아 준다고 한다. 어린잎은 나물로 먹고, 잎과 열매로 차를 끓여 마시며, 열매로 술을 담그기도 한다. 뿌리도 한약재로 쓴다.

5월에 핀 꽃   9월의 열매

3월 말에 핀 꽃   5월의 열매

오미자(오미자과) *Schizandra chinensis*

갈잎덩굴나무, 길이 8m 정도, 꽃 5~6월

산에서 자라며 밭에서 재배한다. 초여름에 연노란색 꽃이 피고 콩알만 한 열매가 포도송이처럼 모여 달리며 가을에 붉은색으로 익는다. 열매는 '오미자'라고 하며 한약재로 쓴다. '오미자(五味子)'는 '다섯 가지 맛이 나는 열매'라는 뜻으로 단맛, 신맛, 매운맛, 쓴맛, 짠맛의 다섯 가지 맛이 나는데 특히 신맛이 강하다. 한방에서 몸을 튼튼하게 하거나 가래를 없애고 기침을 치료하는 등의 약재로 쓴다. 열매로 술을 담그거나 오미자차를 만들어 마신다.

석창포(창포과) *Acorus gramineus*

늘푸른여러해살이풀, 높이 10~30㎝, 꽃 5~7월

냇가에서 자라며 약으로 쓰기 위해 밭에서 재배한다. 생김새가 머리를 감을 때 쓰는 창포와 닮았지만 크기가 작은 편이다. 한자 이름 '석창포(石菖蒲)'는 '냇가의 돌틈에서 자라는 창포'라는 뜻이다. 한방에서 뿌리줄기는 통증을 멈추거나 위를 튼튼하게 하는 약재로 사용한다. 또 석창포는 머리를 맑게 하며 기억력을 좋게 만들어 준다. 가지런한 풀잎의 모양이 보기 좋아서 물 쟁반의 돌틈에 심어서 가꾸는 분경의 소재로도 인기가 높다.

두툼한 뿌리잎   꽃이삭

꽃가지   열매가지

알로에베라(크산토로이아과) *Aloe vera*

여러해살이풀, 높이 60~100㎝

화분에 심어 기르거나 온실에서 재배한다. 뿌리에서 빙 둘러나는 칼 모양의 잎은 육질이 두툼하며 가장자리에 가시가 있다. 두툼한 육질의 잎을 자르면 나오는 끈적한 즙은 위를 튼튼하게 하거나 변비를 치료하는 약의 원료로 쓰고, 음식이나 음료수, 화장품의 원료로도 사용한다. 또 불에 데이는 화상을 입었을 때 알로에 즙을 내서 바르기도 한다. '알로에'는 '쓴맛'을 뜻하는 아라비아어(Alloeh)에서 유래되었고 '베라'는 라틴어로 '진실'이라는 뜻이다.

노니(꼭두서니과) *Morinda citrifolia*

늘푸른작은키나무, 높이 5~8m

열대 아시아 원산으로 원주민들의 상비약으로 이용된다. 잎겨드랑이에서 나오는 둥근 꽃송이에 자잘한 흰색 꽃이 계속해서 피고 진다. 황백색으로 익는 열매는 썩은 치즈와 같은 고약한 냄새를 풍기지만 비타민이 풍부해 과일로 먹으며, 카레에도 넣고 주스로도 만든다. 열매에는 소화를 돕고 통증을 줄여 주며 혈압을 조절해 주는 성분이 들어 있다. 또 열매에 세포 노화를 방지하는 '제로나인'이라는 물질이 들어 있어서 건강 식품의 원료로도 쓰인다.

재배식물

향신료와 허브로 쓰이는 식물

'향신료(香辛料)'는 음식에 넣어서 향기로운 맛을 더해 주어 먹기 좋게 만드는 식물성 재료이다. 영어로는 '스파이스(Spice)'라고 하며 우리가 음식에 사용하는 양념에 포함된다.

'허브(Hurb)'는 향신료나 약초 등으로 '생활에 이용되는 향기 있는 식물'을 말한다. 식물체에서 향유를 뽑아내거나 향기가 나는 풀을 말려서 차, 요리, 술, 약으로 사용한다.

여러 가지 향신료

5월에 핀 꽃

9월의 열매

월계수(녹나무과) *Laurus nobilis*

늘푸른큰키나무, 높이 15m 정도, 꽃 4~5월

지중해 연안 원산으로 남부 지방에서 관상수로 심는다. 긴 타원형 잎은 가죽처럼 질기고 가장자리가 물결 모양으로 주름이 지며, 잎을 문지르면 향기가 난다. 말린 잎은 음식에 넣거나 차를 끓여 마시며, 향료로도 쓰인다. 암수딴그루로 봄에 잎겨드랑이에 노란색 꽃이 촘촘히 모여 피고 타원형 열매는 검게 익는다. 고대 올림픽에서 우승한 사람에게 나뭇가지로 월계관을 만들어 씌워 주어서 '월계수(月桂樹)'라는 이름을 얻었다.

🔍 월계관을 만드는 나무는?

그리스 신화에 따르면 에로스의 사랑의 화살을 맞은 태양신 아폴론은 강의 신인 페네이오스의 딸 다프네에게 사랑을 느끼고 뒤를 쫓는다. 하지만 사랑을 뺏는 에로스의 화살을 맞은 다프네는 도망을 가다가 아폴론에게 잡힐 위기에 처하자 아버지에게 도움을 청한다. 페네이오스는 딸을 한 그루의 월계수로 변하게 했고 이를 안타깝게 여긴 아폴론은 월계수 가지로 만든 모자를 각종 대회 우승자에게 씌웠는데, 이후로 월계관은 영웅이나 시인에게 씌워 주는 영광의 관이 되었다.

고대 그리스에서는 '올림피아 경기'의 우승자에게는 올리브 가지로 만든 관을 씌웠고, 그에 버금가는 '파타야 경기'의 우승자에게는 월계수 가지로 만든 관을 씌웠다. 두 대회에 사용된 나뭇가지의 종류는 다르지만 아폴론의 신화처럼 영광의 관이었기에 둘을 모두 '월계관'이라고 불렀다. 참고로 1896년 그리스 아테네에서 열린 제1회 올림픽에서는 올리브 가지로 만든 관을 씌웠다. 1936년 베를린 올림픽의 마라톤에서 우승한 손기정 선수가 머리에 쓴 월계관은 참나무의 한 종류인 핀참나무의 잎가지로 만든 것이다.

핀참나무

11월의 열매

계피

실론계피나무 꽃가지

시나몬

5월에 핀 꽃

육계나무(녹나무과) *Cinnamomum loureirii*

늘푸른큰키나무, 높이 8~15m, 꽃 5~6월

중국 원산으로 남쪽 섬에서 심는다. 긴 타원형 잎은 가죽질이고 3갈래의 잎맥이 뚜렷하다. 나무껍질은 '계피(桂皮)'라고 하여 향신료로 사용하는데 톡 쏘는 매운맛과 함께 단맛이 나고 감미로운 향기가 있다. 계피는 나무껍질을 채취해 찐 다음 안쪽 껍질만 남긴 것을 사용한다. 계피를 음식에 넣으면 단맛과 향을 깊게 하기 때문에 케이크나 빵, 소시지, 카레, 피클, 수프 등을 만드는 데 향신료로 넣고, 수정과를 만드는 데도 꼭 들어간다. 또 과일 잼이나 와인, 커피, 초콜릿을 만드는 데도 넣는다. 계피는 감미로운 향이 위의 운동을 활발하게 만들어서 소화를 돕는 약재로 쓰이고, 몸을 따뜻하게 해 주어서 감기약으로도 쓰인다. 동남아시아에는 계피를 생산하는 나무가 여러 종이 있는데 '실론계피나무'가 가장 대표적이다. 실론계피나무에서 생산되는 계피는 영어로 '시나몬'이라고 하며 다른 계피에 비해 단맛과 향미는 진하지만 매운맛이 상대적으로 약한 편이라서 가장 고급품으로 친다. 계피는 고대 이집트에서 미라를 썩지 않게 만드는 방부제로도 쓰였다.

꽃가지

열매가지

나무 모양

검은 후추

흰 후추

후추(후추과) *Piper nigrum*

늘푸른덩굴나무, 길이 7~8m

인도 남부 원산이며 붙음뿌리로 다른 물체에 달라붙으면서 번는다. 타원형 잎은 가죽질이고 광택이 있으며 황백색 꽃이삭은 꼬리처럼 밑으로 늘어져서 그대로 열매이삭이 된다. 다닥다닥 열리는 열매는 붉은색으로 익고 속에는 동그란 씨앗이 들어 있다. 오랜 옛날부터 인도를 비롯한 열대 아시아에서 재배한 중요한 작물이다. 매운맛이 나는 씨앗은 대표적인 향신료로 각종 요리의 양념으로 사용한다. 후추는 특히 고기의 부패를 막고 누린내를 없애 주는 향신료로 서양에서도 오래전부터 널리 사용되었다. 서양에서 향신료로 인기가 높아지면서 금이나 은처럼 비싼 값으로 거래되자 무역을 할 때 종종 돈 대신 쓰여서 '검은 금'이라고도 불렀다. '후추'는 '호국(胡國：오랑캐 나라)의 산초(山椒)'를 줄여서 '호초(胡椒)'라고 부르던 것이 변한 이름이다. 덜 익은 열매를 말린 것은 '검은 후추'라고 하고, 잘 익은 열매를 말린 것은 '흰 후추'라고 한다. 검은 후추는 맛과 향이 강하지만, 흰 후추는 맛과 향이 부드러운 고급품이다.

열매 단면

열매가지

씨앗과 붉은색 씨껍질

육두구(육두구과) *Myristica fragrans*

늘푸른큰키나무, 높이 5~20m

인도네시아 원산으로 동그란 열매는 노란색으로 익는다. 흑갈색 씨앗은 붉은색 씨껍질에 싸여 있다. 이 씨앗을 '육두구(肉荳蔲)'라고 하며 영어 이름은 '넛맥(Nutmeg)'인데 '사향 향기가 나는 호두'라는 뜻이다. 씨앗으로 만든 향신료는 고기 누린내나 생선 비린내를 없애 주기 때문에 음식에 널리 사용된다. 붉은색 씨껍질은 영어로 '메이스(Mace)'라고 하는데 육두구와 같은 용도로 쓴다. 한방에서는 육두구를 위를 튼튼하게 해 주는 약재로 쓴다.

 귀한 향신료를 구하라!

육식을 주로 하는 유럽 사람들은 옛날에 고기를 소금에 절여서 저장하였는데 고기에서 누린내가 심하게 나서 먹기가 어려웠다. 로마가 이집트를 정복하면서 이집트 사람들이 사용하던 후추와 계피 같은 향신료가 유럽 사람들에게 전해졌는데 고기 누린내를 없애는 향신료나 약품으로 널리 퍼져 나갔다.

로마가 망하고 중동 지방의 이슬람 국가들이 세력을 크게 확장하면서 동남아시아에서 주로 생산되는 향신료는 이슬람 상인들의 손을 거쳐야만 유럽에 수입될 수 있었다. 그때부터 후추, 계피와 함께 정향과 육두구가 유럽 사람들의 입맛을 돋우는 향신료 널리 퍼지게 되었다. 하지만 유럽 사람들의 수요가 계속 늘어나자 향신료 무역을 독점하던 이슬람 상인들이 가격을 올리면서 후추는 은과 같은 가격으로, 육두구는 같은 무게의 금과 거래될 정도로 귀한 향신료가 되었다.

유럽 국가들은 향신료를 직접 구하기 위해 동남아시아로 가는 항로를 개척하기 시작하였다. 이를 계기로 유럽은 세계 곳곳을 점령하면서 식민지를 건설하였다. 그 뒤 아메리카 대륙에서 고추, 바닐라, 올스파이스와 같은 새로운 향신료가 공급되었는데, 특히 고추는 유럽과 같은 온대 지방에서도 재배할 수 있어서 향신료의 가격은 떨어지고 유럽 국가 간의 경쟁도 점차 줄어들게 되었다.

5월에 핀 꽃

8월의 열매

씨앗

초피나무(운향과) *Zanthoxylum piperitum*

갈잎떨기나무, 높이 3m 정도, 꽃 5~6월

가지에 날카로운 가시가 2개씩 마주난다. 잎에 기름점이 있어 독특한 향기가 난다. 동그란 열매는 가을에 적갈색으로 익으면 벌어지면서 속에 있는 검은색 씨앗이 드러난다. 씨앗은 화하면서도 톡 쏘는 매운맛이 나기 때문에 가루를 내서 향신료로 이용한다. 특히 경상도에서는 추어탕을 끓이는 데 초피 가루를 꼭 넣는다. 그밖에도 지방에 따라 매운탕 등 생선 요리에 넣는데 비린내를 없애 준다. 어린 열매와 잎으로는 장아찌를 담가 먹는다.

꽃가지

열매가지

카레나무(운향과) *Murraya koenigii*

늘푸른떨기나무, 높이 3~6m

가지 끝에 흰색 꽃이 피고 열매는 붉은색으로 변했다가 검은색으로 익는다. 특유의 향이 나는 잎사귀는 인도의 카레 음식에 없어서는 안될 중요한 재료라서 '카레나무'라고 한다. 카레는 여러 향신료나 맛을 내는 재료와 색소가 혼합된 가루인데 꼭 들어가는 재료가 카레 잎이다. 인도 원산으로 향이 진한 생잎사귀가 비린내를 없애 주기 때문에 생선 요리에 꼭 넣는다. 열매살은 먹을 수 있지만 씨앗에는 독이 있으므로 먹지 말아야 한다.

어린 꽃봉오리

꽃봉오리를 말린 정향

열매가지

꽃 모양

잎줄기

6월에 핀 꽃

정향/클로브(도금양과) *Syzygium aromaticum*

늘푸른큰키나무, 높이 8∼12m

인도네시아의 몰루카 제도 원산이다. 꽃봉오리를 말린 것을 향신료로 쓴다. 한자 이름 '정향(丁香)'은 말린 꽃봉오리의 모양이 '고무래(丁)'와 비슷하고 향기가 좋아서 붙여졌다. 영어 이름 '클로브(Clove)'는 프랑스어의 '클루(Clou : 못)'에서 유래되었다. 달콤하면서도 톡 쏘는 맛과 상쾌한 향기를 지닌 정향은 음식에 넣는데 특히 고기 누린내와 생선 비린내를 없애 준다. 정향은 살균력이 뛰어나 고대 이집트에서는 미라의 방부제로 사용하였다.

고수(미나리과) *Coriandrum sativum*

한해살이풀, 높이 30∼60㎝, 꽃 6∼7월

줄기와 잎으로 쌈을 싸 먹거나 김치를 담그기도 한다. 잎에서 독특한 냄새가 나는데 흔히 빈대 냄새 같아서 처음에는 싫어하지만 점차 익숙해지면 특별한 맛을 느낄 수 있다. 열매는 양념이나 향신료 등으로 쓰이는데 특히 고기의 누린내를 없애 주기 때문에 고기 요리에 널리 사용된다. 빵이나 과자, 술의 향신료로도 이용하며 원산지인 유럽에서는 소스를 만드는 데 향료로 쓴다. 지중해 원산으로 고대 이집트 시대부터 조미료나 의약품으로 사용되었다.

5월에 핀 꽃

쌈으로 이용하는 잎

5월에 핀 꽃

어린잎

고추냉이(겨자과) *Eutrema japonicum*

여러해살이풀, 높이 20∼40㎝, 꽃 5∼6월

울릉도의 습지에서 자란다. 굵은 원통형의 뿌리줄기가 있고 가지 끝에 흰색 꽃이 모여 핀다. 매운맛을 내는 뿌리줄기를 향신료로 사용하는데 생선회나 어묵을 찍어 먹는 와사비로 이용된다. 고추냉이의 매콤한 맛은 입맛이 돌게 하고 소화를 돕는 작용을 한다. 냉이와 비슷한 종류로 고추처럼 매운맛이 나서 '고추냉이'라고 한다. 잎은 쌈 재료로 이용하는데 쌉싸래하면서도 매콤한 맛이 나서 생선회 등과 잘 어울리며, 김치를 담그기도 한다.

겨자무(겨자과) *Armoracia rusticana*

여러해살이풀, 높이 40∼100㎝, 꽃 6∼7월

굵은 뿌리에서 무 잎과 비슷한 잎이 모여 나고 줄기 끝의 꽃가지에 흰색 꽃이 모여 핀다. 톡 쏘는 매운맛을 가진 뿌리를 갈아서 요리에 넣으며 생선회를 찍어 먹는 와사비로 만든다. 뿌리잎이 무 잎을 닮았고 뿌리는 겨자처럼 매운맛이 나서 '겨자무'라는 이름을 얻었다. 유럽 원산으로 고추냉이처럼 사용해서 '양고추냉이'라고도 하고 '서양와사비'라고도 한다. 한방에서 뿌리는 소화를 돕고 식욕을 돋우거나 오줌을 잘 나오게 하는 약재로 쓴다.

재배식물

6월에 핀 꽃 　　　　　　　　　　　잎줄기

오레가노(꿀풀과) *Origanum vulgare*

여러해살이풀, 높이 30~60㎝, 꽃 7~10월

지중해 원산의 허브로 강한 향기가 난다. 늦여름에 가지 끝에 자잘한 홍자색이나 흰색 꽃이 모여 핀다. 잎은 박하와 비슷한 향기가 나서 '꽃박하'라고도 한다. 잎을 따서 말린 것을 향신료로 쓰는데 토마토가 들어가는 피자 요리에 꼭 넣으며, 소화를 돕는 작용을 한다. 잎으로 끓인 차는 남자들이 좋아하며 맥주의 향을 내는 향신료로도 사용한다. 또 말린 잎을 포푸리나 목욕제로 이용한다. 잎을 달인 물로 세수를 하면 피부가 고와진다고 한다.

4월에 핀 꽃 　　　　꽃잎에 무늬 있는 품종 핫립세이지

체리세이지(꿀풀과) *Salvia microphylla*

여러해살이풀, 높이 1m 정도, 꽃 7~10월

남아메리카 원산의 허브이다. 세이지는 샐비어의 한 종류이며 체리 같은 향기가 나서 '체리세이지'라고 한다. 꽃이 아름답고 향기가 좋으며 서리가 내릴 때까지 계속해서 피기 때문에 관상용으로 심는다. 꽃이 피기 직전의 줄기를 잘라서 음식에 넣으면 생선 비린내와 고기 누린내를 없애 준다. 잎으로 차를 끓여 마시면 머리가 맑아지고 마음을 진정시키며 입안의 냄새를 없애 준다. 서양에서는 몸을 튼튼하게 하거나 소화를 돕는 민간약으로 이용한다.

4월에 핀 꽃 　　　　　　　　　　　꽃줄기

로즈제라늄(쥐손이풀과) *Pelargonium rosium*

여러해살이풀, 높이 30~60㎝, 꽃 4~6월

이집트 원산의 허브이다. 제라늄 품종의 하나로 만지면 장미향이 난다고 해서 '로즈제라늄'이라고 한다. 향유는 화장품이나 향수 원료로 쓰고 주스나 잼 등에도 넣는다. 잎을 말린 것으로 목욕할 때 쓰거나 베갯속을 넣는다. 특히 로즈제라늄에 많이 들어 있는 '시트로넬룰'이라는 성분은 모기가 싫어하기 때문에 여름에 모기를 쫓는 식물로 많이 이용되며 실내의 나쁜 냄새를 없애는 데도 도움을 준다. 아울러 병실의 병원균을 차단하는 효과도 있다.

 향기로 치료하는 향기 요법

허브 식물에서 뽑아낸 향유로 병을 치료하거나 피부 미용 등에 이용하는 자연 치료법이 '향기 요법'이다. 향기 요법은 영어로 '아로마테라피'라고 하는데 '아로마(Aroma : 향기)'와 '테라피(Therapy : 치료)'가 합쳐진 말이다. 향유는 식물의 꽃이나 줄기, 잎, 열매, 수액 등에서 뽑아낸 향기나는 기름으로, 좋은 향기를 맡으면 심리적으로 안정감을 얻어 질병 치료에 도움이 된다. 또 화장을 할 때 향유를 몸에 발라서 냄새를 없애거나 좋은 향기를 풍기도록 하였다. 허브 식물로는 차를 만들어 마시거나 음식에 넣어 좋은 냄새가 나게 하였다.

향기 요법은 고대 이집트에서 시작되었는데 이집트 사람들은 향유를 미라의 방부제로 썼으며 제사 때나 여자들의 화장수 등에 사용하였다. 중국이나 인도에서도 향유를 방향제나 약으로 사용한 기록이 많이 있다.

과학이 발전하면서 화학적으로 조제한 약품이 많이 쓰이지만, 근래에는 화학 약품의 부작용이 문제가 되어 다시 천연 물질을 이용한 향기 요법에 관심이 높아져서 약품, 화장품, 식품 등의 여러 분야에서 널리 이용된다.

허브 향료 제품

꽃송이

9월에 핀 꽃　　　　　　　　잎 뒷면

박하(꿀풀과) *Mentha canadensis*

여러해살이풀, 높이 30~60㎝, 꽃 7~10월

잎겨드랑이마다 연보라색 꽃이 층층으로 달린다. 잎에 점점이 있는 기름점에서 화한 냄새가 나는 기름을 분비한다. 잎을 수증기로 쪄서 기름인 박하유를 뽑아내는데 주성분은 '멘톨'이며 화한 향기가 난다. 박하유는 입안을 시원하게 해 주며 소화를 돕고, 두통이나 목감기에도 효과가 있다. 또 박하사탕, 치약, 잼, 화장품, 담배 등에 향료로 사용되며 약품이나 음료에도 들어간다. 옛날 사람들은 줄기와 잎을 설사약으로 달여 먹기도 하였다.

4월에 핀 꽃　　　　　　　　나무 모양

로즈마리(꿀풀과) *Rosmarinus officinalis*

늘푸른떨기나무, 높이 2m 정도, 꽃 4~7월

프랑스 원산의 허브로 잎겨드랑이에 자잘한 보라색, 분홍색, 흰색 등의 꽃이 핀다. 독특한 향기가 나는 잎을 방향제로 이용하며 비누나 향수의 원료로도 쓴다. 잎을 고기 요리에 넣으면 누린내를 없애 주며 독특한 맛을 내기 때문에 프랑스에서는 요리에 향신료로 널리 쓰인다. 꽃에서 얻은 벌꿀은 프랑스 특산품이다. 속명 '로즈마리누스(Rosmarinus)'는 라틴어로 '바다의(Marinus) 이슬(Ros)'이라는 뜻이며, 여기에서 '로즈마리'라는 이름이 유래되었다.

7월에 핀 꽃　　　　　　　　잎줄기

애플민트(꿀풀과) *Mentha suaveolens*

여러해살이풀, 높이 30~60㎝, 꽃 7~9월

유럽 원산의 허브이다. 사과의 단맛과 민트의 청량한 향기가 합쳐져서 '애플민트'라고 한다. 타원형 잎은 털로 덮여 있어서 촉감이 좋아 '울리민트(Wooly Mint)'라고도 하는데, '울'은 '양털'을 말한다. 잎으로 허브차를 만들어 마시며, 유럽에서는 고기 요리에 사용하는데 기분을 산뜻하게 하고 식욕을 돋운다. 입 냄새를 없애 주기 때문에 치약의 원료로 사용하며 꽃주머니로 만들기도 한다. 화분을 창가에 두면 파리를 쫓는다고 한다.

풀이 된 요정 멘테 이야기

그리스 신화에 따르면 저승의 신 하데스는 지상으로 산책을 나갔다가 등불을 들고 걸어가는 '멘테'라는 요정을 보고 사랑에 빠졌습니다. 그 후 하데스는 틈만 나면 멘테를 찾아가 사랑을 고백하였습니다.

"멘테님, 제 사랑을 받아 주세요."

하데스의 정성에 감동한 멘테도 차츰 하데스를 좋아하게 되었습니다. 하데스의 아내 페르세포네는 남편이 자주 지상으로 올라가는 것을 수상하게 여겨 어느 날 몰래 하데스의 뒤를 따라갔습니다. 하데스가 멘테와 만나 사랑을 속삭이는 모습을 본 페르세포네는 화가 머리 끝까지 나서 멘테를 볼품없는 잡초로 만들어 버렸습니다.

멘테는 보잘 것 없는 풀로 변했지만, 사랑이 넘치는 마음 때문에 건드리면 좋은 향기를 내뿜는다고 합니다. 멘테가 변한 풀이라서 학명은 '멘타(Mentha)'로 붙였으며 영어 이름은 '민트(Mint)'라고 합니다. 민트는 애플민트, 페퍼민트, 오데코롱민트 등 여러 품종이 있으며, 품종에 따라 잎이나 꽃의 모양이 다르고 향기나 맛도 조금씩 다릅니다.

오데코롱민트

기호품으로 쓰이는 식물

'기호품(嗜好品)'은 몸에 꼭 필요한 영양소는 아니지만 독특한 맛과 향이 있어서 평소에 즐기고 좋아하는 식품으로 '기호식품'이라고도 한다. 기호품은 독특한 향기와 맛 등으로 사람의 감각 기관을 자극해 쾌감을 주거나 입맛을 돋워 식생활을 윤택하게 만드는 역할을 한다. 기호품의 종류는 민족과 문화에 따라 다양하지만 차, 커피, 코코아, 술, 청량음료, 담배, 껌 등이 있다.

전남 보성의 차나무밭

10월에 핀 꽃

실화상봉수

차나무(차나무과) *Camellia sinensis*

늘푸른떨기나무, 높이 4~5m, 꽃 10~12월

남부 지방에서 재배한다. 흰색 꽃이 늦가을에 핀다. 열매는 다음 해 가을에 익기 때문에 '한 나무에서 꽃과 열매가 만나는 나무'라는 뜻으로 '실화상봉수(實花相逢樹)'라고도 한다. 잎을 차의 원료로 쓰기 때문에 '차나무'라고 한다. 잎은 1년에 3~4회 정도 따는데 보통 4~5장의 새잎이 피었을 때 딴다. 어린잎을 따고 그대로 쪄서 말린 것을 '녹차'라고 하고, 찻잎을 발효시켜 만든 것은 '홍차'라고 한다. 씨앗으로 짠 기름은 머릿기름 등으로 쓴다.

 녹차와 홍차의 차이

차는 만드는 방법에 따라 크게 '녹차'와 '홍차'로 크게 나뉜다. 어린잎을 따서 그대로 쪄서 말린 것은 '녹차'이며, 찻잎을 발효시켜 만든 것은 '홍차'이다.

차나무는 중국 남동부에서 자라는 잎이 작은 중국종과 인도와 미얀마에서 자라는 잎이 큰 인도종으로 나뉘는데, 잎이 작은 중국종은 주로 녹차를 만드는 데 쓰고, 잎이 큰 인도종은 홍차를 만드는 데 쓴다.

차나무 새순

홍차의 기원에 관해서는 중국에서 다음과 같은 이야기가 전해진다. 찻잎을 따서 말리고 있는 가공장에 갑자기 군대가 주둔하면서 찻잎을 깔고 잠을 잤고, 다음 날 주인은 다 찢어지고 색이 변한 찻잎이 아까워서 소나무 연기와 열기로 말려서 헐값에 장사꾼에게 넘겼다. 장사꾼이 이 찻잎을 끓였더니 붉은색이 돌면서 은은한 향이 나고 녹차와 전혀 다른 맛이 나는 것이었다. 장사꾼은 다른 지역에서 생산한 녹차와 함께 이를 유럽으로 수출했는데 이 홍차가 유럽에서 큰 인기를 끌게 되면서 새로운 차로 널리 자리잡게 되었다.

꽃가지   열매가지

커피나무(꼭두서니과) *Coffea arabica*

늘푸른작은키나무, 높이 6~8m

아프리카 원산으로 열대 지방에서 재배한다. 잎겨드랑이에 별 모양의 흰색 꽃이 모여 피고 동그스름한 열매는 붉은색으로 익는다. 씨앗을 볶은 것이 '커피'로 독특한 맛과 향이 있으며 세계인의 사랑을 받는 기호 음료이다. 커피에 들어 있는 '카페인' 성분은 신경이나 근육을 자극해 혈액 순환을 활발하게 하며 피로를 회복시켜 주고, 위를 자극해 소화를 돕는 작용을 한다. 영어 이름 '커피(Coffee)'는 아랍어 '카파(Caffa)'에서 유래되었다.

커피의 기원

에디오피아에 '칼디'라는 양치기 소년이 있었다. 어느 날 칼디는 새로운 풀밭으로 양떼를 끌고 가 풀을 뜯어 먹였다. 그런데 그날 밤 양떼들이 잠을 자지 않고 흥분하여 이리저리 뛰어 다니는 모습을 보고 이상한 생각이 들었다. 그 뒤 양떼를 관찰하던 칼디는

커피 원두 : 볶은 씨앗

양들이 들판의 작은 나무에 열리는 빨간 열매를 먹고 나면 흥분한다는 것을 알게 되었다. 칼디는 그 열매를 직접 따 먹어 보았고, 몸의 피로가 사라지면서 가슴이 두근거리는 경험을 하게 되었다.

이상한 경험을 한 칼디는 근처의 수도원을 찾아가 그 붉은 열매에 대한 이야기를 물어보았다. 수도원장인 스키아들리는 그 열매를 따다가 끓인 물을 마셨더니 그날 밤에는 잠을 이룰 수가 없었다. 그 후로 늦은 밤에 예배를 보게 되면 잠을 쫓기 위해 그 열매를 끓인 검은 물을 마셨는데, 이것이 '커피'이다.

아프리카의 에디오피아가 원산지인 커피는 아라비아로 퍼져 나갔고 17세기 초에 유럽으로 전해지면서 세계적인 음료가 된다. 커피는 위장을 자극하기 때문에 많이 마시지 않는 것이 좋으며 카페인 성분 때문에 중독성이 있다.

열매 단면 속의 씨앗

어린 열매가지   줄기에 열매가 열린 나무   줄기의 열매   펄프를 제거한 씨앗

카카오(아욱과) *Theobroma cacao*

늘푸른큰키나무, 높이 12m 정도

중앙아메리카 원산으로 열대 지방에서 재배한다. 줄기나 굵은 가지에 작은 흰색 꽃이 직접 달리고 럭비공 모양의 커다란 열매가 열린다. 열매 속에는 흰색 펄프에 싸인 씨앗이 가득 들어 있다. 씨앗을 나무로 만든 통에서 며칠 동안 발효시킨 다음 펄프를 씻어 내면 적갈색 씨앗이 남는데 독특한 향기가 난다. 이 씨앗을 말린 것을 '카카오콩'이라고 한다. 카카오콩으로 초콜릿이나 코코아를 만들며 부산물인 '카카오버터'로 마가린이나 포마드 등을 만든다. 독특한 향기가 있는 카카오콩을 볶아서 가루로 만든 다음 설탕과 우유, 향신료를 배합하여 만든 것이 '초콜릿'이다. 초콜릿은 19세기에 네덜란드의 '반호텐'이 처음 만들었다. 달콤한 맛과 향을 가진 초콜릿에는 '데오브로민'이라는 성분이 들어 있는데 흥분 작용을 한다. 초콜릿은 기침을 멈추는 데도 효과가 있다고 한다. 발렌타인데이(2월 14일)이면 여자가 남자친구에게 초콜릿을 선물하기도 한다. '카카오'는 원주민인 마야인들이 사용하던 '카카후아틀(Cacahuatle)'에서 유래된 스페인어 이름이다.

어린 열매

8월에 핀 꽃 · 씨앗

긴강남차(콩과) *Senna tora*

한해살이풀, 높이 1m 정도, 꽃 6~8월

북아메리카 원산으로 밭에서 재배한다. 가늘고 긴 꼬투리는 길이가 15㎝ 정도이며 활처럼 굽는다. 강남차와 비슷하지만 꼬투리가 길어서 '긴강남차'라고 한다. 꼬투리 속에 들어 있는 네모진 씨앗은 흔히 '결명자(決明子)'라고 한다. '결명'은 '눈을 밝게 해 준다'는 뜻이며 '자'는 '씨앗'을 말한다. 결명자는 눈을 밝게 하는 데 효력이 있어 한약재로 사용한다. 흔히 결명자를 볶아서 보리차처럼 차를 끓여 마시는데 '결명차'라고 한다.

9월의 열매

8월에 핀 꽃 · 씨앗

율무(벼과) *Coix lachryma-jobi* var. *mayuen*

한해살이풀, 높이 1~1.5m, 꽃 7월

중국 원산으로 밭에서 재배한다. 줄기에는 마디가 있고 칼 모양의 잎이 어긋난다. 잎겨드랑이에서 자란 꽃대에 황록색 꽃이 핀다. 타원형 열매는 광택이 있으며 가을에 검은색으로 익는다. 열매의 껍질을 벗긴 것을 '율무쌀'이라고 하며 식용하고, 가루를 내어 율무차를 끓여 마시거나 율무죽을 쑤어 먹는다. 자판기에 커피와 함께 율무차가 들어 있을 정도로 음료로 많이 마시며 구수한 맛이 일품이다. 열매는 몸에 있는 찌꺼기를 내보내는 데 효과가 있다.

잘 익어 벌어진 열매

흰색 열매살 속의 씨앗

꽃가지

콜라나무(아욱과) *Cola nitida*

늘푸른큰키나무, 높이 10~20m

열대 아프리카 원산으로 열대 지방에서 재배한다. 타원형 열매는 표면이 울퉁불퉁하고 씨앗은 흰색 열매살에 싸여 있다. 씨앗에는 각성제인 '카페인'과 심장의 흥분 작용을 일으키는 '콜라닌'이 들어 있어 날로 씹으면 흥분과 활기를 느끼기 때문에 원주민들은 옛날부터 씨앗을 씹으며 피로를 풀었다고 한다. 씨앗은 콜라를 만드는 원료로 써서 '콜라나무'라는 이름을 얻었지만 지금 콜라에는 향료를 합성해서 만든 재료를 쓴다. 씨앗은 의약품 원료로도 쓴다.

꽃가지 · 열매가지

사포딜라(사포타과) *Manilkara zapota*

늘푸른큰키나무, 높이 20m 정도

중앙아메리카 원산으로 열대 지방에서 재배한다. 타원형 열매는 감이나 배처럼 달면서도 향기가 좋아 열대 과일로 먹거나 통조림을 만든다. 나무껍질에 상처를 내어 나오는 흰색 즙은 '치클'이라고 하며 원주민들이 씹는 습관이 있었다. 후에 치클은 껌을 만드는 원료로 썼기 때문에 '추잉껌나무'라는 이름으로도 불린다. 현재는 대부분의 껌을 합성 원료로 만들지만, 한 제과회사에서 사포딜라를 원료로 한 껌을 내놓아 인기를 끌고 있다.

열매가 열린 나무

꽃 모양

어린 열매

열매

빈랑나무(야자나무과) *Areca catechu*

늘푸른큰키나무, 높이 25m 정도

말레이시아 원산의 야자나무로 열매는 '빈랑자(檳榔子)'라고 한다. 열대 지방 사람들은 빈랑자를 입에 넣고 질겅질겅 씹는데 자극적이면서도 알싸한 맛이 난다. 열매에는 약간의 환각 성분이 있어서 씹으면 피로가 회복된다고 하며 담배처럼 중독성이 강하다. 빈랑자를 씹는 사람들은 열매의 색깔 때문에 입안이 벌겋게 되므로 쉽게 알아볼 수 있다. 빈랑자는 설사약이나 기생충약, 두통약 등으로도 쓰이며 어린잎은 채소로 먹는다.

꽃 모양

담배밭

8월에 핀 꽃

담배(가지과) *Nicotiana tabacum*

한해살이풀, 높이 1.5~2m, 꽃 7~8월

중앙아메리카 원산으로 밭에서 재배한다. 큼직한 잎을 따서 말려 담배를 만든다. 콜럼버스가 신대륙을 발견할 당시 원주민들이 약이나 의식용으로 피우던 담배를 유럽에 전해 전 세계로 퍼져 나갔다. 담배에는 '니코틴'이라는 성분이 들어 있는데 중독성이 강해 피우기 시작하면 끊기가 어렵다. 그러나 담배가 건강에 매우 해롭다는 사실이 알려지면서 금연 운동이 벌어져 수요가 감소하고 있다. 스페인어 '타바코(Tabaco)'가 변해 '담배'가 되었다고 한다.

7월에 핀 꽃

열매

열매 속의 씨앗

땅콩(콩과) *Arachis hypogaea*

한해살이풀, 높이 20~60㎝, 꽃 7~9월

브라질 원산으로 밭에서 재배한다. 잎겨드랑이에 나비 모양의 노란색 꽃이 1개씩 핀다. 꽃이 지면 씨방이 밑으로 자라 땅속으로 들어가며 긴 타원형의 꼬투리로 자란다. 꼬투리는 두껍고 딱딱하며 황백색으로 속에 2~3개의 씨앗이 들어 있다. 타원형 씨앗은 '땅콩'이라고 하며 볶아서 간식용으로 하고, 땅콩버터, 과자 등을 만드는 재료로 쓴다. 씨앗으로 짠 기름은 식용 기름이나 공업용 기름으로 쓴다. '땅콩'은 '땅속에서 생산된 콩'이라는 뜻을 지녔다.

줄기 윗부분

버팀뿌리

열대 지방의 마당에서 키우는 사탕수수

수확한 사탕수수

사탕수수(벼과) *Saccharum officinarum*

늘푸른여러해살이풀, 높이 2~6m

인도 원산으로 열대 지방에서 널리 재배한다. 옥수수를 닮은 줄기 속에는 설탕의 원료가 되는 '수크로오스'라는 성분이 10~20%가 들어 있다. 줄기를 눌러 짠 즙으로 설탕을 만드는데 신선도가 떨어지면 생산량이 줄어들기 때문에 수확하는 대로 공장으로 나른다. 찌꺼기는 종이를 만드는 펄프 원료로 쓴다. 수수처럼 생기고 설탕을 얻어서 '사탕수수'라는 이름을 얻었다. 열대 지방에서는 단맛이 나는 줄기를 잘라 씹거나 즙을 내서 음료수로 마신다.

재배식물

염료와 도료로 쓰이는 식물

물감을 얻을 수 있는 식물을 '염료식물(染料植物)'이라고 한다. 근래에는 대부분이 화학 염료를 쓰지만 환경 오염에 의한 아토피 질환 등이 늘면서 인체에 해롭지 않은 식물 염료에 대한 관심이 높아지고 있다.

고체의 표면에 칠을 해서 표면을 보호하고 아름답게 만드는 물질을 '도료(塗料)'라고 한다. 대표적인 도료로는 옻칠과 황칠이 있다.

지치 뿌리로 염색을 한 주머니

9월에 핀 꽃

열매 모양

꽃 모양

뿌리

5월에 핀 꽃

꽃 모양

꽃받침

꼭두서니(꼭두서니과) *Rubia argyi*

여러해살이덩굴풀, 길이 1m 정도, 꽃 7~8월

산과 들의 숲 가장자리에서 자란다. 황적색을 띠는 굵은 뿌리는 빨간색 물을 들이는 물감으로 널리 사용한다. 한때는 음식에 물을 들이는 물감으로 사용되었으나 암을 일으킬 수 있다고 알려지면서 사용이 금지되었다. 한방에서 뿌리는 신장이나 방광에 생기는 돌인 결석을 녹이는 약재로 쓴다. 봄에 돋는 새싹을 나물로 먹는다. 진한 붉은색을 '꼭두색'이라고 불렀는데 꼭두색 물을 들인다고 해서 '꼭두서니'가 되었다고 한다.

지치(지치과) *Lithospermum erythrorhizon*

여러해살이풀, 높이 30~70㎝, 꽃 5~7월

산에서 자라며 줄기와 잎에는 거친 털이 있다. '뿌리가 자주색을 띠는 풀'이라고 '자초(紫草)'라고 부르던 것이 '지초'로 변했다가 다시 '지치'가 되었다고 한다. 뿌리껍질을 자주색 물을 들이는 천연 물감으로 이용한다. 전남 진도의 '홍주'라는 민속주의 붉은색 물을 들이는 데 지치가 이용된다. 지치 뿌리는 '자근'이라고 하여 한약재로도 쓰는데 관절염 치료에 효과가 있고 피를 멈추는 데 쓰기도 한다. 봄에 돋는 새순은 나물로 먹는다.

한자 이름으로 '홍화(紅花)'라고도 하는데 노란색 꽃이 점차 붉은색으로 변해서 붙여진 이름이에요.

6월에 핀 꽃 붉은색으로 변한 꽃

10월에 핀 꽃 잎 모양

잇꽃(국화과) *Carthamus tinctorius*

두해살이풀, 높이 50~100㎝, 꽃 6~7월

이집트 원산으로 밭에서 재배한다. 이른 아침 이슬에 젖은 꽃을 따서 말린 것을 '홍화'라고 하여 옷감이나 종이에 붉은색 물을 들이는 물감으로 이용하였다. 이집트의 옛 무덤에서 발굴된 미라를 감은 천도 홍화 물감으로 염색한 천이었다고 한다. 홍화는 여자들이 얼굴에 붉은색 화장을 하는 연지의 원료로도 사용하였다. 이처럼 '꽃이 이롭게 쓰인다'고 하여 '잇꽃'이라는 이름을 얻었다. 예전에는 씨앗으로 짠 기름을 등잔불 기름이나 식용으로도 썼다.

쪽(마디풀과) *Persicaria tinctoria*

한두해살이풀, 높이 50~70㎝, 꽃 8~9월

중국 원산으로 밭에서 재배한다. 곧게 자라는 줄기는 홍자색이 돌며 마디가 있다. 가지 끝에 기다란 분홍색 꽃이삭이 달린다. 타원형 잎에는 남색 염료인 인디고가 들어 있어 마르면 진한 남색을 띤다. 잎을 남색 물감 원료로 사용하기 때문에 '남잎'이라고 한다. 남잎은 염색을 도와주는 매염제로 석회와 잿물을 이용해야만 파란 쪽빛을 얻을 수 있다. 옷감뿐만 아니라 한지를 염색하는 데도 쓰였다. 한방에서는 말린 잎을 백혈병 치료에 쓴다.

7월에 핀 꽃 1월의 열매

꽃가지 열매가지

치자나무(꼭두서니과) *Gardenia jasminoides*

늘푸른떨기나무, 높이 1~2m, 꽃 6~7월

남부 지방에서 심는다. 가지 끝에 피는 큼직한 흰색 꽃은 캐러멜처럼 달콤한 향기가 난다. 타원형 열매를 '치자'라고 하며 노란색 물감으로 이용하며 음식물에 노란색 물을 들이는 데 사용한다. 치자는 불면증과 황달을 치료하는 한약재로 쓰이고 오줌을 잘 나오게 하는 효과도 있다. 중국에 치자나무 열매와 비슷하게 생긴 '치(巵)'라는 그릇이 있는데 그 그릇과 비슷한 열매가 열려서 '치자(梔子)'라는 한자 이름이 유래되었다.

헤나나무(부처꽃과) *lawsonia inermis*

늘푸른떨기나무, 높이 2~6m

인도 원산으로 잎을 물감 원료로 쓴다. 헤나의 잎에 들어 있는 '로소니아'라는 성분은 염색 작용을 하기 때문에 옛날부터 머리 염색제로 이용하였다. 로소니아는 염색뿐만 아니라 머리카락에 윤기와 탄력을 주고 살균 작용도 하여 비듬이나 가려움증에 효과가 있다. 잎을 말려서 가루로 만들어 이용하며 옷감에 물을 들이기도 한다. 또 헤나를 이용해 몸에 문신을 하는데 1주일 정도면 지워지기 때문에 여성에게 인기가 좋다.

특용식물 | 염료와 도료

열매가지 · 열매 속의 씨앗

꽃가지 · 열매가지

빅사/립스틱트리(빅사과) *Bixa orellana*
늘푸른작은키나무, 높이 3~10m

열대 아메리카 원산으로 열매는 붉은색 가시털로 덮여 있다. 열매 속에 든 자잘한 씨앗을 싸고 있는 붉은색 열매살에서 얻은 물감을 '아나토(Annato)'라고 한다. 아나토는 버터나 치즈, 마가린, 생선 요리, 샐러드 등의 음식을 붉게 물들이는 데 쓴다. 또 입술을 칠하는 립스틱의 원료로 써서 '립스틱트리(Lipstick Tree)'라고도 한다. 인디언들은 붉은색 아나토 물감을 얼굴과 몸에 바르고 전쟁에 나가 용감하게 싸웠다. 씨앗은 향신료로 이용한다.

소방목(콩과) *caesalpinia sappan*
늘푸른작은키나무, 높이 5m 정도

열대 아시아 원산으로 가지 끝의 커다란 꽃송이에 나비 모양의 노란색 꽃이 모여 피고 납작한 꼬투리는 적갈색으로 익는다. 연한 붉은색을 띠는 나무 속살은 '브라질레인'이라고 하는 색소 성분이 들어 있어서 물감 원료로 쓴다. 나무 속살과 백반을 이용해 염색을 하면 꼭두서니처럼 옷감에 붉은색 물이 든다. 나무 속살을 '소방목(蘇方木)' 또는 '소목(蘇木)'이라고 하며 한약재로도 쓰는데, 피를 맑게 하거나 염증을 치료하는 데 효과가 있다.

잎가지 · 나무껍질

꽃의 꿀을 먹는 파리

9월의 어린 열매 · 열매 · 나무껍질

로그우드(콩과) *Haematoxylon campechianum*
늘푸른큰키나무, 높이 7~10m

중앙아메리카 원산으로 잎은 작은잎이 새의 깃털 모양으로 붙는 깃꼴겹잎이다. 잎겨드랑이에 노란색 꽃이 모여 핀다. 나무 속살에 '헤마톡실'이라는 색소 성분이 있다. 나무 속살을 잘게 잘라서 끓여 낸 용액을 말려 물감을 얻는다. 로그우드 물감은 양털이나 비단, 무명, 베와 같은 옷감에 자주색이나 흑갈색 물을 들이는 데 쓴다. 단단한 목재는 장식 가구나 공예품 등을 만드는 데 쓴다. 원산지에서는 꽃이 필 때 꿀벌을 이용해 꿀을 채취한다.

황칠나무(두릅나무과) *Dendropanax morbiferus*
늘푸른큰키나무, 높이 15m 정도, 꽃 8월

남쪽 섬에서 자란다. 한자 이름 '황칠(黃漆)'은 '황금색 옻칠'이라는 뜻으로 줄기에 상처를 내면 흘러나오는 황금색 수액을 옻칠의 원료로 쓰기 때문에 붙여졌다. '노란옻나무'라고도 한다. 황칠은 옻칠처럼 가구나 공예품 등의 표면에 칠하는데 칠이 투명해서 물체의 질감을 그대로 살리면서도 황금빛을 내기 때문에 적갈색을 내는 옻칠보다 귀한 대접을 받았다. 황칠을 하면 열에 강하고 벌레도 끼지 않으며, 머리를 맑게 해 주는 성분이 나온다고 한다.

8월의 열매

열매 모양

5월에 핀 꽃

옻칠을 한 밥상

옻나무(옻나무과) *Toxicodendron vernicifluum*

갈잎큰키나무, 높이 20m 정도, 꽃 5~6월

산기슭에서 자란다. 옻나무의 수액을 '옻'이라고 하여 전통 옻칠의 원료로 사용한다. 줄기에 V자 홈을 내면 수액이 흘러내리는데 이 것을 긁어 모아서 쓴다. 옻칠을 하면 광택이 아름답고 벌레가 끼 지 않으며, 잘 썩지 않기 때문에 밥상, 제기, 가구, 공예품 등에 널 리 사용되었다. 근래에는 머리 염색약을 만드는 재료로도 쓴다. 표면에 무엇을 바를 때 흔히 '칠한다'는 표현을 쓰는데, 옻나무의 한자 이름인 '칠(漆)'에서 유래된 표현이다.

옻나무를 만지면 왜 가려울까?

가을에 단풍이 든 옻나무

옻나무를 만지면 온몸에 여드름 같은 것이 우툴두툴 돋으면서 몹시 가려 운 경우가 있는데 이것을 '옻이 오른다'고 한다. 이런 증상은 옻나무에 들 어 있는 '우루시올'이라는 성분 때문에 일어나며 알레르기 체질인 사람 일수록 더욱 심하게 나타난다.

옻이 오르면 피부에 염증을 일으켜서 붉게 붓거나 열이 오르며, 심한 경 우 물집이 생기고 진물이 날 수 있으므로 주의해야 한다. 특히 옻나무를 닭과 함께 끓인 옻닭을 먹고 옻이 오르는 경우는 옻 알레르기가 온몸에 퍼지므로 더욱 조심해야 한다.

꽃가지

열매가지

파라고무나무(대극과) *Hevea brasiliensis*

늘푸른큰키나무, 높이 20~47m

남아메리카 아마존 원산으로 열대 지방에서 재배한다. 나무껍질 에 비스듬히 상처를 낸 다음 흘러나오는 흰색 유액을 채취해서 탄 성 고무의 원료로 쓴다. 아마존강 유역이 원산지이지만 19세기에 영국이 씨를 채취하여 동남아시아에서 재배하였기 때문에 지금도 동남아시아에서 생고무가 가장 많이 생산된다. 목재는 나뭇결이 고르며 가구를 만드는 데 쓰고, 가지로는 숯을 만든다. 파라고무 나무의 '파라'는 원산지인 브라질의 주(州) 이름이다.

고무가 만들어진 과정

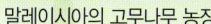

말레이시아의 고무나무 농장

고무 채취 과정

고무나무에서 채취한 고무 '라텍스'는 탄력이 있지만 여름에는 녹아서 흘러나오고 겨울에는 딱딱해지는 단점이 있다. 미국 사람인 굿이어는 라 텍스에 유황을 혼합한 물질을 우연히 뜨거운 난로 위에 떨어뜨렸다가 이 물질이 탄성이 높아지고 오래간다는 사실을 발견하였다.

굿이어는 고무에 대한 연구를 계속해서 항상 탄성을 유지하고 오래 사용 할 수 있는 천연고무를 발명하였다. 굿이어가 발명한 천연고무는 자전거 와 자동차 바퀴에 타이어로 사용되면서 운송 수단에 획기적인 발전을 가 져왔다.

재배식물

옷감이나 종이를 얻는 섬유식물

식물 중에는 나무껍질, 줄기속살, 잎몸 등에 섬유 세포가 발달해서 섬유 재료로 쓰이는 것이 있는데 이들을 '섬유식물(纖維植物)'이라고 한다. 섬유식물은 옷감 외에도 그물, 로프, 공예품 등의 원료로 사용된다. 튼튼한 섬유질이 있는 닥나무로는 한지를 만든다. 오늘날 널리 쓰이고 있는 종이는 독일가문비와 같은 나무의 재목을 잘게 부수어서 뽑아낸 펄프로 만들어진다.

천연 염색을 한 모시 옷감

8월에 핀 꽃 　　　　　　　　삼을 재배하는 밭

삼(삼과) *Cannabis sativa*

한해살이풀, 높이 1~3m, 꽃 7~8월

밭에서 재배하며 '대마'라고도 한다. 삼은 삼국 시대 이전부터 재배했다고 한다. 줄기에서 얻어지는 삼실로 삼베를 짜거나 밧줄, 그물, 천막 등을 만든다. 삼베는 바람이 잘 통하고 가슬가슬한 촉감이 시원해 여름철 옷감으로 애용된다. 상을 당했을 때 삼베옷을 입어 애도의 뜻을 표하는 상복의 풍습이 전해 온다. 삼에는 환각 작용을 일으키는 마약 성분이 들어 있어서 나라의 허가를 받아야만 재배할 수 있다. 씨앗은 향신료의 원료로 쓴다.

10월에 핀 꽃

잎줄기

모시풀의 잎을 넣어서 송편을 만들고 차도 끓여 마셔요.

모시풀(쐐기풀과) *Boehmeria nivea*

여러해살이풀, 높이 1.5~2m, 꽃 7~9월

밭에서 재배한다. 줄기 껍질을 벗겨 짠 옷감을 '모시'라고 하는데 원래 색깔은 연녹색이지만 표백을 하여 희게 만든다. 모시는 바람이 잘 통하고 땀을 잘 흡수하며, 질감이 깔깔하고 촉감이 차가우며 빨리 말라서 여름철 옷감으로 애용된다. 충남의 한산은 모시 산지로 유명하다. 아주 길이 들어서 몸에 밴 버릇을 '이골이 난다'라고 표현하는데, 모시를 짤 때 줄기를 이(치아)로 가늘게 째는 일을 반복하다 보니 이에 골이 생긴 데서 유래한 말이다.

| 8월에 핀 꽃 | 달콤한 어린 열매 속살 | 나무처럼 자란 목화 | 잘 익어 벌어진 열매 |

목화(아욱과) *Gossypium arboreum*

한해살이풀, 높이 60㎝ 정도, 꽃 8~9월

옷감의 원료인 솜을 얻기 위해 전 세계적으로 널리 재배하고 있다. 큼직한 흰색 꽃은 이른 아침에 피었다가 다음 날이면 붉은색으로 변하여 떨어진다. 꽃이 진 자리에 열리는 달걀형의 열매는 '다래'라고도 하는데 어린 열매 속살은 솜사탕처럼 달콤하며 아이들이 따 먹는다. 열매는 익으면 4갈래로 갈라지면서 긴 솜털에 싸인 씨앗이 나온다. 씨앗을 싸고 있는 솜털을 모아서 옷감을 짜며 이불솜으로도 쓴다. 지금도 매우 중요한 옷감 원료의 하나이다. 씨앗으로 짠 기름은 마가린이나 비누의 원료로 이용한다. 기름을 짠 찌꺼기는 가축의 사료나 비료로 이용하고, 마른 줄기는 종이를 만드는 펄프 원료로 쓰거나 땔감으로 쓴다. 목화는 다래가 익어 벌어지면서 솜털이 부풀어 오른 모습이 꽃 모양과 비슷하고, 이 즈음이면 줄기는 나무처럼 단단하게 목질화하기 때문에 '나무 목', '꽃 화' 자를 써서 '목화(木花)'라고 부른다. '면화(綿花)'라는 이름으로도 불리는데 '면'은 솜으로 만든 무명 옷감을 나타내는 한자어이다.

겨울을 따뜻하게 만들어 준 목화의 전래

목화의 원산지는 인도로 아주 오랜 옛날부터 재배되었으며 스님을 통해 불경과 함께 중국으로 전래되었다고 한다. 우리나라에는 고려 말(1363년)에 문익점을 통해 중국에서 전래되었다.

고려 시대까지만해도 우리나라 사람들은 대부분이 얇은 삼베 옷이나 칡넝쿨로 만든 갈옷을 입고 살았다. 삼베옷이나 갈옷은 더운 여름에 입기에는 시원하지만, 겨울 추위를 견디기에는 역부족이었다.

문익점은 사신으로 원나라에 가게 되었다. 운남성에 이른 문익점은 넓은 들판에 솜뭉치가 주렁주렁 매달린 열매를 보고 농부에게 물었다. 농부는 재배한 목화에서 실을 뽑아 옷을 지어 입으면 따뜻하게 겨울을 날 수 있다고 알려 주었다.

원나라 사람들이 목화로 만든 무명천에 따뜻한 솜을 넣은 옷으로 겨울을 나는 것을 본 문익점은 귀국할 때 10개의 목화 씨앗을 채취해 붓 뚜껑 속에 몰래 숨겨서 돌아왔다. 문익점이 목화 씨앗을 그의 장인에게 주어 재배하도록 한 것이 성공하여 점차 온 나라로 퍼지게 되었다.

문익점의 손자인 문래는 목화솜으로 실을 잣는 기구를 만들었는데 문래의 이름을 따서 부르던 것이 점차 '물레'가 되었다고 한다.

벌어진 목화 열매의 솜뭉치

솜털이 붙은 씨앗

또 다른 손자인 문영은 실로 옷감을 짜는 기구를 만들었는데 목화 실로 짠 옷감은 문영의 이름을 따서 부르던 것이 변해 '무명'이 되었다고 한다.

삼베옷이나 갈옷을 입고 살았던 대부분의 백성들은 이때부터 목화솜으로 만든 무명에 솜을 넣은 따뜻한 옷을 입고 겨울을 나게 되었다. 후세 사람들은 백성들의 의생활을 크게 향상시킨 문익점의 은공을 고맙게 여겨 그를 '목면공(木綿公)'이라고 칭송하였다. '목면'은 목화의 다른 이름이고 '공'은 이름을 높여 부르는 말이다.

5월에 핀 꽃   6월의 열매

세모진 줄기

꽃이 핀 줄기   줄기 단면

뽕나무(뽕나무과) *Morus alba*

갈잎큰키나무, 높이 6~15m, 꽃 4~5월

논둑이나 밭둑에서 자라며 밭에서 기르기도 한다. 검은색으로 익는 열매는 '오디'라고 하는데 달고 맛있어 날로 먹으며 술을 담그기도 한다. 오디를 먹으면 소화가 잘되어 방귀를 뽕뽕 뀌게 되어 '뽕나무'가 되었다고 한다. 뽕나무 잎으로는 누에나방의 애벌레인 누에를 길러 누에고치를 얻는다. 누에고치에서 뽑아내는 명주실로 비단 옷감을 짜는데 지금도 가장 고급 옷감으로 친다. 옛날에는 뽕나무로 활을 만들었다고 한다.

파피루스(사초과) *Cyperus papyrus*

늘푸른여러해살이풀, 높이 1~2m

지중해 원산으로 물가나 습지에서 자라며 우리나라에서는 온실에서 기른다. 고대 이집트에서는 줄기를 이용해 '파피루스'라는 종이 대용품을 만들어 썼다. 또 질긴 줄기로 보트, 매트, 옷, 끈 등을 만들기도 하였다. 줄기를 잘라 며칠간 물에 불린 뒤 두드려서 얇게 편 다음, 여러 개를 눌러서 붙이고 말리면 종이 대용품인 파피루스가 만들어진다. 이집트에서 사용되던 파피루스는 그리스, 로마, 비잔틴 등에 전해져서 널리 사용되었다.

4월의 열매   나무 모양

4월에 핀 꽃   6월의 열매

독일가문비(소나무과) *Picea abies*

늘푸른바늘잎나무, 높이 40~50m, 꽃 4~5월

유럽 원산으로 원뿔형의 나무 모양이 아름다워 관상수로 많이 심는다. 목재는 빛깔이 흰색이고 섬유가 길며 송진이 적게 나와서 종이의 원료인 펄프 재료로 쓰인다. 먼저 잘게 자른 통나무에 화학 약품과 물을 섞어 펄프를 만든다. 펄프에서 화학 약품과 불순물을 제거하고 표백제를 넣어 희게 만든 다음, 얇게 눌러서 펼쳐 말리면 종이가 된다. 가문비나무 종류로 독일이 원산지라서 '독일가문비'라고 한다.

삼지닥나무(팥꽃나무과) *Edgeworthia tomentosa*

갈잎떨기나무, 높이 1~2m, 꽃 3~4월

중국 원산으로 남부 지방에서 재배하거나 관상수로 심는다. 줄기는 굵고 황갈색이며 가지가 3갈래씩 갈라지는 특성이 있다. 이른 봄에 가지 끝에 잎보다 먼저 노란색 꽃송이가 달린다. 나무껍질에 들어 있는 섬유는 닥나무와 같이 종이를 만드는 원료로 사용했는데 질기고 탄력성이 좋아서 지폐와 같이 고급 종이를 만드는 재료로 썼다. '삼지(三枝)'란 '가지가 셋으로 갈라진다'는 뜻이며 닥나무처럼 종이 원료로 써서 '삼지닥나무'라고 한다.

5월에 핀 꽃

6월의 열매

벗긴 나무껍질

나무 모양

닥나무(뽕나무과) *Broussonetia kazinoki*

갈잎떨기나무, 높이 2~3m, 꽃 4~5월

산기슭이나 밭둑에서 자라며 밭에서 재배하기도 한다. 어린 나무의 잎은 잎몸이 여러 갈래로 갈라지기도 하지만 자라면서 점차 갈라지지 않는다. 이른 봄에 잎이 돋을 때 동그란 꽃송이도 함께 핀다. 동그란 열매는 가을에 붉은색으로 익는데 단맛이 나며 먹을 수 있다. 열매는 불면증 등을 치료하는 약재로도 쓴다. 나무껍질로 창호지나 화선지 같은 한지를 만들기 때문에 옛날에는 나라에서 닥나무 재배를 장려하였다. 한지는 글을 쓰고 그림을 그리는 종이로 사용할 뿐만 아니라 문살에 발라서 바람은 막고 빛은 들어오게 만드는 문종이(창호지)로도 널리 사용되었다. 근래에는 한지로 연필꽂이, 쟁반, 부채, 인형 같은 공예품을 만든다. 또 병균이나 먼지를 막아 주는 항균 필터나 의료 용품으로도 사용된다. 옛날에 나무껍질을 이용해 짠 옷감을 '저포'라고 하였으며 밧줄을 만들기도 하였다. 봄에 돋는 어린잎은 나물로 먹는다. 닥나무의 가지를 꺾으면 '딱' 소리를 내며 꺾어져 '딱나무'라고 부르던 것이 변해 '닥나무'가 되었다고 한다.

닥나무로 만드는 한지

닥나무 가지의 속껍질은 질기고 튼튼한 짧은 실 모양의 세포가 들어 있어서 어떤 나무의 껍질보다도 질 좋은 종이를 만들 수 있기 때문에 오랜 옛날부터 종이 원료로 널리 이용되었다. 닥나무로 종이를 만드는 방법은 다음과 같다.

먼저 동지를 전후로 1년생 나뭇가지를 잘라 솥에 넣고 껍질이 흐물거리면서 벗겨질 때까지 푹 삶는데, 이때 고약한 냄새가 난다. 충분히 삶은 가지를 건져 낸 다음 껍질을 벗겨 낸 것을 '흑피(黑皮)'라고 하며 한지의 기초 원료가 된다. 볕에 말린 흑피를 다시 하루 정도 물에 불린 다음 발로 밟아서 겉껍질을 벗겨 내면 흰색 속껍질만 남는데 이를 '백피(白皮)'라고 한다. 백피는 양잿물에 넣고 4~5시간 삶은 다음 담가 두었다가 물기를 짜낸다. 그런 뒤에 불순물을 걸러 내면 순백색의 닥 섬유가 만들어진다.

닥풀

닥 섬유는 다시 곱게 찧어서 곤죽이 되도록 만든다. 이렇게 만든 종이 덩어리를 닥풀 뿌리를 으깨어 나온 끈적끈적한 물에 넣어 풀어 준다. 닥풀을 넣으면 닥 섬유가 골고루 퍼지게 하는 역할을 하기 때문에 좋은 종이를 만들 수 있다. 마지막으로

한지로 만든 인형

닥 섬유를 발을 걸어 떠서 말리면 종이가 된다.

석가탑에 들어 있던 무구정광대다라니경은 1,200년 전에 만들어진 것으로 세계에서 가장 오래된 인쇄물로 밝혀졌다. 이처럼 요즘 만들어지는 종이의 수명이 100년 정도인데 비해 한지의 수명은 1,000년이 넘을 정도로 오래간다. 종이는 약 2,100년 전쯤에 '채륜'이라는 중국 사람이 발명했지만 고려 사람들은 종이를 만드는 기술이 뛰어나서 중국에서도 고려 종이는 고급 종이로 귀하게 여겼다고 한다.

가축 사료로 심는 식물

가축 사료로 이용하려고 기르는 식물을 '목초(牧草)'라고 한다. 목초는 잎줄기가 부드럽고 잘 자라서 1년에 여러 차례 베어 낼 수 있어야 한다. 우리나라에서 기르는 목초는 대부분이 외국에서 들여온 품종으로 자주개자리, 토끼풀, 붉은토끼풀, 오리새 등이 있다. 그 밖에 볏짚이나 보리짚, 옥수수 줄기 등도 가축 사료로 널리 이용된다.

제주도의 말을 기르는 목장

6월에 핀 꽃

꽃송이

열매송이

토끼풀(콩과) *Trifolium repens*
여러해살이풀, 높이 20~30㎝, 꽃 5~7월

풀밭에서 무리 지어 자란다. 초여름에 잎겨드랑이에서 나온 긴 꽃자루 끝에 동그란 흰색 꽃송이가 달린다. 토끼가 잘 먹는 풀이라서 '토끼풀'이라고 하며 영어 이름대로 '클로버(Clover)'라고도 부른다. 유럽 원산으로 목장의 목초로 쓰기 위해 들여와 널리 퍼져 나간 귀화식물이다. 부드러운 잎과 줄기를 토끼와 같은 가축의 먹이로 쓴다. 토끼풀은 아일랜드의 나라꽃이며 3장의 작은잎이 성부, 성자, 성인의 3위 1체로 악마와 마귀를 막아 준다고 한다.

네잎클로버와 나폴레옹

클로버(토끼풀)는 보통 3장의 작은잎을 가진 세겹잎이지만 간혹 4장이 달린 네잎클로버도 만날 수 있다. 네잎클로버는 왜 생길까? 네잎클로버는 일종의 돌연변이다. 돌연변이는 보통 자연적으로 생겨나지만 화학 물질이나 방사선과 같은 외부의 환경 때문에 생겨나기도 한다. 자연 속에서도 돌연변이에 의해서 식물은 변화하고 새로운 변종이 태어나며 계속 진화한다.

프랑스의 황제 나폴레옹과 네잎클로버에는 다음과 같은 이야기가 전해진다. 나폴레옹은 포병 장교로 전투에 참가하고 있었다. 발밑의 토끼풀밭에서 네잎클로버를 발견하고 신기하게 여긴 나폴레옹이 고개를 숙여 네잎클로버를 잡는 순간 적군이 쏜 총탄이 머리 위로 비껴 갔다. 그래서 네잎클로버는 행운의 상징이 되었다고 한다.

유럽에서 전해 오는 이야기로는 네잎클로버의 첫 번째 잎은 희망, 두 번째 잎은 믿음, 세 번째 잎은 사랑을 의미하고, 네 번째 잎은 행운을 상징한다고 한다.

네잎클로버

10월에 핀 꽃   흰색 꽃이 피는 품종

붉은토끼풀(콩과) *Trifolium pratense*

여러해살이풀, 높이 30~60㎝, 꽃 5~7월

유럽 원산으로 산과 들의 풀밭이나 길가에서 자란다. 초여름에 짧은 꽃자루 끝에 동그란 붉은색 꽃송이가 달린다. 목장의 목초로 재배하기 위해 들어와 심은 것이 들로 퍼져 나가 저절로 자란다. 생김새와 자라는 모습이 토끼풀과 비슷하지만 꽃송이가 붉은색이라서 '붉은토끼풀'이라고 한다. 허브로도 이용하는데 오줌을 잘 나오게 하여 몸속의 찌꺼기를 없애 준다. 어린잎은 나물로 무쳐 먹거나 기름에 볶아 먹는다.

덴마크의 나라꽃, 붉은토끼풀

1864년 덴마크는 오스트리아와 프로이센 연합군과의 전쟁에서 패해 가장 기름진 땅을 빼앗기고 국민들은 절망에 빠져 있었다.

공병장교였던 '달가스'는 '밖에서 잃은 것을 안에서 되찾자'는 구호를 내걸고 황무지를 개간하는 일에 앞장섰다. 개간한 땅에 농작물을 키우려면 우선 거센 바람을 막아 주는 나무를 심어야 했다. 하지만 나무들도 거센 바닷바람을 견디지 못하고 죽어 갔다. 나무 종류를 바꿔 가며 심기를 거듭한 끝에 바람을 막아 주는 방풍림을 만드는 데 성공하였다.

달가스의 노력에 감동한 국민들도 나무를 심고 개간을 하는 일에 동참하면서 덴마크의 황무지는 농토로 바뀌어 갔다. 달가스는 개간한 땅에 붉은토끼풀을 심고 가축을 길렀다. 국민들이 함께 목장을 만들고 가축을 열심히 기른 덕에 덴마크는 세계 제일의 낙농 국가가 되었다. 덴마크 사람들은 붉은토끼풀을 나라꽃으로 정하였고, 붉은토끼풀은 행운과 희망을 가져다주는 상징이 되었다.

5월에 핀 꽃   8월의 열매

자주개자리(콩과) *Medicago sativa*

여러해살이풀, 높이 30~90㎝, 꽃 5~7월

길가나 빈터에서 자란다. 잎겨드랑이의 꽃송이에 연자주색 꽃이 모여 핀다. 납작한 꼬투리는 동그랗게 말리지만 가시가 없고 털이 있다. 유라시아 원산으로 목장에서 가축에게 먹이는 목초로 재배하기 위해 들여온 것이 널리 퍼져 자랐다. 개자리와 가까운 친척으로 자주색 꽃이 피기 때문에 '자주개자리'라고 한다. 영어 이름은 '알팔파(Alfalfa)'인데 아랍어로 '가장 좋은 사료'라는 뜻이다. 봄에 돋는 어린싹을 나물로 먹는다.

6월에 핀 꽃   꽃이삭

오리새(벼과) *Dactylis glomerata*

여러해살이풀, 높이 1m 정도, 꽃 6~7월

유럽과 서아시아 원산으로 산과 들의 풀밭에서 자란다. 목장의 목초로 재배하기 위해 미국에서 들여왔다. 초여름에 줄기 윗부분에 황백색 꽃이삭이 달린다. 꽃가루는 알레르기를 일으키기도 한다. 오리새는 가지를 잘 치고 빨리 자라기 때문에 1년에 여러 번 베어 먹일 수 있다. 황폐한 땅에서도 잘 자라서 사방용으로도 심는다. 과수원에서 재배하는 목초로 적당해서 '오처드그래스(Orchard Grass)'라고 하는데 '과수원풀'이라는 뜻이다.

공예품을 만드는 식물

식물의 줄기나 잎 등을 이용하여 일상생활에 필요한 물건이나 예술품을 만드는 데 사용하는 식물을 '공예식물(工藝植物)'이라고 한다. 공예식물로 만든 공예품 중에는 강화도의 화문석이나 담양의 죽제품처럼 서민 생활용품으로 널리 알려진 제품도 있다. 예전에는 볏짚으로 짚신이나 소쿠리를 만들었고, 수세미오이열매는 그릇을 닦는 수세미로만들어 썼다.

아메리카 인디언의 벽 장식품

9월에 핀 꽃

다듬어 놓은 왕골 줄기

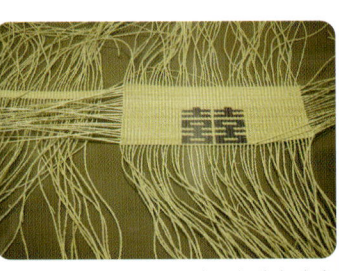

바구니 제작 과정

화문석 제작 과정

강화도 화문석

왕골(사초과) *Cyperus exaltatus*

한해살이풀, 높이 1~1.5m, 꽃 9~10월

왕골은 물을 좋아하기 때문에 논이나 습지에서 재배한다. 줄기 끝에서 우산살 모양으로 갈라진 가지마다 자잘한 꽃이삭이 촘촘히 모여붙는다. 세모진 줄기는 표면이 매끄럽고 기름져서 물이 잘 스며들지 않고, 질기면서도 매우 부드럽기 때문에 방석이나 돗자리를 만드는 재료로 쓴다. 물을 들인 왕골로 꽃무늬 등을 수놓으면서 짠 돗자리는 '화문석'이라고 하며 '꽃돗자리'라고도 한다. 의자보다는 주로 방바닥에 앉아서 생활하는 우리 문화에서 돗자리는 꼭 필요한 생활용품이었다. 여름철에 화문석을 깔고 그 위에 앉거나 누우면 더위를 피할수 있어서 애용되었다. 특히 강화도의 화문석은 품질이 뛰어나기로 유명하다. 화문석은 이미 삼국 시대부터 널리 사용되었으며, 1960년대에는 화문석 제품이 중요 수출품이었을 정도로 왕골을 널리 재배했지만 지금은 일부 지역에서만 재배하고 있다. 왕골로는 방석이나 돗자리뿐만 아니라 바구니 등의 수공예품을 만드는데 무늬가 아름다워서 집을 치장하는 데 사용하기도 한다.

애기구덕은 아기를 안에 눕히고 흔들어 잠을 재우는 도구로 대나무를 엮어서 만들어요.

붓

바구니

대나무 숲

애기구덕

여름에 쓰는 모자인 삿갓

곡식을 고르는 체의 일종인 얼멩이

대나무(벼과)

왕대, 솜대, 죽순대, 이대 등을 통틀어 '대나무'라고 부른다. 곧게 자라는 대나무 줄기는 마디가 있으며 단단하면서도 탄력성이 좋아서 옛날부터 널리 이용되었다. 고대 사회에서는 활, 화살, 창 등 전쟁 무기를 만드는 재료였다. 또 옛날 사람들이 글을 쓰던 붓의 붓대도 대나무로 만들었으며, 전통 악기인 통소와 피리 등도 대나무로 만들었다. 대나무는 종류에 따라 줄기의 굵기가 다른데, 줄기가 가는 조릿대는 줄기를 엮어 쌀에서 돌을 고를 때 쓰는 조리로 만들어서 '조릿대'라는 이름을 얻었다. 줄기가 굵은 왕대나 솜대, 죽순대는 잘라서 건축재로 이용하거나 담장으로 엮고, 장대 등으로 이용하였다. 또 줄기를 잘게 쪼개고 엮어서 바구니, 채반, 발, 가구, 의자, 어구, 빗자루 등의 생활용품을 만들었다. 손가락 정도의 굵기를 가진 이대로는 화살, 담뱃대, 낚싯대, 부채 등을 만든다. 굵은 대나무인 왕대, 죽순대, 솜대는 따뜻한 곳에서 잘 자라므로 대나무 공예품은 주로 남부 지방에서 생산된다. 특히 대나무로 유명한 전남 담양은 5일마다 대나무 공예품을 파는 죽물시장이 열린다.(대나무 세부 정보 142~143쪽 참조)

8월의 열매

조롱박으로 만든 시계

잎줄기

기린갈로 짠 의자

조롱박(박과) *Lagenaria leucantha* var. *gourda*
한해살이덩굴풀, 꽃 7~9월

박의 변종으로 잎과 꽃의 모양은 박과 비슷하지만 동그란 열매에는 기다란 자루가 있으며 가운데가 잘록해지기도 한다. 조롱조롱 매달린 박이라서 '조롱박'이라고 하며, 호리병으로 사용해서 '호리병박'이라고도 하고 '표주박'이라는 이름도 있다. 자루 부분을 조금 잘라서 속을 파내 말린 것은 호리병으로 사용한다. 세로로 반을 쪼개서 속을 파내어 말린 것은 바가지로 사용하였다. 요즘에는 바가지를 이용해 여러 장식품을 만들기도 한다.

기린갈(야자나무과) *Daemonorops draco*
늘푸른덩굴나무, 길이 60~180m

동남아시아 원산의 야자나무로 덩굴지는 줄기에는 가시가 있다. 단단하면서도 질긴 줄기를 가늘게 쪼갠 다음 촘촘히 엮어서 가구를 짠다. 우리나라에서 흔히 '등가구'라고 부르는 것은 기린갈로 짠 가구를 말한다. 동그란 열매는 익으면 붉은색 나뭇진이 나오는데 나뭇진을 모아 말린 것을 '기린갈', '혈갈', '용혈'이라고 하여 한방에서 피를 멈추는 약재로 쓴다. '용혈(龍血)'은 '용의 피'라는 뜻이며 붉은색 물감으로도 사용한다.

여러 가지 공예품

압화장
꽃을 눌러서 장식을 한 장.

압화등
누름꽃으로 장식해서 만든 등.

씨앗 공예
도토리와 목련 열매를 이용한 장식품.

장승
마을 어귀에 세우는 나무 도깨비.

인도 가면
나무로 조각을 한 얼굴에 쓰는 가면.

아프리카 인형
나무로 조각을 해서 만든 인형.

중앙아메리카의 태양신 가면
아메리카 사람들이 숭배하는 태양신을 나무로 조각한 가면.

여러 가지 생활용품

망태기
볏짚으로 꼰 새끼로 만든 물건을 담는 도구.

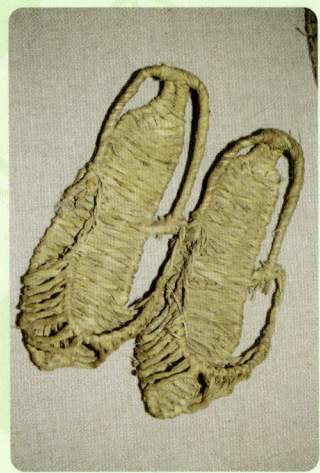

짚신
볏짚으로 삼은 신발.

나막신
나무를 파서 만든 신발.

말
곡식 등의 양을 잴 때 쓰던 도구.

특용식물 | 공예품·목재

목재로 이용되는 나무

나무줄기에서 얻어지는 목재는 단단하면서도 가벼우며 가공하기가 쉬워서 오랜 옛날부터 집을 짓거나 배, 가구, 도구 등을 만드는 재료로 이용되었다. 특히 우리나라는 목재를 얻기가 쉬워서 집을 짓는 목조 주택 재료로 널리 이용하였다. 목재의 수요가 늘어나면서 나무숲이 많이 파괴되어 세계적으로 문제가 되고 있다.

아프리카의 목조 주택

소나무(소나무과)
가장 흔한 목재로 나뭇결이 곱고 부드러우며 오래가기 때문에 건축재나 가구재, 생활용품 등으로 널리 이용한다.

전나무(소나무과)
곧은 목재는 가볍고 연하며 향기가 있다. 건축재나 가구재, 선박재 등으로 이용되며 펄프 원료로도 쓴다.

삼나무(측백나무과)
곧은 목재는 건축재로 널리 쓰인다. 목재는 재질이 연하고 향기가 나며 피톤치드가 나와 건강에 좋다.

향나무(측백나무과)
붉은색을 띠는 목재는 향기가 좋으며 벌레가 끼지 않아 생활용품이나 가구 등을 만드는 재료로 쓴다.

층층나무(층층나무과)

목재는 연한 황백색으로 재질이 고르고 단단하여 공예품이나 젓가락으로 만들고 가구를 만들기도 한다.

구주피나무(아욱과)

목재는 가공하기가 쉽기 때문에 기구나 가구로 만들고 조각재로 이용하거나 바둑판을 만든다.

 목재의 단점을 장점으로 바꾼 합판

합판 무늬

합판 무늬

목재를 얇은 판으로 만들면 나뭇결을 따라 쪼개지기 쉽고 수분이 마르면서 뒤틀리는 등의 단점이 있다. '합판'은 목재를 쪼갠 얇은 판을 나뭇결이 서로 교차되도록 가로와 세로로 번갈아 붙여서 만든다. 합판은 쪼개지거나 뒤틀리는 단점이 없으며 속에는 자투리 목재도 사용할 수 있어서 경제성이 높다. 또 표면에 나뭇결을 살린 판을 붙여서 보기에도 아름다울 뿐만 아니라 튼튼하기까지 한 좋은 제품이 많이 나오고 있다.

합판을 만드는 데 쓰는 얇은 판은 '베니어(Veneer)'라고 하며, 겹수는 3, 5, 7겹으로 다양하다.

대추나무(갈매나무과)

목재는 아주 단단해서 연장이나 공예품으로 만든다. 벼락 맞은 대추나무로 만든 도장은 행운이 온다고 한다.

감나무(감나무과)

굵은 나무에는 검은색 줄무늬가 있어 보기 좋고 단단해서 가구와 같은 장식용품을 만드는 데 쓴다.

음나무(두릅나무과)

목재는 가공하기가 쉽고 무늬가 아름다워 가구재나 기구재로 쓰이며 악기를 만드는 데도 쓴다.

칠엽수(무환자나무과)

목재는 무늬가 독특하여 공예품이나 가구를 만들며 합판 원료로 쓴다. 칠엽수의 숯은 그림 그리는 목탄으로 쓴다.

꽃가지 　　　　　 나무 모양

티크(꿀풀과) *Tectona grandis*

늘푸른큰키나무, 높이 25~30m

열대 아시아 원산으로 가지 끝에 자잘한 흰색 꽃이 모여 핀다. 꽈리 모양의 열매 속에는 1~4개의 씨앗이 들어 있다. 목재는 처음에는 진한 노란색이지만 점차 갈색으로 변하며 좋은 냄새가 난다. 무겁고 단단한 목재는 뒤틀리거나 갈라지지 않으며, 가공하기가 쉽고 무늬가 아름다워서 건축재, 조각재, 가구재, 선박재 등으로 널리 사용한다. 목재 조직에 실리카와 오일을 함유하고 있어서 잘 썩지 않고, 내구성이 강해 야외에서도 100년 이상을 견딘다.

열매가지 　　　　　 나무 모양

마호가니(멀구슬나무과) *Swietenia mahogani*

늘푸른큰키나무, 높이 30~35m

열대 아메리카 원산으로 흰색 꽃이 모여 피고 달걀형의 큼직한 열매는 적갈색으로 익는다. 적갈색이 나는 목재는 단단하고 윤기가 있으며 나뭇결이 아름답고 습기에 강하다. 고급 가구재나 장식재로 이용하는데 고풍스러운 느낌을 주기 때문에 장롱이나 책상 등을 만드는 데 널리 쓰인다. 또 기타나 피아노 등의 악기를 만드는 재료로도 많이 사용하며, 마룻바닥이나 선박을 만드는 재료로도 이용한다. 나무가 더디 자라기 때문에 귀한 편이다.

꽃봉오리가지 　　　　　 나무 모양

실론철목(칼로필룸과) *Mesua ferrea*

늘푸른큰키나무, 높이 30m 정도

열대 아시아 원산으로 밑으로 늘어지는 빨간색 새순이 아름답기 때문에 열대 지방에서 관상수로 많이 심는다. '철목(鐵木)'은 '쇠나무'라는 뜻으로 목재가 무겁고 단단하며 실론(스리랑카)에서 많이 생산되서 '실론철목'이라고 한다. 스리랑카의 국목(國木 : 나라 나무)이다. 목재는 잘 썩지 않고 내구성이 강해서 수영장이나 선창가, 나무 다리, 야외 발코니, 테라스, 나무 담장 등 야외 구조물을 만드는 재료로 널리 사용된다.

꽃가지 　　　　　 나무 모양

흑판수(협죽도과) *Alstonia scholaris*

늘푸른큰키나무, 높이 40m 정도

인도와 동남아시아 원산으로 긴 꽃자루 끝에 흰색 꽃이 촘촘히 모여 핀다. 개오동처럼 빼빼로 모양의 열매가 모여 달려 밑으로 늘어진다. 목재는 연하고 가벼워서 악기를 만들거나 조각이나 모형을 만드는 재료로 사용한다. 나무 신발이나 하이힐 뒤축을 만드는 데 쓰기도 하였다. 특히 흑판(칠판)을 만드는 재료로 사용해서 '흑판수'라고 한다. 이 나무에는 악마가 산다고 해서 '악마의 나무(Devil Tree)'라고도 불린다.

화훼식물

아름다움을 감상하기 위해 기르는 식물을 '화훼식물(花卉植物)'이라고 한다. 아름다운 꽃을 감상하기 위해 기르는 화초를 비롯해 좋은 향기가 있거나 색깔이나 모양이 볼만한 식물 등이 화훼식물에 포함된다. 화훼식물은 화단이나 공원에 심어 가꾸거나 화분에 심어 실내에서 가꾸며 줄기째 잘라서 꽃꽂이로 이용하기도 한다. 화훼식물은 생활 공간을 아름답게 꾸미며서 사람들에게 아름다움과 멋을 느끼게 할 뿐만 아니라 마음의 안정을 가져다주는 역할을 한다. '원예식물'이라고도 한다.

노랑꽃창포

달리아

장미

데이지

안수리움

꽃밭

화초

꽃을 감상하기 위해 기르는 풀을 '화초' 또는 '화훼'라고 한다. 뒤에 꽃을 보려고 기르는 관상용 나무도 점차 넓은 뜻의 화초에 포함시켰고, 나중에는 관상용으로 기르는 모든 식물을 아우르는 말로 쓰이게 되었다. 이 장에서는 꽃을 보기 위해 기르는 풀을 화초로 소개하였다. 화초로 기르는 풀은 '한두해살이화초', '여러해살이화초', '알뿌리화초' 등으로 구분한다.

툴립 꽃밭

● 한두해살이화초

분꽃이나 채송화처럼 봄에 씨앗을 뿌리면 싹이 터서 자라다가 여름이나 가을에 꽃이 피고 겨울에 얼어 죽는 화초를 '한해살이화초' 또는 '일년생화초(一年生花草)'라고 한다.

씨앗을 뿌리면 싹이 터서 자라다가 다음 해에 꽃이 피고 열매를 맺은 후 죽는 화초는 '두해살이화초' 또는 '이년생화초(二年生花草)'라고 한다. 두해살이화초 중에는 특별히 가을에 싹이 터서 겨울을 나고 이듬해 봄에 꽃이 피고 열매를 맺은 후 죽는 풀이 있는데 이런 풀은 '월년초(越年草)'라고 부르기도 한다. 월년초는 생육 기간이 1년이 채 안 되는 것이 많다.

3년 이상 살아가는 여러해살이화초와 구분하기 위해서 한해살이화초와 두해살이화초를 합쳐서 보통 '한두해살이화초'라고 부른다.

화단에서 재배하는 한해살이화초 중에는 열대 지방이 원산인 풀이 많은데, 고향인 열대 지방에서는 여러해살이풀로 자라는 것이 대부분이다. 열대 아메리카가 원산인 분꽃, 채송화, 페튜니아는 원산지에서는 여러해살이화초로 자라며, 동남아시아가 원산지인 맨드라미와 봉숭아도 원산지에서는 여러해살이화초로 자란다.

매리골드 꽃밭

10월에 핀 꽃

무늬꽃잎 품종

씨앗 단면

분꽃(분꽃과) *Mirabilis jalapa*

한해살이풀, 높이 60~100cm, 꽃 7~10월, 한두해살이화초

가지 끝에 깔때기 모양의 붉은색 꽃이 피는데 해가 질 무렵에 피었다가 다음 날 아침이면 시든다. 옛날 시계가 없던 시절에는 분꽃이 피는 것을 보고 저녁밥을 지었다고 한다. 흰색이나 노란색 꽃이 피는 품종도 있다. 꽃받침으로 싸인 동그란 씨앗은 까맣게 여무는데 속에 흰색 가루가 들어 있다. 옛날에는 부녀자들이 이 가루를 분 대신 얼굴에 발라서 '분꽃'이라는 이름을 얻었다. 멕시코 원산으로 꽃말은 '겁쟁이, 수줍음'이다.

10월에 핀 꽃 / 노란색 꽃이 피는 품종

흰색 겹꽃이 피는 품종

9월에 핀 꽃 / 가로로 열리는 열매

맨드라미(비름과) *Celosia cristata*

한해살이풀, 높이 90㎝ 정도, 꽃 7~8월, 한두해살이화초

편평한 꽃줄기에 자잘한 붉은색 꽃이 빽빽이 모여 핀다. 꽃이삭이 만든 것처럼 아름답다는 데서 '맨드라미'라는 이름이 지어졌다고 한다. 한자 이름은 '계관화(鷄冠花)'로 '닭벼슬꽃'이라는 뜻인데 주름진 꽃이삭이 닭벼슬과 비슷해서 붙여졌다. 인도 원산으로 오래전부터 심어 길렀으며 여러 색깔의 품종이 있다. 꽃잎은 떡이나 부침개 같은 음식에 물을 들이는 붉은색 물감으로 사용하고, 말린 꽃은 설사약으로 쓰기도 하였다. 꽃말은 '열정'이다.

채송화(쇠비름과) *Portulaca grandiflora*

한해살이풀, 높이 15~20㎝, 꽃 7~10월, 한두해살이화초

줄기는 비스듬히 퍼지며 가지가 많이 갈라져서 땅바닥을 덮고, 줄기와 잎은 육질이 통통하다. 꽃은 햇볕이 강한 한낮에만 피고 해가 기울면 꽃잎을 오므린다. 5장의 꽃잎 가운데에 있는 노란색 수술들은 곤충이 앉으면 곤충 쪽으로 쏠려서 꽃가루를 묻힌다. 여러 색깔의 꽃이 피는 품종이 있으며 꽃잎이 겹으로 된 품종도 있다. 둥근 열매는 익으면 가운데가 갈라져 뚜껑이 열리면서 많은 씨앗이 나온다. 남아메리카 원산으로 꽃말은 '가련함, 순진'이다.

9월에 핀 꽃 / 흰색 꽃이 피는 품종

6월에 핀 꽃 / 흰색 겹꽃이 피는 품종

천일홍(비름과) *Gomphrena globosa*

한해살이풀, 높이 40~60㎝, 꽃 7~10월, 한두해살이화초

가지 끝의 동그란 꽃송이에 자잘한 붉은색 꽃이 촘촘히 모여 달린다. 꽃은 물기가 거의 없기 때문에 잘라서 말린 꽃으로 만들어도 색깔이 변하지 않고 오래간다. '천일홍(千日紅)'이라는 한자 이름은 '1,000일 동안 꽃이 붉다'는 뜻인데 붉은색 꽃이 오랫동안 피어 있기 때문에 붙여진 이름이라고도 하고, 말린 꽃의 색깔이 변치 않고 1,000일을 간다고 해서 붙여졌다고도 한다. 열대 아메리카 원산으로 꽃말은 '영원히 변치 않는 애정'이다.

개양귀비(양귀비과) *Papaver rhoeas*

한두해살이풀, 높이 30~80㎝, 꽃 5~6월, 한두해살이화초

양귀비와 생김새가 비슷하지만 전체에 털이 있다. 양귀비처럼 마약 성분이 없기 때문에 '개양귀비'라고 한다. 꽃이 아름다워 많은 재배 품종이 만들어졌으며 관상용으로 심고 있다. 서양에서는 씨앗으로 기름을 짜며, 빨간 꽃잎은 시럽이나 술을 담그는 데 쓴다. 중국 초나라의 장수인 항우의 군대가 전쟁에서 패했을 때 항우의 부인인 우미인도 항우와 함께 자결을 했는데 나중에 우미인의 무덤에 이 꽃이 피어서 중국에서는 '우미인초'라고 부른다.

5월에 핀 꽃　　　　　　꽃봉오리

양귀비(양귀비과) *Papaver somniferum*

두해살이풀, 높이 50~150㎝, 꽃 5~6월, 한두해살이화초

전체에 털이 없다. 기다란 꽃줄기 끝에 붉은색이나 흰색 등 여러 색깔의 꽃이 피며 꽃봉오리는 밑으로 처진다. 중국의 절세 미인 양귀비처럼 꽃은 아름답지만 하루를 넘기지 못하는 데서 '양귀비'라는 이름을 얻었다. 동그스름한 열매가 익기 전에 상처를 내면 나오는 흰색 즙을 모아 말린 것이 '아편'이다. 아편은 마약의 한 종류로 중독성이 강해서 위험하기 때문에 우리나라에서는 양귀비 재배가 금지되어 있다. 꽃말은 '위로, 위안'이다.

영국과 중국의 아편전쟁

양귀비의 어린 열매　　　어린 열매 단면의 즙

19세기 초에 영국은 중국에서 차나 비단을 수입하기 위해 많은 돈을 중국에 지불하였다. 영국은 교역에 필요한 돈을 마련하기 위해 인도에서 생산된 아편을 중국에 몰래 들여다 팔았다. 아편 때문에 많은 중국 사람이 중독되어서 큰 문제가 되었다.

중국의 한 관리인 임칙서가 아편을 몰수해서 불태워 버리자 영국은 이를 빌미로 중국을 공격하였는데 이를 '아편전쟁(1840~1842년)'이라고 한다. 이 전쟁에서 승리한 영국은 많은 배상금과 함께 홍콩을 차지해서 무역항으로 삼았으며, 중국은 아편이 널리 퍼지면서 더욱 황폐해졌다.

6월에 핀 꽃　　　　　줄기에서 나오는 끈끈한 진액

끈끈이대나물(석죽과) *Silene armeria*

한두해살이풀, 높이 50㎝ 정도, 꽃 6~8월, 한두해살이화초

대나무처럼 줄기에 마디가 있고 마디 밑부분에서 끈끈한 진이 나와서 '끈끈이대나물'이라고 한다. 이 끈끈한 진에 작은 벌레가 붙으면 떨어지지 못하게 하여 식물을 벌레로부터 보호한다. 가지 끝에 붉은색 꽃이 빽빽이 모여 피는데 꽃받침은 대롱처럼 길며 끝부분에 5장의 붉은색 꽃잎이 활짝 벌어진다. 유럽 원산이며 흰색 꽃이 피는 품종도 있다. 꽃밭에 심어 기르지만 저절로 퍼져 나가 들에서 자라기도 한다.

흰색 겹꽃이 피는 품종　　　붉은색 홑꽃이 피는 품종

안개꽃(석죽과) *Gypsophila elegans*

한두해살이풀, 높이 30~50㎝, 꽃 5~8월, 한두해살이화초

가는 줄기에 가는 가지가 계속 갈라지면서 가지 끝마다 자잘한 흰색 꽃이 촘촘히 달린다. 꽃이 가득 핀 모양이 안개처럼 보여서 '안개꽃' 또는 '안개초'라고 한다. 원래 꽃은 홑꽃이지만 겹꽃이 피는 품종을 많이 볼 수 있으며 붉은색 꽃이 피는 품종도 있다. 주로 꽃꽂이용으로 쓰이는데 다른 꽃과 함께 꽃다발을 만들며 부케를 만드는 데도 많이 쓰인다. 꽃다발을 그대로 말린 드라이플라워로도 많이 이용된다. 꽃말은 '깨끗한 마음', '약속'이다.

8월에 핀 꽃 　　　　9월의 열매 　　　　꽃이 핀 가지 　　　　자극을 준 가지

미모사(콩과) *Mimosa pudica*

한해살이풀, 높이 30㎝ 정도, 꽃 7~8월, 한두해살이화초

열대 지방인 브라질이 원산으로 화분에 심어 실내에서 기르면 여러해살이풀이 된다. 여름에 가지 끝에 연한 홍색 꽃이 둥글게 모여 피고 꼬투리 열매는 가시털로 덮여 있다. 밤에는 잎몸의 수분이 아래쪽으로 이동하면서 힘을 잃고 처지는 수축 현상 때문에 잎이 포개지면서 잠을 잔다. 밤에 잎을 포개면 몸의 온도를 유지할 수 있어서 좋다. 낮에도 잎을 건드리면 잎을 오므리면서 잎자루가 축 늘어지는데 곤충을 놀라게 하거나 먹이가 아닌 것처럼 보이는 효과가 있다. 잎에 작은 자극을 주면 자극을 받은 부분부터 차례대로 포개지는 것을 볼 수 있다. 잎을 오므리는 모습이 마치 부끄럼을 타는 듯하여 '함수초(含羞草)'라는 한자 이름으로 부른다. '미모사'는 세계인이 공통으로 사용하는 속명이며 '잠풀' 또는 '신경초'라고도 한다. 그리스 신화에는 자신의 미모를 뽐내던 미모사 공주가 태양신 아폴로를 따르던 시종들의 아름다움을 보고 부끄러워하다가 변한 풀이라는 이야기가 전해진다. 꽃말은 '민감, 부끄러움'이다.

꽃의 꿀주머니

열매가 터지는 모습

7월에 핀 꽃

봉숭아/봉선화(봉선화과) *Impatiens balsamina*

한해살이풀, 높이 60㎝ 정도, 꽃 6~9월, 한두해살이화초

여름에 잎겨드랑이에 붉은색이나 분홍색, 흰색 꽃이 핀다. 꽃의 모양이 전설에 나오는 새인 봉황을 닮아서 '봉선화(鳳仙花)'라고 하던 것이 변해 '봉숭아'가 되었다고 한다. 열매는 익으면 껍질이 저절로 터지면서 씨앗이 튀어나간다. 예전부터 부녀자들이 꽃과 잎으로 손톱을 붉게 물들였다. 백반이나 괭이밥 잎을 함께 넣어 물들이면 물이 더 잘 들고 오래간다. 인도와 동남아시아 원산으로 꽃말은 '나를 건드리지 마세요, 신경질'이다.

울 밑에 선 봉선화야

담장 밑에서 자란 봉숭아

김형준 선생님이 가사를 쓰고 홍난파 선생님이 곡을 붙인 가곡 '봉선화'는 "울 밑에 선 봉선화야~, 네 모양이 처량하다."로 시작된다. 봉숭아는 주로 울타리 밑에 심는데 그 이유는 봉숭아에서는 두꺼비나 뱀이 싫어하는 냄새가 나기 때문이다.

우리 조상들은 이러한 해로운 동물들이 접근하지 못하도록 울타리 밑이나 집 주변에 봉숭아를 심었다고 한다. 냄새가 나는 쑥, 할미꽃, 환삼덩굴, 협죽도 등도 봉숭아와 함께 울타리 식물로 심는다.

6월에 핀 꽃   꽃 뒤의 기다란 꿀주머니

아프리카봉선화(봉선화과) *Impatiens walleriana*

한해살이풀, 높이 30~60cm, 꽃 6~10월, 한두해살이화초

잎겨드랑이에 봉숭아(봉선화)를 닮은 꽃이 피는데 꽃 색깔은 붉은색, 밝은 홍색, 오렌지색, 연분홍색, 흰색 등 여러 가지 품종이 있고, 겹꽃이 피거나 잎에 무늬가 있는 품종도 있다. 봉숭아처럼 꽃의 뒷부분이 길고 가느다란 꿀주머니로 되어 있다. 아프리카봉선화는 '원산지가 아프리카인 봉선화'라는 뜻이다. 키가 작고 그늘에서도 잘 자라서 화단에 많이 심는다. 화분에 심어 실내에서 기르면 여러해살이풀이 된다.

7월에 핀 꽃   흰색 꽃이 피는 품종

풍접초(풍접초과) *Cleome spinosa*

한해살이풀, 높이 1m 정도, 꽃 8~9월, 한두해살이화초

줄기와 가지 끝의 커다란 꽃송이에 붉은색이나 흰색 꽃이 모여 핀다. 한자 이름 '풍접초(風蝶草)'는 '바람 풍', '나비 접', '풀 초로 꽃 모양이 바람에 날리는 나비와 비슷해서 붙여졌다. 꽃송이의 모양을 보고 '왕관꽃'이라고도 부르며, 북한에서는 '나비꽃'이라고 부른다. 영어 이름은 '거미꽃(Spider Flower)'인데 꽃잎 밖으로 길게 벋는 수술이 거미줄처럼 보여서 붙여졌다. 열대 아메리카 원산으로 꽃말은 '시기, 질투'이다.

품종   품종

4월에 핀 꽃   품종   품종

닥풀 꽃밭

8월에 핀 꽃   어린 열매   익은 열매

팬지(제비꽃과) *Viola tricolor* var. *hortensis*

한두해살이풀, 높이 10~20cm, 꽃 9월~이듬해 3월, 한두해살이화초

키가 작아서 땅을 덮으므로 봄 화단을 가장 많이 장식한다. 옆을 향해 피는 꽃의 색깔은 노란색, 자주색, 흰색 등 여러 품종이 있으며 꽃의 크기나 무늬도 다양하다. 영어 이름 '팬지(Pansy)'는 '근심(Pensee)'이라는 프랑스어에서 유래되었는데 꽃잎 안쪽에 있는 무늬의 모양이 근심스런 얼굴 표정과 비슷해서 붙여졌다. 제비꽃 종류로 꽃잎에 여러 색깔의 무늬가 있어서 '삼색제비꽃'이라고도 한다. 유럽 원산으로 꽃말은 '나를 생각해 주세요'이다.

닥풀(아욱과) *Abelmoschus manihot*

한해살이풀, 높이 1~1.5m, 꽃 8~9월, 한두해살이화초

줄기는 곧게 자라고 잎몸은 수박잎처럼 깊게 갈라진다. 접시처럼 큼직한 연노란색 꽃은 옆을 보고 피며 꽃잎 안쪽에는 흑자색 무늬가 있다. 뿌리는 끈끈한 점액질을 지니고 있어서 닥나무로 종이를 만들 때 종이를 뜨는 풀감으로 쓴다. 그래서 '닥풀'이라는 이름을 얻었다. 한방에서 뿌리는 기침을 멈추는 약재로 쓴다. 예전에는 종이 원료로 쓰려고 많이 재배하였지만 지금은 거의 재배하지 않으며 화초로 심고 있다.

분홍색 꽃이 피는 품종

6월에 핀 꽃

8월의 열매

접시꽃(아욱과) *Alcea rosea*

두해살이풀, 높이 2m 정도, 꽃 6월, 한두해살이화초

곧게 자라는 줄기는 2m 정도 높이로 키가 크기 때문에 꽃밭 가장 자리나 길가에 심는다. 줄기 중간 부분의 잎겨드랑이에서 접시처 럼 둥근 꽃이 피기 시작하여 점차 위로 피어 올라간다. 꽃 색깔은 붉은색, 분홍색, 흰색 등 여러 가지이고 겹꽃이 피는 품종도 있다. 동글납작한 열매가 접시 모양이라서 '접시꽃'이라고 하는데 꽃 모 양도 접시를 닮았다. 중국 원산으로 뿌리는 위장약으로 쓰고, 꽃 은 기침이나 천식을 치료하는 약으로 쓴다.

접시꽃의 생존 전략, 제꽃가루받이

수술이 꽃가루를 낸 모습

끝 부분에 암술이 나온 모습

암술이 수술쪽으로 구부러진 모습

접시꽃은 꽃의 수명이 2~3일 정도이다. 꽃이 피면 암수술대에 수술이 먼저 성숙하면서 꽃가루를 낸다. 꽃이 피고 2일 정도 지나 수술이 약간 시들 무렵이면 암수술대 끝 부분에서 가느다란 실이 모여 있는 암술이 나와 자란다.

암술이 자랄 때 벌이 날아와 꽃가루를 묻혀 주면 꽃가루받이가 이루어진 다. 그 뒤에도 암술은 분수처럼 밑부분의 수술을 향해 구부러지면서 수술 의 꽃가루를 묻히는데 이를 '제꽃가루받이'라고 한다. 이는 곤충이 오지 않더라도 확실하게 열매를 맺으려는 접시꽃의 생존 전략이다.

10월에 핀 꽃

흰색 꽃이 피는 품종

깨꽃/샐비어(꿀풀과) *Salvia splendens*

한해살이풀, 높이 60~90㎝, 꽃 5~9월, 한두해살이화초

전체에서 향기가 난다. 붉은색 입술 모양의 꽃이 가지 끝에 층층 으로 돌려 가며 핀다. 품종에 따라 보라색이나 흰색 꽃이 피는 것 도 있다. 꽃을 뽑아서 밑부분을 입으로 빨면 단 꿀물이 나온다. 브 라질 원산으로 향기가 나는 잎을 카레나 돼지고기 등의 요리에 이 용한다. 깻잎과 비슷한 잎은 향기가 있고 아름다운 꽃이 피기 때 문에 '깨꽃'이라고 하며, 속명을 따서 '샐비어'라고도 한다. 꽃말은 '나의 마음은 불타고 있다'이다.

5월에 핀 꽃

노란색 꽃이 피는 품종

금어초(질경이과) *Antirrhinum majus*

한두해살이풀, 높이 20~80㎝, 꽃 4~7월, 한두해살이화초

줄기 끝에 모여 피는 꽃 모양이 지느러미를 조금씩 움직이면서 헤 엄쳐 다니는 금붕어를 닮아서 '금어초(金魚草)'라고 하며 '금붕어 초'라고도 한다. 꽃말은 '수다쟁이, 주제넘게 참견하다'이다. 품종 에 따라 여러 색깔의 꽃이 피며 키가 작은 품종은 화단에 심고, 키 가 큰 품종은 꽃꽂이에 사용한다. 꽃은 독성이 없고 소화를 돕기 때문에 음식에 사용되며, 씨앗으로 짠 기름은 식용한다. 금어초는 유전학 연구에 사용되기도 한다.

나사처럼 말린 꽃봉오리

9월에 핀 꽃 　　　　　　둥근잎나팔꽃

10월에 핀 꽃 　　　　　　꽃잎에 무늬가 있는 품종

나팔꽃(메꽃과) *Ipomoea nil*

한해살이덩굴풀, 길이 2~3m, 꽃 7~9월, 한두해살이화초

덩굴지는 줄기는 다른 물체를 감고 오른다. 잎겨드랑이에 나팔 모양의 꽃이 피기 때문에 '나팔꽃'이라고 한다. 꽃 색깔은 보라색, 파란색, 빨간색, 분홍색, 흰색 등 여러 가지이다. 꽃봉오리는 붓 모양이며 꽃잎이 나사처럼 감겨 있다가 풀리면서 꽃이 핀다. 꽃은 이른 아침에 피었다가 한낮이 되면 시들어 버린다. 한방에서 씨앗은 '견우자'라고 하며 부기를 가라앉히는 약재로 쓴다. 열대 아시아 원산으로 꽃말은 '결속, 허무한 사랑'이다.

페튜니아(가지과) *Petunia hybrida*

한해살이풀, 높이 15~25cm, 꽃 6~10월, 한두해살이화초

줄기와 잎에 끈적거리는 잔털이 빽빽이 나 있고 고약한 냄새가 난다. 잎겨드랑이에 피는 나팔 모양의 꽃은 붉은색, 보라색, 흰색 등이 있고 무늬꽃이 피는 품종도 있다. 덩굴로 자라는 품종을 흔히 '사피니아'라고 부르며 걸이 화분용으로 기른다. 꽃이 계속 피고 지기 때문에 꽃 피는 기간이 매우 길다. '페튜니아'는 '담배(Petun)'를 뜻하는 브라질어에서 유래했는데 꽃이 담배꽃과 비슷해서 붙여진 이름이다. 남아메리카 원산으로 꽃말은 '사랑의 방해'이다.

10월에 핀 꽃 　　　　　　열매가 달린 줄기

열매껍질을 벗긴 속 모양

9월의 꽃과 열매 　　　　　수세미오이로 만든 수세미

박(박과) *Lagenaria siceraria*

한해살이덩굴풀, 길이 10m 정도, 꽃 7~9월, 한두해살이화초

시골집 지붕에 얹거나 그늘집을 만든다. 줄기는 덩굴손으로 다른 물체를 감고 오른다. 흰색 꽃은 밤에 피었다가 해가 뜨면 시들기 시작한다. 동그란 박 열매는 지름이 30cm 정도로 크게 자란다. 단단히 여문 박은 톱으로 컨 다음 속을 긁어 낸 후 그늘에 말려서 바가지로 만든다. 조롱박은 열매의 크기가 작고 허리가 잘록한데 역시 바가지로 만들어 썼다. 어린 열매는 채소로 먹는다. 인도와 아프리카가 원산지로 오랜 옛날 중국을 통해 들어왔다.

수세미오이(박과) *Luffa cylindrica*

한해살이덩굴풀, 길이 12m 정도, 꽃 8~9월, 한두해살이화초

시골집 지붕에 얹거나 그늘집을 만든다. 줄기는 덩굴손으로 다른 물체를 감고 오른다. 노란색 꽃은 밤에 피었다가 해가 뜨면 시들기 시작한다. 기다란 열매 속은 그물 모양으로 된 질긴 섬유질이 발달되어 있다. 열매가 오이와 비슷하고 그물 같은 섬유질은 그릇을 씻는 수세미로 써서 '수세미오이'라고 한다. 어린 열매는 채소로 먹는다. 열매에서 짜낸 즙은 열을 내리는 약으로 쓰거나 얼굴에 바르는 화장수로 썼으며, 지금은 화장품 원료로 쓴다.

9월에 핀 꽃

꽃의 구조

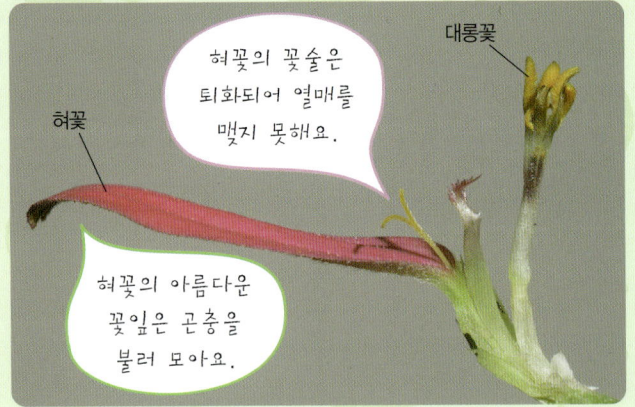

혀꽃의 꽃술은 퇴화되어 열매를 맺지 못해요.

혀꽃의 아름다운 꽃잎은 곤충을 불러 모아요.

혀꽃과 대롱꽃

백일홍 혀꽃과 대롱꽃

백일홍(국화과) *Zinnia elegans*

한해살이풀, 높이 60~90㎝, 꽃 6~10월, 한두해살이화초

곧게 자라는 줄기에 마주 달리는 잎은 잎자루가 없이 줄기를 감싼다. 붉은색 꽃이 100일을 간다 하여 '백일홍(百日紅)'이라고 한다. 노란색, 자주색, 흰색 꽃이 피는 품종도 있다. 꽃향기는 별로 없지만 가뭄과 더위를 잘 견디면서 여름 내내 꽃이 피기 때문에 화단에 많이 심는다. 어릴 때 순을 잘라 주면 곁가지가 많이 나와 많은 꽃을 피운다. 꽃가지를 잘라 꽃꽂이 재료로 쓰기도 한다. 멕시코 원산으로 독일에서 개량되어 전 세계로 퍼졌다.

백일홍의 꽃은 하나의 꽃처럼 보이지만 실제로는 많은 꽃이 모여 있는 꽃송이다. 꽃송이 바깥쪽에 빙 둘러 있는 붉은색 꽃잎은 하나하나가 1개의 꽃으로 혀 모양의 꽃잎만 가지고 있어서 '혀꽃'이라고 한다. 대부분의 혀꽃은 꽃술이 퇴화되어 열매는 맺지 못하고 곤충을 불러 모으는 역할만 한다.

꽃 가운데를 자세히 보면 노란색 꽃잎을 가진 작은 꽃들이 많이 있는데 생김새가 대롱 모양이라서 '대롱꽃'이라고 한다. 대롱꽃은 꽃잎은 없고 암술과 수술만 있어서 열매를 맺는 역할을 한다.

9월에 핀 꽃

붉은색 꽃이 피는 품종

6월에 핀 꽃

분홍색 꽃이 피는 품종

흰색 꽃이 피는 품종

과꽃(국화과) *Callistephus chinensis*

한해살이풀, 높이 30~100㎝, 꽃 7~9월, 한두해살이화초

줄기와 가지 끝에 보라색 꽃이 피는데 붉은색, 분홍색, 흰색 꽃이 피는 품종도 있다. 과꽃은 번식력이 강해 한 번 심으면 두고두고 꽃이 계속 핀다. 옛날 '추금'이라는 과부가 절개를 지키다 죽은 자리에서 피어난 꽃이라는 이야기가 전해 오는데 그래서 '과꽃'이라는 이름을 얻었다. 우리나라 북부 지방과 중국의 만주가 원산지로 북한에서는 천연기념물로 지정하였다. 오래전에 유럽으로 건너가 현재의 품종으로 개량되었다. 꽃말은 '추억'이다.

코스모스(국화과) *Cosmos bipinnatus*

한해살이풀, 높이 1~2m, 꽃 7~10월, 한두해살이화초

몸 전체에서 독특한 냄새가 난다. 깃꼴로 갈라지는 잎은 실처럼 가늘다. 가는 줄기 끝에 분홍색, 붉은색, 흰색 꽃이 핀다. 번식력이 강해 한 번 심으면 두고두고 꽃이 핀다. 어릴 때 가운데 순을 잘라 주는 '순지르기'를 해 주면 곁가지가 많이 나와 퍼져 자라면서 많은 꽃이 핀다. '코스모스'는 속명이며 그리스어로 '질서와 조화'를 뜻한다고 한다. 멕시코 원산으로 콜럼버스가 유럽에 소개하면서 세계적인 화초가 되었다. 꽃말은 '조화'이다.

| 6월에 핀 꽃 | 무늬꽃잎 품종 | 6월에 핀 꽃 | 주황색 꽃이 피는 품종 |

매리골드(국화과) *Tagetes erecta*

한해살이풀, 높이 45~60㎝, 꽃 5~8월, 한두해살이화초

전체에 털이 없으며 가지가 많이 갈라지고 특이한 냄새가 난다. 잎몸은 깃꼴로 갈라진다. 가지 끝에 큼직한 적황색이나 노란색 꽃송이가 달린다. 주름이 진 꽃잎은 여러 겹으로 촘촘히 겹쳐지며 무늬가 있는 것 등 많은 재배 품종이 있다. '매리골드(Marigold)'는 영어 이름으로 '마리아의 황금색 꽃'이라는 뜻이다. 서양에서는 여자 이름으로 많이 사용된다. 꽃잎은 식용하며 허브차를 만들어 마신다. 멕시코 원산으로 꽃말은 '질투'이다.

금잔화(국화과) *Calendula arvensis*

한두해살이풀, 높이 10~30㎝, 꽃 봄~여름, 한두해살이화초

독특한 냄새를 풍긴다. 길쭉한 잎은 밑부분이 줄기를 감싼다. 가지 끝에 노란색이나 주황색 꽃이 피며 여러 가지 품종이 있다. 꽃은 밤이면 오므라든다. 노란색 꽃의 가운데 부분이 오목한 모습이 잔을 닮아서 '금잔화(金盞花)'라고 한다. 또 낮에만 꽃이 핀다고 '자오화(子午花)'라고도 한다. 튼튼하여 기르기가 쉬우며 한때 상처에 바르는 약의 재료로 재배하였다. 꽃과 잎을 식용으로 한다. 남부 유럽 원산으로 화상을 치료하는 약재로 쓴다.

태양을 닮은 금잔화 이야기

옛날 그리스의 시실리아 산골짜기에 '크리무농'이라는 젊은이가 살고 있었습니다. 크리무농은 어려서부터 태양을 좋아해서 밤낮을 가리지 않고 하늘만 쳐다보고 살았습니다. 크리무농은 햇빛이 환히 비치는 한낮에는 즐거워했지만 해가 저물거나 구름에 가리면 몹시 슬퍼하였습니다. 그래서 밤이면 시실리아 골짜기의 요정들이 크리무농을 찾아가서 "그만 슬퍼하렴. 내일 아침이면 해님을 다시 볼 수 있잖아." 하고 위로해 주었습니다. 하지만 요정들의 위로도 크리무농에게는 아무 소용이 없었습니다.

한편 우수에 찬 크리무농의 모습을 보고 '파피에'라는 처녀가 사랑에 빠지고 말았습니다. 파피에는 어떻게 해서든 크리무농의 사랑을 얻으려고 애썼지만 무심한 그는 태양만 바라볼 뿐이었습니다. 파피에는 구름의 신을 찾아가 도움을 청했습니다.

"신이시여, 크리무농이 태양을 볼 수 없도록 1주일만 태양을 가려 주세요."

활짝 핀 금잔화 꽃 　　　 오므라든 꽃

크리무농이 태양만을 사랑한다는 이야기에 질투가 난 구름의 신은 파피에의 부탁을 들어주기로 하였습니다.

"걱정 말아라. 내가 내일부터 1주일 동안 해를 볼 수 없도록 만들어 주마."

다음 날이 되자 구름의 신은 동쪽 하늘에서 기다리고 있다가 아침부터 저녁까지 계속해서 구름으로 해를 가려 버렸습니다. 여러 날 동안 계속해서 해를 볼 수 없게 된 크리무농은 해가 그리워 미칠 것만 같았습니다. 그러다가 결국은 연못에 몸을 던져 죽고 말았습니다.

뒤늦게 이 소식을 전해들은 태양의 신 아폴론은 크리무농의 죽음을 안타까워한 나머지 꽃으로 다시 태어나게 해 주었습니다.

그 꽃이 금잔화로 색깔과 모양이 태양의 모습을 닮았습니다. 금잔화는 햇빛이 비치는 아침부터 꽃잎을 활짝 펼치고 태양을 바라보지만, 날이 조금만 어두워져도 슬퍼하며 꽃잎을 닫아 버립니다. 그래서인지 금잔화의 꽃말은 '이별의 슬픔'입니다.

● 여러해살이화초

'여러해살이화초'는 한 번 심으면 땅속의 뿌리가 여러 해 동안 살아 있어서 해마다 새싹이 돋아 자라는 화초를 말한다.

여러해살이화초는 한 번 심어 두면 해마다 새싹이 돋아 자라기 때문에 씨 뿌리기나 모종 가꾸기 같은 번거로운 작업을 하지 않아도 된다. 번식을 시킬 때는 뿌리나 포기를 나누어 심으면 된다.

국화 화분

여러해살이화초 중에는 화단에서 그대로 추운 겨울을 나는 종류도 많지만 국화나 카네이션처럼 추위에 약해서 겨울에는 거적을 덮어 주거나 뿌리를 캐서 따뜻한 곳에 두어야 하는 종류도 있다. 베고니아나 제라늄과 같은 열대 원산의 화초처럼 주로 온실이나 실내에서 길러야 하는 것도 있다.

여러해살이화초 중에서 알뿌리를 가진 것은 따로 '알뿌리화초'라고 구분한다.

8월에 핀 꽃　　　　노란색 꽃이 피는 품종

송엽국(번행초과) *Lampranthus spectabilis*

늘푸른여러해살이풀, 높이 20㎝ 정도, 꽃 7~8월, 여러해살이화초

줄기는 땅바닥을 기고 바늘처럼 뾰족한 잎은 육질이 통통하다. 국화를 닮은 붉은색 꽃은 아침에 피었다가 저녁에는 꽃잎이 오므라든다. 자주색, 노란색, 흰색 꽃이 피는 품종도 있다. '송엽국(松葉菊)'은 '솔잎 모양의 잎을 가진 국화'라는 뜻으로 잎이 솔잎과 비슷하고, 꽃이 국화와 비슷해서 붙여진 이름이다. 땅바닥을 기면서 자라는 모습이 채송화와 비슷해서 '사철채송화'라고도 한다. 남아프리카 원산으로 가지를 꺾어 흙에 꽂으면 뿌리를 잘 내린다.

5월에 핀 꽃　　　　보라색 카네이션

카네이션(석죽과) *Dianthus caryophyllus*

여러해살이풀, 높이 30~50㎝, 꽃 7~8월, 여러해살이화초

화단에서 기른 것은 여름에 꽃이 피지만, 온실에서는 1년 내내 꽃을 볼 수 있도록 조절해서 기른다. 가지 끝에 붉은색이나 흰색 꽃송이가 달린다. 남부 유럽과 소아시아 원산으로 약 2,000년 전부터 재배한 기록이 있으며 장미, 국화, 튤립과 함께 세계 4대 절화(切花)에 속한다. 카네이션은 옛날에는 '코로네이션(Coronation)'이라고 불렸는데 꽃의 생김새가 '왕관(Corona)'을 닮아서 붙여진 이름이며, 코로네이션이 변해 '카네이션(Carnation)'이 되었다.

어버이날과 카네이션 이야기

약 100여 년 전 미국 버지니아주의 웹스터라는 작은 마을에 '안나 자비스'라는 소녀가 있었습니다. 안나의 어머니는 남북전쟁 때 다친 병사들을 돕는 일을 한 사회운동가였습니다. 안나는 어머니가 돌아가시자 무덤 주위에 어머니가 좋아하던 카네이션 꽃을 심고 가꾸었습니다. 다음 해 어머니 기일에 참석한 사람들에게 흰색 카네이션을 나누어 주었는데 이것이 계기가 되어 '어머니날'이 제정되었습니다.

가족을 위해 헌신하는 어머니께 감사하자는 의미로 미국에서 처음 시작된 어머니날은 점차 전 세계로 퍼져 나갔습니다. 그리고 생명의 상징인 붉은색 카네이션은 살아 계신 부모님께 꽂아 드리고, 흰색 카네이션은 돌아가신 부모님께 드리는 풍습이 만들어졌습니다. 우리나라에서는 1956년 5월 8일을 어머니날로 지정해 기념하기 시작하였다가 아버지날도 만들어야 한다는 이야기가 나오자 1973년부터는 '어버이날'로 바꾸었습니다. 그래서 해마다 5월 8일이면 사람들은 부모님 가슴에 카네이션을 달아 드리며 고마운 마음을 전하고 있습니다.

노란색 카네이션

10월에 핀 꽃　　　　　　　열매 모양

비누풀(석죽과) *Saponaria officinalis*

여러해살이풀, 높이 50~90㎝, 꽃 7~9월, 여러해살이화초

흔히 관상용으로 심어 기르며 집 근처 빈터에서 저절로 자라기도 한다. 줄기 끝에 패랭이 모양의 흰색 꽃이 모여 핀다. 뿌리와 잎에 '사포닌'이 들어 있어 잎을 따서 비비면 비누처럼 거품이 나기 때문에 '비누풀'이라고 하며 '거품장구채'라고도 한다. 서양에서는 옛날부터 비누풀을 세탁이나 목욕을 하는 데 이용해 왔으며, 피부병이나 상처를 치료하는 약재로도 썼다. 말린 뿌리는 가래를 삭이는 약으로 썼다. 근래에는 화장품 원료로도 이용한다.

 식물이 비누 성분을 만드는 이유는?

으깬 비누풀 잎

비누는 때를 씻어 내고 병균을 죽이는 역할을 하는 건강에 꼭 필요한 물건이다. 비누가 귀하던 옛날에는 대신 식물을 이용했는데 비누풀에는 '사포닌'이라는 비누 성분이 들어 있어서 비비면 거품이 난다. 비누가 우리 몸의 병균을 죽이듯이 사포닌은 곰팡이가 식물에 침입하는 것을 막아 내는 역할을 한다.

식물의 사포닌은 여러 종류가 있는데 우리나라에서는 창포의 뿌리, 팥과 녹두의 가루, 토란 삶은 물을 비누 대신에 사용하였다. 사포닌은 거품으로 씻어 내는 역할뿐 아니라 약으로도 사용된다.

9월에 핀 꽃　　　　　　　열매 모양

제라늄(쥐손이풀과) *Pelargonium inquinans*

여러해살이풀, 높이 30㎝ 정도, 꽃 6~8월, 여러해살이화초

여름철에 긴 꽃대가 자라 그 끝에 붉은색, 분홍색, 흰색 꽃이 둥글게 모여 핀다. '제라늄(Geranium)'은 '학'을 뜻하는 그리스어 '게라노스(Geranos)'에서 유래한 이름으로 열매 모양이 학의 부리를 닮아 붙여진 이름이다. 제라늄에서 나는 냄새를 모기가 싫어해서 '구문초(驅蚊草)'라고 하는데 '모기를 쫓아 내는 풀'이라는 뜻으로 창가에서 기르면 좋다. 향기가 나는 꽃을 향료로 쓰기도 한다. 남아프리카 원산으로 꽃말은 '친구의 정, 결심'이다.

7월에 핀 꽃　　　　　　　흰색 꽃이 피는 품종

미국부용(아욱과) *Hibiscus moscheutos*

여러해살이풀, 높이 1~2㎝, 꽃 7~9월, 여러해살이화초

떨기나무인 부용과 비슷하지만, 부용은 잎이 단풍잎처럼 5~7갈래로 얕게 갈라지는 데 비해 미국부용은 달걀형 잎이 갈라지지 않는다. 잎겨드랑이에 접시꽃을 닮은 큼직한 꽃이 옆을 보고 피는데 꽃색깔은 분홍색, 붉은색, 흰색 등이며 가운데 부분에 진한 색의 무늬가 있다. 암술은 수술 밖으로 길게 벋는다. 부용 종류로 미국 원산이라서 '미국부용'이라고 한다. 많은 재배 품종이 개발되었으며 관상용으로 심고 있다. 종기의 염증을 가라앉히는 약으로도 쓴다.

화
훼
식
물
｜
화
초

수꽃

암꽃

6월에 핀 꽃

6월에 핀 꽃

품종

사철베고니아(베고니아과) *Begonia cucullata*

늘푸른여러해살이풀, 높이 2m 정도, 꽃 4~10월, 여러해살이화초

강한 햇볕을 쬐면 전체가 붉은색으로 변한다. 줄기와 가지 끝에 붉은색, 분홍색, 흰색 꽃이 모여 핀다. 베고니아속에 속하는 종류로 꽃 피는 기간이 길기 때문에 '사철베고니아'라고 한다. 사철베고니아는 암꽃과 수꽃이 따로 피는데 꿀은 없고 곤충이 먹을 것은 수술의 꽃가루뿐이다. 꽃 가운데에 노란 부분이 먹이라고 생각한 곤충은 모양이 비슷한 암꽃에도 찾아가기 때문에 꽃가루받이가 이루어진다. 브라질 원산으로 꽃말은 '짝사랑'이다.

프리뮬러(앵초과) *Primula* cv.

여러해살이풀, 높이 15~30㎝, 꽃 3~5월, 여러해살이화초

뿌리에서 뭉쳐나는 타원형 잎은 표면에 주름이 지는 특색이 있다. 봄에 키가 작은 꽃줄기 끝에 붉은색, 자주색, 노란색, 분홍색, 흰색 등 여러 색깔의 꽃이 촘촘히 모여 핀다. 꽃부리는 5갈래로 얕게 갈라지고 안쪽에는 노란색 무늬가 있다. 프리뮬러는 '제일 먼저(Primus)'라는 의미의 라틴어에서 유래된 이름으로 '이른 봄에 가장 먼저 피는 꽃'이라는 뜻이다. 팬지와 함께 봄 화단을 장식하는 대표적인 꽃으로 많은 재배 품종이 있다.

 행운을 가져다 주는 열쇠꽃 이야기

열쇠꽃인 베리스앵초

옛날 독일의 산골 마을에 '리스베스'라는 소녀가 병든 어머니와 함께 살고 있었습니다. 봄이 오자 따스한 햇살이 창문으로 가득 들어왔습니다.
"지금 들판은 꽃으로 가득하겠지?"
어머니의 말을 들은 리스베스는 어머니께 꽃을 꺾어다 드리기 위해 들로 나갔습니다. 들에는 프리뮬러를 비롯한 많은 꽃이 피어 있었습니다. 프리뮬러를 꺾으려던 리스베스는 갑자기 꽃이 가여운 생각이 들었습니다.
'그래. 뿌리째 뽑아다가 화분에 심으면 될 거야.'
리스베스는 조심스럽게 프리뮬러 한 그루를 뿌리째 뽑았습니다. 자리에서 일어서는 순간 리스베스의 눈앞에 요정이 나타났습니다.
"축하한다. 너는 지금 보물성으로 들어가는 열쇠를 찾았단다. 지금부터 나를 따라오렴."
리스베스는 요정을 따라 깊은 숲 속으로 들어 갔습니다. 그곳에는 커다란 나무에 둘러싸인 아름다운 성이 있었습니다. 성문에 도착한 리스베스는 열쇠를 닮은 프리뮬러 꽃을 자물쇠에 꽂았습니다. 그랬더니 스르륵 소리를 내며 성문이 열리는 것이었습니다. 성 안은 휘황찬란한 보석으로 가득 차 있었습니다.
"리스베스야, 문이 곧 닫히니 얼른 보석을 챙기렴"
요정의 말대로 주머니에 보석을 가득 담은 리스베스는 얼른 성문 밖으로 나왔습니다. 그러자 리스베스가 고맙다는 인사를 하기도 전에 요정과 보물성은 사라지고 말았습니다.
리스베스는 프리뮬러와 보석을 가지고 집으로 돌아왔습니다. 프리뮬러 꽃을 본 어머니는
"어쩜, 꽃이 참으로 예쁘구나!"
라고 오랜만에 환하게 웃으며 기뻐하셨습니다.
리스베스는 보석을 판 돈으로 어머니를 병원에 모시고 갔습니다. 치료 덕분에 병이 다 나은 어머니는
"내 병이 나은 것은 보석 때문이 아니야. 꽃을 캐 온 내 딸의 정성에 병과 싸울 힘을 얻었기 때문이란다."
리스베스는 평생을 어머니와 행복하게 살았지만 다시는 프리뮬러 열쇠와 요정을 만날 수가 없었습니다.
유럽이 원산지인 프리뮬러는 우리나라에서 자라는 앵초와 가까운 친척식물입니다. 프리뮬러 품종 중에는 꽃송이의 모양이 열쇠꾸러미를 닮은 것이 있는데 원산지에서는 '열쇠꽃'으로 불립니다.

5월에 핀 꽃 　　　　　　　품종인 아메시스트

시계꽃(시계꽃과) *Passiflora caerulea*

늘푸른여러해살이덩굴풀, 길이 4m 정도, 꽃 7~9월, 여러해살이화초

온실에서 기른다. 동그란 꽃 가운데에 있는 암수술의 모양이 시곗바늘처럼 보여서 '시계꽃'이라고 하며 '시계초'라고도 부른다. 암수술은 시간이 지남에 따라 시곗바늘처럼 조금씩 방향을 바꾼다. 꽃에서 멜론 향기가 나며 꽃 색깔과 모양이 조금씩 다른 여러 재배 품종이 있다. 동그란 열매는 노랗게 익는데 과일로 먹거나 주스, 서벗 등을 만든다. 꽃과 줄기는 정신을 안정시키는 약재로 쓴다. 브라질 원산으로 꽃말은 '성스러운 사랑'이다.

 ### 세계 최초로 꽃시계를 만든 린네

공원의 꽃시계

'린네'는 스웨덴의 식물학자로 식물의 생식 기관인 꽃이 식물을 분류하는 기준이 되어야 한다는 이론으로 과학적인 식물 분류의 기준을 세웠다. 또 《식물의 종》이라는 책에서 식물과 동물의 이름을 나라마다 다르게 불러서 혼란스러우므로 세계가 공통으로 사용하는 이름을 지을 것을 제안하였다. 그 뒤 린네의 제안대로 식물의 이름은 그 식물의 속명과 종명으로 표시하는 '이명법(二名法)'으로 통일되었으며 이를 '학명(學名)'이라고 한다. 시계꽃의 학명은 '파씨플로라 코에룰레아(Passiflora coerulea)'로 Passiflora는 '속명(屬名)'이고 coerulea는 '종명(種名)'이다.

가족이 모두 식물을 좋아했던 가정에서 자란 린네는 어려서부터 식물을 좋아했으며 평생 식물 분류 방법을 체계적으로 정리해서 '식물 분류학의 아버지'로 불린다.

또 린네는 많은 꽃이 일정한 시간에 꽃잎을 열고 닫는다는 사실을 알고는 이를 이용해 세계에서 처음으로 꽃시계를 만들기도 하였다.

7월에 핀 꽃 　　　　　　　흰색 꽃이 피는 품종

플록스/풀협죽도(꽃고비과) *Phlox paniculata*

여러해살이풀, 높이 1m 정도, 꽃 6~9월, 여러해살이화초

뿌리에서 여러 대의 줄기가 모여 나 곧게 자란다. 여름에 줄기 끝의 커다란 꽃송이에 붉은색 꽃이 촘촘히 모여 핀다. 꽃 1개의 수명은 짧지만 계속해서 피고 지기 때문에 꽃송이를 오래도록 감상할 수 있다. '플록스'는 속명이며 그리스어의 '불꽃'에서 유래되었는데, 꽃이 불꽃 같은 색이라서 붙여진 이름이다. '풀협죽도'는 꽃의 모양이 '협죽도'와 비슷해서 붙여진 이름이다. 북아메리카 원산으로 홍자색, 분홍색, 자주색, 흰색 꽃이 피는 품종이 있다.

4월에 핀 꽃 　　　　　　　꽃잔디 꽃밭

꽃잔디(꽃고비과) *Phlox subulata*

여러해살이풀, 높이 10㎝ 정도, 꽃 4~5월, 여러해살이화초

줄기는 가지가 많이 갈라지면서 잔디처럼 땅바닥을 완전히 덮는다. 가지의 마디마다 가느다란 잎이 2장씩 마주난다. 가지 끝에 패랭이꽃을 닮은 분홍색 꽃이 몇 개씩 모여 핀다. 꽃이 필 때면 아름다운 꽃이 잔디처럼 땅바닥을 완전히 뒤덮어서 '꽃잔디'라고 한다. 꽃이 패랭이꽃과 비슷하고 지면을 덮기 때문에 '지면패랭이꽃'이라고도 한다. 북아메리카 원산으로 흰색이나 붉은색 꽃이 피는 품종도 있다. 잔디처럼 밟혀서인지 꽃말은 '희생'이다.

9월에 핀 꽃 　　　　흰색 꽃이 피는 품종

5월에 핀 꽃

꽃 모양

어린 열매

꽃범의꼬리 (꿀풀과) *Physostegia virginiana*

여러해살이풀, 높이 60~120cm, 꽃 7~9월, 여러해살이화초

뿌리줄기가 옆으로 벋으면서 퍼지기 때문에 보통 무리 지어 자란다. 곧게 자라는 줄기 끝의 꽃송이에 입술 모양의 홍색 꽃이 촘촘히 돌려 가며 피어 올라간다. 흰색이나 보라색 꽃이 피는 품종도 있다. 기다란 꽃송이의 모양이 범의 꼬리처럼 화려해서 '꽃범의꼬리'라고 한다. 속명을 따서 '피소스테기아'라고도 한다. 번식시키려면 보통 포기를 나누어서 심으며 씨앗을 뿌리기도 한다. 북아메리카 원산으로 꽃말은 '청춘, 젊은 날의 회상'이다.

꽈리 (가지과) *Physalis alkekengi* var. *francheti*

여러해살이풀, 높이 40~90cm, 꽃 6~7월, 여러해살이화초

뿌리줄기가 옆으로 벋으며 무리 지어 자란다. 황백색 꽃이 지고 나면 꽃받침이 크게 자라서 주머니처럼 동그란 열매를 감싼다. 꽃받침이 붉게 변하면 주머니 속에 들어 있는 열매도 빨갛게 익는다. 이 열매를 '꽈리'라고 하는데 씨앗을 빼낸 껍질은 아이들이 입에 넣고 소리를 내는 놀잇감이 된다. 열매를 입에 넣고 불면 나는 '꽈르르~' 소리 때문에 '꽈리'라고 불린다. 한방에서 열매는 허파를 튼튼하게 해 주는 약재로 쓴다.

 ## 노래를 잘 부르는 꽈리 이야기

옛날 어느 마을에 '꽈리'라는 착하고 수줍음을 많이 타는 소녀가 있었습니다. 고운 목소리를 가진 꽈리는 특히 노래를 잘 불렀습니다.

"우리 마을에서는 꽈리가 가장 착할 거야."

"아마 우리나라에서 꽈리가 가장 노래를 잘 할 거야."

마을 사람들은 입을 모아 꽈리를 칭찬했습니다.

그 마을에서 제일가는 부잣집 딸은 이런 소문을 들을 때마다 꽈리가 못마땅해서 견딜 수가 없었습니다.

'언젠가는 꼭 혼내 주고 말 거야.'

어느 봄날 꽈리는 친구와 함께 들로 나가 나물을 캐면서 흥에 겨워 노래를 불렀습니다.

"쓱쓱 뽑아 나싱게, 잡아 뜯어 꽃다지."

때마침 그 마을을 지나가던 원님이 꽈리의 고운 노랫소리를 들었습니다.

"노래를 참 잘 부르는구나. 네 이름이 뭐니?"

원님의 칭찬에 얼굴이 빨개진 꽈리 대신에 옆에 있던 친구가 대신 이름을 말해 주었습니다. 이 소문은 곧 온 마을로 퍼져 나갔습니다. 부잣집 딸은 이 소문을 듣고 더욱 질투가 났습니다.

어느 날 그 부잣집에서 열리는 잔치에 원님이 참석하게 되었습니다.

"이 마을에 노래를 잘 부르는 꽈리라는 소녀가 있던데 그 소녀의 노래를 들을 수 없겠소?"

원님이 말했습니다. 부잣집 딸은 수줍음을 많이 타는 꽈리가 노래를 부르지

못하도록 동네 불량배에게 방해하라고 시켰습니다. 꽈리가 잔칫집에 도착하는 것을 본 불량배가 눈을 부라리며 말했습니다.

"얼굴도 못생긴 게 노래는 제대로 부르겠어?"

불량배가 하는 말을 들은 꽈리는 너무나 부끄러워 노래도 못 부르고 그냥 집으로 도망쳤습니다. 그 뒤부터 꽈리는 부끄러움을 이기지 못하고 마음의 병이 생겨서 시름시름 앓다가 죽고 말았습니다.

이듬해 봄에 꽈리의 무덤가에 풀이 돋아 났습니다. 이 풀에 처음 보는 별 모양의 꽃이 피더니 가을에는 붉은 열매가 열렸습니다.

'아니 열매가 꽈리의 얼굴처럼 새빨개 졌네.'

사람들은 그 열매가 꽈리의 빨개진 얼굴 같다고 해서 '꽈리'로 불렀습니다.

익은 꽈리 열매

열매 속

6월에 핀 꽃 / 꽃 모양

붉은색 꽃이 피는 품종

6월에 핀 꽃 / 노란색 꽃이 피는 품종

디기탈리스(질경이과) *Digitalis purpurea*

여러해살이풀, 높이 1m 정도, 꽃 6~8월, 여러해살이화초

줄기 윗부분에 붉은색, 노란색, 흰색 등의 꽃이 핀다. 잎에 들어 있는 '디곡신(Digoxin)'이라는 성분은 심장을 튼튼하게 해 주어서 심장약으로 널리 사용하기 때문에 '심장초'라는 이름으로도 불린다. 하지만 맛이 쓰며 독성이 강하므로 함부로 먹지 않아야 한다. '디기탈리스'는 '손가락(Digitus)'이라는 라틴어에서 유래된 이름인데 꽃 모양이 손가락에 끼는 골무를 닮았다. 유럽 원산으로 꽃말은 '불성실, 화려'이다.

서양톱풀(국화과) *Achillea millefolium*

여러해살이풀, 높이 60~100㎝, 꽃 6~9월, 여러해살이화초

땅속줄기가 벋으며 퍼져 나가 무리 지어 자란다. 줄기와 가지 끝에 흰색 꽃송이가 모여 달리며 붉은색이나 노란색 꽃이 피는 품종도 있다. 유럽 원산으로 잎몸이 톱니처럼 갈라지는 톱풀과 가까운 종이라서 '서양톱풀'이라고 한다. 약용식물로 재배도 하며 들로 퍼져 나가 저절로 자라기도 한다. 프랑스에서는 톱이나 칼 등에 베인 상처를 잘 낫게 한다고 해서 '목수의 약초'라고 부른다. 꽃은 허브차로 만들어 마시며 잎은 샐러드로 만들어 먹는다.

꽃 모양

7월에 핀 꽃 / 겹꽃

수술이 변한 꽃잎

4월에 핀 꽃 / 수술이 대부분 꽃잎으로 변한 꽃

원추천인국/루드베키아(국화과) *Rudbeckia bicolor*

여러해살이풀, 높이 30~50㎝, 꽃 7~8월, 여러해살이화초

줄기나 가지 끝에 노란색 꽃이 하늘을 보고 핀다. 노란색 꽃잎 안쪽은 자갈색 무늬가 있으며 무늬가 없거나 겹꽃이 피는 품종도 있다. 한 번 심으면 해마다 계속 꽃이 피며 왕성하게 자라고, 들로 퍼져 나가 자라기도 한다. 새순은 나물로 먹기도 한다. '원추천인국'은 꽃의 가운데 부분이 원추형이어서 붙여진 이름이며, '루드베키아'는 속명으로 '루드베크'라는 식물학자의 이름에서 유래되었다. 북아메리카 원산으로 꽃말은 '기다림, 영원한 행복'이다.

데이지(국화과) *Bellis perennis*

여러해살이풀, 높이 6~10㎝, 꽃 4~9월, 여러해살이화초

꽃밭에 심어 기른다. 기다란 꽃줄기 끝에 여러 가지 색깔의 꽃이 핀다. 영어 이름인 '데이지(Daisy)'는 '한낮의 눈(Day's eye)'이라는 뜻으로 '태양'을 가리키는 말이며, 햇빛을 받으면 꽃이 벌어지기 때문에 붙여졌다. 데이지의 가운데 있는 노란색 꽃들은 꽃잎이 없는 대롱꽃이었지만 품종 개량을 통해 일부 또는 전부를 꽃잎으로 바꾸어서 혀꽃만 있는 꽃으로 만들기도 한다. 꽃봉오리나 꽃잎으로 샐러드를 만들거나 차로 끓여 마신다.

10월에 핀 꽃 국화 전시회

국화(국화과) *Chrysanthemum morifolium*

여러해살이풀, 높이 1m 정도, 꽃 가을, 여러해살이화초

몸에서 독특한 냄새가 난다. 가을에 줄기나 가지 끝에 노란색을 비롯한 여러 색깔의 꽃이 피는데 크기나 모양이 다른 여러 품종이 있다. 서리가 내리는 가을에 향기로운 꽃이 피어난다고 해서 지조가 있는 선비를 닮은 꽃으로 여겼다. 중국 이름은 '국(菊)'이라고 하는데 거기에 꽃을 뜻하는 '화(花)' 자를 붙여서 '국화'라고 부른다. 꽃잎은 차로 끓여 마시거나 술로 담그며, 두통을 치료하는 약재로 쓴다. 말린 꽃잎으로 베갯속을 넣기도 한다.

군자를 상징하는 사군자

매화 　난초(보춘화)

 　대나무

국화

'사군자(四君子)'는 '매난국죽'이라 하여 매화, 난초, 국화, 대나무(죽:竹)의 네 가지 식물을 일컫는 말이다. 각 식물이 가지고 있는 특성을 덕과 학식을 갖춘 군자에 비유하여 이름이 지어졌다.

매화는 이른 봄의 추위를 무릅쓰고 제일 먼저 꽃이 핀다. 난초는 깊은 산중에서 은은한 향기를 멀리까지 퍼뜨린다. 국화는 늦은 가을에 첫 추위를 이겨 내며 향기로운 꽃이 핀다. 대나무는 추운 겨울에도 푸른 잎을 계속 달고 있다. 이처럼 네 가지 식물의 특성이 군자의 정신을 상징한다고 보아 많은 선비의 사랑을 받았으며, 그림의 소재로도 널리 쓰였다.

6월에 핀 꽃 　마거리트 군락

마거리트(국화과) *Chrysanthemum frutescens*

여러해살이풀, 높이 30~90㎝, 꽃 봄~여름, 여러해살이화초

줄기나 가지 끝에 흰색 꽃이 1송이씩 하늘을 보고 핀다. 꽃송이 가장자리에는 흰색 꽃잎을 가진 혀꽃이 1줄로 빙 둘러 있고 가운데에는 노란색 통꽃이 빽빽하다. '마거리트(Marguerite)'는 영어 이름으로 라틴어 '진주'에서 유래되었으며 '꽃이 진주처럼 아름답다'는 뜻이다. 줄기의 밑부분은 나무처럼 되고 잎은 쑥갓 잎처럼 잘게 갈라져서 '나무쑥갓'이라고도 부른다. 아프리카의 카나리아 섬 원산으로 꽃말은 '마음 속에 감춘 사랑'이다.

가운데 암술과 노란색 수술

5월에 핀 꽃 　흰색 꽃 품종 　잎이 노란 품종

자주달개비(달개비과) *Tradescantia reflexa*

여러해살이풀, 높이 50㎝ 정도, 꽃 5~8월, 여러해살이화초

가늘고 긴 잎은 밑부분이 넓어져서 줄기를 감싼다. 줄기와 가지 끝에 자주색 꽃이 피는데 아침에 피었다가 오후에는 시든다. 그래서 꽃말은 '짧았던 즐거움'이다. 달개비 종류로 자주색 꽃이 피기 때문에 '자주달개비'라고 하며 '양달개비'라고도 한다. 북아메리카 원산으로 붉은색이나 흰색 꽃이 피는 품종도 있으며 겹꽃이 피는 품종도 있다. 수술대에 청자색 털이 있는데 세포 분열을 관찰하기가 좋아 실험 재료로 흔히 사용한다.

옥비녀를 닮은 꽃봉오리

8월에 핀 꽃　　　　　　무늬잎 품종

꽃 모양

8월에 핀 꽃　　　　　　주름이 지는 잎

옥잠화(아스파라거스과) *Hosta plantaginea*

여러해살이풀, 높이 40～60㎝, 꽃 7～9월, 여러해살이화초

타원형 잎 사이에서 자란 꽃줄기 윗부분에 흰색 깔때기 모양의 꽃이 옆을 향해 핀다. 꽃은 저녁부터 다음 날 아침까지 피는데 좋은 향기가 난다. 옥잠화는 한자 이름 '옥잠(玉簪)'에서 유래되었는데 '꽃봉오리가 옥으로 만든 비녀 같다'는 뜻이다. 그래서 '옥비녀꽃'이라고도 부른다. 중국 원산으로 우리나라에 오래전에 들여와 심어 길렀다. 선녀가 비녀를 잃어버리고 돌아간 자리에서 피어난 꽃이라는 옛날 이야기가 전해 온다. 꽃말은 '추억'이다.

비비추(아스파라거스과) *Hosta longipes*

여러해살이풀, 높이 30～40㎝, 꽃 7～8월, 여러해살이화초

산의 냇가에서 자라며 꽃밭이나 길가에 심는다. 잎은 뿌리에서 모여 나 비스듬히 퍼진다. 여름에 뿌리에서 모여 나오는 꽃줄기 윗부분에 자주색 깔때기 모양의 꽃이 차례대로 피어 올라간다. 봄에 돋는 연한 잎을 데쳐서 쌈으로 먹거나 묵나물로 만들어 먹는다. 비비 꼬이는 잎사귀를 취나물로 먹기 때문에 '비비취'라고 부르던 것이 변해 '비비추'가 되었다. 잎과 꽃의 모양이 아름답기 때문에 많은 재배 품종을 만들어서 심고 있다.

흰색 꽃이 피는 품종

팔레놉시스 화분　　　　붉은색 꽃이 피는 품종

팔레놉시스/호접란(난초과) *Phalaenopsis* cv.

여러해살이풀, 높이 50～120㎝, 꽃 5～6월, 여러해살이화초

열대 아시아 원산으로 흔히 '서양란'이라고 부르는 난초 종류의 하나이다. 긴 타원형의 두꺼운 잎 사이에서 비스듬히 자란 줄기에 꽃이 핀다. 많은 재배 품종이 있으며 꽃 색깔과 크기도 다양하다. '팔레놉시스(Phalaenopsis)'는 속명으로 그리스어 '나비(Phalaina)'와 '같다(Opsis)'가 합쳐져서 만들어진 이름으로 꽃 모양이 나비를 닮아서 붙여졌다. 나비 중에서도 특히 호랑나비를 닮아서 '호접란(胡蝶蘭)'이라는 한자 이름으로도 불린다.

꽃의 수명은 얼마나 될까?

노란색 꽃이 피는 팔레놉시스 품종　　붉은색 점무늬가 있는 품종

꽃의 수명은 나팔꽃처럼 한나절도 못 가는 종이 있는가 하면 백일홍처럼 수개월 동안 피어 있는 것도 있다. 대부분의 꽃은 꽃가루받이가 끝나면 꽃잎이 시들기 시작한다.

수명이 긴 꽃으로 '팔레놉시스'를 들 수 있는데 꽃가루가 암술에 묻지 않으면 하나의 꽃이 2～3개월은 너끈히 피어 있다. 그래서 꽃이 막 피기 시작한 팔레놉시스 화분을 잘 관리하면 최대 6개월 동안 꽃을 볼 수 있을 정도이다. 실내에서 꽃을 오래 감상하기 위해서는 햇빛이 잘 드는 창가에 두어야 한다. 꽃은 공기 정화 능력도 뛰어나다.

● 알뿌리화초

땅속에 있는 뿌리줄기와 잎 등의 일부가 양분을 저장하여 퉁퉁하게 된 것을 '알뿌리' 또는 '구근(球根)'이라고 하며, 이렇게 알뿌리를 가지고 번식하는 화초를 '알뿌리화초' 또는 '구근 화초'라고 한다. 알뿌리라고 하면 보통 동그란 모양을 떠올리지만 실제로는 여러 가지 모양을 하고 있다. 알뿌리의 종류는 다음과 같다.

수선화 비늘줄기

1. 비늘줄기(인경, 鱗莖) : 양파처럼 잎의 밑부분이 양분을 저장하여 비늘조각을 이루며 땅속줄기에 붙어 있는 것. 백합, 튤립, 수선화, 히아신스, 아마릴리스 등.
2. 알줄기(구경, 球莖) : 토란처럼 땅속줄기가 양분을 저장하여 동그란 모양으로 비대해진 것. 글라디올러스, 크로커스 등.
3. 덩이줄기(괴경, 塊莖) : 감자처럼 땅속에 있는 줄기의 끝 부분에 양분을 저장하여 비대해진 것. 시클라멘, 아네모네 등.
4. 뿌리줄기(근경, 根莖) : 연근처럼 땅속으로 벋는 뿌리줄기가 양분을 저장하여 비대해진 것. 칸나, 범부채 등.
5. 덩이뿌리(괴근, 塊根) : 고구마처럼 뿌리의 일부가 양분을 저장하여 비대해진 것. 작약, 달리아 등.

7월에 핀 꽃

암술과 수술

암술머리는 꽃가루받이를 할 때면 액체가 많이 나와서 꽃가루가 잘 묻게 해요.

백합(백합과) *Lilium longiflorum*

여러해살이풀, 높이 30~100㎝, 꽃 6~7월, 알뿌리화초

줄기 끝에 2~3개의 나팔 모양의 흰색 꽃이 옆을 향해 피는데 향기가 진하다. 땅속의 비늘줄기는 많은 비늘조각이 겹쳐진 모양으로 100개의 조각이 합쳐졌다고 해서 '백합(百合)'이라는 이름을 얻었다. 비늘줄기는 채소로 먹기도 한다. 많은 재배 품종이 개발되었으며 꽃꽂이용으로도 많이 쓰인다. 그리스 신화에서 헤라클레스가 아기일 때 빨아 먹던 여신 헤라의 젖이 떨어진 자리에서 피어난 꽃이라는 이야기가 전해진다. 꽃말은 '순결'이다.

5월에 핀 꽃

튤립 꽃밭

튤립(백합과) *Tulipa gesneriana*

여러해살이풀, 높이 20~30㎝, 꽃 4~5월, 알뿌리화초

가을에 비늘줄기를 심으면 봄에 줄기 끝에 붉은색 꽃이 피는데 분홍색, 노란색, 흰색 등의 꽃이 피는 품종도 있다. 튤립은 기온의 변화에 민감하여 한낮에는 꽃잎이 벌어지지만, 밤이나 흐린 날에는 꽃잎이 오므라든다. 터키가 원산지인 튤립의 이름은 터키어에서 유래하였는데, 꽃 모양이 터키 모자인 '터번'을 닮아 이름 붙여졌다. 튤립은 유럽의 네덜란드에서 품종이 개량되어 풍차와 함께 네덜란드를 대표하는 꽃이 되었으며, 네덜란드의 나라꽃이다.

네덜란드의 나라꽃, 튤립

튤립 품종

품종

품종

품종

중앙아시아가 원산지인 튤립은 터키에서 널리 재배되고 있었는데, 16세기에 오스트리아를 거쳐 네덜란드로 전해졌다. 약삭빠른 네덜란드 상인이 터키의 황제가 튤립 알뿌리를 비싼 값에 사들인다는 소문을 내면서 알뿌리 가격이 금값만큼 비싸졌는데, 그 뒤 네덜란드에서는 많은 재배 품종을 만들었다.

제2차 세계대전 중에는 네덜란드 사람들이 튤립의 알뿌리를 먹으며 배고픔을 이겨 냈다고 한다. 지금도 네덜란드는 새로운 튤립 품종을 개발해서 전 세계로 수출하고 있다.

4월에 핀 꽃 / 연노란색 꽃이 피는 품종 / 4월에 핀 꽃 / 흰색 꽃이 피는 품종

히아신스(아스파라거스과) *Hyacinthus orientalis*

여러해살이풀, 높이 15~30㎝, 꽃 3~4월, 알뿌리화초

꽃밭이나 화분에 심어 기른다. 소아시아 원산으로 가을에 비늘줄기를 심으면 이른 봄에 뿌리잎과 함께 꽃줄기가 자란다. 꽃줄기 끝에 붉은색, 보라색, 흰색 등의 탐스런 꽃송이가 달린다. 꽃의 빛깔과 향기가 좋기 때문에 물병에 올려놓고 키우는 물재배로도 인기가 높다. 그리스 신화에서 태양의 신 아폴론의 사랑을 받다 살해된 히야킨토스의 무덤에서 피어난 꽃이라서 '히아신스'가 되었다고 한다. 그래서인지 꽃말은 '슬픔'이다.

무스카리(아스파라거스과) *Muscari armeniacum*

여러해살이풀, 높이 10~30㎝, 꽃 4~5월, 알뿌리화초

가을에 동그란 비늘줄기를 심으면 이른 봄에 가느다란 뿌리잎 사이에서 자란 꽃줄기 끝에 꽃이삭이 달린다. 작은 파란색 꽃은 단지 모양으로 밑을 보고 달리며, 꽃향기가 좋다. '무스카리'는 그리스어로 '사향(麝香)'을 뜻하는 '모스코스(Moschos)'에서 유래된 이름이다. 흰색 꽃이 피는 품종도 있다. 지중해와 서남아시아 원산으로 히아신스와 가까운 종이며, 꽃송이가 포도송이와 비슷해서 '그레이프 히아신스(Grape Hyacinth)'라고도 부른다.

4월에 핀 꽃 / 흰색 꽃이 피는 품종 / 노란색 꽃이 피는 품종 / 겹꽃이 피는 품종

수선화(수선화과) *Narcissus tazetta* ssp. *chinensis*

여러해살이풀, 높이 20~40㎝, 꽃 12월~이듬해 3월, 알뿌리화초

한겨울부터 칼 모양의 뿌리잎 사이에서 꽃줄기가 나와 그 끝에 5~6개의 흰색이나 노란색 꽃이 옆을 보고 피는데 은은한 향기가 일품이다. 가운데 노란색 꽃잎은 '부꽃부리' 또는 '부화관(副花冠)'이라고 하는데 재배 품종에 따라 모양과 색깔이 조금씩 다르다. 6장의 흰색 꽃잎은 흰색 받침 같고, 가운데 부분에 있는 종지 모양의 노란색 꽃잎은 금 술잔 같아서 '금잔옥대(金盞玉臺)'라고도 한다. 지중해 원산으로 한자 이름 '수선(水仙)'은 '물에 사는 신선'이라는 뜻으로 물가에서 잘 자라기 때문에 붙여졌다. 그리스 신화에 나오는 나르시스라는 청년은 복수의 여신 네메시스의 저주를 받아 수면에 비친 자기 얼굴에 반해서 하염없이 바라보다가 물에 빠져 죽었는데 그 자리에 수선화가 피었다고 한다. 그래서 꽃말은 '자기애(自己愛)'이다. 수선화의 속명은 '나르키수스(Narcissus)'인데 이 청년의 이름에서 유래한 것으로 '마비' 또는 '무감각'이라는 뜻을 가지고 있다. 수선화의 비늘줄기는 마비를 시키거나 최면 효과가 있으며, 가래를 삭이는 약으로 쓴다.

8월에 핀 꽃　　　　　　뿌리잎

상사화(수선화과) *Lycoris squamigera*

여러해살이풀, 높이 50~70㎝, 꽃 8~9월, 알뿌리화초

땅속에 흑갈색 비늘줄기가 있다. 뿌리에서 모여 나는 칼 모양의 잎은 6~7월이 되면 말라 죽는다. 8월에 말라 죽은 잎 사이에서 꽃줄기가 자라 그 끝에 4~8개의 연한 홍자색 꽃이 모여 핀다. 꽃은 씨앗을 맺지 못하며 비늘줄기로 번식한다. 꽃과 잎이 서로를 보지 못한 채 그리워한다 하여 '상사화(相思花)'라고 한다. 그래서인지 꽃말은 '이룰 수 없는 사랑'이다. 중국 원산으로 비늘줄기는 가래를 삭이는 약으로 쓰지만 독성분이 들어 있다.

5월에 핀 꽃　　　　　　겹꽃이 피는 품종

아마릴리스(수선화과) *Hippeastrum hybridum*

여러해살이풀, 높이 50~60㎝, 꽃 12월~이듬해 4월, 알뿌리화초

이른 봄에 양파 모양의 비늘줄기에서 자란 꽃줄기 끝에 2~6개의 나팔 모양의 꽃이 옆을 보고 핀다. 꽃 색깔은 붉은색, 분홍색, 흰색 등 여러 가지 품종이 있다. 암술과 수술이 크기 때문에 생김새를 관찰하기가 좋다. 기다란 잎은 꽃이 질 즈음에 비늘줄기에서 모여 난다. 아마릴리스는 화분에 심을 때 알뿌리의 일부가 흙 위로 약간 나오도록 얕게 심으며, 물재배로도 인기가 높다. 남아메리카 원산으로 '아마릴리스(Amaryllis)'는 영어 이름이다.

5월에 핀 꽃　　　　　　무늬잎 품종

군자란(수선화과) *Clivia miniata*

늘푸른여러해살이풀, 높이 40~60㎝, 꽃 1~4월, 알뿌리화초

남아프리카 원산으로 비늘줄기에서 모여 나는 기다란 잎은 좌우 양쪽으로 가지런히 포개진다. 잎 사이에서 자란 꽃줄기 끝에 깔때기 모양의 주황색 꽃이 모여 피는데 꽃부리 안쪽은 노란색이다. '군자란(君子蘭)'이라는 한자 이름은 '군자처럼 품위가 있는 난초'라는 뜻이다. 군자란의 품종 중에 '노빌리스(Nobilis)'라는 종명은 '품위가 있다'는 뜻으로 여기에서 '군자'라는 낱말이 유래되었고, 잎은 '난초'를 닮아서 만들어진 이름이다.

보라색 꽃이 피는 품종

4월에 핀 꽃　　　　　　노란색 꽃이 피는 품종

크로커스(붓꽃과) *Crocus* sp.

여러해살이풀, 높이 10~15㎝, 꽃 2~4월, 알뿌리화초

가을에 둥그스름한 알줄기를 심으면 이른 봄에 꽃이 피어서 봄이 왔음을 알리는 전령사 역할을 한다. 칼 모양의 잎과 함께 피는 컵 모양의 꽃은 자주색, 보라색, 노란색, 크림색, 흰색 등 여러 가지이다. 지중해 연안과 소아시아 원산으로 양지바른 곳에서 잘 자라며 물컵에 올려서 물재배를 하기도 한다. 그리스어로 '실'을 뜻하는 '크로코스(Krokos)'에서 유래한 이름으로 꽃대의 모양이 실처럼 생겨서 붙여졌다.

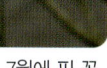

7월에 핀 꽃

분홍색 꽃이 피는 품종

글라디올러스(붓꽃과) *Gladiolus gandavensis*

여러해살이풀, 높이 80～100㎝, 꽃 6～8월, 알뿌리화초

줄기 위쪽에 나란히 피어 올라가는 꽃은 분홍색, 붉은색, 보라색, 노란색, 흰색 등 여러 가지이다. 6장의 꽃잎은 녹색 꽃받침에 싸여 있다. '글라디올러스'는 속명으로 '칼'이라는 뜻의 라틴어 '글라디우스(Gladius)'에서 유래되었으며 잎과 꽃줄기의 모양이 칼처럼 길고 뾰족해서 붙인 이름이다. 남아프리카 원산으로 유럽에서 많은 재배 품종이 만들어졌으며 꽃꽂이용으로도 많이 쓰인다. 보통 동그스름한 알줄기를 심어 키운다. 꽃말은 '젊음'이다.

줄기가 잘린 꽃의 수명을 늘리는 방법

노란색 꽃이 피는 글라디올러스 품종

흰색 꽃이 피는 품종

꽃꽂이나 꽃다발의 재료로 쓰기 위해 줄기를 잘라 쓰는 꽃을 '절화(切花)'라고 한다. 꽃이 잘린 부위에서 수액이 흘러나오는데 그 수액에 세균이 번식하여 줄기의 물구멍을 막으면 수분이 공급되지 않아서 꽃이 빠르게 시든다.

꽃이 빨리 시드는 것을 막으려면 잘린 부위를 불에 살짝 태우면 되는데 세균이 번식하기 어렵기 때문에 꽃을 오래 감상할 수 있다. 또 수액이 공기 중에서 뭉치거나 공기 거품이 들어가서 물구멍이 막히는 경우도 있는데 줄기를 물속에서 자르면 이를 예방할 수 있다.

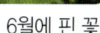

6월에 핀 꽃

무늬꽃잎 품종

아네모네(미나리아재비과) *Anemone* cv.

여러해살이풀, 높이 25～40㎝, 꽃 3～6월, 알뿌리화초

땅속의 덩이줄기에서 모여 난 줄기 끝마다 큼직한 꽃이 1송이씩 위를 보고 피며 꽃 색깔은 여러 가지이다. 꽃 가운데에 흰색이나 붉은색 무늬가 있으며 겹꽃이 피는 품종도 있다. 가을에 덩이줄기를 심으면 봄에 꽃이 핀다. 주로 화단에서 기르지만 화분에 심기도 하며, 줄기를 잘라서 꽃꽂이 재료로도 이용한다. '아네모네'라는 꽃 이름은 그리스어 '아네모스(Anemos)'에서 유래되었는데 '바람'이라는 뜻으로 바람이 잘 통하는 양지쪽에서 잘 자란다.

4월에 핀 꽃

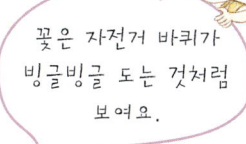

꽃은 자전거 바퀴가 빙글빙글 도는 것처럼 보여요.

꽃 모양

시클라멘(앵초과) *Cyclamen persicum*

늘푸른여러해살이풀, 높이 20～30㎝, 꽃 11월～이듬해 4월, 알뿌리화초

꽃밭이나 화분에 심어 기른다. 덩이줄기에서 나온 뿌리잎은 하트형이며 은백색 무늬가 있다. 꽃은 고개를 숙이고 피지만 꽃잎은 위로 젖혀진다. 꽃 색깔은 붉은색, 분홍색, 흰색 등 여러 가지이고 겹꽃이 피는 품종도 있다. '시클라멘(Cyclamen)'은 '원'을 뜻하는 그리스어에서 유래되었는데 꽃이 나선 모양으로 도는 것 같아서 붙여진 이름이라고도 하고, 잎의 모양이 원형이라서 붙여진 이름이라고도 한다. 꽃말은 '수줍음, 질투'이다.

무늬가 있는 꽃잎

8월에 핀 꽃 / 열매

흰색 꽃이 피는 품종

5월에 핀 꽃 / 노랑꽃창포 군락

범부채(붓꽃과) *Iris domestica*

여러해살이풀, 높이 50~100㎝, 꽃 7~8월, 알뿌리화초

옆으로 짧게 벋는 뿌리줄기에서 여러 대의 줄기가 나온다. 칼 모양의 잎은 줄기에 좌우 2줄로 나란히 난다. 줄기 끝에서 갈라진 가지마다 주홍색 꽃이 하늘을 보고 핀다. 6장의 꽃잎은 주홍색 바탕에 진한 색의 반점이 있는 것이 호랑이 무늬와 비슷하다 하여 '범부채'라고 한다. 꽃이 나비 무늬와 비슷해서 '나비꽃'이라고도 한다. 한방에서 뿌리줄기는 염증을 치료하거나 가래를 삭이는 약재로 쓴다. 화초로 심지만 산기슭에서 자라기도 한다.

노랑꽃창포(붓꽃과) *Iris pseudacorus*

여러해살이풀, 높이 50~120㎝, 꽃 5~6월, 알뿌리화초

줄기에 칼 모양의 잎이 어긋나며 윗부분에 붓꽃 모양의 노란색 꽃이 핀다. 꽃창포와 생김새가 비슷하지만 노란색 꽃이 피어서 '노랑꽃창포'라고 부른다. 아름다운 꽃이 핀 줄기를 잘라 꽃꽂이 재료로 쓴다. 뿌리줄기는 위장약이나 오줌을 잘 나오게 하는 약재로 쓴다. 유럽 원산으로 연못가에 심어 기르며 들로 퍼져 나가 저절로 자라기도 한다. 뿌리줄기가 벋으면서 퍼지기 때문에 오염된 습지를 정화하는 정화 식물로 많이 심는다.

7월에 핀 꽃 / 노란색 꽃이 피는 품종

5월에 핀 꽃 / 흰색 겹꽃이 피는 품종

칸나/홍초(홍초과) *Canna generalis*

여러해살이풀, 높이 1m 정도, 꽃 7~9월, 알뿌리화초

큼직한 잎은 밑부분이 줄기를 감싼다. 줄기 끝의 커다란 꽃송이에 붉은색 꽃이 모여 핀다. 분홍색, 노란색, 흰색 꽃이 피는 품종도 있으며 꽃잎에 무늬가 있는 꽃도 있고, 꽃잎의 크기와 모양도 여러 가지이다. 꽃의 수명이 길다. '칸나(Canna)'는 속명이며 흔히 '홍초'라고도 부른다. 뿌리줄기로 번식하는데 중부 이북 지방에서는 겨울 추위 때문에 따로 캐서 저장해 두었다가 봄에 꺼내 심는다. 열대 지방 원산으로 꽃말은 '존경, 행복한 결말'이다.

작약(미나리아재비과) *Paeonia lactiflora* var. *hortensis*

여러해살이풀, 높이 60㎝ 정도, 꽃 5~6월, 알뿌리화초

한자 이름 '작약(芍藥)'에서 유래되었다. 줄기 끝에 피는 탐스러운 꽃이 함지박처럼 크고 넉넉하여 '함박꽃'이라고도 한다. 꽃 색깔은 붉은색, 분홍색, 흰색 등 여러 가지이며 겹꽃이 피는 품종도 있다. 우리나라 북부 지방을 포함한 동북아시아 지방이 원산지인 작약은 큼직한 꽃이 보기 좋아 아주 오래전부터 우리나라와 중국에서 관상용으로 심고 있다. 한방에서 덩이뿌리는 진통제나 두통약 등으로 쓴다. 꽃말은 '수줍음, 부끄러움'이다.

8월에 핀 꽃

붉은색 꽃이 피는 품종

달리아(국화과) *Dahlia pinnata*

여러해살이풀, 높이 60〜90㎝, 꽃 7〜10월, 알뿌리화초

추위에 약하므로 고구마처럼 생긴 덩이뿌리를 가을에 캐서 보관했다가 봄에 화단에 심는다. 여름에 줄기와 가지 끝에 탐스런 꽃이 1송이씩 옆을 보고 피는데 꽃 모양과 크기, 색깔은 여러 가지이다. 원예 품종은 1만 종이 넘는다고 한다. 속명 '달리아'는 식물학자 '달(Dahl)'을 기념하기 위해 붙인 이름이다. 프랑스의 나폴레옹 황제의 부인 조세핀이 달리아를 좋아해서 왕궁의 정원에 심고, 다른 사람에게는 심지 못하게 했다는 이야기가 전해진다.

달리아의 여러 가지 꽃 색깔

달리아는 품종마다 꽃의 모양과 색깔이 다른데 어째서 꽃마다 색깔이 다른 것일까? 꽃에는 '안토시아닌'이라는 색소가 들어 있는데 안토시아닌은 산성 용액에서는 붉은색을, 중성 용액에서는 보라색을, 염기성 용액에서는 푸른색을 나타내며, 용액의 진한 정도에 따라 색깔의 진하기도 달라진다. 안토시아닌이 없으면 흰색이 나타나고, 또 다른 식물 색소인 '크산토필'이 많으면 노란색이 나타난다.

관엽식물

색깔과 모양이 아름다운 잎을 감상하는 식물을 '관엽식물(觀葉植物)'이라고 한다. 근래에는 잎과 함께 줄기나 꽃을 감상하는 식물도 많다. 관엽식물은 19세기 초 유럽 국가들이 세계로 진출하며 모은 진기한 식물을 원예 품종으로 개발하면서 기르기 시작하였고, 화단뿐 아니라 실내를 장식하는 화분용으로 이국적인 열대 식물이 개발되면서 더욱 많은 사랑을 받게 되었다.

나무고사리를 심어 장식한 실내 화단

6월의 수꽃이삭

나무 모양

열매

소철(소철과) *Cycas revoluta*

늘푸른바늘잎나무, 높이 2~4m, 꽃 6~8월

보통 화분에 심어 기르며 남쪽 섬에서는 마당에서도 자란다. 원통형 줄기 끝에서 많은 잎이 나와 사방으로 퍼진다. 암꽃과 수꽃이 서로 다른 그루에 피는 암수딴그루로 수꽃이삭은 원통형이고, 암꽃이삭은 둥글납작하다. 씨앗은 가루를 내어 떡이나 술을 담그는데, 물에 담가서 독성분을 우려내야 한다. 소철은 철분을 좋아하여 쇠약해졌을 때 철분을 주면 회복된다는 이야기가 전해져 '되살아날 소', '쇠 철' 자를 써서 '소철(蘇鐵)'이라고 한다.

🔍 살아 있는 화석, 소철

운남소철

멕시코소철

지질 시대에 살았던 동식물의 유해나 흔적이 지층에 남아 있는 것을 '화석(化石)'이라고 한다. 동식물 중에는 지질 시대부터 지금까지 오랜 기간 동안 살고 있는 종도 있는데, 이들은 지층의 화석으로도 발견되고 지금도 살아서 자라고 있는 모습을 볼 수 있기 때문에 '살아 있는 화석'으로 불린다.

소철은 원시적인 겉씨식물의 하나로 고사리처럼 꽃가루에 꼬리가 달린 정충이 있으며, 줄기 끝에 잎이 돌려난 모양이 나무고사리와 비슷하다. 소철 종류는 살아 있는 화석으로 열대 지방에 20여 종이 분포한다.

늘어진 공기뿌리가 땅에 닿으면 뿌리를 내리고 줄기가 돼요.

잎가지　　　열대 지방에서 자라는 나무 모양

인도고무나무(뽕나무과) *Ficus elastica*

늘푸른큰키나무, 높이 원산지에서 25m 이상

큼직한 타원형 잎은 두껍고 광택이 있다. '인도고무나무'는 '인도 원산의 고무나무'라는 뜻이다. 옛날에는 열대 지방에서 고무를 얻기 위해 대량으로 재배하였으나 품질이 좋은 파라고무나무가 발견된 뒤로 관상용으로만 심는다. 꽃은 타원형의 꽃주머니 속에 숨어서 피고 그대로 자란 열매는 노랗게 익는다. 줄기나 가지에서 가느다란 공기뿌리가 밑으로 늘어지는데 원산지에서는 땅에 닿으면 뿌리를 내리고 줄기가 된다. 잎에 무늬가 있는 품종도 있다.

열매가지　　　열대 지방에서 자라는 나무 모양

벤자민고무나무(뽕나무과) *Ficus benjamina*

늘푸른큰키나무, 높이 원산지에서 20m 이상

인도 원산으로 부드러운 가지가 밑으로 처지는 특징이 있다. 그래서 영어 이름은 '위핑 피그(Weeping Fig)'이며 우리나라에서는 학명을 따라서 '벤자민고무나무'라고 한다. 타원형 잎이 아주 작지만 가지를 자르면 흰색 즙이 나오는 고무나무 종류이다. 꽃은 작고 동그란 꽃주머니 속에 숨어서 피며, 그대로 자란 열매는 노랗게 익는다. 줄기나 가지에서 가느다란 공기뿌리가 밑으로 늘어지는데 원산지에서는 땅에 닿으면 뿌리를 내리고 줄기가 된다.

꽃이 핀 가지　　　나무 모양

크로톤/변엽목(대극과) *Codiaeum variegatum* var. *pictum*

늘푸른떨기나무, 높이 1~3m

열대 아시아 원산으로 많은 재배 품종이 있다. 줄기 윗부분에 촘촘히 어긋나는 잎은 두꺼우며 달걀형 잎을 가진 품종부터 가는 잎을 가진 품종까지 변이가 많고, 색깔과 무늬도 다양하기 때문에 아름답다. 잎의 생김새와 색깔이 다양해 '변할 변', '잎 엽' 자를 써서 '변엽목(變葉木)'이라고도 하며 꽃말은 '요염'이다. 윗부분의 잎 겨드랑이에 달리는 꽃송이에 자잘한 흰색 꽃이 모여 핀다. 씨앗을 짠 기름은 설사약이나 신경통 약으로 쓴다.

크로톤의 다양한 품종

포엽 가운데의 꽃송이

8월 말에 핀 꽃　　　　　포엽이 노란색인 품종

잎가지　　　　　　　　무늬잎 품종

포인세티아(대극과)　*Euphorbia pulcherrima*

늘푸른떨기나무, 높이 30~400㎝, 꽃 9월~이듬해 3월

흔히 화분에 심어 기르는 품종은 30㎝ 이내로 자라는 것이 풀처럼 보인다. 멕시코 원산으로 원산지에서는 3~4m 높이로 자란다. 가지 끝에 촘촘히 달리는 잎 모양의 포가 붉은색으로 물들어서 커다란 꽃잎처럼 보인다. 붉은색 포엽 가운데에 자잘한 꽃이 모여 핀다. 서양에서는 크리스마스 장식꽃으로 널리 사용된다. '포인세티아(Poinsettia)'라는 영어 이름은 이 식물을 처음 미국에 소개한 사람 이름에서 유래되었다. 꽃말은 '축복'이다.

홍콩쉐프레라(두릅나무과)　*Schefflera arboricola*

늘푸른떨기나무, 높이 3~5m

줄기에서 공기뿌리가 나온다. 손꼴겹잎은 작은잎이 부채 모양으로 돌려난다. 잎의 모양이 보기 좋아 관엽식물로 기르는데 잎에 노란색이나 흰색 무늬가 들어 있는 품종도 있다. 가지 끝의 커다란 꽃송이에 자잘한 연녹색 꽃이 모여 핀다. '홍콩'은 품종명이며 '쉐프레라'는 속명과 합쳐서 '홍콩쉐프레라'라고 한다. 대만과 중국 남부 원산으로 꽃 가게에서는 흔히 '홍콩야자'라고 부른다. 줄기의 마디를 잘라 꺾꽂이를 하면 뿌리를 내리고 번식한다.

잎가지　　　　　　　　무늬잎 품종

아이비/헬릭스송악(두릅나무과)　*Hedera helix*

늘푸른덩굴나무, 길이 원산지에서 30m 정도

덩굴지는 줄기는 붙음뿌리가 나와 다른 물체에 달라붙는다. 유럽과 아시아, 북아프리카 원산으로 잎몸은 손바닥 모양으로 갈라지며 잎에 흰색이나 노란색 무늬가 있는 품종도 있다. 흔히 부르는 '아이비(Ivy)'는 영어 이름에서 유래되었다. 우리나라 남부 지방에서 자라는 송악과 가까운 종으로 종명이 '헬릭스'라서 '헬릭스송악'이라고 부르며 '서양송악'이라고도 한다. 줄기를 자르면 나오는 흰색 즙은 독성이 있으므로 피부에 닿지 않도록 해야 한다.

 장식으로 활용하는 벽면식물

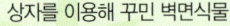

상자를 이용해 꾸민 벽면식물　　상자를 이용해 꾸민 벽면식물

콘크리트나 벽돌과 같이 삭막한 느낌이 드는 건물 벽면을 가리기 위해 식물을 심는데 이를 '벽면식물'이라고 한다. 벽면식물은 벽면을 아름답게 만들 뿐만 아니라 햇빛의 열을 차단해 주는 역할도 한다.

근래에는 실내의 벽면에 식물을 심어서 장식을 많이 하고 있다. 실내의 벽면식물 장식은 자연의 분위기를 내 주고 습도를 조절할 뿐만 아니라, 마음이 안정되는 효과까지 있다. 실내에는 화분이나 액자 등을 이용해 벽을 꾸미고, 넓은 벽면을 장식할 때는 플라스틱으로 틀을 만들어 채운 흙에 식물을 심어 기른다.

꽃 모양

꽃이 핀 가지   얼룩무늬가 있는 잎

꽃이 핀 가지   무늬잎 품종

아펠란드라 스콰로사(쥐꼬리망초과) *Aphelandra squarrosa*

늘푸른떨기나무, 높이 15~60㎝

타원형~달걀형 잎은 잎맥을 따라 흰색 줄무늬가 있는 것이 독특하다. 이런 잎의 모양이 얼룩말의 무늬와 비슷하여 영어 이름은 '얼룩말풀(Zebra Plant)'이다. 줄기 끝에 피는 노란색 꽃송이는 잎과 잘 어울린다. 입술 모양의 노란색 꽃은 노란색 포에 싸여 있는데 꽃의 수명은 짧지만 노란색 포는 1개월 이상 감상할 수 있다. 열대 아메리카 원산으로 잎에 있는 흰색 줄무늬의 모양이 조금씩 다른 여러 재배 품종이 있으며, 강한 햇볕은 피하는 것이 좋다.

관음죽(야자나무과) *Rhapis excelsa*

늘푸른떨기나무, 높이 1~3m

여러 대가 모여 나는 줄기는 갈색 섬유로 싸여 있다. 줄기 윗부분에 모여 달리는 잎은 잎몸이 부챗살 모양으로 갈라지며 광택이 있다. 중국 남부와 일본 원산으로 잎에 노란색이나 흰색 무늬가 있는 품종도 있다. 일본 류큐의 관음산(觀音山)에서 자라고 줄기와 잎의 모양이 대나무를 닮아서 '관음죽(觀音竹)'이라고 한다. 야자나무 중에서 키가 작은 종류로 동양적인 멋을 지니고 있어 널리 재배하며, 대표적인 공기정화식물의 하나이다.

열매가지   땅에 떨어진 꽃과 잎 모양

파키라/물밤나무(아욱과) *Pachira aquatica*

늘푸른큰키나무, 높이 원산지에서 18m 정도

가지 끝에 손바닥 모양의 잎이 모여 달린다. 가지 끝에 노란색 꽃이 피는데 실 모양의 수술은 윗부분이 붉은색이다. 꽃은 낮이 되면 송이째 떨어진다. 타원형 열매 속의 씨앗은 땅콩이나 밤처럼 고소하며 원산지에서는 씨앗을 구워 먹거나 튀겨 먹는다. 우리나라에서 관엽식물로 많이 기르는데 줄기를 자르면 나오는 여러 개의 새 줄기를 엮어서 보기 좋게 만들기도 한다. '파키라'는 속명이며, 씨앗은 밤 맛이 나서 '물밤나무'라고도 한다.

겨울에도 식물이 자라는 온실

'온실(溫室)'은 일반적으로 난방 시설을 갖추어서 온도와 습도, 빛의 양을 조절할 수 있게 만든 시설로 추운 겨울에도 식물이 자랄 수 있는 따뜻한 방이다.

서양에서는 400여 년 전 독일의 하이델베르

문화재로 지정된 창경궁 대온실

크에 최초의 온실을 지었는데 온실 안에 난로를 설치하여 채소를 길렀다고 한다. 우리나라에서는 이미 580여 년 전인 조선 세종 임금 때 온실을 지어서 귤나무를 키운 기록이 있는데, 조선 온실이 세계 최초의 온실이라고 한다.

기록에 따르면 온실 바닥은 구들을 놓아서 따뜻하게 만들고, 지붕은 기름종이를 발라서 만든 틀로 덮어 빛이 들어오게 하였으며, 추운 밤에는 지붕 위에 거적을 덮어서 보온을 하며 채소를 길렀다고 한다. 또한 날마다 물을 뿌려서 실내 습도를 조절하였다고 한다.

우리나라 최초의 유리 온실은 대한제국 때 창경궁에 지었으며 지금도 남아 있다. 현재는 각 지방마다 많은 온실을 만들어서 다양한 열대 식물을 기르고 있다.

꽃가지 　　　　　잎몸이 갈라지는 잎

무늬잎 품종 　　　　　무늬잎 품종

몬스테라(천남성과) *Monstera deliciosa*

늘푸른여러해살이덩굴풀, 길이 원산지에서 20m 정도

원산지에서는 타원형 잎이 지름 1m 정도까지 자란다. 커다란 잎몸은 새깃처럼 갈라지고 군데군데 구멍이 뚫려 있는 모양으로 강한 비바람에 견딜 수 있고, 밑에 달린 잎에도 햇빛이 통할 수 있는 구조이다. 이런 잎이 괴물처럼 보였는지 '괴물'을 뜻하는 '몬스터(Monster)'에서 '몬스테라'라는 이름이 유래되었다. 멕시코 원산으로 잎겨드랑이에 흰색 포에 싸인 흰색 꽃송이가 달린다. 열매이삭은 옥수수처럼 생겼으며 바나나처럼 향기가 있고, 날로 먹는다.

디펜바키아(천남성과) *Dieffenbachia* cv.

늘푸른여러해살이풀, 높이 50～200㎝

열대 아메리카 원산으로 잎에 무늬가 있는 여러 재배 품종이 있으며, 큰 것은 2m 높이까지 자란다. 잎을 씹으면 순식간에 입안의 혀와 목구멍이 부어 오르면서 찌르는 듯한 통증을 느끼고 며칠간 말을 할 수 없게 된다. 그래서 영어 이름은 '덤케인(Dumb Cane : 벙어리지팡이)'인데 잎이 떨어진 줄기의 모양이 지팡이를 닮아서 붙여졌다. '디펜바키아'는 이 식물의 속명이다. 관엽식물 중에는 디펜바키아처럼 독을 가진 것이 많으므로 주의해야 한다.

무늬잎 품종 　　　　　무늬잎 품종

칼라디움(천남성과) *Caladium bicolor*

늘푸른여러해살이풀, 높이 30～70㎝

덩이줄기에서 모여 나는 잎은 끝이 뾰족하고 밑부분이 오목하게 들어간 모양이 화살촉을 닮았다. 잎은 초록색 바탕에 붉은색이나 흰색 등의 무늬가 있어 매우 아름답다. 남아메리카의 아마존강 유역 원산으로 많은 재배 품종이 있다. 잎 모양은 아름답지만 독성이 강해서 잘못 먹으면 심한 통증과 함께 혀가 마비되고, 설사나 호흡 곤란이 올 수 있으므로 주의해야 한다. '칼라디움'은 속명으로 인도네시아의 식물 이름(Keladi)에서 유래되었다.

칼라디움의 다양한 품종

잎꽂이를 하면 뿌리를 내린다.

나무를 타고 오르는 잎가지   정글에서 자라는 신답서스

신답서스(천남성과) *Epipremnum aureum*

늘푸른여러해살이덩굴풀, 길이 10~20m

흔히 걸이 화분에 심어 기른다. 기다란 하트형의 잎은 두껍고 윤기가 있으며 잎몸에 노란색 무늬가 있는 품종도 있다. 기어 오르는 줄기에 달리는 잎은 크지만 밑으로 늘어지는 줄기에 달리는 잎은 작아진다. 동남아시아 원산으로 원산지에서는 나무를 타고 20m 높이까지 자란다. 물속에서도 뿌리를 잘 내리기 때문에 물재배를 하기도 한다. '신답서스'라는 이름은 예전에 사용하던 속명에서 유래되었으며 꽃 가게에서는 '스킨'이라고도 한다.

꽃과 뿌리잎   열매이삭

스파티필룸(천남성과) *Spathiphyllum patinii*

늘푸른여러해살이풀, 높이 30~100㎝

뿌리에서 길쭉한 타원형~달걀형 잎이 모여 나는데 잎몸은 진한 녹색이며 광택이 있다. 잎 사이에서 자란 기다란 꽃대 끝에 원통형의 꽃송이가 흰색 포에 싸여 핀다. 꽃은 향기가 진하고 열매를 잘 맺는다. '스파티필룸'은 그리스어로 '포(Spathe)'와 '잎(Phyllon)'을 뜻하는 두 낱말을 합쳐서 만든 이름으로 꽃을 싸고 있는 독특한 포의 모양을 보고 붙여졌다. 열대 아메리카와 동남아시아 원산으로 대표적인 공기정화식물의 하나이다.

꽃과 뿌리잎   포가 연노란색인 품종

안수리움(천남성과) *Anthurium andraeanum*

늘푸른여러해살이풀, 높이 30~60㎝

뿌리에서 모여 나는 기다란 하트형의 잎 사이에서 자란 꽃대 끝에 꼬챙이 모양의 꽃송이가 달리며, 조건만 맞으면 꽃이 1년 내내 핀다. 꽃송이 밑에 달리는 하트형의 큼직한 포가 붉은색이나 흰색이라서 꽃잎처럼 보인다. 포는 윤기가 있고 수명도 길어서 관상 가치가 높다. '안수리움'은 속명이며 '안토스(Anthos : 꽃)'와 '오라(Oura : 꼬리)'가 합쳐진 말로 '꼬리 모양의 꽃'이라는 뜻이다. 붉은색 포와 꼬리 모양의 꽃송이를 보고 '홍학꽃'이라고도 한다.

 꽃을 오래 감상하는 드라이플라워

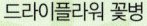

드라이플라워 꽃병   보존화

풀이나 꽃, 과일 등의 모양을 유지하면서 말려서 관상용으로 만든 것을 '드라이플라워(Dry Flower)'라고 하며 우리말로는 '말린꽃'이라고 하고, 한자로는 '건조화(乾燥花)'라고 한다. 드라이플라워는 낮이 짧은 북유럽에서 꽃을 오래 보존하면서 감상하기 위한 방법으로 개발되었다.

드라이플라워를 만들 때에는 자연 그대로 두고 말리는 방법 이외에 분말 건조제를 이용하여 말리는 방법도 있다. 근래에는 식물을 보존 용액으로 처리하여 시들지 않게 만든 '보존화(Preserved Flower)'도 널리 보급되고 있다.

잎줄기　　　　　　　　　잎겨드랑이에서 핀 꽃

벽을 타고 오르는 잎줄기　　　　무늬잎 품종

필로덴드론(천남성과) *Philodendron bipinnatifidum*
늘푸른여러해살이덩굴풀, 길이 2~3m

줄기의 마디에서 나오는 공기뿌리로 다른 물체를 타고 오른다. 줄기에 촘촘히 달리는 잎은 잎몸이 새깃처럼 갈라진다. 잎의 크기가 10㎝ 정도로 작은 것에서부터 2m에 이르는 큰 잎을 가진 것 등 품종에 따라 잎의 모양과 갈라지는 정도가 조금씩 다르다. 기다란 기둥 모양의 흰색 꽃송이는 적갈색 포 안에 들어 있다. '필로덴드론'은 그리스어의 '친구(Philo)'와 '나무(dendron)'가 합쳐진 말로 다른 나무에 붙어 자라는 데서 유래된 이름이다.

싱고니움(천남성과) *Syngonium podophyllum*
늘푸른여러해살이덩굴풀, 길이 4m 이상

어릴 때는 곧게 자라는 줄기에 하트형의 잎이 달리며 잎맥을 따라 흰색 등의 무늬가 있는 품종도 있다. 줄기는 차츰 자라면서 덩굴로 변하며 공기뿌리가 나와 다른 물체에 붙고, 잎은 새발 모양으로 갈라진다. 어릴 때 줄기 끝 부분을 계속 잘라 주면 잎만 무성하게 키울 수도 있다. 잎겨드랑이에 달리는 기다란 기둥 모양의 흰색 꽃송이는 연녹색 포 안에 들어 있다. 열대 아메리카 원산으로 '싱고니움'은 속명에서 유래되었다.

열매가지　　　　　　　　　나무 모양

꽃가지　　　　　　밑동이 항아리처럼 부푼 줄기

용혈수(아스파라거스과) *Dracaena draco*
늘푸른큰키나무, 높이 12~20m

기다란 잎은 가지 끝에 촘촘히 모여 달린다. 줄기에 상처를 내면 나오는 붉은색 즙을 용의 피처럼 생각해서 '용혈수(龍血樹)'라는 이름으로 불린다. 옛날에는 용혈을 채취해 화장품으로 사용하거나 미라를 만드는 데 썼다. 오늘날에는 용혈을 니스처럼 바이올린 등에 광을 내는 광택제로 이용하거나 부식을 막는 재료로 사용한다. 오래 사는 나무의 하나로 알려져 있으며 태평양의 섬에서는 이 나무를 묘지에 심는다고 한다.

덕구리란/놀리나(아스파라거스과) *Beaucarnea recurvata*
늘푸른작은키나무, 높이 5m 정도

줄기 밑부분은 항아리처럼 굵게 부푸는데 그 속에 물을 저장한다. 일본에 '도꾸리'라는 술병이 있는데 줄기가 부푼 모습이 이 술병과 비슷해서 '도꾸리란'이라고 부르던 것이 '덕구리란'으로 변하였다. 속명인 '놀리나'라는 이름으로 부르기도 한다. 가지 끝에 촘촘히 돌려나는 가늘고 긴 잎은 비스듬히 밑으로 처진다. 가지 끝에서 자란 커다란 꽃송이에 자잘한 황백색 꽃이 촘촘히 모여 달린다. 멕시코 원산으로 사막 지대에서 자라며 가뭄에 잘 견딘다.

잎줄기 　　　　　　　　　　나무 모양

코르딜리네(아스파라거스과) *Cordyline fruticosa*

늘푸른작은키나무, 높이 2~3m

줄기 윗부분에 촘촘히 모여 달리는 기다란 잎은 여러 색깔과 무늬가 있어 매우 아름답다. 재배 품종에 따라 잎의 모양이나 크기가 조금씩 다르다. 잎겨드랑이에 달리는 꽃이삭에 자잘한 흰색이나 자주색 꽃이 모여 핀다. '코르딜리네'는 속명으로 그리스어 '곤봉(Kordyle)'에서 유래되었는데 땅속으로 벋는 통통한 뿌리줄기를 보고 붙인 이름이다. 동남아시아와 호주 원산으로 잎에 붉은색 무늬가 있는 품종은 '홍죽(紅竹)'이라고도 한다.

나무 모양 　　　　　　　　　행운목 화분

행운목(아스파라거스과) *Dracaena fragrans*

늘푸른작은키나무, 높이 6m 정도

생명력이 강해 줄기를 토막 내서 흙에 꽂거나 물에 담그면 줄기 옆 부분에서 새로운 싹이 나와 자란다. 기다란 칼 모양의 잎은 가지 끝에 촘촘히 모여 나 비스듬히 처진다. 잎에 줄무늬가 있는 품종도 있다. 잎겨드랑이에서 비스듬히 처지는 꽃송이에 자잘한 황백색 꽃이 모여 핀다. 꽃이 피면 행운이 온다는 이야기 때문에 '행운목'이라고 한다. 꽃은 밤에만 피고 향기가 매우 진해서 '야화(夜花)'라고도 부른다. 서아프리카 원산으로 꽃말은 '행운'이다.

행운목 무늬잎 품종

수분을 증발시키는 증산작용이 활발해서 실내 습도를 유지하는 데 큰 도움을 주는 식물을 '가습식물'이라고 한다. 가습기를 이용하면 세균이 번식하지 않도록 관리에 신경을 써야 하는데 가습기 대신 가습식물을 기르면 이런 번거로움 없이 실내 습도를 유지할 수 있고, 아름다운 환경도 만들 수 있다.

농업진흥청은 원예식물 92종에 대해 가습 효과를 비교했는데 이 연구 결과에 따르면 관엽식물 중에서는 행운목이 가장 가습 효과가 높고, 그 다음으로 쉐프레라, 마삭줄 등이 효과가 뛰어난 것으로 나타났다.

산세비에리아 화분　　　　　　　　　　　키가 작은 품종

꽃이 핀 줄기　　　　　　　　　꽃이삭 부분

산세비에리아(아스파라거스과) *Sansevieria trifasciata*

늘푸른여러해살이풀, 높이 60~100㎝

뿌리에서 모여 나는 칼 모양의 잎은 육질이 두툼하며 얼룩무늬가 있고 가장자리는 노란색이다. 영어 이름은 '뱀풀(Snake Plant)'인데 잎의 무늬와 촉감이 뱀의 피부를 닮아서 붙여졌다. '산세비에리아'는 속명으로 이탈리아 황태자의 이름에서 유래되었다. 여러 재배 품종이 있다. 건조한 곳에서 자라는 다육식물로 잎에서 질기고 탄력이 있는 섬유를 뽑아 로프나 활시위 등으로 쓴다. 아프리카와 인도 원산으로 꽃말은 '관용'이다.

그래스트리(크산트로이아과) *Xanthorrhoea australis*

늘푸른여러해살이풀, 높이 4~5m

나무처럼 굵어지는 줄기 끝에 가늘고 긴 잎이 촘촘히 모여 나 사방으로 퍼지며 끝 부분은 밑으로 처진다. 산불이 나면 잎은 불에 타고, 줄기에서 새잎과 함께 꽃이삭이 3m 이상으로 길게 자란다. 원주민들은 단단하면서도 가벼운 꽃대로 창을 만들고, 오래된 잎의 밑부분에서 나오는 붉은색이나 노란색 나뭇진은 니스의 원료로 쓴다. '그래스트리(Grass Tree)'는 '나무처럼 자라는 풀'이라는 뜻의 영어 이름이다. 호주 원산으로 1년에 1~2㎝씩 느리게 자란다.

뿌리잎 사이에서 핀 꽃　　　　　　　포가 노란색인 품종

구즈마니아(파인애플과) *Guzmania* cv.

늘푸른여러해살이풀, 높이 70~100㎝

뿌리에서 빙 둘러나는 기다란 잎은 가장자리가 위로 말려서 가운데 부분에 물을 모을 수 있는 공간이 생긴다. 잎 가운데에서 꽃대가 자라는데 붉은색 포가 잎처럼 빙 둘러나고 그 가운데에 자잘한 꽃이 모여 핀다. 포의 색깔과 모양이 조금씩 다른 여러 재배 품종이 있다. 열대 아메리카 원산이다. '구즈마니아'는 속명으로 스페인 식물학자의 이름에서 유래되었다. 나무에 붙어서 자라는 착생 식물로 잎 사이의 홈에 물을 주어서 서서히 스며들게 한다.

유리 그릇 속 작은 정원, 테라리움

테라리움

입구가 작은 유리 그릇 안에 몇 종류의 식물을 기르는 것을 '테라리움'이라고 하며, 용기가 유리병이라서 '보틀 가든(Bottle Garden)'이라고도 한다. 병 속에 꾸민 작은 정원이다.

유리병 속에서는 증발된 수증기가 유리벽에 물방울로 맺혔다가 다시 흙으로 떨어지면서 물이 순환하기 때문에 물을 자주 주지 말아야 한다. 테라리움은 내부의 습도가 높기 때문에 습기에 잘 견디는 식물을 길러야 한다. 또 식물의 잎이 물방울이 맺히는 벽면에 닿으면 곰팡이가 생기거나 썩을 수 있으므로 주의해야 한다.

꽃가지   벌레잡이잎

벌레잡이통풀(벌레잡이풀과) *Nepenthes ampullaria*

늘푸른여러해살이덩굴풀, 길이 4m 정도

줄기는 땅을 기거나 나무에 엉키며 자란다. 잎의 끝 부분에서 주맥이 길게 자라 끝에 벌레잡이통을 만든다. 통의 윗부분에는 뚜껑과 함께 꿀샘이 있어 벌레를 유인하며, 입구가 미끄럽기 때문에 벌레가 통 속으로 빠지기 쉽다. 통 속에는 소화액이 있어 벌레를 소화해서 양분을 흡수한다. 벌레를 잡는 통이 있어서 '벌레잡이통풀'이라고 하고 속명을 따라 '네펜데스'라고도 한다. 종에 따라 잎이나 벌레잡이통의 모양이 조금씩 다르다.

뿌리잎 사이에서 핀 꽃   벌레잡이제비꽃 군락

벌레잡이제비꽃(통발과) *Pinguicula vulgaris* var. *macroceras*

늘푸른여러해살이풀, 높이 5~15cm, 꽃 7월

높은 산의 습기가 많은 바위나 습지에서 자라며 화분이나 온실에서 기른다. 잎은 뿌리에서 모여 나서 방석처럼 펼쳐진다. 잎몸은 연한 녹색으로 부드럽고, 안쪽으로 말린다. 잎의 옆면에서 끈끈한 액체가 나와 벌레를 잡고 소화액을 내어 소화시킨다. 뿌리잎 사이에서 1~3개의 꽃대가 나오고 그 끝에 제비꽃과 비슷한 자주색 꽃이 1개씩 피는데 뒷면의 꿀주머니는 가늘다. 꽃이 제비꽃을 닮았고 잎으로 벌레를 잡아서 '벌레잡이제비꽃'이라고 한다.

벌레잡이잎   잎 모양이 다른 품종

사라세니아(사라세니아과) *Sarracenia* cv.

늘푸른여러해살이풀, 높이 30~50cm

뿌리에서 모여 나는 잎은 트럼펫 모양으로 속이 비어 있고 윗부분에는 뚜껑 모양의 잎조각이 있다. 뚜껑 모양의 잎조각 안쪽에 꿀샘이 있어 벌레를 유인해 통 속에 빠뜨리며, 소화액으로 벌레를 소화해서 양분을 흡수한다. 통의 안쪽은 밑을 향한 털이 있어서 벌레가 도망가기 어렵다. 북아메리카 원산으로 종에 따라 잎의 색깔이나 무늬가 다르고 가장자리가 주름이 지기도 한다. '사라세니아'는 속명이며 캐나다의 학자 이름에서 유래되었다.

닫힌 벌레잡이잎

벌레잡이잎   붉은색 품종

파리지옥(끈끈이귀개과) *Dionaea muscipula*

늘푸른여러해살이풀, 높이 20~30cm

뿌리에서 4~8장의 잎이 모여 나는데 잎자루에는 넓은 날개가 있다. 동그스름한 잎은 가장자리에 가시 같은 털이 있고 주맥을 따라 양쪽을 조개처럼 벌렸다 오므렸다 할 수 있다. 잎의 안쪽으로 벌레를 유인한 후 벌레가 감각털을 건드리면 잎의 양면이 갑자기 닫히면서 벌레를 잡는다. 그러면 잎 안쪽에서 소화액이 나와서 벌레를 소화해 양분을 흡수한다. 북아메리카 원산으로 주로 파리가 많이 잡혀서 죽기 때문에 '파리지옥'이라고 한다.

관상수

꽃이나 잎, 열매 등을 감상하기 위해 기르는 나무를 '관상수(觀賞樹)'라고 한다. 예전에는 아름다운 꽃이 피는 꽃나무를 주로 길렀지만, 근래에는 잎과 열매가 아름다운 나무도 많이 기른다. 관상수는 화단을 장식하는 정원수나 공원수로 이용되며 길가에 줄지어 심는 가로수로도 이용된다. 관상수는 아름다운 경치뿐만 아니라 그늘도 제공해 준다.

관상수가 어우러진 정원

4월에 핀 암꽃이삭

잎가지

4월에 핀 수꽃이삭

양버들(버드나무과) *Populus nigra* var. *italica*
갈잎큰키나무, 높이 30m 정도, 꽃 4월
길가나 강가에서 자란다. 가느다란 가지들이 줄기를 따라 위로 자라 나무 모양이 빗자루처럼 보인다. 세모꼴의 잎은 잎자루가 길고 납작해 바람에 잘 흔들린다. 암수딴그루로 잎보다 먼저 꽃이 피는데 기다란 꽃이삭은 밑으로 늘어진다. 5월쯤 익는 열매 속의 씨앗에는 흰색 솜털이 붙어 있어 바람을 타고 퍼지는데 꽃가루로 오해하기도 한다. 목재는 상자나 젓가락을 만들고 펄프재로 이용한다.
버드나무과에 속하며 서양에서 들어와서 '양버들'이라고 한다.

팔을 들고 벌을 서는 양버들 이야기

옛날 어떤 노인이 무지개 여신인 아이리스의 황금 항아리를 훔쳐다가 양버들 가지 사이에 몰래 숨겨 놓았습니다. 항아리 속에는 무지개 빛깔을 내게 하는 보석이 들어 있었습니다. 항아리를 잃어버린 아이리스는 최고의 신 제우스에게 가서 항아리를 찾아 달라고 호소했습니다.

제우스 신은 모두에게 명령해서 숲을 뒤지도록 했지만 항아리는 보이지 않았습니다. 제우스는 항아리를 숨길 만한 곳은 나뭇가지 사이라고 생각하고 모든 나무에게 가지를 들라고 명령했습니다. 그러자 양버들 가지 사이에서 항아리를 싼 보자기가 떨어졌습니다.

양버들 나무 모양

"이것은 저의 물건이 아닙니다. 어떤 노인이 어젯밤에 가져다 놓은 것입니다."

양버들은 자신의 결백함을 호소했지만 화가 난 제우스는 양버들에게 영원히 가지를 들고 서 있으라고 명령했습니다. 그래서 양버들은 지금까지도 가지를 위로 들고 서 있는 벌을 받고 있습니다.

잎가지

4월의 어린 열매와 새잎

새잎이 돋는 나무

이태리포플러(버드나무과) *Populus × canadensis*
갈잎큰키나무, 높이 30m 정도, 꽃 4월

유럽 원산으로 길가나 강가에서 흔히 자란다. 줄기는 곧게 자라고 굵은 가지는 옆으로 퍼진다. 세모꼴의 잎은 잎자루가 길고 납작하여 바람에 잘 흔들린다. 새로 돋는 어린잎은 붉은색이 돈다. 봄에 잎보다 먼저 꽃이 피는데 기다란 꽃이삭은 밑으로 늘어진다. 5월쯤 익는 열매 속의 씨앗에는 흰색 솜털이 붙어 있어 바람을 타고 퍼지는데 꽃가루로 오해하기도 한다. '포플러'는 속명이며 이태리에서 들어와서 '이태리포플러'라고 한다.

4월에 핀 암꽃이삭

5월의 열매

나무껍질

은사시나무(버드나무과) *Populus × tomentiglandulosa*
갈잎큰키나무, 높이 20m 정도, 꽃 4월

길가나 강가에서 자란다. 빨리 자라는 나무로 조림용으로 많이 심었기 때문에 들이나 산에서 흔히 볼 수 있다. 은빛을 띠는 줄기에 흔히 마름모꼴의 무늬가 생긴다. 달걀형의 잎 뒷면은 흰색을 띠며 잎자루가 길고 납작하기 때문에 사시나무처럼 바람에 잘 흔들린다. 그래서 '은사시나무'라는 이름을 얻었다. 꽃은 잎보다 먼저 피는데 꼬리 모양의 붉은색 꽃이삭은 밑으로 늘어진다. 5월에 익는 열매 속의 씨앗에는 솜털이 있어 바람에 잘 날린다.

4월에 핀 수꽃이삭

잎가지

능수버들(버드나무과) *Salix pseudo-lasiogyne*
갈잎큰키나무, 높이 20m 정도, 꽃 4월

들이나 물가에서 흔히 자란다. 가지가 많이 갈라지고 황록색의 어린 가지는 길게 늘어진다. 암수딴그루로 잎과 함께 꽃이 피는데 잎겨드랑이에 타원형의 꽃이삭이 달린다. 길쭉한 잎은 어긋나고 뒷면은 흰색이 돈다. 가지들이 길게 늘어지는 나무 모습이 아름답고 오염된 공기를 깨끗하게 만들기 때문에 가로수나 공원수로 많이 심는다. 하지만 봄에 솜털이 달린 씨앗이 많이 날리기 때문에 열매를 맺지 못하는 수나무를 골라서 심는 것이 좋다.

흥타령 속 능수버들 이야기

충청도 민요인 '흥타령'에는 '능수버들'이 나오는데 여기에는 다음과 같은 이야기가 전해집니다.

옛날 한 홀아비가 '능소'라는 어린 딸과 함께 가난하게 살고 있다가 군인으로 뽑혀 가게 되었습니다. 딸을 맡길 친척이 없었던 홀아비는 할 수 없이 천안삼거리의 한 주막에 능소를 맡겼습니다. 홀아비는 가지고 있던 버드나무 지팡이를 땅에 꽂으며 능소에게 말했습니다.

"능소야, 이 지팡이에 잎이 돋을 즈음이면 너를 데리러 올 테니 그때까지 잘 지내고 있어라."

하고 길을 떠났습니다. 능소는 주막에서 힘들게 일을 하며 아버지가 돌아오기를 손꼽아 기다렸습니다.

어느 해 봄에 지팡이에 잎이 돋는 것을 본 능소는 밖으로 나가 보았습니다. 밖에는 꿈속에 그리던 아버지가 서 있는 것이었습니다. 다시 만난 부녀는 너무나 기쁜 나머지 "천안삼거리 흥~ 능소야 버들은 흥~" 하고 춤을 추며 기뻐했다고 합니다. 그때부터 지팡이가 자란 버드나무를 '능소버들'이라고 불렀는데 후에 '능수버들'로 변했다고 합니다.

능수버들 나무 모양

4월에 핀 수꽃이삭

5월의 열매가지

도깨비불이 보이는 줄기의 큰 구멍

4월에 핀 수꽃이삭

나무줄기

왕버들(버드나무과) *Salix chaenomeloides*

갈잎큰키나무, 높이 10~20m, 꽃 4월

물을 좋아하기 때문에 냇가에서 잘 자란다. 타원형 잎은 새로 나올 때 붉은색이 돈다. 봄에 잎과 함께 꽃이 피는데 잎겨드랑이에 타원형 꽃이삭이 달린다. 버드나무 종류로 줄기가 굵고 몸집이 커서 웅장한 느낌이 들며 잎도 넓고 크기 때문에 '왕버들'이라는 이름을 얻었다. 비교적 오래 사는 나무로 그늘이 좋아서 마을의 정자나무로 많이 심는다. 큰 나무의 줄기 구멍 속에서 벌레들이 죽어서 쌓인 도깨비불이 잘 나타나므로 '귀신버들'이라고도 한다.

용버들(버드나무과) *Salix matsudana* for. *tortuosa*

갈잎큰키나무, 높이 10m 정도, 꽃 4월

마을 근처에 흔히 심어 기른다. 버드나무 종류로 밑으로 늘어지는 어린 가지들이 용처럼 꾸불꾸불 굽기 때문에 '용버들'이라고 한다. 여자들이 머리를 꼬불거리게 하는 파마를 한 듯 보여서 '파마버들'이라고도 하며 '곱슬버들'이라고도 한다. 길쭉한 잎도 구불거리며 뒷면은 흰색이 돈다. 암수딴그루로 봄에 잎과 함께 꽃이 피는데 잎겨드랑이에 타원형 꽃이삭이 달린다. 중국에서 들어온 나무로 가지의 모습이 특이해서 관상수로 심는다.

5월 초에 핀 꽃

9월의 열매

느티나무(느릅나무과) *Zelkova serrata*

갈잎큰키나무, 높이 20~25m, 꽃 4~5월

산기슭이나 마을 주변에서 자란다. 나무는 굵은 가지가 사방으로 퍼지며 둥근 나무 모양을 만든다. 나무 그늘이 좋아 마을마다 정자나무로 심고 있으며 북한에서는 아예 '정자나무'라는 이름으로 부른다. 1,000년 이상 오래 사는 나무로 천연기념물로 지정되어 보호받는 나무가 많다. 산림청은 새 천 년인 2,000년을 맞아 밀레니엄 나무로 느티나무를 선정하였다. 목재는 무늬와 색상이 아름다우면서도 뒤틀리지 않아 가구 등을 만드는 데 쓴다.

 **마을 사람들의 휴식처, 정자나무**

함양 학사루의 느티나무

'정자'는 휴식을 취하거나 전망을 즐기려고 짓는 작은 집을 말하는데 집 대신 큰 나무를 심은 것을 '정자나무' 또는 '정자목(亭子木)'이라고 한다. 대부분의 정자나무는 마을 어귀에 터를 잡고 주민들에게 쉼터와 그늘을 제공한다. 오래 사는 나무 중에서 굵은 가지가 사방으로 퍼지며 넓은잎이 무성하게 달려 좋은 그늘을 만드는 나무를 주로 심는데. 느티나무가 대표적이며 팽나무, 은행나무, 회화나무도 많이 심는다. 경남 함양군 함양초등학교 입구에 있는 학사루 느티나무는 정자나무로 심은 지 500년 정도 되었고 높이가 21m로 천연기념물 407호로 지정되어 보호받는다.

5월 초에 핀 꽃　　　　　8월의 열매

팽나무(삼과) *Celtis sinensis*

갈잎큰키나무, 높이 20m 정도, 꽃 4~5월

마을 주변에서 자란다. 작고 동그란 열매는 등황색으로 익는데 열매살은 맛이 달콤하며 먹을 수 있다. 이 열매를 아이들이 대나무로 만든 새총에 넣어 쏠 때 '팽' 하는 소리를 내며 날아가서 '팽나무'라고 한다. 오래 사는 나무로 그늘이 좋아 마을의 정자나무로 심는다. 목재는 비교적 단단하고 갈라지지 않아서 가구나 운동 기구 등을 만드는 재료로 사용한다. 특히 물기가 조금만 있어도 곰팡이가 피기 때문에 청결해야 하는 도마의 재료로 가장 좋다.

4월에 핀 꽃　　　　　연분홍색 겹꽃

모란(작약과) *Paeonia suffruticosa*

갈잎떨기나무, 높이 1~1.5m, 꽃 4~5월

옛날부터 화단에 심어 기른 관상수이다. 봄이 오면 가지 끝에 지름 15cm 이상의 큰 꽃이 핀다. 중국 수나라 임금 양제는 꽃이 크고 아름다운 모란을 좋아해 궁궐 안에 심어 놓고 '꽃 중의 왕(花王)'이라고 하였다. 그에 걸맞게 모란의 꽃말은 '부귀'이다. '모란'은 중국 이름 '목단(牧丹)'이 '모단'이 되었다가 다시 '모란'으로 변한 이름이다. 뿌리껍질은 '목단피'라고 하여 한약재로 두루 쓰인다. 재배 품종에 따라 꽃 색깔이 여러 가지이고 겹꽃이 피는 품종도 있다.

🔍 세금을 내는 나무, 황목근

금원마을의 너른 들판에 자리잡고 있는 황목근

경북 예천의 금남리 금원마을에는 커다란 팽나무 한 그루가 서 있다. 이 나무는 나이가 500살 정도로 '황목근'이라는 이름을 가지고 있다. 옛날 마을 사람들이 마을의 공동 재산인 800여 평의 논을 이 나무 앞으로 등기할 때 사람처럼 이름을 지어 주었는데, 노란색 꽃이 피기 때문에 성씨는 '황'으로 짓고 이름을 '목근'이라고 하여 '황목근'이 되었으며, 해마다 토지에 대한 세금을 내는 나무로 유명하다.

황목근은 금원마을을 지켜 주는 수호목으로 해마다 정월 대보름이면 제사를 지내고, 이어서 마을 잔치가 열린다고 한다.

🔍 떨기나무와 키나무의 차이점

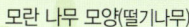

모란 나무 모양(떨기나무)　　　팽나무 나무 모양(키나무)

나무 중에서 일반적으로 키가 5m 이하로 자라는 나무는 '떨기나무'라고 하고, 5m 이상 높이로 크게 자라는 나무는 '키나무'라고 한다. 떨기나무는 뿌리에서 여러 개의 줄기가 갈라져서 나오는 경우가 대부분이다. 키나무 중에서 5~10m 정도 높이로 자라는 것은 '작은키나무'라고 하고, 10m 이상 높이로 크게 자라는 것은 '큰키나무'로 나눈다.

나무 중에는 키나무나 떨기나무로 구분하기 어려운 것도 있는데, '마가목'은 낮은 지대에서는 큰키나무로 높게 자라지만 높은 곳에서는 떨기나무처럼 자라기도 한다.

흰색 줄기가 곧게 뻗은 모습은 기품이 있어 보여 '숲 속의 여왕'이라고 해요.

9월의 열매

자작나무 숲

자작나무(자작나무과) *Betula platyphylla*

갈잎큰키나무, 높이 15~20m, 꽃 4~5월

산이나 공원에 심는다. 흰색을 띠는 나무껍질은 종이처럼 옆으로 얇게 벗겨진다. 암수한그루로 봄에 잎과 함께 꽃이 피는데 연노란색 꽃이삭은 밑으로 늘어진다. 기다란 이삭 모양의 열매는 밑으로 늘어진다. 얇은 나무껍질 속에는 기름이 많아 불쏘시개로 이용했는데 불에 탈 때 '자작 자작' 소리가 나서 '자작나무'라는 이름을 얻었다. 흰색 줄기가 곧게 뻗는 모습이 기품이 있어 보여서 '숲 속의 여왕'이라고도 한다. 봄에 줄기에서 수액을 받아 마신다.

자작나무 나무껍질 활용하기

자작나무의 벗겨진 나무껍질

자작나무는 우리나라에서는 가장 북쪽인 백두산 기슭부터 추운 시베리아에서 자란다. 줄기는 얇은 흰색 종이를 바른 것 같은 나무껍질로 덮여 있다. 얇은 나무껍질 속에는 초를 만드는 '왁스' 성분이 들어 있어서 한대 지방의 추위를 막아 준다. 왁스 성분이 든 나무껍질은 불이 잘 붙고 오래 타기 때문에 산골 마을에서는 촛불이나 등잔불 대신 사용하기도 하였다.

또 자작나무 나무껍질에는 '큐틴'이라는 방부제 역할을 하는 물질이 다른 나무보다 많이 들어 있어서 물이 잘 스며들지 않는다. 잘 썩지 않고 좀이 슬거나 곰팡이가 피지 않아서 옛날에는 얇은 나무껍질을 벗긴 것은 종이를 대신하여 그 위에 글을 쓰거나 그림을 그리기도 하였다. 경주의 천마총이라는 왕의 무덤에서 자작나무의 껍질에 하늘을 나는 말을 그린 그림이 나왔다. 러시아에서는 자작나무 껍질에서 짠 기름을 가죽 가공에 쓰는데 이 가죽으로 책 표지를 만들면 곰팡이나 좀이 슬지 않고 오래간다고 한다.

4월에 핀 꽃

7월의 열매

5월에 핀 꽃

10월에 단풍이 든 나무

계수나무(계수나무과) *Cercidiphyllum japonicum*

갈잎큰키나무, 높이 30m 정도, 꽃 3~5월

일본과 중국 원산으로 공원수로 심는다. 동그스름한 하트형의 잎은 매우 독특하다. 잎은 보기 좋을 뿐만 아니라 향기가 나서 더욱 좋은데 특히 가을에 단풍이 들 무렵이면 달콤한 솜사탕 같은 냄새가 더욱 진해진다. 암수딴그루로 봄에 잎보다 먼저 붉은색 꽃이 핀다. 계수나무는 한자 이름 '계수(桂樹)'에서 유래되었다. 달나라의 계수나무는 상상 속의 나무이다. 북한에서는 상상 속의 계수나무와 구분하기 위해서인지 '구슬꽃잎나무'라고 한다.

튤립나무(목련과) *Liriodendron tulipifera*

갈잎큰키나무, 높이 20~40m, 꽃 5~6월

공원이나 길가에 심는다. 네모진 잎은 끝이 2~3갈래로 갈라지는 독특한 모양이다. 가지 끝에 튤립 모양의 연노란색 꽃이 핀다. 긴 타원형 열매는 익으면 조각조각 벌어지면서 날개가 있는 씨앗이 바람에 날려 퍼진다. 꽃이 튤립을 닮아 '튤립나무'라고 하며 백합과도 비슷하기 때문에 '백합나무'라고도 부른다. 열매 둘레의 일부만 남은 모양도 튤립과 비슷하다. 북아메리카 원산으로 원주민들은 물에 잘 뜨는 목재로 통나무 배를 만들었다.

| 4월에 핀 꽃 | 8월의 열매 | 5월에 핀 꽃 | 6월의 어린 열매 |

목련(목련과) *Magnolia kobus*

갈잎큰키나무, 높이 10~15m, 꽃 3~4월

제주도 한라산 기슭에서 자라며 관상수로 심는다. 봄에 잎보다 먼저 탐스런 흰색 꽃이 나무 가득 피는데 6~9장의 꽃잎은 활짝 벌어지고 향기가 진하다. 꽃이 질 즈음 넓은 달걀형의 잎이 나와 자란다. 원통형 열매는 가을에 익으면 칸칸이 벌어지면서 콩 모양의 주홍색 씨앗이 드러난다. '목련(木蓮)'은 '연꽃처럼 아름다운 꽃이 피는 나무'라는 뜻이다. 약간 매운맛이 나는 꽃봉오리를 한약재로 쓰는데 두통이나 콧병에 효과가 좋다고 한다.

일본목련(목련과) *Magnolia obovata*

갈잎큰키나무, 높이 20m 정도, 꽃 5~6월

일본 원산으로 관상수로 심는다. 대부분의 목련 종류는 꽃이 먼저 피는데 비해 일본목련은 잎이 먼저 자란 후에 가지 끝에 흰색 꽃이 피며 향기가 진하다. 목련 종류로 일본 원산이라서 '일본목련'이라고 한다. 일본 사람들은 큼직한 달걀형 잎으로 주먹밥을 쌌는데 잎의 향기가 밥에 은은히 배어서 풍미가 있다고 한다. 나무껍질을 '후박'이라고 하여 한약재로 쓴다. 목재는 재질이 연하면서도 치밀하고 뒤틀림이 없어 가구 등을 만드는 데 쓴다.

| 5월에 핀 꽃 | 8월의 열매 | 4월에 꽃이 핀 나무 |

백목련(목련과) *Magnolia denudata*

갈잎큰키나무, 높이 15m 정도, 꽃 3~4월

중국 원산으로 흔히 관상수로 심는다. 어린 가지는 굵고 광택이 있다. 봄에 잎보다 먼저 탐스런 흰색 꽃이 나무 가득 피는데 향기가 진하다. 꽃잎은 9장이며 활짝 벌어지지 않는 모습이 수줍음을 타는 것 같다. 꽃눈은 회갈색 털로 덮여 있다. 꽃봉오리 모양이 붓을 닮아 '나무붓'이라는 뜻으로 '목필(木筆)'이라고 하였다. 꽃이 시들 무렵에 잎이 돋기 시작한다. 원통형 열매는 가을에 익으면 겉껍질이 붉은색으로 변하고 칸칸이 벌어지면서 주홍색 씨앗이 드러난다. 목련 종류로 흰색의 꽃잎이 돋보여서 '백목련(白木蓮)'이라고 한다. 목련처럼 꽃봉오리를 두통이나 콧병을 치료하는 한약재로 쓴다. 향기가 진한 꽃을 향수의 원료로 쓰기도 한다.

 북향화 백목련

백목련 꽃봉오리

백목련의 꽃봉오리는 따뜻한 햇빛이 비치는 남쪽 부분이 먼저 자라서 봉오리 끝 부분이 북쪽을 향하기 때문에 '북향화(北向花)'라고도 한다. 옛날 선비들은 임금님이 계신 북쪽을 향해 피는 꽃이라고 해서 충성스런 꽃으로 칭송하였다.

7월에 핀 꽃 | 9월의 열매

9월에 핀 꽃 | 10월 말에 핀 꽃

태산목(목련과) *Magnolia grandiflora*

늘푸른큰키나무, 높이 20m 정도, 꽃 5~7월

북아메리카 원산으로 남부 지방에서 관상수로 심는다. 목련 종류는 대부분 갈잎나무이지만 태산목은 늘푸른나무이다. 긴 타원형 잎은 두껍고 가죽처럼 질기며, 앞면은 광택이 있다. 가지 끝에 피는 커다란 흰색 꽃은 향기가 진하고, 타원형 열매는 익으면 칸칸이 벌어지면서 주홍색 씨앗이 나온다. '태산'은 중국에 있는 큰 산으로 한자 이름 '태산목(泰山木)'은 '잎이나 꽃이 큰 나무'라는 뜻이다. 잎가지는 말라도 모양이 변하지 않아 화환 장식으로 만든다.

나무수국(수국과) *Hydrangea paniculata*

갈잎떨기나무, 높이 2~5m, 꽃 7~8월

일본 원산으로 관상수로 심는다. 잎은 마주나지만 3장씩 돌려나는 것도 있다. 가지 끝에 커다란 원뿔형의 꽃송이가 달리는데 꽃 피는 기간이 길다. 장식꽃은 흰색이며 꽃잎처럼 생긴 3~5장의 꽃받침조각으로 이루어졌다. 장식꽃 아래에는 암술과 수술을 가진 작은 꽃이 있어서 열매를 맺을 수 있다. 꽃송이는 시들어도 모양을 그대로 유지한 채 열매송이가 된다. 수국의 한 종류로 수국보다는 조금 큰 나무처럼 자라서 '나무수국'이라고 한다.

6월에 핀 꽃 | 장식꽃

수국(수국과) *Hydrangea macrophylla* var. *otaksa*

갈잎떨기나무, 높이 1m 정도, 꽃 6~7월

관상용으로 심는다. 가지 끝에 지름 10~15㎝의 큼직한 꽃송이가 달린다. 꽃잎처럼 생긴 꽃받침조각은 4~5장이며 암술과 수술이 없다. 이처럼 수국 꽃은 열매를 맺지 못하는 장식꽃으로만 되어 있다. '수국(水菊)'은 '물을 좋아하는 국화를 닮은 꽃'이라는 뜻이다. 한자 이름은 '수구화(繡毬花)'인데 '비단으로 수를 놓은 것 같은 둥근 꽃'이라는 의미이다. 뿌리와 잎은 심장을 튼튼하게 하는 한약재로 쓰고, 말린 꽃으로 차를 끓여 마시기도 한다.

수국의 꽃 색깔은 왜 변할까?

수국 품종 | 수국 품종

가장 흔하게 기르는 수국의 꽃은 처음에는 연한 자주색이던 것이 하늘색으로 되었다가 다시 연한 홍색으로 변한다. 이처럼 꽃 색깔이 변하기 때문에 수국의 꽃말은 '변하기 쉬운 마음'이다. 그리고 수국의 꽃은 산성 토양에서는 붉은색이 더 돌고 알칼리성 토양에서는 푸른빛이 더 짙어지기도 한다.

근래에는 화단에서 수국의 재배 품종을 많이 만나는데 품종마다 꽃 색깔이 다른 것을 볼 수 있다. 이런 꽃들은 처음부터 꽃 색깔이 정해져 있기 때문에 토양의 성질이 바뀌어도 그 색깔은 크게 변하지 않는다.

2월에 핀 꽃　　5월의 어린 열매

5월에 핀 꽃　　1월의 열매

납매(받침꽃과) *Chimonanthus praecox*

갈잎떨기나무, 높이 2~5m, 꽃 2월

중국 원산으로 관상수로 심는다. 한겨울에 잎이 돋기 전에 가지마다 노란색 꽃이 고개를 숙이고 피는데 향기가 매우 진하다. 꽃잎 안쪽은 진한 자주색을 띤다. 달걀형의 잎은 끝이 뾰족하며 광택이 있다. 달걀형의 열매는 갈색으로 익는다. '납(臘)'은 섣달(음력 12월)을 뜻하는 한자어이며, '납매(臘梅)'는 '한겨울에 매화를 닮은 향기로운 꽃이 핀다'는 뜻의 한자 이름이다. 추위를 뚫고 찾아오는 손님에 비유해 '한객(寒客)'이라고도 한다.

돈나무(돈나무과) *Pittosporum tobira*

늘푸른떨기나무, 높이 2~3m, 꽃 4~6월

남쪽 섬이나 바닷가에서 자라며 관상수로도 많이 심는다. 잎은 광택이 있고 가장자리가 뒤로 말린다. 가지 끝에 흰색 꽃이 모여 피는데 꽃잎은 점차 노란색으로 변하며 향기가 난다. 둥근 열매는 짧은 털이 촘촘히 나고 익으면 3갈래로 벌어지면서 붉은색 씨앗이 드러난다. 제주도 사람들이 점액질에 싸여 있는 씨앗에 파리가 많이 꼬여서 '똥낭', 즉 '똥나무'라고 부르던 것이 변해 '돈나무'가 되었다고 한다. 목재는 물기에 강해 어구를 만드는 데 쓴다.

5월 초에 핀 수꽃

4월 말의 암꽃

8월의 열매

양버즘나무(버즘나무과) *Platanus occidentalis*

갈잎큰키나무, 높이 20m 정도, 꽃 4~5월

북아메리카 원산으로 가로수나 공원수로 많이 심는다. 서울 시내 가로수의 절반 정도가 양버즘나무라고 한다. 나무껍질이 얼룩덜룩 허옇게 벗겨진 모습이 버짐이 핀 것 같고 서양에서 들어왔다고 하여 '양버즘나무'라는 이름을 얻었다. 큼직한 손바닥 모양의 잎은 가장자리가 3~7갈래로 갈라진다. 방울 모양의 열매는 가을에 익는데 아주 단단하다. 북한에서는 열매의 모양을 보고 '방울나무'라고 한다. 목재는 종이나 옷감을 만드는 펄프의 원료로 쓴다.

🔍 나무껍질은 왜 생길까?

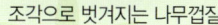

조각으로 벗겨지는 나무껍질　　조각이 떨어져 나간 나무껍질

사람의 피부가 속살을 보호하는 것처럼 나무줄기도 단단한 나무껍질로 덮어서 바깥의 해로운 물질이나 세균, 추위 등으로부터 줄기 속을 보호하는 역할을 한다. 나무껍질은 바로 안쪽의 속껍질이 죽으면서 만들어지며 나무의 종류에 따라 두께가 두꺼운 것과 종이처럼 얇은 것이 있다. 나무껍질은 점차 두꺼워지면 사람 피부에서 비듬이 떨어지는 것처럼 겉 부분이 조금씩 벗겨져 나가기도 한다.
양버즘나무는 두꺼운 나무껍질이 조각조각 모두 떨어져 나간 후에 다시 얇은 나무껍질도 조각조각 벗겨져 나간다.

5월에 핀 꽃

9월의 열매

4월에 핀 꽃

죽단화

미국풍나무(알팅기아과) *Liquidambar styraciflua*

갈잎큰키나무, 높이 20m 정도, 꽃 4~5월

남부 지방에서 관상수나 가로수로 심는다. 가지에 코르크가 날개 처럼 발달하기도 한다. 미국 원산으로 잎몸은 단풍잎처럼 5갈래로 갈라지고 가을에 붉게 단풍이 든다. 그래서 '단풍나무 풍(楓)' 자를 써서 '미국풍나무'라고 한다. 암수한그루로 봄에 잎이 돋을 때 꽃 도 함께 피는데 수꽃이삭은 곧게 서고, 동그란 암꽃이삭은 밑으로 늘어진다. 갈색으로 익는 동그란 열매는 가시 같은 털로 덮여 있 다. 목재는 가구재로 쓰거나 합판을 만드는 재료로 쓴다.

황매화(장미과) *Kerria japonica*

갈잎떨기나무, 높이 1~2m, 꽃 4~5월

산에서 드물게 자라며 관상용으로 화단이나 정원에 심는다. 긴 달 갈형의 잎은 잎맥이 뚜렷하다. 봄에 작은 가지 끝마다 노란색 꽃 이 핀다. 꽃이 매화 모양이며 노랗게 피기 때문에 '황매화(黃梅花)' 라고 한다. 가을에 검은색으로 익는 열매에는 꽃받침이 남아 있 다. 황매화와 비슷하지만 꽃잎이 여러 겹으로 된 겹꽃이 피는 품 종은 '죽단화'라고 하며 황매화와 같이 관상수로 심는다. 잎이나 꽃은 소화를 돕거나 기침을 멈추게 하는 한약재로 쓴다.

8월에 핀 꽃

노란색 품종

장미(장미과) *Rosa hybrida*

갈잎떨기나무, 높이 1~2m, 꽃 봄~가을

세계적으로 가장 널리 재배되고 있는 장미는 품종이 15,000여 종 이나 되는데 줄기 모양에 따라 크게 '덩굴 장미'와 '나무 장미'로 나 눈다. 줄기에는 날카로운 가시가 있다. 꽃은 품종에 따라 피는 시 기와 꽃 색깔이 다르며, 겹꽃이 대부분이고 향기가 진하다. 향기 로운 꽃이나 열매에서 뽑아낸 기름은 화장품이나 약의 원료로 쓴 다. 꽃으로 튀김을 만들거나 음료를 만들어 마신다. 꽃말은 '애정, 행복한 사랑'이다. 장미는 잉글랜드의 나라꽃이다.

 ### 글로벌 장미 전쟁

분홍색 장미 품종

덩굴장미

장미 꽃가루를 해당화에 옮겨 새로운 품종을 만들고 있다.

'장미 전쟁'은 15세기 붉은색 장미를 문장으로 쓰는 랭카스터 가문과 흰 색 장미를 문장으로 쓰는 요크 가문 간에 영국 왕실을 차지하기 위해 벌 인 전쟁이다. 하지만 새로운 장미 전쟁이 21세기에 시작되었다.

2001년 7월 국제신품종보호협약이 발효됨에 따라 신품종으로 등록된 품 종은 특허료를 내야만 길러서 팔 수 있게 되었다. 이에 따라 품종 등록이 중요해졌는데 세계적으로 가장 규모가 큰 장미 시장을 놓고 가장 치열한 경쟁이 벌어지고 있다. 외국에 많은 특허료를 내는 우리나라도 신품종 개 발에 힘을 쏟고 있다.

7월의 열매

4월에 핀 꽃

가로수

왕벚나무(장미과) *Prunus yedoensis*

갈잎큰키나무, 높이 10~15m, 꽃 4월

공원수나 가로수로 많이 심는다. 일본의 나라꽃이지만 자생지는 우리나라의 제주도와 남해안이다. 봄에 잎보다 먼저 꽃이 피는데 흰색이나 연분홍색 꽃이 3~5개씩 모여 달린다. 꽃은 한꺼번에 활짝 피어 나무 전체를 꽃으로 뒤덮었다가 꽃잎이 우수수 흩날리면서 진다. 벚나무 종류 중에서 꽃송이가 가장 크고 탐스러워 '왕벚나무'라는 이름을 얻었다. 콩알만 한 둥근 열매는 '버찌'라고 하는데 초여름에 검게 익으며 달짝지근한 맛이 나고 먹을 수 있다.

겨울철 가로수에 짚을 두르는 이유는?

왕벚나무 가로수 줄기에 두른 잠복소

겨울이 시작되면 가로수 나무줄기의 몸통 중간쯤에 볏짚을 엮어 만든 조각이 둘러진 모습을 볼 수 있는데 이를 '잠복소'라고 한다.

나무를 갉아 먹는 해충 중에는 솔나방이나 흰불나방의 애벌레처럼 겨울이면 나무에서 땅으로 내려와 겨울을 나는 것이 있는데, 이때 잠복소를 설치해 주면 땅까지 내려가지 않고 잠복소에 자리를 잡고 겨울을 난다. 이듬해 이른 봄에 잠복소를 모아서 불에 태워 버리면 해충을 없앨 수 있다. 근래에는 해충을 없애는 방법이 다양해져서 잠복소를 설치하는 나무가 줄고 있다.

5월에 핀 꽃

7월의 모과나무

모과나무(장미과) *Chaenomeles sinensis*

갈잎작은키나무, 높이 5~8m, 꽃 4~5월

중국 원산으로 관상용으로 많이 심는다. 매끈거리는 나무껍질은 봄마다 묵은 껍질이 조각조각 벗겨지며 얼룩을 만든다. 봄에 가지 끝에 분홍색 꽃이 1개씩 핀다. 울퉁불퉁한 타원형 열매는 가을에 노란색으로 익는다. 열매는 향기가 좋지만 돌세포가 많아 단단하면서도 떫은맛이 나서 날로 먹을 수는 없다. 대신 모과차, 모과주, 과자 등을 만들어 먹는다. '모과'는 '나무참외'라는 뜻의 '목과(木瓜)'라는 한자 이름에서 ㄱ 받침이 탈락해서 만들어진 이름이다.

모과 열매를 보면 네 번 놀란다?

12월의 열매

8월의 열매

열매 단면

우리말 속담에 '어물전 망신은 꼴뚜기가 시키고 과일전 망신은 모과가 시킨다'는 말처럼 울퉁불퉁 제멋대로인 열매는 못생긴 과일의 대명사이다. 사람들은 모과를 보고 네 번 놀란다고 하는데 첫째는 모과나무 꽃이 아름다워서 놀라고, 둘째는 열매가 너무 못생겨서 놀라며, 셋째는 못생긴 열매가 향이 참 좋아서 놀라며, 넷째는 향이 좋은 데 비해 맛이 없어서 놀란다고 한다.

모과 열매는 과일로 먹지는 못하지만 향기가 진하기 때문에 차로 끓여 마시는데, 기침을 멈추는 데 좋다. 열매로 술을 담그기도 한다.

4월에 핀 꽃　　　　　　　6월의 열매

명자나무/명자꽃(장미과) *Chaenomeles speciosa*

갈잎떨기나무, 높이 1~2m, 꽃 4~5월

중국 원산으로 관상수로 심는다. 잔가지는 가시로 변하기도 한다. 봄에 짧은 가지에 붉은색 꽃이 잎과 함께 피는데 분홍색이나 흰색 꽃이 피는 품종도 있다. 봄에 피는 꽃의 모양이 곱고 향기로운 자태를 보여서 '아씨나무'라고도 한다. 옛날 사람들은 화사한 명자꽃을 보면 여자가 바람이 난다 하여 집 안에 심지 못하게 하였다. 열매는 모과처럼 울퉁불퉁하게 생겼지만 크기는 모과보다 작다. 가지가 촘촘하기 때문에 생울타리로도 많이 심는다.

 꿀 도둑을 막는 명자꽃 꽃받침

구멍

명자꽃의 두꺼운 꽃받침

명자꽃의 어린 열매　　　벌이 구멍을 뚫고 꿀을 훔쳐 먹은 둥굴레 꽃

곤충의 도움으로 꽃가루받이를 하는 꽃들은 곤충이 꿀을 빨 때 꽃가루받이가 이루어질 수 있게 다양한 방법으로 꽃을 만든다. 둥굴레는 기다란 꽃의 안쪽 깊숙이 꿀샘을 만들어 곤충이 안으로 기어 들어가면서 꽃가루받이를 하도록 만들었다.

하지만 뒤영벌 종류는 꽃 밖에서 구멍을 뚫고 꿀을 훔쳐 먹기 때문에 꽃가루받이에 도움이 되지 않는다. 명자꽃은 꿀주머니를 싸고 있는 꽃받침을 두껍게 만들어서 뒤영벌이 꿀을 훔쳐 먹지 못하도록 하였다. 이렇게 두꺼운 꽃받침을 가진 꽃에는 석류나무 꽃도 있다.

5월에 핀 꽃　　　　　　　11월의 피라칸다

피라칸다(장미과) *Pyracantha angustifolia*

늘푸른떨기나무, 높이 1~2m, 꽃 5~6월

중국 원산으로 화단에 심는다. 날카로운 가시가 있는 가지가 엉키면서 자라기 때문에 촘촘히 심어서 생울타리를 만든다. 봄에 흰색 꽃이 촘촘히 모여 피고 동그란 열매가 다닥다닥 열린다. 가을에 붉은색으로 익는 열매의 모습이 아름다우며 겨우내 매달려 있다. 열매가 주홍색이나 노란색으로 익는 품종도 있다. '피라칸다'는 속명으로 그리스어인 '불'과 '가시'를 합친 말인데 가시가 있는 가지에 붉은 열매가 달린 모양을 보고 붙인 이름이라고 한다.

열매 모양

6월 말에 핀 꽃　　　　　　씨앗

무환자나무(무환자나무과) *Sapindus mukorossi*

갈잎큰키나무, 높이 15~20m, 꽃 6~7월

남쪽 지방에서 심어 기른다. 6월에 가지 끝에 자잘한 황백색 꽃이 모여 핀다. 동그란 열매는 단단하며 가을에 황갈색으로 익고, 속에는 1개의 검은색 씨앗이 들어 있다. 예전에는 거품이 나는 열매 껍질로 비누 대신 빨래를 하거나 머리를 감는 데 사용하였다. 단단한 씨로는 염주를 만들며 열매는 염증을 가라앉히는 약재로 쓴다. '무환자(無患子)'는 '근심이 없는 열매'라는 뜻으로 옛날 중국에서 열매에 귀신을 쫓아 내는 힘이 있다고 믿어서 이름 붙여졌다.

낮에 잎을 펼친 가지

| 8월에 핀 꽃 | 8월 말의 열매 | 저녁에 잎을 포갠 가지 | 마른 꼬투리가 달린 1월의 자귀나무 |

자귀나무(콩과) *Albizzia julibrissin*

갈잎작은키나무, 높이 4～10m, 꽃 6～7월

들과 산에서 자라며 관상수로 심기도 한다. 잎은 깃꼴겹잎이며 밤이 되면 마주 보는 잎끼리 포개지는데, 그 모습이 잠을 자는 것 같다 하여 '자귀나무'라고 한다. 또 목공 도구인 '자귀'를 만드는 재료로 써서 이름 붙여졌다는 이야기도 있다. 자귀나무 잎의 수면운동은 온도 변화에 의해 생기는 것으로 해가 비치는 낮에는 잎을 펼치고 광합성을 하다가 저녁이 되면 잎이 포개져서 수분과 열이 빠져 나가는 것을 막는다. 저녁이면 잎이 합쳐지는 것을 보고 옛날 사람들은 사이 좋은 부부의 상징으로 여겼다. 가지 끝에 모여 피는 꽃에는 기다란 분홍색 수술이 술처럼 모여 달려 있다. 납작한 꼬투리가 겨울바람에 서로 부딪치면서 내는 소리가 여자들이 떠드는 소리처럼 들린다 하여 '여설목(女舌木)'이라고 하고, 남부 지방에서는 소가 나뭇잎을 잘 먹기 때문에 '소쌀나무'라고도 한다. 꽃향기가 머리를 맑게 해 준다고 하여 말린 꽃으로 베갯속을 넣기도 하였다. 잎으로 차를 끓여 마시고 꽃으로 술을 담기도 했는데, 기침을 멈추는 데 효과가 있다고 한다.

| 7월에 핀 꽃 | 9월의 열매 |

회화나무(콩과) *Styphnolobium japonicum*

갈잎큰키나무, 높이 15～25m, 꽃 7～8월

중국 원산으로 관상수로 심는다. 어린 가지는 초록색이며 자르면 냄새가 난다. 여름에 가지 끝의 커다란 꽃송이에 누른색이 도는 흰색 꽃이 핀다. 기다란 꼬투리는 모양이 울룩불룩하다. '회화나무'의 이름은 중국 이름인 '괴화(槐花)'에서 유래되었다. 중국 주나라 때 조정에 심은 3그루의 회화나무 아래에서 삼정승이 나랏일을 보아 '학자수(學者樹)'로 불린다. 꽃에 든 '루틴'이라는 성분은 고혈압을 치료하는 데 효과가 있다. 꽃은 노란색 물감으로도 쓴다.

아픈 나무 수술하기

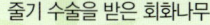

| 줄기 수술을 받은 회화나무 | 수술 받은 자리에 그린 그림 |

나이가 많은 나무는 줄기의 가운데 부분이 썩어 들어가 밑동이 텅 비어 있기도 한다. 이런 나무는 줄기가 더 썩는 것을 방지하기 위해 수술을 받아야 한다.

먼저 썩은 부분을 도려 낸 후에 약을 뿌려 남아 있는 세균이나 해충을 없앤다. 그 다음 빈 공간을 톱밥이나 우레탄 같은 합성수지로 채워 해충이나 빗물이 스며들지 않도록 해 준다.

수술 받은 나무는 빈 공간이 시멘트로 채워진 듯 보이는데 보기 좋게 색칠하기도 한다. 이런 수술은 나무를 잘 아는 나무 의사만이 할 수 있다.

화훼식물 | 관상수

5월에 핀 꽃   8월의 열매

등/참등(콩과) *Wisteria floribunda*

갈잎덩굴나무, 길이 10m 정도, 꽃 4~5월

관상수로 심는데 흔히 등나무 그늘을 만든다. 잎은 깃꼴겹잎이며 봄에 잎과 함께 꽃이 핀다. 가지 끝에서 늘어지는 기다란 꽃송이에 연자주색 꽃이 촘촘히 달리는데 냄새가 향기롭다. 등꽃을 말려서 신혼부부의 이불 속에 넣으면 부부 사이가 좋아진다고 한다. 기다란 꼬투리 표면은 부드러운 털로 빽빽이 덮여 있다. 한자 이름 '등(藤)'은 줄기가 위로 감고 올라가는 모양을 본떠 만든 글자이다. 질긴 줄기는 바구니로 만들거나 끈 대신 쓰기도 한다.

칡과 등에서 유래된, 갈등

등의 단풍잎

등 줄기

칡 줄기

등의 그늘집

굵은 등 줄기를 감고 오르는 칡 줄기

우리 주변에서 흔히 볼 수 있는 덩굴나무로 칡과 등이 있다. 그중 칡은 녹말이 많은 뿌리를 캐어 먹는 덩굴나무로 한자 이름은 '갈(葛)'이다. 두 덩굴나무는 줄기가 감고 오르는 방향이 서로 다른데 칡은 왼쪽으로 오르고, '등(藤)'은 보통 오른쪽으로 감고 오른다.

칡과 등처럼 서로 감고 오르는 방향이 다른 둘이 만나면 함께 감지 못하고 뒤엉키기 때문에 풀기가 어려워진다. 그래서 사람 사이에 해결하기 어려운 문제가 있을 때 이를 '갈등(葛藤)'이라고 하는데, 바로 칡과 등의 이야기에서 유래된 낱말이다.

5월에 핀 꽃   5월에 꽃이 가득 핀 나무

골담초(콩과) *Caragana sinica*

갈잎떨기나무, 높이 2m 정도, 꽃 4~5월

약으로 쓰기 위해 밭에서 재배한다. 봄에 피는 노란색 나비 모양의 꽃은 시들면서 점차 붉은색이 돈다. 아이들이 어린 꽃을 따 먹으며 꽃은 쌀가루와 섞어서 시루떡을 쪄 먹기도 한다. 한자 이름 '골담초(骨擔草)'는 '뼈를 책임지는 풀'이라는 뜻이다. 뿌리껍질을 '골담근'이라 하여 한약재로 쓰는데 신경통이나 타박상을 치료하는 약재로 쓰며, 혈압을 조절하거나 기침을 멈추는 약재로도 쓴다. 꽃이 가득 핀 나무 모양이 아름다워 관상수로도 많이 심는다.

꽃봉오리

4월에 핀 꽃   6월의 열매

박태기나무(콩과) *Cercis chinensis*

갈잎떨기나무, 높이 2~5m, 꽃 4월

중국 원산으로 관상수로 심는다. 이른 봄에 잎보다 먼저 나무 가득 나비 모양의 붉은 보라색 꽃이 핀다. 꽃이 질 즈음 하트형의 잎이 돋는다. 기다란 꼬투리 열매는 가을에 익으며 겨우내 매달려 있다. 꽃봉오리나 꽃이 모여 달린 모양이 '밥티기(밥알의 사투리)'를 닮아서 '밥티기나무'라고 하던 것이 '박태기나무'로 변하였다. 북한에서는 꽃봉오리가 구슬처럼 생겼다 하여 '구슬꽃나무'라고 한다. 줄기와 뿌리껍질은 오줌을 잘 나오게 하는 약재로 쓴다.

6월에 핀 꽃 　　　　6월의 어린 열매

아까시나무/아카시아나무(콩과) *Robinia pseudoacacia*

갈잎큰키나무, 높이 15~25m, 꽃 5~6월

들이나 산에서 자란다. 가지에 날카로운 가시가 있고 잎은 깃꼴겹잎이다. 봄에 잎겨드랑이에 흰색 꽃송이가 밑으로 늘어진다. 나비 모양의 꽃은 향기가 진하며 꿀이 많아서 꿀벌을 이용해 많은 꿀을 얻는다. 북아메리카 원산으로 척박한 땅에서도 잘 자라기 때문에 헐벗은 산에 심기 위해 들여와 널리 퍼졌다. 한때는 전국 어디서나 볼 수 있는 흔한 나무가 되었으나 산에 숲이 우거지면서 참나무 등에 밀려나 점차 자라는 면적이 줄어들고 있다.

 아카시아와 아까시나무

낫잎아카시아

아까시나무는 예전에는 '아카시아'로 불렀다. 그런데 진짜 '아카시아'라는 속명을 가진 다른 나무들이 호주와 아프리카의 더운 지방에서 500여 종이나 자라고 있다. 그래서 이름이 잘못되었다고 하여 바꾼 것이 '아까시나무'이다.

 아까시 가시와 탱자 가시

아까시나무 가시

잘 떨어지는 아까시나무 가시

아까시나무의 가시는 턱잎이 변한 것으로 2개씩 짝을 지어 달린다. 턱잎이 변한 아까시나무의 가시는 손으로 누르면 잘 떨어진다. 하지만 탱자나무의 가시는 어린 가지가 변한 것이라서 잘 떨어지지 않고 힘을 주면 가시가 부러지고 만다.

7월에 핀 꽃 　　　　12월의 열매

쉬나무(운향과) *Tetradium daniellii*

갈잎큰키나무, 높이 7m 정도, 꽃 7~8월

중부 이남의 마을 근처에 심는다. 잎은 깃꼴겹잎이며 작은잎은 7~11장이다. 암수딴그루로 가지 끝에 달리는 큼직한 흰색 꽃송이에는 꿀이 많아 벌이 많이 모여든다. 예전에 검은색 씨앗으로 짠 기름을 등잔 기름으로 사용했기 때문에 양반집 마당에는 으레 쉬나무를 심어 길렀다. 쉬나무 기름은 부인들의 머릿기름이나 피부병 약으로도 사용하였다. 원래는 '수유나무'라고 부르던 것이 변해서 '쉬나무'가 되었다. 북한에서는 지금도 '수유나무'라고 부른다.

가시

10월의 열매 　　　잘 떨어지지 않고 밑부분이 부러진 가시

탱자나무(운향과) *Citrus trifoliata*

갈잎떨기나무, 높이 3~4m, 꽃 4~5월

남부 지방에서 자란다. 녹색 가지에 날카로운 가시가 있다. 가시가 많은 탱자나무는 과수원이나 시골집의 생울타리로 많이 심는다. 봄에 잎보다 먼저 피는 흰색 꽃은 향기가 좋다. 잎은 세겹잎이며 잎자루에 날개가 있다. 동그란 열매는 귤처럼 노란색으로 익는데 겉에 털이 있어서 귤과 구분할 수 있다. 열매는 향기가 좋지만 너무 시어서 먹지 못한다. 쓸모 없는 열매에 비유해서 할 일 없이 게으름을 피울 때 '탱자 탱자 논다'라는 말을 쓰기도 한다.

화훼식물 | 관상수

2월의 열매

6월 초에 핀 꽃

나무 모양

멀구슬나무(멀구슬나무과) *Melia azedarach*

갈잎큰키나무, 높이 5~15m, 꽃 5~6월

남부 지방의 들에서 자란다. 잎겨드랑이에 달리는 커다란 꽃송이에 자잘한 연보라색 꽃이 모여 핀다. 타원형 열매는 노랗게 익는데 단맛이 난다. 겨울에도 매달려 있는 구슬 모양의 열매는 멀겋고 푸석거려서 '멀구슬나무'가 되었다고 추측한다. 예전에는 열매를 가축 몸속의 기생충을 없애는 구충제로 사용했으며 씨앗으로 기름을 짠다. 제주도에서는 딸을 낳으면 마당가에 이 나무를 심었다가 시집갈 때 베어서 장롱을 만들어 주었다고 한다.

6월에 핀 꽃

나무 모양

참죽나무(멀구슬나무과) *Toona sinensis*

갈잎큰키나무, 높이 20~25m, 꽃 6월

중국 원산으로 흔히 마을 주변에 심는다. 잎은 깃꼴겹잎이며 봄에 돋을 때는 붉은색으로 아름답다. 가지 끝의 커다란 꽃송이에 자잘한 흰색 꽃이 모여 달려 늘어지는데 향기가 진하다. 황갈색으로 익는 타원형 열매는 껍질 끝이 5갈래로 갈라져 뒤로 젖혀진 채 겨울까지 매달려 있다. 봄에 돋는 새순을 죽순처럼 나물로 먹을 수 있기 때문에 '진짜 죽나무'라는 뜻으로 '참죽나무'라고 한다. 새순은 데쳐서 나물로 무쳐 먹거나 찹쌀을 묻혀서 튀겨 먹는다.

7월의 어린 열매

호랑이 눈을 닮은 잎자국

가죽나무(소태나무과) *Ailanthus altissima*

갈잎큰키나무, 높이 10~20m, 꽃 5~6월

중국 원산으로 마을 주변에 심지만 산기슭에서 저절로 자라기도 한다. 가지 끝에 자잘한 연녹색 꽃이 모여 피고 날개를 가진 열매가 다다닥 열린다. 공기 오염에 강하고 병충해가 거의 없어 가로수로도 각광받고 있다. 참죽나무와 닮았지만 새순이 맛있는 나물인 참죽나무와 달리 나물 맛이 별로 좋지 않아서 '가짜 죽나무'라는 뜻으로 '가죽나무'라고 부르며 '가중나무'라고도 한다. 잎자국이 호랑이 눈과 비슷하다 하여 '호안수(虎眼樹)'라고도 부른다.

3월에 핀 꽃

2월에 눈이 덮인 잎가지

회양목(회양목과) *Buxus sinica* var. *koreana*

늘푸른떨기나무, 높이 2~3m, 꽃 3~4월

산에서 자라며 흔히 정원수로 많이 심는다. 작은 타원형 잎은 두껍고 추운 겨울에는 붉은색을 띤다. 동그란 열매는 끝에 암술대가 뿔처럼 남아 있다. 목재의 재질이 단단하기 때문에 예전에는 도장 재료로 많이 쓰여서 '도장나무'라는 별명이 있고, 얼레빗을 만들어 쓰기도 하였다. 조선 시대에는 신분을 나타내는 호패를 만드는 재료로 썼다. 또 인쇄할 때 쓰는 목판 활자를 만들기도 하였다. '황양목(黃陽木)'이라는 한자 이름이 변해서 '회양목'이 되었다.

7월에 핀 꽃　　　　　　　12월의 열매

사철나무(노박덩굴과) *Euonymus japonicus*

늘푸른떨기나무, 높이 2~6m, 꽃 6~7월

중부 이남의 바닷가에서 자란다. 타원형 잎은 두껍고 사철 푸르러서 '사철나무'라고 하여 늘푸른 잎을 가진 나무의 대표인 셈이다. 잎겨드랑이에 자잘한 황록색 꽃이 모여 피고 동그란 열매는 익으면 4갈래로 갈라지면서 씨앗을 싸고 있는 황적색 속살이 드러난다. 추위에 강해 서울에서도 정원수로 많이 심으며 생울타리를 만들기도 한다. 예전에는 질긴 나무껍질을 벗겨서 끈을 만들어 썼으며, 껍질은 오줌을 잘 나오게 하는 약으로 쓰기도 한다.

5월에 핀 꽃　　　　　　　9월의 열매와 단풍잎

화살나무(노박덩굴과) *Euonymus alatus*

갈잎떨기나무, 높이 1~3m, 꽃 5~6월

산에서 자라며 관상수로 많이 심는다. 흔히 줄기에 발달하는 2~4줄의 회색 날개가 마치 화살에 붙이는 날개 모양과 비슷하다 하여 '화살나무'라고 한다. 이름 때문인지 옛날에는 가지를 화살 재료로 썼다고 한다. 타원형 열매는 가을에 붉게 익으면 껍질이 벌어지면서 주홍색 씨앗이 드러난다. 이른 봄에 돋는 잎은 흔히 '홑잎나물'이라고 하며 데쳐서 먹는다. 동물도 여린 잎을 좋아하지만 가지의 날개가 맛이 없어서 먹기를 주저한다고 한다.

잎자루의 꿀샘

10월의 열매　　　　　　　씨앗

유동(대극과) *Vernicia fordii*

갈잎큰키나무, 높이 10~12m, 꽃 5월

중국 원산으로 남부 지방에서 심고 있다. 원줄기에서 곧고 굵은 가지가 사방으로 퍼진다. 잎자루에는 2~3개의 꿀샘이 있어서 개미가 모여든다. 가지 끝에 흰색 꽃이 모여 피는데 꽃잎 안쪽은 붉은색 무늬가 있다. 둥그스름한 열매는 끝이 뾰족하며 속에 3개의 씨앗이 들어 있다. 오동나무 비슷하지만 '씨앗에서 기름을 짜는 나무'라는 뜻으로 '유동(油桐)'이라는 이름이 붙었다. 기름에는 독이 있어서 식용유로는 쓰지 않고 공업용으로 사용한다.

개미와 함께 살아가는 개미식물

나무에 붙어 사는 디스치디아 마조르　　　디스치디아 마조르 잎 단면

개미와 서로 도우며 공생하는 식물을 '개미식물'이라고 한다. 개미는 열대 지방에 많으며 개미식물도 열대 지방에 많다.

말레이시아에서 자라는 '디스치디아 마조르'는 맹그로브 숲의 나무줄기에 붙어서 자라는 덩굴식물로 두 가지 잎을 가지고 있다. 작고 둥글납작한 잎 맞은편에는 달걀형의 둥근잎이 달리는데 텅 빈 속에 공기뿌리가 있으며 개미가 사는 서식처가 된다. 개미는 이곳에 사는 대신에 식물을 지켜 준다. 또 씨에는 개미가 좋아하는 지방 덩어리가 붙어 있어서 개미가 씨를 먹고 옮겨 준다.

4월에 핀 꽃   7월의 열매

단풍나무(무환자나무과) *Acer palmatum*

갈잎큰키나무, 높이 10~15m, 꽃 4~5월

산에서 자라며 관상수로 심는다. '단풍(丹楓)'이라는 한자 이름은 '붉을 단', '단풍나무 풍'으로 가을에 잎이 붉게 물들기 때문에 붙여져서 가을 단풍을 대표하는 이름이 되었다. 팔(八)자 모양의 날개 열매는 익으면 바람개비처럼 뱅글뱅글 돌면서 멀리 날아간다. 목재는 나무질이 단단하고 잘 갈라지지 않기 때문에 체육관이나 볼링장의 마룻바닥을 까는 재료로 쓴다. 단풍나무는 많은 재배 품종이 만들어져 정원수로 심고 있다.

8월의 열매   10월의 단풍

중국단풍(무환자나무과) *Acer buergerianum*

갈잎큰키나무, 높이 15m 정도, 꽃 4~5월

중국 원산으로 관상수나 가로수로 심는다. 나무껍질은 비늘처럼 벗겨져서 줄기에 덮여 있다. 잎몸이 손바닥처럼 갈라지는 단풍나무와 달리 중국단풍의 잎은 오리발처럼 3갈래로 갈라지는 점이 다르다. 봄에 가지 끝에 자잘한 연노란색 꽃이 모여 피고, 팔(八)자 모양의 날개 열매가 열린다. '중국에서 들어온 단풍나무'라는 뜻으로 '중국단풍'이라고 하는데 붉은 단풍이 매우 아름답다. 중국에서는 '삼각풍(三角楓)'이라고 하는데 잎의 모양을 보고 이름 붙였다.

 ### 나뭇잎은 왜 단풍이 들까?

10월의 단풍나무

가을에 기온이 영하 근처로 내려가면 나무는 잎을 떨구기 위해 잎자루에 떨켜를 만든다. 떨켜가 만들어지면 잎에서 광합성으로 만들어진 양분이 줄기로 이동하지 못하고 잎에 쌓여 색소로 변하면서 색깔이 나타나는데 이를 '단풍'이라고 한다.

붉은 단풍은 붉은색 색소인 '안토시안'이 만들어지면서 나타나고, 노란 단풍은 '카로티노이드' 색소에 의해 나타난다. 또 참나무는 '탄닌' 색소 때문에 황갈색을 나타낸다. 일반적으로 날씨가 건조하면서 맑은 날이 계속되고 일교차가 클수록 단풍이 아름답게 물든다.

 ### 나뭇잎은 왜 낙엽이 될까?

개울에 떨어진 낙엽

겨울이 가까워지면 나무들은 약속이나 한 것처럼 알록달록한 단풍잎을 모두 떨구어 버린다. 낙엽을 떨어뜨리는 것은 나무들이 추운 겨울을 견디며 살아남기 위해 택한 방법의 하나이다.

겨울은 매서운 추위와 함께 물이 부족한 계절이기 때문에 나무도 물 부족을 겪을 수밖에 없다. 더구나 영하의 날씨에서는 물이 얼어 버리기 때문에 나무는 안에 남아 있는 물을 잘 보존해야만 한다. 그래서 물과 이산화탄소가 드나드는 통로를 막아서 물이 증발하지 않도록 하고, 시든 나뭇잎은 떨구어 버린 채 겨울을 난다.

4월에 핀 꽃 　　　　　　　　7월의 열매

네군도단풍(무환자나무과) *Acer negundo*

갈잎큰키나무, 높이 15~20m, 꽃 4월

북아메리카 원산으로 관상수로 널리 심는다. 가지를 자르면 냄새가 난다. 잎은 3~5장의 작은잎이 모여 달리는 깃꼴겹잎이며 뒷면은 흰색이 돈다. 봄에 가지 끝에 자잘한 연노란색 꽃이 실처럼 밑으로 늘어진다. 팔(八)자 모양의 날개 열매는 두 날개가 거의 평행하다. 종명인 '네군도(Negundo)'를 따서 '네군도단풍'이라고 한다. 달콤한 수액을 받아서 음료수로 마시며, 시럽으로 만들어 식품에 달콤한 맛을 내는 감미료로 사용한다.

6월에 핀 꽃 　　　　　　　　11월의 열매

꽝꽝나무(감탕나무과) *Ilex crenata*

늘푸른떨기나무, 높이 2~6m, 꽃 5~6월

남쪽 섬에서 자란다. 가지에 촘촘히 달리는 긴 달걀형의 잎은 크기가 작으며 광택이 있다. 잎겨드랑이에 자잘한 흰색 꽃이 모여 피고 동그란 열매는 검은색으로 익는다. 꽝꽝나무는 회양목과 생김새가 비슷하지만 추위에 약하기 때문에 주로 따뜻한 남부 지방에서 정원수로 심는다. 나무 모양을 다듬기 쉬우며 생울타리로도 적당하다. 잎가지를 잘라서 불에 넣으면 '꽝꽝' 소리를 내면서 타기 때문에 '꽝꽝나무'라는 이름을 얻었다.

5월에 핀 꽃 　　　　　　　　7월 말의 열매

칠엽수(무환자나무과) *Aesculus turbinata*

갈잎큰키나무, 높이 20m 정도, 꽃 5~6월

일본 원산으로 관상수나 가로수로 심는다. 손꼴겹잎은 보통 7장의 작은잎이 둥글게 모여 달려 '칠엽수(七葉樹)'라는 이름을 얻었다. 봄에 가지 끝에 달리는 커다란 원뿔형의 꽃송이에 자잘한 흰색 꽃이 모여 핀다. 꽃에는 꿀이 많아서 벌이 많이 모여든다. 둥근 열매는 표면이 매끈하고 가을에 익으면 3갈래로 갈라지며, 밤처럼 생긴 씨앗이 나온다. 원산지에서는 이 씨앗을 '말밤'이라고 하며 물에 우려서 떫은맛을 빼낸 다음 떡으로 만들어 먹는다.

5월에 핀 꽃 　　　　　　　　7월의 열매

가시칠엽수(무환자나무과) *Aesculus hippocastanum*

갈잎큰키나무, 높이 20~30m, 꽃 5~6월

소아시아 원산으로 관상수로 심는다. 칠엽수 종류로 동그란 열매가 가시로 덮여 있어서 '가시칠엽수'라고 한다. 가시칠엽수는 흔히 '마로니에'라고도 부르는데 프랑스 파리의 가로수로 유명하다. 봄에 가지 끝의 커다란 꽃송이에 자잘한 흰색 꽃이 모여 핀다. 둥근 열매는 겉에 가시가 있고 익으면 3갈래로 갈라지며, 밤처럼 생긴 씨앗이 나온다. 이 나무로 만든 숯은 그림을 그리는 목탄으로 사용하며 예전에는 화약의 원료로도 썼다.

133

3월에 핀 꽃 · 봄에 꽃이 가득 핀 나무

서향(팥꽃나무과) *Daphne odora*

늘푸른떨기나무, 높이 1m 정도, 꽃 3~4월

중국 원산으로 남부 지방에서 관상수로 심는다. 중부 지방에서는 화분이나 온실에서 기른다. 기다란 타원형 잎은 두껍고 가장자리가 밋밋하다. 암수딴그루로 묵은 가지 끝에 홍자색 또는 흰색 꽃이 둥글게 모여 피는데 향기가 매우 강하다. 우리나라에서 자라는 것은 대부분 수그루로 열매를 보기 힘들다. 한자 이름 '서향(瑞香)'은 '좋은 향기'라는 뜻으로 꽃향기 때문에 붙여졌다. 꽃향기가 1,000리를 간다고 '천리향(千里香)'이라고 부르기도 한다.

붙음뿌리

7월에 핀 꽃 · 단풍이 든 담장의 덩굴

담쟁이덩굴(포도과) *Parthenocissus tricuspidata*

갈잎덩굴나무, 길이 10m 이상, 꽃 6~7월

들과 산에서 자란다. 덩굴손이 변한 붙음뿌리로 다른 물체에 달라붙는다. 잎몸이 3갈래로 갈라지는 것도 있고 때로는 세겹잎이 달리기도 한다. 짧은 가지 끝이나 잎겨드랑이에 자잘한 황록색 꽃이 모여 핀다. 동그란 열매는 가을에 검은색으로 익는다. 집 담장을 타고 오른 덩굴을 보고 '담장의 덩굴'이라고 부르던 것이 변해서 '담쟁이덩굴'이 되었다고 한다. 가을에 붉은색으로 물드는 단풍이 아름답다. 시멘트 담장을 가리는 용도로 많이 심는다.

8월 말의 열매

7월에 핀 꽃 · 담장을 덮은 줄기

미국담쟁이덩굴(포도과) *Parthenocissus quinquefolia*

갈잎덩굴나무, 길이 20~30m, 꽃 6~7월

북아메리카 원산으로 관상수로 심는다. 가지에는 덩굴손이 변한 붙음뿌리가 있어서 다른 물체에 단단하게 달라붙는다. 잎은 5장의 작은잎이 손바닥 모양으로 모여 달리는 손꼴겹잎이다. 잎겨드랑이에 자잘한 황록색 꽃이 모여 피고, 작은 포도송이 모양의 열매는 가을에 검은색으로 익는다. 담쟁이덩굴과 비슷하지만 미국에서 들어와서 '미국담쟁이덩굴'이라고 한다. 담쟁이덩굴과 함께 시멘트나 콘크리트로 된 담장을 가리는 용도로 많이 심는다.

 히스톤의 넋이 변한 담쟁이덩굴 이야기

옛날 그리스에 '히스톤'이라는 아름답고 착한 처녀가 있었습니다. 히스톤은 부모님이 정해 준 청년과 약혼하게 되었는데 얼굴은 제대로 보지 못하고 언뜻 스쳐 지나가는 청년의 긴 그림자만 보았습니다.

그런데 결혼식을 앞두고 갑자기 전쟁이 일어나 청년은 군인이 되어 전쟁터에 나가게 되었습니다. 히스톤은 약혼자가 무사하기를 빌면서 다시 만날 날을 손꼽아 기다렸습니다. 하지만 전쟁이 끝나고 여러 해가 지나도록 청년은 돌아오지 않았습니다.

돌아오지 않는 약혼자를 기다리다 병이 든 히스톤은 자신이 죽으면 약혼자의 그림자가 스쳐 지나간 담장 옆에 묻어 달라는 말을 남긴 채 결국 죽고 말았습니다.

다음 해에 그녀가 묻힌 자리에서 돋아난 덩굴이 벽을 타고 자꾸만 높이 올라가는 것을 보고 사람들은 히스톤의 넋이 키 큰 약혼자를 찾아가는 것 같다고 수군거렸습니다. 이 덩굴이 바로 '담쟁이덩굴'입니다.

담쟁이덩굴

흰색 꽃이 피는 품종

열매

7월에 핀 꽃

겹꽃이 피는 품종

강릉 방동리 무궁화

무궁화(아욱과) *Hibiscus syriacus*

갈잎떨기나무, 높이 2~4m, 꽃 7~9월

평남 및 강원도 이남에서 자란다. 우리나라 나라꽃으로 정원수로 많이 심고 생울타리를 만들기도 한다. 잎은 윗부분이 3갈래로 얕게 갈라진다. 잎겨드랑이에 분홍색 꽃이 1송이씩 피는데 아침에 피었다가 저녁에는 꽃잎을 말아 닫고는 진다. 수많은 꽃송이가 피고 지기를 계속 반복하여 '끊임없이 피는 꽃'이라는 뜻으로 '무궁화(無窮花)'라고 부른다. 분홍색 꽃잎 5장은 밑부분에 붙어 있고 안쪽이 진한 홍색이다. 무궁화는 꽃의 색깔이나 무늬가 다른 많은 품종을 개발하여 심고 있다. 강원도 강릉시 사천면 방동리에 있는 무궁화는 100살이 넘는 나무로, 보통 40~50년을 사는 일반 무궁화보다 나이가 많아 천연기념물 520호로 지정하여 보호하고 있다.

겹꽃은 어떻게 만들어질까?

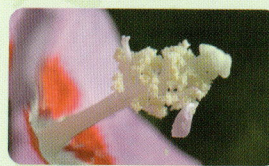

꽃잎으로 변한 수술

꽃잎으로 변한 수술

위 두 장의 사진을 관찰해 보면 수술의 일부분이 꽃잎으로 변한 것을 확인할 수 있다. 이처럼 수술이나 암술을 꽃잎으로 바꾸면 겹꽃을 만들 수 있다. 이때 수술이 꽃잎으로 변하는 양과 크기에 따라 다양한 겹꽃이 만들어진다.

전 세계 공통 이름, 학명

우리나라의 나라꽃인 무궁화의 중국 이름은 '목근(木槿)'이고, 일본 이름은 '무꾸게'이며, 영어 이름은 '로즈 오브 샤론(Rose Of Sharon)'이다. 이처럼 나라마다 이름이 서로 다르기 때문에 생기는 불편을 줄이기 위

무궁화로 만든 우리나라 지도

해 세계가 공통으로 사용하는 이름이 '학명(學名)'이다. 학명은 스웨덴의 식물학자 린네가 처음 붙였는데 보통 라틴어를 사용하며, 속명과 종명으로 이루어진다.

예를 들면 무궁화의 학명은 '히비스쿠스 시리아쿠스(Hibiscus syriacus)'이다. '히비스쿠스(Hibiscus)'는 무궁화와 가장 가까운 친척식물들을 나타내는 공통된 이름으로 '속명(屬名)'이라고 하는데 사람으로 치면 김, 이, 박같은 성과 비슷하다고 보면 된다. '시리아쿠스(syriacus)'는 무궁화를 나타내는 이름으로 '종명(種名)'이라고 하는데 철수, 영희와 같은 사람의 이름과 비슷하다고 보면 된다. 이처럼 학명은 그 식물이 속한 속명과 그 식물을 나타내는 종명을 함께 쓰기 때문에 '이명법'이라고 한다. 동물도 식물처럼 이명법으로 된 학명을 쓴다.

7월에 핀 꽃

벌어진 열매 모양

나무껍질

벽오동(아욱과) *Firmiana simplex*

갈잎큰키나무, 높이 15m 정도, 꽃 6~7월

중국 원산으로 남부 지방에서 관상수로 심는다. 커다란 잎이 오동잎과 비슷하고 줄기가 푸르기 때문에 '푸를 벽' 자를 써서 '벽오동(碧梧桐)'이라고 한다. 북한에서는 '청오동'이라고 한다. 5갈래로 갈라진 열매는 익기 전에 벌어지고 껍질 가장자리에 동그란 씨앗이 드러난 채 붙어 있다. 씨앗을 구워 먹기도 하며 볶아서 커피 대용으로 이용하기도 한다. 벽오동 목재로 만든 거문고는 울림이 좋다. 봉황새는 벽오동에만 집을 짓는다는 전설이 있다.

재배식물

7월에 핀 꽃　　　　　　　나무껍질

배롱나무(부처꽃과) *Lagerstroemia indica*
갈잎작은키나무, 높이 3~7m, 꽃 7~9월

중국 원산으로 오랜 옛날부터 정원수로 심어 길렀다. 얼룩무늬가 있는 매끄러운 나무껍질을 긁으면 마치 간지럼을 타듯 나무 전체가 움직여서 '간지럼나무'라고도 한다. 가지 끝의 꽃송이에 붉은색 꽃이 탐스럽게 모여 피는데 꽃잎은 많은 주름이 진다. 꽃 피는 기간이 길어 '나무백일홍'이라고 부르기도 한다. '백일홍나무'라고 부르던 것이 변해서 '배롱나무'가 되었다고도 한다. 흰색이나 보라색 꽃이 피는 품종도 있으며 남부 지방에서 많이 심는다.

6월에 핀 꽃　　　　　　　7월의 열매

흰말채나무(층층나무과) *Cornus alba*
갈잎떨기나무, 높이 2~3m, 꽃 5~6월

북부 지방의 산에서 자라며 관상수로 심는다. 흔히 생울타리를 만들기도 한다. 검붉은색을 띠는 줄기는 여러 대가 모여 나며 겨울에 더 진한 색을 띤다. 가지 끝에 자잘한 꽃들이 모인 흰색 꽃송이가 달린다. 꽃송이 모양대로 열매송이가 열리는데 동그란 열매는 여름에 흰색으로 익는다. 말채나무와 가까운 나무로 열매가 흰색이라서 '흰말채나무'라고 한다. 또 줄기의 골속이 흰색이라서 이름 지어졌다는 이야기도 있다.

갓 피기 시작한 꽃송이

4월에 핀 꽃　　　　　　　9월의 열매

산수유(층층나무과) *Cornus officinalis*
갈잎작은키나무, 높이 4~8m, 꽃 3~4월

관상수로 심거나 재배한다. 이른 봄에 잎보다 먼저 가지 가득 노란색 꽃송이가 달린다. 가을에 붉게 익는 긴 타원형 열매는 맛이 시기도 하고 다소 떫기도 한데, 말려서 몸을 튼튼하게 하는 한약재로 쓴다. 또 열매로 차를 끓여 마시거나 술을 담그기도 한다. '산수유'는 '산에서 자라는 수유나무'라는 뜻을 지녔다. 예전에는 산수유 몇 그루만 있으면 열매를 따서 판 돈으로 자식을 대학까지 보낼 수 있어 '대학나무'라고도 하였다.

 임금님 귀는 당나귀 귀!

옛날 역사책인 《삼국유사》에는 신라의 '경문왕'에 대해 다음과 같은 이야기가 전해 옵니다. 경문왕은 왕이 된 다음부터 갑자기 귀가 커지기 시작했습니다. 왕의 귀가 얼마나 커졌는지 나중에는 당나귀 귀처럼 되어 버렸습니다.

이를 창피하게 여긴 경문왕은 모자를 크게 만들어서 귀를 가렸습니다. 이 때문에 경문왕의 귀가 커진 사실은 모자를 만드는 복두장 말고는 아무도 알지 못했습니다. 복두장은 입이 근질거렸지만 평생 이 일을 남에게 말할 수가 없었습니다. 나이가 들어서 벼슬자리에서 물러난 복두장은 그제서야 대나무 숲에 들어가 혼자 큰소리로 외쳤습니다.

"임금님 귀는 당나귀 귀!"

그 뒤로 바람이 불 때마다 대나무 숲에서는 '임금님 귀는 당나귀 귀'라는 소리가 바람을 타고 퍼졌습니다. 이 소리가 몹시 듣기 싫었던 경문왕은 대나무를 모두 베어 버리게 하고, 대신 그 자리에 산수유를 심도록 했습니다. 그래서인지 신라의 서울이었던 경주에는 지금도 산수유가 많이 자란다고 합니다.

5월에 핀 꽃 　　　　　　붉은색 꽃이 피는 품종

서양산딸나무(층층나무과) *Cornus florida*

갈잎작은키나무, 높이 7~10m, 꽃 4~5월

북아메리카 원산으로 관상수로 심는다. 가지 끝에 큼직한 흰색 꽃이 피는데 꽃잎처럼 보이는 4장의 흰색 조각은 꽃을 받치고 있는 포조각이며, 가운데에 모여 있는 자잘한 황록색 꽃들이 실제 꽃이다. 포조각은 끝 부분이 오목하게 들어간다. 분홍색이나 붉은색 꽃이 피는 품종도 있다. 동그란 열매송이는 도깨비방망이 모양이며 붉은색으로 익고 먹을 수 없다. 산딸나무 종류로 서양에서 들어와 '서양산딸나무'라고 하며 '미국산딸나무'라고도 한다.

 나무의 겨울눈

서양산딸나무 꽃눈 　　　　　잎눈

나무는 추운 겨울을 나기 위해 나뭇잎을 떨구어 버린다. 낙엽이 진 나뭇가지를 자세히 보면 가지 끝에 작은 눈이 만들어진 것을 볼 수 있는데 이것을 '겨울눈' 또는 '동아(冬芽)'라고 한다.

서양산딸나무의 겨울 가지를 보면 두 가지 모양의 겨울눈을 볼 수 있다. '동그스름하고 끝이 뾰족한 겨울눈'은 봄이 오면 자라서 꽃이 될 '꽃눈'으로, 속에는 꽃이 만들어져 촘촘히 포개져 있다. '원뿔형의 겨울눈'은 봄에 자라서 잎이 될 '잎눈'으로, 꽃눈보다 훨씬 작으며 속에는 잎이 포개져 들어 있다.

7월에 핀 꽃 　　　　　　　3월의 열매

백량금(앵초과) *Ardisia crenata*

늘푸른떨기나무, 높이 30~100㎝, 꽃 7~8월

홍도와 제주도에서 자라며 흔히 관상수로 화분이나 온실에서 기른다. 줄기 윗부분에서 가지가 갈라져 퍼진다. 긴 타원형 잎은 두꺼운 가죽질이고 가장자리에 물결 모양의 톱니가 있다. 줄기나 가지 끝에 자잘한 흰색 꽃이 모여 핀다. 붉게 익는 동그란 열매는 다음 해 봄까지 그대로 매달려 있다. 열매의 모양이 보기 좋아 관상수로도 많이 심는다. '백량금(百兩金)'이라는 이름은 아름다운 열매가 금 100량의 가치만큼 값지다고 하여 붙여진 이름이다.

5월에 핀 꽃 　　　　　　　5월의 이팝나무

이팝나무(물푸레나무과) *Chionanthus retusus*

갈잎큰키나무, 높이 20m 정도, 꽃 5월

남부 지방의 산골짜기에서 자라며 관상수로 심는다. 봄에 가지 끝마다 흰색 꽃송이가 촘촘히 달려 나무 전체가 흰색으로 뒤덮인다. 꽃잎은 가늘게 4갈래로 갈라진다. 예전에는 쌀밥을 '이밥'이라고도 했는데, 탐스런 꽃송이가 사발에 소복이 얹힌 흰 쌀밥처럼 보여서 '이밥나무'라고 부르다가 '이밥'이 '이팝'으로 변했다고 한다. 그래서인지 이팝꽃이 활짝 피면 풍년이 든다는 이야기가 전해진다. 어린잎으로 차를 끓여 마시기도 하고 살짝 데쳐서 나물로 먹는다.

열매 모양

6월에 핀 꽃

씨앗

4월에 핀 꽃

5월의 어린 열매

쥐똥나무(물푸레나무과) *Ligustrum obtusifolium*

갈잎떨기나무, 높이 1~4m, 꽃 5~6월

들이나 산기슭에서 자라며 관상수로 많이 기른다. 촘촘히 심어서 생울타리를 만들기 때문에 도시에서도 흔히 볼 수 있다. 봄에 가지 끝에 흰색 꽃이 모여 피는데 향기가 진하다. 콩알만 한 타원형 열매는 가을에 검은색으로 익는다. 작고 둥근 열매의 모양과 색이 쥐똥처럼 생겼기 때문에 '쥐똥나무'라고 부른다. 하지만 겨울에 나무 밑에 떨어진 씨앗의 모양이 더 쥐똥 같다. 북한에서는 열매의 모양을 보고 '검정알나무'라고 부르며 '털광나무'라고도 한다.

미선나무(물푸레나무과) *Abeliophyllum distichum*

갈잎떨기나무, 높이 1~2m, 꽃 3~4월

관상수로 심는다. 이른 봄에 잎보다 먼저 꽃이 피는데 흰색 꽃은 개나리와 모양이 비슷하지만 크기는 약간 작으며 은은한 향기가 난다. 둥글납작한 열매가 '미선'이라고 하는 둥근 부채와 닮아서 '미선나무'라고 한다. 열매는 둘레에 날개가 있고 끝이 오목하게 팬다. 미선나무는 세계에서 오직 우리나라에만 있는 특산식물로 충청도와 경기도의 양지쪽 산기슭에서 드물게 자라는 귀한 나무이다. 가지를 꺾어 땅에 꽂으면 뿌리를 내리고 잘 자란다.

6월의 어린 열매

4월에 핀 꽃

가을에 핀 꽃

개나리(물푸레나무과) *Forsythia koreana*

갈잎떨기나무, 높이 3m 정도, 꽃 4월

관상수로 심는데 줄기가 빽빽이 모여 나기 때문에 생울타리를 많이 만든다. 봄에 잎보다 먼저 가지 가득 노란색 꽃이 핀다. 꽃의 모양이 나리 꽃을 닮았지만 크기가 작고 흔해서 '개나리'가 되었다. 크기가 작고 볼품이 없거나 흔할 때 식물 이름 앞에 '개' 자를 붙이는 경우가 많은데 개나리도 그런 경우이다. 서양 사람들은 이 꽃을 보고 '골든 벨(Golden bell)', 즉 '황금종'이라는 예쁜 이름으로 부른다. 개나리도 우리나라에서만 자라는 특산식물이다.

 ### 황금 새장을 닮은 개나리 이야기

옛날 인도에 새를 좋아하는 공주가 있었습니다. 공주는 예쁜 새를 계속 사들여서 궁전은 새들이 지저귀는 소리가 가득하였습니다. 하지만 공주는 새로 만든 아름다운 새장에 어울리는 새를 갖는 것이 소원이었습니다. 어느 날 한 노인이 예쁜 새를 들고 공주를 찾아왔습니다.

"공주님, 이 황금새가 마음에 드십니까?"

황금빛으로 빛나는 아름다운 새의 모습에 마음을 빼앗긴 공주는 황금새를 새장 안에 넣고 나머지 새는 모두 날려 보냈습니다.

며칠이 지나자 황금새는 깃털에 얼룩이 생기고 이상한 목소리로 울기 시작했습니다. 깜짝 놀란 공주가 깃털의 얼룩을 지워 주기 위해 목욕을 시켰더니 색깔이 빠지면서 흉측한 까마귀로 변하는 것이었습니다.

노인이 까마귀 깃털에 화려한 물감칠을 해서 자신을 속였다는 생각에 속이 상한 공주는 그만 화병으로 죽고 말았습니다. 다음 해 공주의 무덤에서 한 그루의 나무가 자라 꽃이 피었습니다. 사람들은 가지마다 노란색 꽃이 가득 핀 모습을 보고 금빛 장식이 달린 새장을 닮았다고 수군거렸습니다. 이 나무가 '개나리'입니다.

4월의 개나리

5월에 핀 꽃　　　　　　　5월에 핀 흰색 라일락

수수꽃다리(물푸레나무과) *Syringa oblata* ssp. *dilatata*

갈잎떨기나무, 높이 2~3m, 꽃 4~5월

북부 지방의 석회암 지대에서 자라며 관상수로 심는다. 봄에 가지 끝에 커다란 자주색 꽃송이가 달리는데 향기가 매우 진하다. 꽃송이가 수수 이삭과 비슷하게 생겨서 '수수꽃다리'라고 부른다. 서양에서 들어온 라일락은 수수꽃다리와 비슷하지만 꽃이 조금 더 크고 탐스러우며, 자주색이나 흰색 꽃이 핀다. 우리 조상들은 말린 수수꽃다리 꽃을 방 안에 놓고 은은한 꽃향기가 나도록 하였다. 꽃에서 뽑은 기름은 향수의 원료로 쓴다.

8월 초에 핀 꽃　　　　　　　9월의 열매

개오동(능소화과) *Catalpa ovata*

갈잎큰키나무, 높이 8~12m, 꽃 6~7월

중국 원산으로 관상수로 심는다. 가지 끝에 모여 피는 연노란색 꽃은 향기가 있다. 잎이 오동나무와 비슷하지만 쓸모가 덜하기 때문에 '개오동'이라고 한다. 북한에서는 '향오동나무'라고 부른다. 빼빼로 모양의 열매는 노끈처럼 가늘고 길게 늘어져 '노끈나무' 또는 '노나무'라고도 부른다. 열매는 오줌을 잘 나오게 하는 약으로 쓰고 목재로는 나막신을 만든다. 이 나무를 뜰에 심으면 벼락을 맞지 않는다는 속설 때문에 궁궐이나 사원 등에 심기도 하였다.

7월에 핀 꽃　　　벌어진 수술　　　벌어진 암술

능소화(능소화과) *Campsis grandiflora*

갈잎덩굴나무, 길이 10m 정도, 꽃 6~8월

중국 원산으로 관상수로 심는다. 줄기의 마디에서 생기는 붙음뿌리를 다른 물체에 붙이고 오른다. 가지 끝에 깔때기 모양의 꽃이 모여 핀다. 한자 이름 '능소화(凌霄花)'는 '밤을 능가할 정도로 꽃이 환하다'는 뜻이다. 옛날에는 이 능소화를 양반집 마당에만 심을 수 있어서 '양반꽃'이라고도 하였다. 납작한 주걱 모양의 암술은 꽃가루받이를 할 때가 되면 끝 부분이 위아래로 벌어져서 꽃가루를 받는다. 꽃이 질 때는 활짝 핀 모양 그대로 떨어진다.

7월에 핀 꽃　　　　　　　무늬잎 품종

겹치자나무(꼭두서니과) *Gardenia jasminoides* 'Fortuniana'

늘푸른떨기나무, 높이 1~2m, 꽃 6~7월

중국 원산으로 남부 지방에서 관상수로 심는다. 가지 끝에 피는 흰색 꽃은 겹꽃으로 향기가 진해서 숨이 막힐 지경이다. 치자 종류로 꽃잎이 여러 겹이라서 '겹치자나무'라고 한다. 흰색 꽃잎은 점차 누런색으로 변한다. 뾰족한 타원형 열매는 끝에 꽃받침이 남아 있으며 주황색으로 익는다. 이 열매를 '치자'라고 하는데 불면증이나 황달을 치료하는 한약재로 쓰인다. 열매에서 얻는 노란색 물감은 음식물을 물들이는 데 사용하였다. 여러 재배 품종이 있다.

화훼식물 | 관상수

7월에 핀 꽃　　　　　　12월의 열매

5월에 핀 꽃　　　　　　5월의 불두화

계요등(꼭두서니과) *Paederia foetida*

갈잎덩굴나무, 길이 5~7m, 꽃 7~9월

중부 이남의 들과 산에서 자란다. 줄기 윗부분은 겨울에 말라 죽
는다. 가지 끝이나 잎겨드랑이에 모여 피는 원통형의 꽃은 끝 부
분이 벌어지고 안쪽에 자주색 반점이 있다. 콩알만 한 열매는 황
갈색으로 익는다. 한자 이름 '계요등(鷄尿藤)'은 '닭오줌 냄새가 나
는 덩굴'이라는 뜻이다. 한창 왕성하게 자랄 때 잎을 따서 비벼 보
면 약간 구린 냄새가 나서 붙여진 이름이다. 한방에서는 열매와
뿌리를 말려 관절염이나 여러 가지 염증을 치료하는 약으로 쓴다.

불두화(연복초과) *Viburnum sargentii* 'Sterile'

갈잎떨기나무, 높이 2~3m, 꽃 5~6월

관상수로 심는다. 잎몸은 3갈래로 갈라지는 모양이 오리발을 닮
았다. 봄에 가지 끝마다 동그란 꽃송이가 달린다. 꽃송이는 처음
에는 누른색이 돌지만 점차 흰색으로 변한다. 작은 꽃들은 암술과
수술이 없이 꽃잎만 가지고 있어 열매를 맺지 못하는 장식꽃이다.
한자 이름 '불두화(佛頭花)'는 '부처님 머리 모양을 닮은 꽃이라는
뜻으로 둥근 꽃송이를 보고 이름 붙였다. 그래서인지 특히 절에서
많이 볼 수 있다. 북한에서는 '큰접시꽃나무'라고 한다.

5월에 핀 꽃　　　　　　7월의 열매

7월에 핀 꽃　　　　　　무늬잎 품종

댕강나무(인동과) *Abelia mosanensis*

갈잎떨기나무, 높이 2m 정도, 꽃 5월

석회암 지대에서 자라며 관상수로 심는다. 줄기는 세로로 골이 지
며 길쭉한 타원형 잎은 2장씩 마주난다. 잎겨드랑이나 가지 끝에
깔때기 모양의 흰색 꽃이 모여 피는데 대롱 부분은 붉은색이 돌고
향기가 있다. 열매는 꽃받침에 싸여 있고 털이 없으며, 갈색으로
익는다. 빳빳한 가지를 손으로 휘면 댕강댕강 잘 부러져서 '댕강나
무'라는 이름을 얻었다. 줄기에 세로로 6줄이 나 있어 '육조목(六條
木)'이라는 별명도 가지고 있다.

꽃댕강나무(인동과) *Abelia grandiflora*

늘푸른떨기나무~갈잎떨기나무, 높이 1~2m, 꽃 6~10월

중국 원산으로 관상수로 심는다. 남부 지방에서는 겨우내 푸른 잎
을 달고 있지만 중부 지방에서는 잎이 지는 반상록성이다. 달걀형
의 잎은 앞면에 광택이 있다. 작은 가지 끝에 분홍빛이 도는 흰색
깔때기 모양의 꽃이 모여 피는데, 꽃받침은 붉은 갈색이며 2~5갈
래로 깊게 갈라진다. 꽃 피는 기간이 길어서 관상수로 많은 사랑
을 받는다. 꽃은 많이 피지만 열매를 잘 맺지 못한다. 댕강나무 종
류로 아름다운 꽃이 계속 피어서 '꽃댕강나무'라고 한다.

6월에 핀 꽃 　　　　　　　　　　10월의 열매

인동덩굴(인동과) *Lonicera japonica*

갈잎덩굴나무, 길이 4~5m, 꽃 5~6월

들이나 산기슭에서 자란다. 잎겨드랑이에 입술 모양의 흰색 꽃이 2개씩 피는데 점차 노란색으로 변한다. 그래서 금색과 은색 꽃이 함께 핀다고 '금은화(金銀花)'라고도 한다. 동그란 열매는 검은색으로 익는다. 중부 지방에서는 겨울에 낙엽이 지지만 남부 지방에서는 푸른 잎을 매단 채 겨울을 나는 반상록성이기 때문에 '참을 인' 자와 '겨울 동' 자를 써서 '인동(忍冬)'이라는 한자 이름으로 불린다. 노랗게 변한 꽃잎은 말려서 차로 끓여 마신다.

꽃 모양

7월에 핀 꽃 　　　　　　　　　　꽃이 핀 나무

붉은인동(인동과) *Lonicera periclymenum* 'Belgica'

늘푸른덩굴나무, 길이 5~6m, 꽃 5~7월

유럽 원산의 원예 품종으로 관상수로 심는다. 줄기는 거친 털이 있고 따뜻한 곳에서는 반상록성으로 푸른 잎으로 겨울을 난다. 잎은 마주나고 달걀형이며 가장자리가 밋밋하고 뒤로 살짝 말리며 뒷면은 분백색이다. 가지 끝에 촘촘히 달리는 깔때기 모양의 적자색 꽃은 끝부분이 입술 모양으로 갈라진다. 동그란 열매는 붉은색으로 익는다. 인동 종류로 붉은색 꽃이 피기 때문에 '붉은인동'이라고 한다.

11월에 핀 꽃 　　　　　　　　　　나무 모양

카나리야자(야자나무과) *Phoenix canariensis*

늘푸른큰키나무, 높이 15~20m

아프리카 북서부 대서양에 있는 카나리아 제도 원산으로 제주도에서는 가로수나 관상수로 심으며, 다른 지방에서는 온실에서 기른다. 원통형의 줄기에는 묵은잎을 자른 흔적이 남아 있다. 줄기 윗부분에 깃꼴겹잎이 모여 나서 사방으로 퍼진다. 암수딴그루로 잎겨드랑이에 커다란 연노란색 꽃송이가 달린다. 타원형 열매는 주황색으로 익는다. 수액은 음료로 이용한다. '카나리야자'는 이름이 영어 이름(Canary Date Palm)에서 유래되었다.

나무 모양 　　　　　　　　　　열매

워싱턴야자(야자나무과) *Washingtonia filifera*

늘푸른큰키나무, 높이 10~20m, 꽃 6~8월

북아메리카 원산으로 제주도를 비롯한 남쪽 섬에서 정원수나 가로수로 심는다. 나무껍질은 잎자루가 떨어진 흔적이 남아 있다. 줄기 윗부분에 촘촘히 돌려나는 커다란 둥근 잎은 지름 50~100cm이며 깊게 갈라진 손바닥 모양이다. 잎자루 양쪽 가장자리에는 갈고리 모양의 빳빳한 가시가 있다. 암수한그루로 잎겨드랑이에서 나오는 커다란 꽃송이는 비스듬히 처지며 자잘한 흰색 꽃이 달린다. '워싱턴야자'는 이름이 속명에서 유래되었다.

대나무

대나무는 땅속으로 뿌리줄기가 벋으면서 무리 지어 자란다. 키가 높게 자라는 대나무는 왕대, 솜대, 죽순대가 있는데 주로 남부 지방에서 심어 기른다. 세 종류의 대나무는 곧게 벋는 줄기와 잎의 모양이 비슷해서 구분하기가 쉽지 않다. 곧고 단단한 줄기는 대발이나 대소쿠리, 대자리 등을 만드는 재료로 쓰인다.

왕대 숲

잎집

줄기를 따라 자라는 죽순　　　　줄기 마디

왕대(벼과) *Phyllostachys bambusoides*
늘푸른대나무, 높이 20m 정도

대나무의 한 종류로 원산지는 중국이지만 남부 지방에서 심어 기른다. 줄기는 녹색이지만 점차 황록색으로 변한다. 대나무 중에서 가장 굵고 크게 자라서 '왕대'라고 한다. 왕대는 잎집의 비단털이 5~10개로 빙 둘러나며 오랫동안 달려 있기 때문에 구분에 도움이 된다. 줄기의 마디에 있는 고리는 2개이며 마디에서 2~3개의 가지가 나온다. 굵은 줄기는 단단하면서도 탄력성이 좋아서 소쿠리나 대자리 등의 죽세공품을 만드는 데 널리 이용된다.

오죽　　　　줄기 마디

솜대(벼과) *Phyllostachys nigra* var. *henonis*
늘푸른대나무, 높이 10m 이상

1년 내내 늘푸른 잎을 달고 있는 대나무로 무리 지어 자란다. 줄기 마디의 고리는 2개가 같은 높이이며 볼록하다. 잎집의 비단털은 5개 내외로 점차 떨어진다. 추위에 강해 경기도와 서울까지 올라와 자라기도 한다. 솜대의 품종으로 오죽이 있는데, 줄기의 빛깔이 까마귀처럼 검은색이어서 '까마귀 오', '대나무 죽' 자를 써서 '오죽(烏竹)'이라고 하며 '검죽'이라고도 한다. 새 줄기는 녹색이지만 가을에 검은색 얼룩이 나타나고 2년째부터는 흑자색으로 변한다.

잎집

죽순　　　　줄기 마디

죽순대(벼과) *Phyllostachys edulis*
늘푸른대나무, 높이 10~20m

대나무의 한 종류로 원산지는 중국이며 남부 지방에서 심어 기른다. 잎집의 비단털은 곧으며 빨리 떨어지기 때문에 없는 것처럼 보인다. 줄기의 마디에 있는 고리는 1개라서 구분에 도움이 된다. 5월에 흑갈색의 굵은 죽순이 돋는다. 죽순은 채취해서 죽순 요리에 이용하고 줄기는 죽세공품을 만든다. 죽순을 요리에 이용하기 때문에 '죽순대'라고 한다. 대나무는 일생에 단 한 번 꽃이 피는데 60년 정도 자라면 일제히 꽃을 피우고 모두 말라 죽는다.

잎집

숲 속을 덮고 있는 조릿대 군락

모여 난 줄기 / 겨울 눈에 덮인 이대 숲

모여 난 줄기 / 꽃이 핀 줄기 / 꽃이삭

이대(벼과) *Pseudosasa japonica*

늘푸른대나무, 높이 2~5m

대나무의 한 종류로 중부 이남 지방의 들이나 산기슭에서 무리 지어 자란다. 줄기를 둘러싸고 있는 껍질은 마디 사이의 길이와 비슷하며 벗겨지지 않고 오래도록 감싸고 있다. 죽순은 5월에 돋는데 죽순 껍질은 어두운 적갈색이고 처음에는 누운 털이 빽빽이 난다. 속이 비어 있는 가는 줄기는 붓, 담뱃대, 화살 등을 만드는 재료로 쓴다. 요즘은 관상수로 널리 각광받고 있는데 추위에 강해 서울에서도 흔히 심고 있다.

조릿대(벼과) *Sasa borealis*

늘푸른대나무, 높이 1~2m

대나무의 한 종류로 흔히 산에서 무리 지어 자란다. 추위에 강하고 대나무 중에서 가장 키가 작은 종류이다. 줄기를 둘러싸고 있는 껍질은 벗겨지지 않고 오래도록 감싸고 있다. 마디 사이는 흰색 가루로 덮여 있다. 가는 줄기로 쌀을 이는 도구인 조리를 만들어 '조릿대'라고 한다. 산에서 자란다고 '산죽'이라고도 한다. 꽃은 5~7년에 한 번 피며 꽃이 핀 후에 모두 말라 죽는다. 열매는 식량으로 이용하며 잎줄기는 약으로 쓴다.

노랑무늬사사 / 흰줄무늬사사

노랑무늬사사(벼과) *Pleioblastus viridistriatus*

늘푸른대나무, 높이 50~100㎝

대나무의 한 종류로 원산지는 일본과 중국이다. 노란색 무늬가 선명한 잎의 모양이 아름다워서 관상용으로 많이 심고 있다. 예전에 사사(Sasa)속에 속하였고 잎에 노란 무늬가 있어서 '노랑무늬사사'라고 부른다. 비슷한 종류로 잎에 흰색 줄무늬가 있는 품종은 '흰줄무늬사사'라고 부른다. 흰줄무늬사사도 노랑무늬사사처럼 잎이 아름답고 그늘에서도 잘 자라서 관상용으로 심고 있다. 둘 다 추위에 어느 정도 견디므로 중부 지방에서도 심는다.

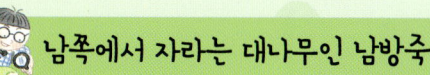
남쪽에서 자라는 대나무인 남방죽

촘촘히 모여 나는 남방죽 줄기

남방죽

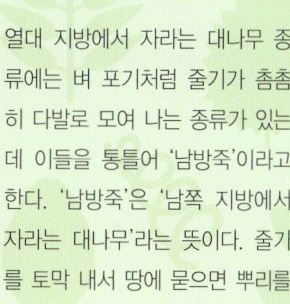

열대 지방에서 자라는 대나무 종류에는 벼 포기처럼 줄기가 촘촘히 다발로 모여 나는 종류가 있는데 이들을 통틀어 '남방죽'이라고 한다. '남방죽'은 '남쪽 지방에서 자라는 대나무'라는 뜻이다. 줄기를 토막 내서 땅에 묻으면 뿌리를 내린다.

남방죽의 한 종류인 큰황금죽의 죽순

식물이 사는 곳

식물은 우리 주변의 들이나 산뿐만 아니라 사막이나 높은 산, 바닷가, 물가, 물 위, 물 속 등 지구상의 거의 모든 곳에서 살아가고 있다. 식물은 사는 곳의 환경에 따라 독특한 모습을 하고 있다. 사막에서 사는 식물은 부족한 물을 저장하는 기관이 발달하고 반대로 물에서 사는 식물은 물속에서도 숨을 쉴 수 있도록 줄기나 뿌리에 공기구멍이 발달하는 등 사는 곳에 따라 식물의 생김새는 가지가지이다.

정말 다양한 곳에서 살아가고 있어!

식물도 저마다 편한 곳이 있을거야.

이질풀

애기똥풀

동백나무

해국

울릉도 성인봉 숲

피나물

박주가리

초겨울의 강아지풀

노랑어리연꽃

며느리밥풀꽃

개망초

하늘매발톱

복수초

할미꽃

식물이 사는 곳

들에서 자라는 식물

들은 편평하고 넓게 트인 땅으로 사람이 많이 모여 살며 작물을 재배하는 논밭이 많다. 사람들이 이용하는 논밭이나 빈터에서 저절로 자라는 식물은 대부분이 키가 작은 풀로, 흔히 '잡초'라고 부르는데 작물이 자라는 것을 방해한다. 잡초는 한두해살이풀이 많으며 생명력이 강하다. 대륙에서 남쪽이 길게 튀어나온 반도인 우리나라는 동쪽과 북쪽에는 산이 많지만, 서쪽과 남쪽에는 편평한 들이 많다.

넓은 들판

9월에 핀 꽃

줄기의 가시

8월에 핀 꽃

10월의 열매

며느리밑씻개(마디풀과) *Polygonum senticosum*

한해살이덩굴풀, 길이 1~2m, 꽃 7~8월

들이나 길가에서 흔히 자란다. 네모진 줄기는 붉은색이 돌고 갈고리 같은 작은 가시가 있어 다른 물체에 잘 붙는다. 세모꼴 잎이 달린 긴 잎자루에도 갈고리 가시가 나 있다. 가지 끝에 연분홍색 꽃이 둥글게 모여 핀다. 봄에 돋는 새순을 나물로 먹는다. 며느리를 미워하는 시어머니가 며느리를 골탕 먹이려고 뒷간에서 밑을 닦을 때 가시가 나 있는 이 풀로 닦으라고 해서 '며느리밑씻개'라는 이름으로 불린다. 어린싹을 나물로 먹는다.

며느리배꼽(마디풀과) *Persicaria perfoliata*

한해살이덩굴풀, 길이 2m 정도, 꽃 7~9월

길가나 빈터에서 자란다. 덩굴지는 줄기에 있는 갈고리 같은 가시로 다른 물체에 붙어서 오른다. 가지 끝에 자잘한 연녹색 꽃이 피고, 둥근 열매송이는 남색으로 변했다가 검은색으로 익는다. '며느리배꼽'이라는 이름은 긴 잎자루가 잎 밑부분에서 조금 올라간 부분에 붙어 있는 모습이 배꼽과 비슷해서 붙여졌다. 하지만 잎자루 밑부분에 달리는 크고 동그란 턱잎 가운데에 꽃이나 열매가 달린 모습도 배꼽처럼 보인다. 어린싹을 나물로 먹는다.

6월에 핀 꽃   겨울을 나는 새싹

8월에 핀 꽃   청려장

수영(마디풀과) *Rumex acetosa*

여러해살이풀, 높이 30~80cm, 꽃 5~6월

들의 풀밭에서 자란다. 곧게 자라는 줄기에 화살촉 모양의 잎이 어긋난다. 줄기 윗부분에 녹자색 또는 녹색의 꽃이삭이 달린다. 봄에 돋는 새순을 나물로 먹는데 잎이 시금치와 비슷하고 신맛이 나서 '시금초'라고도 한다. 시골 아이들은 심심풀이로 어린 줄기나 잎을 꺾어 먹는데 부드러워서 먹기는 좋지만 신맛 때문에 많이 먹지는 못한다. 옛날 사람들은 소화 불량의 치료제로 수영을 삶아 먹었고, 뿌리로 피부병을 치료하였다.

명아주(비름과) *Chenopodium giganteum*

한해살이풀, 높이 50~200cm, 꽃 6~8월

밭이나 빈터에서 흔히 자란다. 세모진 달걀형 잎은 어긋난다. 줄기나 가지 끝의 꽃송이에 자잘한 황록색 꽃이 촘촘히 모여 핀다. 마른 줄기는 가벼우면서도 비교적 단단해 노인들의 지팡이로 많이 이용한다. 명아주 지팡이는 흔히 '청려장(靑藜杖)'이라고 부르는데 '푸른 명아주 줄기로 만든 지팡이'라는 뜻이다. 청려장을 이용하면 중풍에 걸리지 않는다는 이야기가 전해져 온다. 새순은 나물로 먹고, 벌레에 물린 상처에는 명아주즙을 내어 바른다.

6월에 핀 꽃   줄기 단면의 즙

애기똥풀(양귀비과) *Chelidonium asiaticum*

두해살이풀, 높이 30~80cm, 꽃 5~8월

양지쪽 숲가나 빈터에서 흔히 자란다. 어릴 때는 기다란 흰색 털이 많지만 점차 없어진다. 줄기나 잎을 자르면 나오는 노란색 즙이 아기의 똥 같다고 '애기똥풀'이라고 하며 노란색 젖 같다고 '젖풀'이라고도 한다. 이 즙에는 독이 들어 있어서 소나 돼지가 잘못 먹으면 설사를 하므로 가축의 먹이로 쓰는 꼴을 벨 때는 애기똥풀이 들어가지 않도록 조심해야 한다. 하지만 벌레에 물린 데 이 즙을 바르면 잘 나아서 옛날에는 피부병 약으로 쓰기도 하였다.

 개미를 이용해 씨앗을 퍼뜨리는 애기똥풀

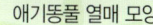

애기똥풀 열매 모양   열매 속의 씨앗

애기똥풀의 기다란 열매 속에는 작고 동그란 씨앗이 들어 있다. 검은색 씨앗에는 '엘라이오좀'이라는 젤리와 비슷한 흰색 물질이 붙어 있는데, 이 물질은 병균으로부터 씨앗을 보호하고 씨앗이 바로 싹 트지 못하도록 하는 역할을 한다.

엘라이오좀에 들은 효소를 좋아하는 개미는 애기똥풀 씨앗을 개미굴로 가져가 엘라이오좀을 떼어 먹고 남은 씨앗을 내다 버린다. 엘라이오좀이 떨어져 나간 씨앗은 비로소 싹이 터서 자라기 시작한다. 이처럼 애기똥풀은 개미에게 엘라이오좀을 먹이로 주는 대신에 씨앗을 멀리 퍼뜨린다.

들에서 자라는 식물

8월에 핀 꽃　　　　　　　　열매이삭

꽃 모양

9월의 쇠무릎　　　　　　　줄기의 마디

개비름(비름과) *Amaranthus blitum* ssp. *oleraceus*

한해살이풀, 높이 30~80㎝, 꽃 6~7월

밭이나 빈터에서 자란다. 비스듬히 자라는 줄기는 연하며 털이 없다. 달걀형의 잎은 끝 부분이 오목하게 들어간다. 줄기 끝에 달리는 꽃이삭에 자잘한 연녹색 꽃이 촘촘히 모여 핀다. 봄에 돋는 새순을 뜯어 나물로 먹는데 된장국에 넣거나 살짝 데쳐서 고추장에 무쳐 먹는다. 흔하게 자라는 종류에 '개'라는 이름을 붙이는 경우가 많은데 비름의 한 종류로 너무 흔하게 자라서 '개비름'이라는 이름을 얻었다. 농부들을 힘들게 하는 잡초의 하나이다.

쇠무릎(비름과) *Achyranthes bidentata*

여러해살이풀, 높이 50~100㎝, 꽃 8~9월

산과 들의 빈터에서 자란다. 네모진 줄기는 곧게 자라며 가지가 갈라지고 마디가 굵어지는 특징이 있다. 마디가 두드러지게 튀어나온 모습이 소의 무릎과 닮았다고 하여 '쇠무릎'이라고 한다. 줄기와 가지 끝의 꽃이삭에 자잘한 연녹색 꽃이 모여 달린다. 열매에 뾰족한 털이 있어서 사람의 옷이나 짐승의 털에 잘 달라붙는다. 뿌리를 캐서 말린 것을 무릎의 통증을 치료하거나 오줌을 잘 나오게 하는 약재로 쓴다. 봄에 돋는 어린싹을 나물로 먹는다.

암술

씨방

6월에 핀 꽃　　　　　　　꽃 단면 : 원통형 씨방이
　　　　　　　　　　　　　　2개의 긴 암술 밑에 있다.

패랭이꽃(석죽과) *Dianthus chinensis*

여러해살이풀, 높이 30㎝ 정도, 꽃 6~8월

건조한 풀밭이나 냇가의 모래땅에서 자란다. 기다란 잎은 밑부분이 합쳐져서 줄기를 둘러싼다. 가지 끝에 피는 붉은색 꽃의 생김새가 옛날 사람들이 쓰던 패랭이 모자를 뒤집어 놓은 모양과 비슷하여 '패랭이꽃'이라고 한다. 꽃의 모양이 예쁘기 때문에 많은 재배 품종이 개발되어 화초로 심고 있다. 한방에서는 줄기째 베어서 그늘에 말린 것을 열을 내리거나 혈압을 낮추는 약재로 쓴다. 씨앗은 오줌을 잘 나오게 하는 약으로 쓴다.

화살에서 피어난 패랭이꽃 이야기

옛날 중국에서 전해 오는 이야기입니다. 한 마을의 뒷산에 있는 커다란 바위에 바위 귀신이 살고 있었습니다. 바위 귀신은 밤만 되면 마을로 내려와서 사람들을 괴롭혔습니다.

"어젯밤에 또 바위 귀신이 나타나서 사람을 해쳤대요."

마을을 지나가던 힘센 장사가 사람들이 수군거리는 소리를 듣고 뒷산으로 올라갔습니다. 산으로 올라간 장사는 바위를 향해 힘껏 화살을 쏘았습니다. 어찌나 세게 쏘았던지 화살은 바위에 깊숙이 박혀 빠지지 않았습니다. 그리고 그 뒤로는 마을에 바위 귀신이 나타나지 않았습니다.

다음 해에 화살이 박힌 자리에서 새싹이 나와 자라는데 잎이 칼처럼 가늘고 줄기는 대나무처럼 마디가 있었습니다.

사람들은 이 풀을 '돌 틈에서 자라는 대나무'라는 뜻으로 '석죽(石竹)'으로 부르기 시작했습니다. 석죽은 '패랭이꽃'의 한자 이름이며, 패랭이꽃이 속한 식물 가족을 '석죽과'라고 부릅니다.

패랭이꽃 줄기

6월에 핀 꽃 　　　 햇빛을 받기 위해 곧게 선 줄기 　　　 8월에 핀 꽃 　　　 10월의 열매

쇠비름(쇠비름과) *Portulaca oleracea*

한해살이풀, 높이 5~30㎝, 꽃 7~8월

밭이나 빈터에서 자란다. 줄기는 옆으로 비스듬히 기면서 가지가 많이 갈라진다. 전체가 통통한 육질로 가뭄에 견디는 힘이 강하다. 잎겨드랑이에 노란색 꽃이 한낮에만 핀다. 한방에서는 '마치현 (馬齒莧)'이라고 부르는데 윗부분의 뭉툭한 잎 모양이 말의 앞니를 닮아서 붙여진 이름이다. 밭에 많이 나는 잡초로 농부들을 힘들게 하는 풀이다. 연한 잎과 줄기는 데쳐서 나물로 먹는다. 벌레에 물려 가려울 때 풀을 짓이겨서 바르면 좋다고 한다.

미국자리공(자리공과) *Phytolacca americana*

여러해살이풀, 높이 1~1.5m, 꽃 6~9월

길가나 빈터에서 흔히 자라며 줄기는 붉은색을 띤다. 긴 타원형 잎은 끝이 뾰족하며 가장자리가 밋밋하다. 잎과 마주 달리는 기다란 꽃송이에 붉은색이 도는 흰색 꽃이 촘촘히 돌려 가며 핀다. 밑으로 처지는 열매송이에 동글납작한 열매가 모여 달리며 검은 자주색으로 익는다. 즙이 많은 열매는 붉은 자주색 물이 잘 들기 때문에 천연 물감이나 잉크 대용품으로 이용한다. 자리공의 한 종류로 미국에서 들어왔기 때문에 '미국자리공'이라고 한다.

외국에서 들어온 귀화식물

원래 우리나라에 없었는데 외국에서 들어와 우리 땅에 정착해서 스스로 번식하며 살아가는 식물을 '귀화식물' 또는 '외래식물'이라고 한다. 귀화식물은 사람이나 배, 비행기 등에 씨앗이 묻어서 들어오기도 하고, 재배하기 위해 들여와 기르던 것이 저절로 퍼져 나가 자라기도 한다. 귀화식물 중에는 개망초처럼 생활력이 강해서 토종 식물을 밀어내고 생태계를 파괴하는 종이 있어 문제가 되기도 한다.

미국자리공 : 북미 원산으로 짐에 묻어 들어왔다.

개망초 : 북미 원산으로 짐에 묻어 들어왔다.

개소시랑개비 : 유럽 원산으로 짐에 묻어 들어왔다.

토끼풀 : 유럽 원산으로 목초로 심던 것이 퍼졌다.

근래에는 귀화식물이 많아졌는데, 귀화식물은 도로 공사를 하면서 깎아 낸 절개지를 덮기 위해 심는 풀씨와 함께 들어왔다.

수박풀 : 유럽 원산으로 화초로 심던 것이 퍼졌다.

어저귀 : 인도 원산으로 섬유 작물로 심던 것이 퍼졌다.

들에서 자라는 식물

4월에 핀 꽃 　　　　열매 　　　　쪼개진 열매

꽃다지(겨자과) *Draba nemorosa*

두해살이풀, 높이 10~25㎝, 꽃 4~5월

들이나 밭에서 흔히 자란다. 잎과 줄기에는 짧은 털이 빽빽이 나 있다. 줄기 끝에 자잘한 노란색 꽃이 다닥다닥 모여 핀 모습을 보고 '꽃다지'라고 부른다. 꽃다지는 늦가을에 싹이 튼 뿌리잎을 땅바닥에 방석처럼 펼친 채 겨울을 나는 두해살이풀이다. 뿌리잎은 이른 봄에 캐서 나물이나 국거리로 먹는다. 길고 납작한 열매는 익으면 세로로 쪼개지면서 적갈색 씨앗이 나오는데 매운맛이 나며, 기침약이나 오줌을 잘 나오게 하는 약으로 쓴다.

 겨울을 지혜롭게 나는 로제트식물

11월의 꽃다지

꽃다지는 여름에 튼 싹에서 뿌리잎이 자라며 줄기는 나오지 않는다. 겨울이 되면 뿌리잎은 땅바닥에 방석처럼 펼쳐지는데 그 모양이 장미꽃과 비슷해서 '로제트(Rosette)식물'이라고 한다.

땅바닥에 방석처럼 잎을 펼치면 차가운 겨울바람의 영향은 덜 받으면서 햇빛은 잘 받을 수 있기 때문에 추운 겨울을 견딜 수 있다. 이렇게 겨울을 나고 이듬해 봄이 되면 펼친 뿌리잎에서 양분을 만들어서 다른 풀들보다 빨리 줄기가 자랄 수 있고, 또 꽃과 열매도 빨리 생산할 수 있는 장점이 있다.

뿌리잎

4월에 핀 꽃 　　　　열매 　　　　쪼개진 열매

냉이(겨자과) *Capsella bursa-pastoris*

두해살이풀, 높이 10~50㎝, 꽃 4~5월

들이나 밭에서 흔히 자란다. 줄기 끝에 흰색 꽃이 모여 피고, 세모꼴 열매는 익으면 중심선을 따라 갈라지면서 갈색 씨앗이 나온다. 이른 봄에 뿌리째 캐서 국을 끓이거나 나물로 무쳐 먹는데 독특한 향기가 입맛을 돋워 준다. '냉이'는 '납생(臘生)'이라는 한자 이름이 '나생이'로 변했다가 다시 '냉이'로 바뀐 것이라고 한다. '납(臘)'은 '12월'을 뜻하며 '납생'은 '한겨울에도 살아 있는 풀'이라는 뜻이다. 냉이는 위를 튼튼하게 해 주는 약으로 쓰기도 하였다.

가락지를 만드는 꽃줄기

6월에 핀 꽃 　　　　뿌리잎

가락지나물(장미과) *Potentilla kleiniana*

여러해살이풀, 높이 10~30㎝, 꽃 5~7월

산과 들의 습기가 있는 곳에서 자란다. 뿌리잎은 5장의 작은잎을 가진 손꼴겹잎이고 줄기잎은 세겹잎이다. 어린 여자 아이들이 꽃줄기로 가락지를 만들어 손가락에 끼고 놀았기 때문에 '가락지나물'이라고 한다. 또는 다섯 손가락을 닮은 잎을 나물로 먹기 때문에 이름 지어졌다는 이야기도 있다. '쇠스랑개비'라고도 한다. 봄에 뿌리잎을 캐서 나물로 먹는다. 예전 사람들은 뱀이나 벌레에 물렸을 때 줄기와 잎을 짓찧어 물린 자리에 붙였다.

6월에 핀 꽃 　　　　　 터지는 열매

8월에 핀 꽃 　　　　　 8월의 열매

괭이밥(괭이밥과) *Oxalis corniculata*

여러해살이풀, 높이 10~30㎝, 꽃 5~8월

길가나 빈터에서 흔히 자란다. 잎은 세겹잎이고 작은잎은 하트형이며 밤이나 흐린 날에는 잎을 오므리는 수면운동을 한다. 기다란 기둥 모양의 열매는 익으면 껍질이 터지는 힘으로 씨를 멀리 튕겨 보낸다. 고양이가 소화가 되지 않을 때 이 풀을 뜯어 먹는다 하여 '괭이밥'이라고 하며 잎은 신맛이 있어 '시금초'라고도 한다. 시골 어린이는 봉숭아 물을 들일 때 백반 대신에 봉숭아 꽃잎과 괭이밥 잎을 함께 찧어서 손톱에 올려놓고 물들이기도 한다.

차풀(콩과) *Chamaecrista nomame*

한해살이풀, 높이 30~60㎝, 꽃 7~10월

냇가 근처에서 자란다. 깃꼴겹잎은 날이 흐리거나 밤이 되면 마주 보는 작은잎끼리 포개지는데 그 모양이 잎을 접고 잠을 자는 것처럼 보인다. 잎겨드랑이에 나비 모양의 노란색 꽃이 피고, 편평한 꼬투리 열매가 열린다. 잎이 달린 줄기를 말려서 차를 끓여 마실 수 있기 때문에 '차풀'이라고 한다. 가지런한 잎 모습이 단정해서 '며느리감풀'이라고도 한다. 씨앗도 볶아서 차로 이용하는데 눈을 밝게 하거나 오줌을 잘 나오게 하는 효과가 있다고 한다.

흰자운영

5월에 핀 꽃 　　　　　 자주 구름 꽃밭

자운영(콩과) *Astragalus sinicus*

두해살이풀, 높이 10~25㎝, 꽃 4~5월

남부 지방의 논이나 풀밭에서 자란다. 꽃줄기 끝에 붉은색 꽃송이가 달린다. 자운영은 뿌리에 알갱이 모양의 뿌리혹박테리아가 생겨서 땅을 기름지게 만드는 역할을 한다. 그래서 논이나 밭에 심어 기른 다음 그대로 갈아 엎어 거름으로 하는데 이를 '풋거름'이라고 한다. 봄에 새순을 뜯어 나물로 먹는다. '자운영(紫雲英)'이라는 한자 이름은 '자주 구름 꽃밭'이라는 뜻으로 논 가득 꽃이 핀 모습이 자주색 구름처럼 보였기 때문에 붙여졌다.

자운영의 영양 창고, 뿌리혹박테리아

뿌리혹박테리아

자운영 뿌리

지구상의 모든 생물은 살아가는 데 질소가 꼭 필요하다. 공기 중에 질소는 79%나 되지만 식물이 직접 이용할 수는 없다. 자운영처럼 콩과에 속하는 식물들은 박테리아를 이용하여 질소를 얻는다.

자운영의 뿌리에 들어간 박테리아는 질소를 암모니아로 바꾸어서 식물이 사용할 수 있도록 해 주는 대신에 영양분과 산소를 얻어 살아간다. 이들 박테리아는 뿌리에 혹을 만들기 때문에 '뿌리혹박테리아'라고 부른다. 자운영은 암모니아를 이용해 필요한 양분을 만들기 때문에 거친 땅에서도 잘 자라며, 땅을 기름지게 만든다.

식물이 사는 곳

7월에 핀 꽃 / 9월의 열매

수박풀(아욱과) *Hibiscus trionum*

한해살이풀, 높이 30～60㎝, 꽃 7～8월

길가나 빈터에서 자란다. 아프리카 원산으로 관상용 화초로 심던 것이 들로 퍼져 나갔다. 3～5갈래로 깊게 갈라진 잎이 수박 잎과 비슷해서 '수박풀'이라고 한다. 잎겨드랑이에서 자란 꽃자루 끝에 피는 연노란색 꽃은 안쪽이 진한 자주색이다. 꽃은 이른 아침에 피었다가 낮이면 시든다. 타원형 열매는 털이 많은 꽃받침에 싸여 있는데 꽃받침의 표면은 수박처럼 세로줄이 있다. 꽃말은 '아가씨의 아름다운 자태'라고 한다.

4월에 핀 꽃 / 닫힌꽃은 꽃이 피지 않는다.

제비꽃(제비꽃과) *Viola mandshurica*

여러해살이풀, 높이 10～20㎝, 꽃 4～5월

양지쪽 풀밭에서 자란다. 줄기가 없고 뿌리에서 길쭉한 잎이 모여 난다. 꽃자루 끝에 진한 자주색 꽃이 핀다. 꽃은 봄철 제비가 올 즈음에 피고, 꽃의 모양이 제비를 닮아서 '제비꽃'이라고 한다. 또 옛날에 북쪽 지방에서는 이 꽃이 필 즈음 오랑캐가 쳐들어와서 '오랑캐꽃'이라고도 불렸다. 꽃 모양이 씨름하는 모습 같아서 '씨름꽃'이라고도 한다. 여름이면 제비꽃은 꽃잎이 없는 닫힌꽃(폐쇄화) 안에서 스스로 꽃가루받이를 해 열매를 맺는다.

6월 초에 핀 꽃 / 6월의 열매

큰피막이(미나리과) *Hydrocotyle ramiflora*

여러해살이풀, 높이 10～15㎝, 꽃 6～8월

습기가 있는 들이나 길가에서 무리 지어 자란다. 줄기는 옆으로 기면서 비스듬히 서고 가지가 갈라진다. 동그스름한 잎은 가장자리가 얕게 7갈래 정도로 갈라지고 광택이 있다. 잎은 피를 멈추게 하는 지혈제로 사용해서 '피막이'라는 이름이 붙었고 한자 이름으로 '지혈초(止血草)'라고 부른다. 가지 끝이나 잎겨드랑이에서 기다란 꽃자루가 나와 그 끝에 동그란 연녹색 꽃송이가 달린다. 동그란 열매송이에 모여 달리는 열매는 하트형이다.

열매

4월에 핀 꽃 / 뿌리잎

봄맞이(앵초과) *Androsace umbellata*

한두해살이풀, 높이 10～20㎝, 꽃 4～5월

들이나 산기슭에서 자란다. 뿌리에서 모여 나는 작고 동그란 잎은 가장자리에 큼직한 톱니가 있다. 잎 사이에서 자란 가느다란 꽃줄기 끝에서 우산살처럼 갈라진 가지마다 작고 앙증맞은 흰색 꽃이 하늘을 보고 핀다. 이른 봄에 꽃이 피기 때문에 '봄맞이'라고 한다. 이른 봄에 피는 꽃은 여러 종류이지만 옛날 사람들은 이 꽃이 봄을 대표하는 꽃으로 여긴 모양이다. 동그란 열매는 5장의 꽃받침이 받치고 있으며, 익으면 윗부분이 갈라지면서 씨가 나온다.

8월에 핀 꽃 　　　　　 쪼개진 열매 속의 씨앗

박주가리(협죽도과) *Metaplexis japonica*
여러해살이덩굴풀, 길이 2~3m, 꽃 7~8월

산기슭이나 들에서 자란다. 다른 물체를 감고 오르는 줄기나 잎을 자르면 우유 같은 흰색 즙이 나온다. 잎겨드랑이에서 자란 꽃송이에 연보라색 꽃이 피는데 꽃부리 안쪽에 털이 있다. 뿔 모양의 열매는 익으면 박처럼 쪼개지기 때문에 '박+쪼가리'라고 하던 것이 변해 '박주가리'가 되었다. 열매 속에는 긴 솜털이 달린 씨앗이 가득 들어 있으며 바람에 날려 퍼진다. 예전에는 씨앗에 달린 긴 흰색 털을 솜 대신에 도장밥이나 바늘 쌈지로 쓰기도 하였다.

태엽처럼 말린 꽃이삭

4월에 핀 꽃 　　　　 점차 풀어지고 있는 꽃이삭

꽃마리(지치과) *Trigonotis peduncularis*
두해살이풀, 높이 10~30㎝, 꽃 4~6월

들이나 밭에서 흔히 자란다. 줄기는 가지가 많이 갈라지고 비스듬히 자란다. 꽃봉오리가 촘촘히 달려 있는 줄기 윗부분의 꽃이삭이 태엽처럼 돌돌 말려 있어서 '꽃마리'라고 하며 '꽃말이'라고 하기도 한다. 꽃이삭은 점차 풀어지면서 아래부터 차례로 연한 남색 꽃이 피기 시작하는데 꽃잎 가운데는 노란색 무늬가 있다. 봄에 뿌리잎을 캐서 나물로 먹고 근육이나 손발이 마비되는 증상을 치료하는 한약재로도 쓴다. 어린잎을 비비면 오이 냄새가 난다.

9월에 핀 꽃 　　　　　 실처럼 이어진 꽃가루

달맞이꽃(바늘꽃과) *Oenothera biennis*
두해살이풀, 높이 60~100㎝, 꽃 7~9월

길가나 빈터에서 흔히 자란다. 노란색 꽃이 달이 뜨는 밤에 피기 때문에 '달맞이꽃'이라고 하며 '월견초(月見草)'라는 한자 이름으로도 불린다. 밤에 피는 꽃은 아침 해가 뜨면 시들기 시작한다. 달맞이꽃의 꽃가루는 실처럼 이어져 있기 때문에 비늘로 덮여 있는 나방의 몸에 감기면서 한꺼번에 많은 꽃가루를 묻힐 수 있다. 남아메리카 원산의 귀화식물로, 씨앗으로 짠 기름은 건강 식품이나 의약품, 화장품 등의 원료로 쓴다.

달을 사랑한 요정의 달맞이꽃 이야기

옛날 그리스의 한 호숫가에 하늘의 별을 사랑한 요정들이 모여 살았습니다. 요정들은 밤이면 호숫가에 모여 별을 바라보며 별자리에 얽힌 전설을 이야기했습니다. 그들 중에는 별 대신에 달을 더 사랑하는 요정이 있었는데 홀로 달을 쳐다보면서 외톨이로 지냈습니다. 다른 요정들이 별만 사랑하는 것에 화가 난 이 요정은
"달님만 남고 다른 별들은 다 없어졌으면 좋겠어."
라고 혼자 중얼거렸는데 그만 지나가던 다른 요정이 듣고 말았습니다. 이 이야기를 전해 들은 요정들은 화가 난 나머지 제우스 신에게 달려가서 고자질을 했습니다. 화가 난 제우스는 달을 사랑하는 요정을 별도 달도 볼 수 없는 곳으로 추방해 버렸습니다.

우연히 이 요정의 이야기를 전해 들은 달의 여신 아르테미스는 자신을 좋아한 일 때문에 벌을 받는 요정이 가여워서 제우스 몰래 요정을 찾기 시작했습니다. 하지만 미리 짐작한 제우스가 요정을 숨기는 바람에 쉽게 찾을 수가 없었습니다.

그러는 동안 이 요정은 달을 그리워한 나머지 몸져누워서 시름시름 앓다가 죽고 말았습니다. 뒤늦게 요정을 발견한 아르테미스는 그 요정을 양지바른 언덕에 묻어 주었습니다. 모든 걸 지켜보던 제우스는 뒤늦게 후회가 되어 요정의 넋을 꽃으로 변하게 했습니다. 이 꽃은 달이 뜨는 밤에만 꽃이 피어서 사람들은 '달맞이꽃'이라고 불렀습니다. 그래서인지 꽃말도 '기다림'입니다.

8월에 핀 꽃 　　　　　　　 메

메꽃(메꽃과) *Calystegia pubescens*

여러해살이덩굴풀, 꽃 6~8월

덩굴지는 줄기는 다른 물체를 감고 오른다. 가지에 어긋나는 잎은 긴 화살촉 모양이다. 잎 사이에 나팔 모양의 분홍색 꽃이 피는데 꽃잎 안쪽은 흰색이다. 메꽃은 낮에 피었다가 저녁이면 지는 하루살이 꽃이다. 땅속으로 길게 벋는 흰색의 뿌리줄기를 '메'라고 하는데 단맛이 나며, 이른 봄에 캐서 밥에 넣어 먹는다. 옛날 어린이는 허기가 질 때면 뿌리를 캐서 군것질 삼아 먹기도 하였다. 열매를 잘 맺지 않고 주로 뿌리줄기로 번식한다.

9월에 핀 꽃 　　　 밑으로 꺾이는 열매자루

둥근잎유홍초(메꽃과) *Ipomoea rubriflora*

한해살이덩굴풀, 길이 1~2m, 꽃 8~9월

화초로 기르던 것이 들로 퍼져 나가 저절로 자란다. 덩굴지는 줄기는 왼쪽으로 감고 오른다. 잎은 어긋나고 둥근 하트형이다. 잎 겨드랑이에서 자란 꽃자루에 깔때기 모양의 붉은색 꽃이 2~5개씩 핀다. '유홍초(留紅草)'는 '붉은색 꽃이 피는 풀'이라는 뜻이며 둥근잎을 가졌기 때문에 '둥근잎유홍초'라고 한다. 동그란 열매는 꽃받침이 남아 있고 자루 밑부분이 꺾여서 아래로 구부러진다. 열대 아메리카 원산으로 꽃말은 '영원히 사랑스러워'이다.

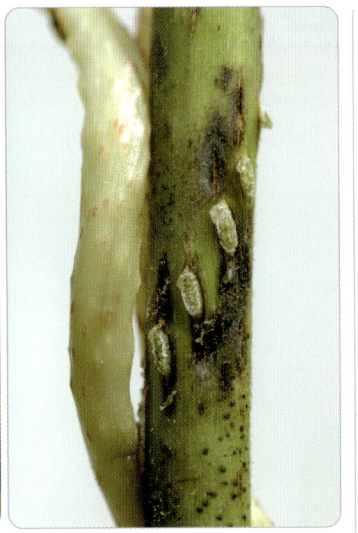

8월에 핀 꽃 　　　　　　　 기생 흔적

새삼(메꽃과) *Cuscuta japonica*

한해살이풀, 꽃 8~9월

들과 산에서 자란다. 씨앗에 싹이 터서 줄기가 다른 식물을 감고 오르면 땅속의 뿌리가 녹아 없어진다. 줄기에 달리는 꽃송이에 자잘한 흰색 꽃이 모여 핀다. 새삼은 모든 양분과 물을 다른 식물로부터 빼앗아 사는 기생식물이다. 달걀형의 열매는 익으면 뚜껑이 열리면서 씨앗이 나온다. 씨앗은 '토사자(兎絲子)'라고 하며 한약재로 쓴다. '토사자'라는 이름은 옛날에 허리가 부러진 토끼가 새삼의 씨앗을 먹고 나았다고 하여 붙여졌다.

말렸다 펴지면서 피는 꽃이삭

6월에 핀 꽃 　　　　　　　 새싹

컴프리(지치과) *Symphytum officinale*

여러해살이풀, 높이 60~90cm, 꽃 6~7월

동유럽 원산으로 사료로 심어 기르던 것이 퍼져 나가 풀밭이나 빈터에서 자란다. 가지 끝에 모여 피는 종 모양의 꽃은 밑을 보고 매달린다. 잎에 밀가루를 입혀 튀김이나 부침으로 만들어 먹는다. 잎을 따서 말린 것으로 차를 만들어 마시고, 뿌리는 녹말이 많아서 식용하기도 한다. 이름인 '컴프리(Comfrey)'는 '병을 다스린다'라는 뜻을 가지고 있다. 그래서인지 잎과 뿌리를 기침이나 위장병을 치료하는 약재로 쓰지만 독성이 있으므로 주의해야 한다.

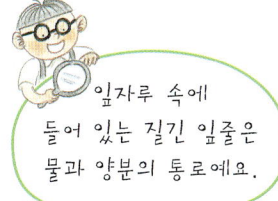

잎자루 속에 들어 있는 질긴 잎줄은 물과 양분의 통로예요.

8월에 핀 꽃

잎자루 속의 잎줄

 질경이 암꽃은 왜 먼저 필까?

암꽃이 핀 이삭

수꽃이 핀 이삭

질경이(질경이과) *Plantago asiatica*

여러해살이풀, 높이 10~50cm, 꽃 6~8월

길가나 빈터에서 흔히 자란다. 뿌리잎은 달걀형으로 잎자루 속에는 단단한 잎줄이 들어 있어 매우 질기므로 '질경이'라고 한다. 이름대로 매우 질긴 질경이는 길바닥에서 자라면서 차에 눌리고 사람들의 발에 밟혀도 끈질기게 견디면서 자란다. 뿌리잎 사이에서 자란 기다란 꽃이삭에 자잘한 흰색 꽃이 핀다. 질경이는 뿌리째 캐서 제기처럼 차고 놀기도 한다. 연한 질경이 잎은 나물로 먹는다. 한방에서 씨앗은 감기나 기침을 치료하는 약재로 쓴다.

질경이의 꽃은 암꽃에서 수꽃으로 성전환을 한다. 질경이는 10~12cm 길이의 꽃이삭에 많은 꽃이 촘촘히 돌려 가며 핀다. 꽃이삭에는 암꽃이 먼저 피는데 이삭 가득 기다란 암술이 자란 모습은 브러시를 닮았다. 암꽃의 꽃가루받이가 끝나면 수술이 자라는데 기다란 자루 끝에 달린 꽃밥은 바람이 불면 꽃가루가 날려서 퍼지는 풍매화이다. 꽃가루를 내보낸 꽃밥은 이삭에 시든 채 붙어 있다. 만일 수꽃이 먼저 핀 다음 암꽃이 나중에 핀다면 시든 꽃밥 때문에 암꽃이 바람에 날려온 꽃가루를 받는 데 방해를 받을 것이다. 그래서 질경이는 암꽃이 먼저 핀다.

5월에 핀 꽃

꽃이삭

창질경이(질경이과) *Plantago lanceolata*

여러해살이풀, 높이 30~60cm, 꽃 4~6월

유럽 원산으로 들에서 자란다. 뿌리에서 모여 난 길쭉한 뿌리잎은 털이 있으며, 6~7개의 세로맥이 있고 곧게 서며 질긴 편이다. 뿌리잎 사이에서 모여 난 꽃줄기 끝의 꽃이삭에 자잘한 꽃이 차례대로 피어 올라간다. 긴 수술대 끝에 달린 꽃밥은 흰색이다. 질경이의 한 종류로 잎 사이에서 기다란 꽃줄기가 삐죽삐죽 솟은 모양이 창을 세워 놓은 것과 비슷해서 '창질경이'라고 한다. 봄에 돋은 어린잎을 캐서 나물로 먹는다.

줄기 윗부분의 잎

닫힌꽃

4월에 핀 꽃

닫힌꽃

광대나물(꿀풀과) *Lamium amplexicaule*

한두해살이풀, 높이 20~30cm, 꽃 3~5월

밭이나 길가에서 자란다. 동그란 잎은 2장씩 마주나는데 주름이 많고 윗부분의 잎은 잎자루가 없이 줄기를 둘러싼다. 이 모습이 관대를 찬 것 같고 나물로 먹어서 '관대나물'이라고 하던 것이 '광대나물'이 되었으며, '코딱지나물'이라고도 한다. 잎겨드랑이에 입술 모양의 홍자색 꽃이 핀다. 일부 꽃은 꽃잎이 벌어지지 않은 닫힌꽃 안에서 스스로 꽃가루받이를 해 열매를 맺는데 '폐쇄화(閉鎖花)'라고도 한다. 봄에 어린싹을 뜯어서 나물로 먹는다.

식물이 사는 곳

꽃 모양

11에 핀 꽃

열매송이

꽃 모양

9월에 핀 꽃

열매 모양

열매 단면

까마중(가지과) *Solanum nigrum*

한해살이풀, 높이 30~60㎝, 꽃 6~8월

길가나 밭에서 흔히 자란다. 줄기에서 나온 꽃대에 별 모양의 흰색 꽃이 모여 핀다. 동그란 열매가 까맣게 익은 모습이 중(스님)의 머리와 비슷하다고 해서 '까마중'이라는 이름을 얻었다. 열매는 단맛이 조금 있어 아이들이 따 먹지만 독성분이 약간 있으므로 많이 먹지 않아야 한다. 열매살 속에는 동글납작한 씨앗이 많이 들어 있다. 봄에 돋는 새순을 삶아서 우려낸 다음 나물로 먹는다. 옛날 사람들은 종기나 부스럼을 치료하는 약재로 썼다.

땅꽈리(가지과) *Physalis angulata*

한해살이풀, 높이 30~40㎝, 꽃 7~9월

남부 지방의 길가나 빈터에서 자란다. 잎겨드랑이에 종 모양의 노란색 꽃이 밑을 향해 1개씩 피는데 안쪽에 흑자색 무늬가 있다. 열매는 꽈리처럼 꽃받침으로 둘러싸여 있는데 꽃받침을 쪼개 보면 안에 동그란 열매가 들어 있다. 열매는 익어도 그대로 녹색이다. 달콤새콤한 맛이 나는 열매를 따 먹지만 독성분이 있으므로 주의해야 한다. 키가 작고 꽈리 모양의 열매가 열려서 '땅꽈리'라고 한다. 열대 아메리카 원산의 귀화식물이다.

4월에 핀 꽃

5월에 핀 꽃

4월에 핀 꽃

개불알과 가장 닮은 열매는?

개불알풀 열매

선개불알풀 열매

큰개불알풀 열매

개불알풀(질경이과)

Veronica polita var. *lilacina*

한두해살이풀, 높이 5~15㎝, 꽃 4~6월

길가나 빈터에서 자란다. 넓은 달걀형 잎은 2~3쌍의 톱니가 있다. 잎겨드랑이에 연한 홍색 꽃이 핀다. 2개씩 달리는 열매의 모양이 개불알을 닮아서 '개불알풀'이라고 한다.

선개불알풀(질경이과)

Veronica arvensis

한두해살이풀, 높이 10~30㎝, 꽃 4~6월

길가나 풀밭에서 자란다. 줄기는 곧게 선다. 잎겨드랑이에 작은 청자색 꽃이 피는데 꽃자루가 없다. 개불알풀 종류로 줄기가 곧게 서서 '선개불알풀'이라고 한다.

큰개불알풀(질경이과)

Veronica persica

한두해살이풀, 높이 10~30㎝, 꽃 3~6월

길가나 빈터에서 자란다. 잎겨드랑이에 나온 긴 꽃자루에 달리는 하늘색 꽃은 진한 색의 줄무늬가 있다. 개불알풀 종류로 식물체와 꽃이 커서 '큰개불알풀'이라고 한다.

땅바닥을 기어서 벋는 기는줄기

7월에 핀 꽃　　　　　　　　　꽃 모양

수염가래꽃(초롱꽃과) *Lobelia chinensis*

여러해살이풀, 높이 3~15cm, 꽃 6~9월

논두렁이나 습지에서 자란다. 줄기는 땅바닥을 기면서 벋고 마디에서 뿌리가 내린다. 작은 타원형 잎은 줄기 좌우로 어긋나게 붙는다. 흰색~연분홍색 꽃은 5갈래로 갈라진 꽃잎이 아이들 코 밑에 달고 장난하는 '수염' 같고, 길쭉한 잎은 흙을 뜨는 '가래'와 모양이 비슷하여 '수염가래꽃'이라는 이름을 얻었다. 꽃의 모양이 특이해서 관상용으로 심기도 한다. 민간에서는 벌레 물린 자리에 풀즙을 내서 바르며 기침을 멈추는 약으로도 쓴다.

열매

8월에 핀 꽃　　　　　　　　　씨앗

도꼬마리(국화과) *Xanthium strumarium*

한해살이풀, 높이 40~90cm, 꽃 8~9월

들판이나 빈터에서 잘 자란다. 잎은 세모꼴이며 3~4갈래로 얕게 갈라진다. 줄기나 가지 끝에 동그란 꽃송이가 모여 달린다. 타원형 열매는 짧은 가시로 덮여 있다. 도꼬마리 열매의 겉에 있는 작은 가시는 갈고리 모양으로 되어 있어서 동물의 털이나 사람의 옷에 잘 달라붙는다. 한자 이름은 '창이(蒼耳)'인데 '푸른색 귀'라는 뜻으로 씨앗의 모양이 푸른색 귀걸이를 닮아서 붙여진 이름이라고 한다. 어린잎은 나물로 먹고 열매는 약으로 쓴다.

암꽃

수꽃

8월에 핀 꽃

돼지풀(국화과) *Ambrosia artemisiifolia*

한해살이풀, 높이 30~150cm, 꽃 8~9월

길가나 빈터에서 자란다. 암수한그루로 줄기나 가지 끝의 꽃이삭에 자잘한 연녹색 수꽃이 촘촘히 매달린다. 가는 자루에 매달린 꽃송이는 바람에 쉽게 흔들리면서 꽃가루를 날려 보낼 수 있다. 암꽃은 수꽃이삭 밑부분에 달린다. 돼지풀은 아메리카 원산의 귀화식물로 씨를 퍼뜨리는 힘이 강해 토박이 식물을 밀어내고 무성하게 자란다. '돼지풀'은 '호그위드(Hog : 돼지, Weed : 풀)'라는 영어 이름에서 유래되었으며 북한에서는 '두드러기쑥'이라고 한다.

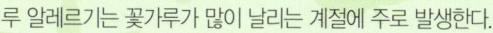

꽃가루 알레르기

알레르기성 체질인 사람이 알레르기 원인 물질 중의 하나인 꽃가루와 접촉할 때 나타나는 질환이 '꽃가루 알레르기'이다. 바람에 꽃가루를 날려 보내는 풍매화의 꽃가루가 공기 중에 떠다니다가 코나 기관지로 들어오면 알레르기성 호흡기 질환을 일으킨다. 그러므로 꽃가루 알레르기는 꽃가루가 많이 날리는 계절에 주로 발생한다.

봄철에는 자작나무, 참나무, 소나무 등의 꽃가루가 바람에 날려 퍼진다. 간혹 버드나무나 사시나무의 먼지 같은 털이 달린 씨앗이 바람에 날리는 것을 보고 꽃가루로 오해하기도 하는데 씨앗은 알레르기를 일으키지 않는다. 또 여름에는 돼지풀, 쑥, 환삼덩굴의 꽃가루가 알레르기를 일으킨다.

꽃가루 알레르기의 증상은 기침, 가래와 함께 호흡이 곤란해지거나 재채기, 코막힘 등이 나타난다. 아토피성 피부염이 있는 경우는 피부에 발진이 생기고 가렵다. 꽃가루 알레르기가 있는 사람은 마스크 등으로 꽃가루를 멀리하거나 저항을 키우는 면역 요법 등으로 치료한다.

식물이 사는 곳

5월에 핀 꽃　　　　　　뿌리잎

떡쑥(국화과) *Pseudognaphalium affine*

두해살이풀, 높이 15~40㎝, 꽃 5~7월

들이나 밭에서 자란다. 전체가 솜 같은 흰색 털로 덮여 있다. 줄기에서 갈라진 가지에 기다란 주걱 모양의 잎이 어긋난다. 줄기 끝에서 갈라진 짧은 꽃가지마다 작은 꽃송이가 달려 전체적으로 둥근 꽃 모양을 만든다. 갈색 솜털이 달린 씨앗은 바람에 날려 퍼진다. 봄에 쑥처럼 뿌리잎을 캐서 떡을 만들 때 함께 넣어서 '떡쑥'이라고 하며 '솜쑥'이라고 부르는 곳도 있다. 한방에서는 떡쑥을 가래를 삭이거나 기침을 멈추는 약재로 쓴다.

9월에 핀 꽃　　　　　　덩이줄기

뚱딴지(국화과) *Helianthus tuberosus*

여러해살이풀, 높이 1.5~3m, 꽃 9~10월

들이나 밭에서 자란다. 해바라기를 닮았지만 꽃의 크기가 작다. 땅속에 못생긴 감자 모양의 덩이줄기가 있다. 감자처럼 덩이줄기를 캐지만 줄기와 꽃은 감자와 전혀 달라서 '뚱딴지'라는 이름으로 불리며 '돼지감자'라고도 한다. 유럽에서는 덩이줄기를 요리에 이용하거나 가축 사료로 썼다. 우리나라도 덩이줄기를 식용하기 위해 재배하던 것이 저절로 퍼져 나가 자라고 있다. 덩이줄기에 들어 있는 성분이 당뇨병 환자에게 도움을 준다고 한다.

9월에 핀 꽃　　　　　아스팔트를 뚫고 나온 새싹

쑥(국화과) *Artemisia princeps*

여러해살이풀, 높이 60~120㎝, 꽃 7~9월

풀밭이나 빈터에서 흔히 자란다. 잎몸은 깃꼴로 갈라지고 뒷면은 거미줄 같은 흰색 털로 덮여 있다. 줄기나 가지 끝에 자잘한 황백색 꽃이 모여 핀다. 봄에 새순을 뜯어서 된장국을 끓여 먹고 쌀가루에 버무려서 쑥떡을 만들어 먹기도 한다. 또 말린 쑥 잎을 아픈 부위에 올려놓고 뜸을 뜨기도 한다. 쑥잎으로 즙을 내어 마시면 위장이 튼튼해진다고 한다. 여름에 쑥대를 넣고 모깃불을 피워 모기를 쫓기도 한다.

단군 신화 속의 쑥 이야기

우리 민족의 건국 신화인 단군 신화에는 쑥에 관한 이야기가 나옵니다. 하느님의 아들인 환웅은 널리 인간을 유익하게 하려고 바람, 구름, 비를 다스리는 신하를 거느리고 태백산으로 내려왔습니다.

어느 날 곰과 호랑이가 환웅을 찾아와 사람이 되고 싶다고 하자 환웅은 이들에게 쑥과 마늘을 주며, 100일 동안 쑥과 마늘만 먹고 햇빛을 보지 않으면 사람이 될 수 있다고 하였습니다. 곰과 호랑이는 동굴에 들어가 쑥과 마늘만 먹으며 지냈는데, 호랑이는 견디지 못하고 그만 동굴을 뛰쳐나가고 말았습니다. 하지만 곰은 쑥과 마늘만 먹으며 100일 동안 참고 견뎌서 마침내 여인으로 다시 태어났습니다.

환웅은 곰이 변한 여인을 '웅녀'라고 이름 짓고 아내로 맞이하였습니다. 환웅과 웅녀 사이에서 아들이 태어났는데 바로 우리 민족의 시조인 '단군왕검'입니다. 단군왕검은 평양성에 도읍을 정하고 나라를 세워서 '조선'이라고 칭하였는데 우리 민족이 이 땅에 세운 최초의 국가인 '고조선'입니다.

8월에 핀 꽃　　　　꽃송이　　　　꽃송이 단면

개쑥갓(국화과) *Senecio vulgaris*

한두해살이풀, 높이 10~30㎝, 꽃 4~10월

길가나 빈터에서 흔히 자란다. 긴 타원형 잎은 새깃 모양으로 갈라지고 가장자리에 불규칙한 톱니가 있다. 잎이 쑥갓과 비슷하지만 먹을 수 없어서 '개쑥갓'이라고 하며 북한에서는 '들쑥갓'이라고 부른다. 원통형의 노란색 꽃송이는 계절을 가리지 않고 핀다. 원통형의 꽃송이 단면을 보면 개쑥갓은 꽃잎이 없는 대롱 모양의 꽃들만 촘촘히 모여 달린 꽃송이임을 알 수 있다. 유럽 원산의 귀화식물로 씨앗을 퍼뜨리는 힘이 강하다.

7월에 핀 꽃　　　　　　　뿌리잎

망초(국화과) *Erigeron canadensis*

두해살이풀, 높이 50~150㎝, 꽃 7~9월

길가나 빈터에서 흔히 자란다. 가을에 싹이 튼 뿌리잎을 펼친 채 추운 겨울을 난다. 줄기 윗부분에서 갈라진 많은 잔가지마다 조그만 원통형 꽃송이가 달린다. 북아메리카 원산의 귀화식물로 번식력이 매우 강해 널리 퍼져 자란다. 우리나라가 일본에 나라를 빼앗길 즈음 널리 퍼진 풀로 '망국초(亡國草)'라고 부르던 것이 변해 '망초'가 되었다고 한다. 또 뽑아도 계속 돋아나는 번식력 때문에 '밭을 망치는 풀'이라는 뜻으로 '망초'로 불렀다고 한다.

6월에 핀 꽃　　　　　　　뿌리잎

개망초(국화과) *Erigeron annuus*

두해살이풀, 높이 50~100㎝, 꽃 7~9월

길가나 빈터에서 자란다. 가을에 싹이 튼 뿌리잎을 펼친 채 추운 겨울을 난다. 줄기와 가지 끝마다 흰색 꽃송이가 하늘을 보고 핀다. 가장자리의 꽃잎은 흰색이지만 가운데 부분은 노란색이다. 북아메리카 원산의 귀화식물로 번식력이 매우 강해 널리 퍼져 자란다. 어린잎은 나물로 먹으며 된장국을 끓여 먹거나, 튀김으로 만들어 먹는다. 풀을 베어서 쌓아 두었다가 퇴비로 쓴다. '망초'와 가까운 친척식물로 흔하게 자라서 '개망초'라고 한다.

잡초를 없애 주는 농약 제초제

농사를 짓는 농부는 농작물이 잘 자랄 수 있도록 논밭에서 자라는 잡초를 뽑아 주어야 한다. 하지만 계속해서 돋아나는 잡초를 제거하는 데는 많은 일손이 필요하다. 이를 돕기 위해 만든 농약이 '제초제'로 잡초가 자라는 곳에 제초제를 뿌리면 쉽게 잡초를 없앨 수 있다.

제초제는 농부의 일손을 돕는 고마운 농약이지만 계속해서 사용하면 땅속의 이로운 미생물까지 죽게 만들어서 땅이 못쓰게 된

제초제를 뿌린 논둑에서 꽃이 핀 개망초만 살아남았다.

다. 또 빗물에 씻겨 내려간 제초제는 개울로 흘러 들어가 물을 오염시키고, 물속 생물이 병들거나 죽게 만들기 때문에 가능한 적게 써야 한다. 제초제는 독성이 강한 독약이므로 절대 사람 몸에 닿거나 먹지 않도록 주의해야 한다.

민들레

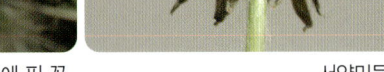

총포조각

4월에 핀 꽃

서양민들레

4월에 핀 꽃

4월에 핀 흰민들레 꽃

민들레(국화과) *Taraxacum platycarpum*

여러해살이풀, 높이 10~15㎝, 꽃 3~5월

들판이나 빈터에서 흔히 자란다. 봄이 되면 잎 사이에서 꽃대가 나와 노란색 꽃이 핀다. 노란색 꽃송이를 받치는 총포조각은 곧게 서고 끝에는 작은 돌기가 있다. 잎은 쌈을 싸 먹거나 데쳐서 나물로 무쳐 먹으며, 된장국을 끓여 먹기도 한다. 뿌리는 기침을 멈추게 하는 약으로 쓴다. 옛날 사립문 둘레에 흔하게 자라서 '문둘레'라고 부르던 것이 '민들레'라는 이름으로 변했다고 한다. '고채(苦菜)'라고도 하는데 나물에 쓴맛이 나서 붙여진 이름이다.

서양민들레(국화과) *Taraxacum officinale*

여러해살이풀, 높이 10~20㎝, 꽃 3~9월

유럽 원산으로 도시나 마을 주변의 빈터에서 흔히 볼 수 있다. 민들레와 비슷하지만 노란색 꽃송이를 받치는 총포조각이 뒤로 젖혀지는 것으로 구분할 수 있다. 민들레 종류로 서양에서 들어와서 '서양민들레'라고 한다. 서양민들레는 번식력이 강해서 토종 민들레를 밀어내고 더 흔하게 자란다. 뿌리잎은 캐서 나물로 먹거나 샐러드를 만들어 먹는다. 뿌리는 커피 대용품으로 차로 끓여 마신다. 민들레 종류 중에 흰색 꽃이 피는 것은 '흰민들레'라고 한다.

서양민들레가 살아가는 지혜

가을에 싹이 터서 자란 서양민들레의 뿌리잎은 땅바닥에 방석처럼 활짝 펼쳐진다. 이런 모습이 장미를 닮아서 '로제트 식물'이라고 하는데 추운 겨울바람을 덜 받고 흙의 수분이 증발되는 것도 막을 수 있다.

이른 봄에 핀 꽃은 곤충이 잘 볼 수 있도록 위를 향하고, 꽃이 시들면 자루가 밑으로 처져서 밑에서 안전하게 열매를 만든다.

또한 열매 속의 씨앗이 익을 때면 털이 달린 씨앗이 바람에 잘 날아 갈 수 있도록 열매자루가 길게 자라서 위를 향한다.

③ 열매가 영글면 씨앗이 바람에 잘 날릴 수 있도록 열매자루가 길게 자라요.

① 꽃은 점차 꽃자루가 길어지면서 곤충이 잘 볼 수 있도록 위를 향해요.

② 시든 꽃은 자루가 비스듬히 처지면서 밑에서 안전하게 열매를 만들어요.

④ 미리 겨울을 난 잎 덕분에 봄이 되면 일찍 꽃을 피울 수 있어요.

6월에 핀 꽃　　　　　털이 달린 씨앗

지느러미엉겅퀴(국화과) *Carduus crispus*

두해살이풀, 높이 70~100㎝, 꽃 5~8월

들이나 길가에서 자란다. 줄기에 가시가 달린 지느러미 모양의 날개가 있고 꽃이 엉겅퀴를 닮아서 '지느러미엉겅퀴'라고 하며 '엉거시'라고도 한다. 줄기의 지느러미와 길쭉한 잎 가장자리에는 날카로운 가시가 있어 가축들이 싫어한다. 가지 끝마다 달리는 붉은색 꽃송이 밑부분은 기다란 가시가 촘촘히 나 있다. 털이 있는 씨앗은 바람을 타고 퍼진다. 봄에 뿌리잎을 데쳐서 쓴맛을 빼낸 뒤 나물로 먹는다. 연한 줄기는 껍질을 벗겨 날로 먹기도 한다.

 꽃 색깔이 여러 가지인 이유는?

지느러미엉겅퀴와 흰나비

범부채와 호랑나비

자주조희풀과 꽃등에

서양민들레와 박각시

꽃이 예쁜 색깔을 띠고 있는 것은 곤충을 불러 모으기 위해서이다. 꽃마다 색깔이 다른 것은 곤충마다 좋아하는 색깔이 다르기 때문이다. 배추흰나비는 빨간색이나 노란색 꽃을 좋아하고, 호랑나비나 제비나비는 빨간색 꽃을 좋아하며, 꿀벌은 보라색 꽃을 좋아한다.

주로 밤에 활동하는 나방은 노란색이나 흰색 꽃을 좋아하기 때문에 밤에 피는 꽃은 노란색이나 흰색이 많다. 하지만 곤충은 사람이 보는 모든 색깔을 구분하지는 못하는 대신 사람이 볼 수 없는 자외선을 볼 수 있는 것이 특징이다.

9월에 핀 꽃　　　　　꽃 모양

털진득찰(국화과) *Siegesbeckia pubescens*

한해살이풀, 높이 40~100㎝, 꽃 8~9월

풀밭이나 밭 근처에서 자란다. 줄기와 잎에 털이 빽빽이 난다. 줄기와 가지 끝에 노란색 꽃이 모여 달린다. 열매 겉에 나 있는 털에는 끈적거리는 액체가 묻어 있어서 다른 물체에 잘 달라붙는다. '진득찰'이라는 이름은 끈적거리는 털이 있어 진득진득 잘 달라붙기 때문에 붙여졌고, 전체에 털이 많은 진득찰이라서 '털진득찰'이라고 한다. 열매가 끈적거리기 때문에 동물의 털이나 옷에 달라붙어 씨앗을 퍼뜨린다. 한방에서 신경통을 치료하는 약재로 쓴다.

열매

8월에 핀 꽃　　　　　마디에서 내린 뿌리

달개비/닭의장풀(달개비과) *Commelina communis*

한해살이풀, 높이 15~50㎝, 꽃 7~8월

밭이나 길가, 빈터에서 흔히 자란다. 줄기는 비스듬히 땅을 기며 마디에서 뿌리가 내린다. 가지 끝에 피는 하늘색 꽃이 닭벼슬과 모양이 비슷해서 '달개비'라는 이름을 얻었다. 또 닭장 주변에서 잘 자란다고 하여 '닭의장풀'이라고도 한다. 부드러운 어린잎과 줄기는 살짝 데쳐서 나물로 무쳐 먹는다. 푸른색 꽃잎은 비단을 물들이는 물감으로도 이용되었다. 한방에서 오줌을 잘 나오게 하거나 위장병을 치료하는 약재로 쓴다.

들에서 자라는 식물

기는줄기

4월에 핀 꽃   떼

잔디(벼과) *Zoysia japonica*
여러해살이풀, 높이 10~15㎝, 꽃 5~6월

양지쪽 풀밭에서 자라며 흔히 정원이나 무덤가에 심어서 잔디밭으로 꾸민다. 뿌리줄기가 길게 벋으며 퍼진다. 봄에 자주색이 도는 꽃이삭이 달리고 여름이 되면 작은 검은색 씨앗들이 다닥다닥 여문다. 보통 씨앗을 심어서 가꾸지만 옮겨 심을 때는 삽으로 잔디 줄기와 흙을 통째로 떠낸다. 이를 '떼' 또는 '뗏장'이라고 한다. '잔디'는 '잘다'와 '띠'가 합쳐진 '쟌듸'가 점차 변한 말로 풀밭에서 자라는 띠와 비슷하지만 크기가 작아서 붙여진 이름이다.

8월의 돌피   꽃이삭

돌피(벼과) *Echinochloa crus-galli*
한해살이풀, 높이 80~100㎝, 꽃 7~8월

논에서 자라는 대표적인 잡초이다. 잎줄기가 자랄 때는 생김새가 벼와 비슷해서 구분이 어려우며 벼보다 조금 빨리 자라기 때문에 벼가 자라는 것을 방해한다. 그래서 농부들은 돌피를 부지런히 뽑아 주는데 이를 '피사리'라고 한다. 피사리는 하루 종일 허리를 구부리고 돌피와 같은 잡초를 뽑아 주어야 하기 때문에 일이 고되고 힘들다. 돌피는 연녹색 이삭이 나오면 벼와 모양이 다르기 때문에 구분이 가능하다.

길고 억센 털이 있는 이삭

8월의 강아지풀   초겨울의 마른 강아지풀

강아지풀(벼과) *Setaria viridis*
한해살이풀, 높이 40~70㎝, 꽃 7~9월

밭이나 길가에서 자란다. 줄기 끝에 달리는 원통형 꽃이삭이 강아지 꼬리를 닮아서 '강아지풀'이라고 한다. 아이들은 이삭을 손바닥 위에 올려놓고 손가락을 움직이는 놀이를 하는데 강아지가 꼬리를 흔드는 것처럼 보인다. 강아지풀은 우리가 먹는 곡식인 조의 조상이다. 아주 오랜 옛날에는 씨앗을 먹었다고 한다. 풀은 소를 비롯한 가축이 잘 먹으며 씨앗은 새의 먹이가 된다. 이삭에 물을 들여 말린 것을 꽃꽂이 재료로 쓴다.

6월의 뚝새풀   꽃이삭

뚝새풀(벼과) *Alopecurus aequalis*
두해살이풀, 높이 20~40㎝, 꽃 4~5월

논밭에서 무리 지어 자란다. 줄기 끝에 기다란 꽃이삭이 달린다. 연두색의 꽃밥은 차차 갈색으로 변한다. 독사에 물렸을 때 짓찧어 바르는 풀이라서 '독사풀'이라고 하던 것이 '독새풀'로 변했다가 '뚝새풀'이 되었다고 한다. 대표적인 잡초로 아무리 뽑아도 독하게 살아남아서 '독새풀'이라고 했다고도 한다. 어릴 때는 소가 잘 뜯어 먹지만 꽃이 핀 다음에는 소가 먹지 않는다. 한방에서 소변을 잘 나오게 하거나 설사를 멈추는 등의 약재로 쓴다.

8월의 그령   그령 묶음

9월 초의 수크령   꽃이삭

그령(벼과) *Eragrostis ferruginea*

여러해살이풀, 높이 30~80㎝, 꽃 7~9월

길가나 빈터 또는 풀밭에서 자란다. 줄기는 여러 대가 뭉쳐나며 줄기와 잎이 매우 질기다. '그령'이라는 이름은 '두 끝을 당기어 맨다'는 뜻의 '그러매다'에서 만들어진 말로, 길에서 자라는 풀을 둘로 나누어 묶어 놓으면 지나가다가 발이 걸려 넘어지게 한 장난에서 유래되었다. 전체적으로 수크령보다는 부드럽게 보여 '암크령'이라고도 한다. 농가에서 가축의 먹이로 쓴다. 아이들이 질긴 줄기로 복조리나 복주머니 등을 엮고 빗자루를 만들기도 한다.

수크령(벼과) *Pennisetum alopecuroides*

여러해살이풀, 높이 30~80㎝, 꽃 8~10월

들이나 길가에서 자란다. 줄기는 여러 대가 뭉쳐나 포기를 이룬다. '수크령'은 '남자 그령'이라는 뜻으로 줄기가 그령처럼 매우 질기면서도 남자처럼 억세고, 꽃이삭도 큼직해서 붙여진 이름이다. 원통형의 꽃이삭은 기다란 자주색 털로 덮여 있으며 힘껏 잡아당겨도 잘 뽑히지 않는다. 수크령은 '길갱이'라고도 하는데 '길가에서 자라는 고양이 꼬리를 닮은 풀'이라는 뜻이다. 씨앗은 옷에 잘 달라붙어 퍼진다. 꽃이삭은 꽃꽂이 재료로 쓴다.

7월의 바랭이   갓 나오는 이삭에 꽃이 피었다.

바랭이(벼과) *Digitaria sanguinalis*

한해살이풀, 높이 30~70㎝, 꽃 7~8월

들판이나 밭에서 흔히 자란다. 줄기는 가지가 갈라지고 밑부분은 땅 위를 기면서 마디마다 뿌리를 내리기 때문에 무척 빠르게 퍼진다. 줄기 윗부분은 곧게 서며 끝의 꽃이삭에는 3~8개의 가지가 사방으로 갈라진다. 아이들이 바랭이 이삭으로 조리를 만들며 놀기도 해 '조리풀'이라고도 부른다. 옛날에 흉년이 들었을 때는 바랭이로 죽을 쑤어 먹기도 하였다. 줄기는 연하고 부드러워서 소나 돼지, 토끼 같은 집짐승이 잘 먹는다.

2단계로 꽃이 피는 바랭이

바랭이는 바람을 이용하여 꽃가루받이를 하는 풍매화이다. 줄기 끝의 꽃이삭이 잎집을 비집고 나오는대로 끝 부분부터 먼저 꽃이 피기 시작한다. 이 시기에는 잎에 묻혀서 바람이 잘 통하지도 않는데 왜 꽃이 피는 걸까?

첫 번째로 핀 꽃은 한 꽃의 암술과 수술이 제꽃가루받이를 해서 확실하게 열매를 맺는다. 제꽃가루받이를 하면서 꽃이삭은 계속 길게 자라고 가지가 벌어지기 시작한다. 바람이 잘 통할 수 있도록 꽃이삭의 가지가 활짝 벌어지면 다시 꽃이 피기 시작한다.

바랭이 꽃이삭

이렇게 두 번째로 핀 꽃은 바람에 꽃가루가 날려 퍼지며 다른 그루에서 핀 꽃과 만나 꽃가루받이를 한다. 바랭이는 제꽃가루받이를 통해 확실하게 씨앗을 맺고 난 후에 다시 바람을 이용해 딴꽃가루받이를 해서 좋은 씨앗을 남기는 방법을 쓴다.

꽃이 두 번 피는 독특한 방법 때문인지 바랭이는 널리 퍼져 자라는 잡초로 농부들을 힘들게 한다.

산에서 자라는 식물

우리나라는 대륙에서 남쪽으로 길게 벋어 나온 반도로 삼면이 바다로 둘러싸여 있다. 또 국토의 70% 이상이 산지일 정도로 산이 많은 나라이다. 산지는 주로 숲으로 이루어져 있어서 많은 나무와 함께 풀이 섞여 자란다. 우리나라의 국토 면적은 그리 넓지 않지만 남북으로 길게 벋어서 남북의 기온 차가 크고, 숲이 우거진 덕에 4천여 종이나 되는 많은 식물이 자라고 있다.

신록이 푸르른 5월의 산

7월에 핀 꽃

새로 핀 꽃이 가장 높은 곳에 위치한다.

꽃이 거의 다 핀 꽃이삭

4월의 족두리풀 군락

꽃 모양

씨앗

삼백초(삼백초과) *Saururus chinensis*

여러해살이풀, 높이 50~100cm, 꽃 6~8월

제주도의 습지에서 자라며 흔히 심어 기르기도 한다. 줄기 위쪽에 달리는 잎은 앞면이 흰색을 띤다. 잎과 마주 달리는 기다란 꽃이삭에 자잘한 흰색 꽃이 피어 올라간다. 꽃이삭은 둥글게 휘어지는데 가장 높은 곳에 위치한 부분의 꽃이 활짝 피어서 꽃가루를 먹으러 오는 꽃등에가 앉기 쉽도록 만들어 준다. '삼백초(三白草)'라는 한자 이름은 '꽃과 잎과 뿌리 세 가지가 흰색인 풀'이라는 뜻이다. 한방에서 말린 풀은 열을 내리는 약재로 쓴다.

족두리풀(쥐방울덩굴과) *Asarum sieboldii*

여러해살이풀, 높이 5~20cm, 꽃 4~5월

산의 나무 그늘에서 자란다. 뿌리에서 돋는 잎은 반으로 접혀 있다가 펼쳐지는데 하트형을 닮았다. 잎 사이에서 나오는 꽃은 꽃대가 짧아서 보통 땅바닥에 붙다시피 한다. 옆을 보고 피는 홍자색 꽃은 꽃잎이 통처럼 생기고, 꽃잎 끝이 3갈래로 갈라져서 다소 뒤로 젖혀진다. 꽃의 모양이 부인들 머리에 쓰는 족두리와 닮아서 '족두리풀'이라고 한다. 한방에서는 뿌리를 '세신'이라고 하여 두통이나 소화 불량 등을 치료하는 약재로 쓴다.

10월에 핀 꽃 　　　　　　　잎줄기 　　　　　　　8월에 핀 꽃 　　　　　　　줄기의 가시

가시여뀌(마디풀과) *Persicaria dissitiflorum*

한해살이풀, 높이 50~100cm, 꽃 7~9월

산의 숲 가장자리나 나무 그늘에서 자란다. 가느다란 줄기는 윗부분에서 가지가 많이 갈라지며 윗부분은 붉은색 가시 모양의 끈적거리는 털이 많이 나 있다. 잎은 어긋나고 긴 달걀형이며 끝이 뾰족하고 밑부분이 오목하게 들어간 모양이 화살촉을 닮았다. 줄기 끝에서 갈라진 잔가지마다 좁쌀 모양의 붉은색 꽃이 달린다. 여뀌 종류로 가시 모양의 털이 있어서 '가시여뀌'라고 하며 꽃의 모양이 좁쌀 같아서 '좁쌀여뀌'라고도 한다.

미꾸리낚시(마디풀과) *Persicaria sagittata*

한해살이풀, 높이 30~100cm, 꽃 6~9월

냇가나 습지에서 자란다. 길게 자란 줄기는 약간 덩굴이 지며 흔히 무리 지어 자란다. 가는 줄기에 밑을 향한 갈고리 같은 잔가시가 나 있어 다른 물체에 잘 달라붙는다. 이 가시 때문에 '미꾸리낚시'라는 이름을 얻었다. 잎은 어긋나고 긴 타원형이며 끝은 뾰족하고 밑부분은 귀처럼 양쪽이 길다. 잎 뒷면의 잎맥에는 잎자루와 함께 갈고리 같은 억센 털이 줄기처럼 나 있다. 가지 끝에 연분홍색 꽃이 둥근 모양으로 촘촘히 모여 핀다.

🔍 풀 줄기의 단면 관찰하기

줄기는 식물의 몸을 떠받치고 물과 양분의 통로가 된다. 풀 줄기는 나무줄기처럼 단단해지지 않으며 줄기의 표면과 속은 식물에 따라 모양이 다르다.

식물의 줄기는 원통형인 것이 많은데 원통형이 튼튼하고 안전하기 때문이다. 하지만 세모지거나 네모진 줄기를 가진 식물도 있다.

줄기 속에는 연한 속심이 들어 있는 것도 있는데 '골속' 또는 '수(髓)'라고 하며, 비어 있거나 채워져 있는 등 여러 가지이다.

섬남성
줄기 속이 꽉 차 있다.

자주달개비
줄기 속이 꽉 차 있다.

단풍잎돼지풀
흰 골속이 꽉 차 있다.

금방동사니
줄기는 세모진다.

익모초
네모진 줄기는 골속이 차 있다.

부들
둘레에 공기 구멍이 많다.

호밀
줄기 속이 비어 있다.

억새
줄기 속이 비어 있다.

식물이 사는 곳

8월에 핀 꽃 　　　　　　8월의 장구채 군락

장구채(석죽과) *Silene firma*

두해살이풀, 높이 30~80㎝, 꽃 7~9월

산과 들의 풀밭에서 자란다. 여러 대가 모여 나서 곧게 자라는 줄기에 좁고 긴 타원형 잎이 2장씩 마주난다. 줄기 윗부분의 잎겨드랑이에 흰색 꽃이 몇 개씩 핀다. 달걀형의 꽃받침은 장구통을 닮았으며 5장의 꽃잎은 끝 부분이 둘로 갈라진다. 꽃받침이 장구통 모양이고 곧게 자라는 줄기가 장구를 치는 채와 비슷해서 '장구채'라는 이름을 얻었다. 봄에 돋는 새순을 나물로 먹고, 씨앗은 젖이 잘 나오게 하는 용도 등 약으로 쓴다.

흰색 꽃

4월에 핀 꽃 　　　　　노루의 귀를 닮은 새로 돋는 잎

노루귀(미나리아재비과) *Anemone hepatica* v. *japonica*

여러해살이풀, 높이 6~12㎝, 꽃 3~4월

산의 숲 속에서 자란다. 이른 봄에 뿌리에서 모여 난 꽃줄기 끝에 흰색, 보라색, 붉은색 꽃이 핀다. 꽃이 질 즈음 돋는 잎은 끝이 말려 있고 털이 보송보송한 모습이 노루의 귀처럼 생겨서 '노루귀'라는 이름을 얻었다. 그 모습이 귀엽기 때문인지 꽃말은 '귀여움', '수줍은 사람'이다. 봄에 어린잎을 뜯어서 나물로 먹는데 살짝 데쳐서 우려낸 다음에 먹는다. 한방에서 여름에 뿌리째 캐서 말린 것을 두통이나 치통을 멈추는 진통제로 쓴다.

열매

4월에 핀 꽃 　　　　　　털이 달린 씨앗

할미꽃(미나리아재비과) *Pulsatilla cernua* v. *koreana*

여러해살이풀, 높이 25~40㎝, 꽃 4~5월

양지쪽 풀밭에서 자라며 특히 무덤가에서 흔히 볼 수 있다. 이른 봄에 솜털을 뒤집어쓴 잎과 꽃줄기가 무더기로 나와서 비스듬히 퍼진다. 종 모양의 적자색 꽃은 고개를 숙이고 피는데 꽃잎 바깥쪽은 흰색 털로 덮여 있다. 꽃 속에는 많은 노란색 꽃밥이 들어 있어 꽃잎과 잘 어울린다. 열매가 할머니 머리처럼 흰색 깃털로 덮여 있어 '할미꽃'이라고 한다. 꽃잎이나 뿌리를 배탈이나 설사를 멈추는 약재로 쓰는데 독이 있으므로 주의해야 한다.

🙂 할미꽃의 슬픈 이야기

옛날 시골 마을에 한 할머니가 두 손녀와 함께 살고 있었습니다. 얼굴이 예쁘지만 마음씨가 고약한 큰 손녀는 부잣집으로 시집을 갔고, 얼굴은 못났지만 마음씨가 고운 작은 손녀는 가난한 집으로 시집을 갔습니다.

어느 날 손녀가 보고 싶어진 할머니는 추운 날씨를 무릅쓰고 큰 손녀를 찾아갔습니다.

"왜 찾아오셨어요. 난 바쁘니 막내한테 가 보세요."

마음씨가 고약한 큰 손녀는 문 앞에서 할머니를 돌려 보냈습니다. 할머니는 할 수 없이 고개 너머에 살고 있는 작은 손녀를 찾아 나섰습니다. 추운 날씨에 고개를 넘다가 지친 할머니는 그만 길가에 쓰러져 죽고 말았습니다. 마을 사람에게 소식을 전해 들은 작은 손녀는 돌아가신 할머니를 안고 펑펑 울었습니다. 그리고 마을 언덕에 할머니를 고이 묻어 드렸습니다.

이듬해 할머니가 묻힌 무덤가에 꽃이 피었는데 고개를 숙이고 피는 꽃과 열매의 모습이 할머니를 닮았습니다. 사람들은 이 풀을 보고 '할미꽃'이라고 불렀습니다.

4월에 핀 꽃   5월의 열매

꿩의바람꽃(미나리아재비과) *Anemone raddeana*

여러해살이풀, 높이 10~25㎝, 꽃 4~5월

산의 숲 속에서 자란다. 이른 봄에 잎보다 먼저 나오는 꽃줄기 끝에 흰색 꽃이 1개 핀다. 꽃잎은 8~13장이며 밤이나 흐린 날에는 오므라들고, 햇빛 비치는 낮에만 꽃잎이 벌어진다. 꽃이 질 즈음 돋는 뿌리잎은 3장의 작은잎으로 이루어지며 작은잎은 다시 셋으로 깊게 갈라진다. 바람꽃 종류로 줄기에 달리는 잎 모양이 '꿩의 발톱'을 닮았고 가는 줄기가 '꿩의 다리'처럼 보여 '꿩의바람꽃'이라고 한다. 한방에서 뿌리줄기는 감기약이나 가래를 삭이는 약재이다.

반짝거리는 꽃잎

5월에 핀 꽃   열매

미나리아재비(미나리아재비과) *Ranunculus japonicus*

여러해살이풀, 높이 30~70㎝, 꽃 5~6월

산과 들의 양지쪽 습한 풀밭에서 자란다. 뿌리에서 줄기가 모여나 무리 지어 자란다. 줄기와 가지 끝에 노란색 꽃이 피는데 5장의 꽃잎 표면은 반짝반짝 광택이 난다. '아재비'는 아저씨의 낮춤말로 '미나리'처럼 습한 곳에서 자라지만 생김새는 조금 닮았다는 뜻으로 '미나리아재비'라고 한다. 미나리아재비는 독성이 매우 강해 벌레를 잡는 살충제로 쓰기도 하였다. 미나리아재비의 즙이 살갗에 닿으면 물집이 생길 수도 있으므로 주의해야 한다.

물동이를 닮은 갓 핀 꽃

4월에 핀 꽃   열매

동의나물(미나리아재비과) *Caltha palustris*

여러해살이풀, 높이 50㎝ 정도, 꽃 4~5월

산속의 습지나 물가에서 자란다. 뿌리잎은 둥근 하트형이다. 꽃줄기마다 1~2개씩의 노란색 꽃이 위를 향해 핀다. 어린잎을 나물로 먹기도 하는데 약간의 독성분이 들어 있으므로 삶은 다음에 물에 잘 우려내서 먹어야 한다. 잎을 나물로 먹고 꽃봉오리가 벌어지는 모습이 옛날 여인들이 머리에 이고 가던 물동이를 닮아서 '동이나물'이라고도 한다. '마제(馬蹄)'라는 한자 이름도 있는데 잎의 모양이 '말발굽'을 닮아서 붙어진 이름이다.

매의 발톱처럼 굽은 꽃뿔

5월 초에 핀 꽃   익어서 벌어진 열매

매발톱꽃(미나리아재비과) *Aquilegia oxysepala*

여러해살이풀, 높이 50~70㎝, 꽃 5~7월

산의 계곡이나 풀밭에서 자란다. 잎은 어긋나고 3장의 작은잎이 모여 달린다. 가지 끝마다 적갈색 꽃이 밑을 향해 핀다. 안쪽 꽃잎의 끝 부분은 노란색이어서 더욱 아름답다. 꽃잎 뒤쪽에 위로 벋은 긴 꽃뿔이 매의 발톱처럼 안으로 굽은 모양이어서 '매발톱꽃'이라고 한다. 원통형 열매는 끝에 5개의 뿔이 있다. 꽃의 모양이 아름다워서 관상용으로 기르기도 한다. 한방에서 여자들의 월경에 관련된 병에 약으로 쓰는데 독성분이 있으므로 주의해야 한다.

식물이 사는 곳

4월에 핀 꽃　　기다란 열매　　줄기 단면

피나물 군락

피나물(양귀비과) *Hylomecon vernale*

여러해살이풀, 높이 20~30㎝, 꽃 4~5월

산의 숲 속에서 포기를 이루며 자란다. 잎은 깃꼴겹잎으로 긴 잎자루에 5장의 작은잎이 새깃 모양으로 마주 붙는다. 줄기 윗부분의 잎겨드랑이에서 나온 꽃줄기에 1~3개의 큼직한 노란색 꽃이 핀다. 꽃잎은 보통 4장이지만 드물게 7장까지 달리는 꽃도 있다. 봄에 돋는 새순을 나물로 먹는데 줄기를 꺾으면 붉은색 즙이 나와서 '피나물'이라는 이름을 얻었다. 나물로 먹지만 독성이 있으므로 삶아서 물에 잘 우려내야 독과 함께 쓴맛을 없앨 수 있다.

수술이 먼저 자라는 수술선숙

갓 피어난 꽃은 많은 수술 속에 암술이 묻혀 있어요.

② 수술 속에서 암술이 자란다.

① 갓 핀 피나물 꽃의 암술과 수술

③ 암술이 수술 위로 나온다.

피나물의 갓 핀 꽃은 꽃잎 가운데에 많은 노란색 수술이 모여 있다. 시간이 지나면서 노란색 꽃밥이 시들면 한가운데에서 녹색 암술이 수술 밖으로 길게 자란다. 이처럼 수술이 먼저 자라는 것을 '수술선숙' 또는 '수꽃선숙'이라고 하는데 '선숙(先熟)'은 '먼저 자란다'는 뜻이다. 한 꽃 안에서 암술과 수술이 자라는 시기를 다르게 하는 것은 암술에 자기 꽃가루가 묻는 제꽃가루받이를 피하기 위해서이다.

식물은 제꽃가루받이를 하면 유전적으로 좋지 않은 씨앗을 만들 수 있기 때문에 여러 가지 방법으로 피한다.

4월에 핀 꽃　　숲 속의 산괴불주머니 꽃밭

꽃 모양

산괴불주머니(양귀비과) *Corydalis speciosa*

두해살이풀, 높이 30~50㎝, 꽃 4~6월

산골짜기나 숲 가장자리에서 흔히 자란다. 줄기는 속이 비어 있고 물기가 많아 힘을 가하면 잘 구부러진다. 가지 윗부분의 기다란 꽃송이에 노란색 꽃이 차례대로 피어 올라가며 꽃 피는 기간이 길다. 꽃송이에 꽃이 조롱조롱 매달린 모양이 어린아이가 주머니 끈 끝에 차는 노리개인 괴불을 닮아서 '괴불주머니'라는 이름을 얻었고, 산에서 자라서 '산괴불주머니'라고 한다. 한방에서 통증을 줄여 주는 진통제나 타박상 등을 치료하는 약재로 쓴다.

5월에 핀 꽃　　꽃 모양

금낭화(양귀비과) *Lamprocapnos spectabilis*

여러해살이풀, 높이 30~60㎝, 꽃 5~6월

산골짜기에서 자란다. 물기가 많은 줄기는 연약해서 작은 힘에도 잘 부러진다. 비스듬히 휘어지는 줄기나 가지 윗부분에 주머니 모양의 납작한 붉은색 꽃이 조롱조롱 매달린다. '금낭화(錦囊花)'라는 한자 이름은 '비단으로 만든 주머니를 닮은 꽃'이라는 뜻이다. 꽃의 모양이 여자들 옷에 매다는 주머니를 닮아 '며느리주머니'라고 부르기도 한다. 새순을 나물로 먹기 때문에 '며늘취'라고도 한다. 꽃의 모양이 특이하고 아름다워 관상용으로 심는다.

5월에 핀 꽃　　　　　　　기다란 바늘 모양의 열매

장대나물(겨자과) *Turritis glabra*
두해살이풀, 높이 40~70㎝, 꽃 4~6월

산과 들의 양지쪽 풀밭에서 자란다. 길쭉한 뿌리잎은 가을에 싹이 터서 로제트로 겨울을 난다. 봄에 뿌리잎 사이에서 나온 줄기는 곧게 자란다. 잎은 어긋나고 긴 타원형이며 밑부분은 화살촉처럼 되어 원줄기를 감싼다. 줄기 윗부분에 연한 황백색 꽃이 위로 올라가며 차례대로 핀다. 바늘 모양의 기다란 열매는 줄기를 따라 곧게 선다. 뿌리잎을 뜯어 나물로 먹는다. 줄기가 장대처럼 곧게 자라고 나물로 먹기 때문에 '장대나물'이라고 한다.

10월에 핀 꽃　　　　　　　뿌리에 모여 난 잎

바위솔(돌나물과) *Orostachys japonica*
여러해살이풀, 높이 30㎝ 정도, 꽃 9~10월

산의 바위 겉에 붙어서 자라며 오래된 건물의 지붕이나 돌담에 붙어서 자라기도 한다. 칼 모양의 뿌리잎은 육질이 두툼하며 방석처럼 퍼지고, 끝이 굳어져서 가시같이 된다. 가을에 뿌리잎 사이에서 자란 줄기에 자잘한 흰색 꽃이 촘촘히 돌려 가며 피어 올라간다. 잎이 솔잎처럼 뾰족하고 바위에 붙어 자라서 '바위에서 자라는 소나무'라는 뜻으로 '바위솔'이라고 한다. 한자 이름은 '와송(瓦松)'이라고 하는데 '기와지붕에 붙어서 자라는 소나무'라는 뜻이다.

무더기로 모여 난 새싹

6월에 핀 꽃　　　　　　　바닷가의 기린초 군락

기린초(돌나물과) *Sedum kamtschaticum*
여러해살이풀, 높이 10~30㎝, 꽃 6~8월

산과 들의 풀밭이나 바위틈에서 자란다. 긴 타원형 잎은 통통한 육질로 물기가 많다. 줄기와 가지 끝의 꽃송이에 자잘한 별 모양의 노란색 꽃이 촘촘히 모여 핀다. '기린초'는 이 식물의 두꺼운 잎과 꽃을 '기린(麒麟)의 뿔'에 비유해서 붙인 이름이라고 하는데, 이 기린은 목이 긴 동물이 아니라 중국의 옛 책에 나오는 상상 속의 동물이다. 봄에 연한 새순을 뜯어서 나물로 먹는다. 무더기로 꽃이 핀 모습이 아름다워 관상용으로 심기도 한다.

줄기의 잎

5월에 핀 꽃　　　　　　　이른 봄에 새로 돋는 잎

돌나물(돌나물과) *Sedum sarmentosum*
여러해살이풀, 높이 15㎝ 정도, 꽃 5~6월

산기슭의 바위 위나 밭둑에서 자란다. 줄기는 땅 위를 기며 자라고 각 마디에서 뿌리가 내린다. 긴 타원형 잎은 끝이 뾰족하며 보통 마디마다 3장씩 돌려 가며 달린다. 줄기와 잎 전체가 통통한 육질이다. 가지 끝마다 노란색 꽃이 핀다. 어린 줄기와 잎으로 김치를 담가 먹는데 독특한 향기와 맛이 난다. 돌밭 주변에서 잘 자라고 나물로 먹어서 '돌나물'이라고 한다. 시골집 마당가에 심어 기르기도 하는데 줄기를 잘라 땅에 꽂아 두면 잘 자란다.

봄에 잎과 꽃이 함께 나온다.

4월에 핀 꽃   바위틈에서 자라는 돌단풍

돌단풍(범의귀과) *Mukdenia rossii*

여러해살이풀, 높이 30㎝ 정도, 꽃 4~6월

산의 개울가 바위틈에서 자란다. 살이 찐 뿌리줄기는 바위 틈새로 벋어 나간다. 뿌리에서 모여 나는 잎은 동그란 잎몸이 단풍잎처럼 5~7갈래로 갈라진다. 잎의 모양이 단풍잎과 비슷하고 바위틈에서 자라기 때문에 '돌단풍'이라고 하며 '돌나리'라고도 부른다. 뿌리잎 사이에서 자란 꽃줄기의 가지마다 자잘한 흰색 꽃이 촘촘히 모여 핀다. 봄에 돋는 어린잎을 뜯어 나물로 먹는다. 잎의 모양과 꽃이 아름다워 관상용으로 기르기도 한다.

8월에 핀 꽃   품종   품종

품종   품종

노루오줌(범의귀과) *Astilbe rubra*

여러해살이풀, 높이 30~70㎝, 꽃 7~8월

산의 냇가나 습한 풀밭에서 자란다. 잎은 작은잎이 많이 모여 달린 겹잎이다. 줄기 끝의 커다란 꽃송이는 가지가 많이 갈라지며 가지마다 자잘한 홍자색 꽃이 다닥다닥 달린다. 뿌리를 약재로 쓰는데 캐서 비비면 배설물처럼 약간 역겨운 냄새가 나고 노루가 사는 산속에서 자라서 '노루오줌'이라고 한다. 꽃이 아름답고 오래가기 때문에 여러 색깔의 품종이 원예용으로 개발되어 화단에 심어지고 있으며, 잘라서 꽃꽂이용으로 쓰기도 한다.

꽃 모양

10월에 핀 꽃   꽃봉오리

물매화(노박덩굴과) *Parnassia palustris*

여러해살이풀, 높이 10~35㎝, 꽃 7~10월

산의 볕이 잘 드는 습한 풀밭에서 자란다. 뿌리잎은 잎자루가 길며 잎몸은 하트형이다. 뿌리잎 사이에서 나온 가는 꽃줄기는 10~40㎝ 높이로 장대처럼 곧게 위로 자라며 중간에 1장의 잎이 달리는데 밑부분이 줄기를 감싼다. 기다란 꽃줄기 끝에 매화를 닮은 흰색 꽃이 하늘을 향해 핀다. 5장의 흰색 꽃잎 가운데에 있는 암술 주위에 5개의 진짜 수술과 5개의 헛수술이 있다. 습지에서 자라고 매화 모양의 꽃이 피어서 '물매화'라고 한다.

곤충을 유인하는 헛수술

수술   헛수술

물매화

헛수술

수술

달개비

물매화의 꽃을 보면 연노란색 꽃밥이 있는 5개의 수술 사이에 연녹색을 띠는 헛수술이 있다. **헛수술은 꽃밥이 없어서 수술의 역할을 하지 못하는 가짜 수술이다.** 물매화의 헛수술은 윗부분이 왕관 모양으로 갈라지는데 갈라진 끝 부분은 영롱한 이슬 모양의 꿀샘으로 변해서 곤충을 유인하는 역할을 한다.

달개비의 꽃도 밑으로 길게 벋는 3개의 수술 끝에 꽃밥이 있지만, 가운데 자루가 짧은 3개의 헛수술은 눈에 잘 띄는 노란색의 가짜 꽃밥을 달고 있어 곤충을 불러들이는 역할을 한다.

고양이 눈을 닮은 열매

4월에 핀 꽃

산괭이눈 군락

열매

5월에 핀 꽃

열매 단면 가장자리의 씨앗

산괭이눈(범의귀과) *Chrysosplenium japonicum*

여러해살이풀, 높이 8~15㎝, 꽃 5월

산의 숲 속이나 습한 곳에서 무리 지어 자란다. 동그스름한 뿌리 잎은 자루 부분이 오목하게 들어간다. 줄기에는 2~3장의 잎이 어 긋난다. 줄기 끝에 모여 달리는 잎 가운데에 자잘한 노란색 꽃송 이가 모여 달린다. 꽃송이를 받치는 잎이 노란색으로 물들기도 한 다. 열매가 익으면 세로로 길게 갈라지면서 다갈색 씨앗이 드러난 다. 열매가 쪼개진 모양이 고양이 눈처럼 보이고 산에서 자라서 '산괭이눈'이라는 이름을 얻었다. 봄에 새순을 나물로 먹는다.

뱀딸기(장미과) *Duchesnea chrysantha*

여러해살이풀, 높이 10~15㎝, 꽃 4~7월

풀숲이나 길가에서 자란다. 줄기는 옆으로 길게 벋으며 마디에 서 뿌리가 내린다. 잎겨드랑이에서 나온 긴 꽃대 끝에 노란색 꽃 이 핀다. 딸기 모양의 동그란 열매는 붉게 익으며 아이들이 따 먹 지만 맛이 썩 좋지는 않다. 열매를 많이 따 먹으면 배탈이 날 수도 있으므로 조심해야 한다. 딸기 모양의 열매는 맛이 없고 줄기는 뱀처럼 땅바닥을 기어서 '뱀딸기'라고 한다. 열매와 뿌리줄기를 열 을 내리거나 가래를 삭이는 약으로 쓴다.

 꽃을 한 번 더 보호하는 부꽃받침

꽃잎의 밑부분을 받치고 있는 꽃받침은 꽃을 보호하는 역할을 한다. 뱀 딸기는 꽃받침만으로는 꽃을 보호하기가 부족하다고 생각했는지 꽃받침 밑에 1겹의 꽃받침을 더 만들었는데 이를 '부꽃받침'이라고 한다. 부꽃받 침은 꽃받침과 함께 꽃잎 속의 암술과 수술을 보호한다.

❶

꽃봉오리 : 꽃받침은 봉오리를 싸서 보호하고 부꽃받침이 먼저 펼쳐진다.

❷

꽃 : 꽃잎이 벌어지면 꽃받침도 부꽃 받침 사이사이로 펼쳐져 꽃잎을 받 친다.

❸

시든 꽃 : 꽃가루받이가 끝나서 꽃잎 이 떨어져 나가면 꽃받침은 다시 안 쪽으로 오므라들기 시작한다.

❹

어린 열매 : 꽃받침은 열매가 만들어 질 때까지 열매를 싸서 보호하고 부 꽃받침은 그 밑을 받치고 있다.

부꽃받침을 가지고 있는 식물

뱀딸기처럼 부꽃받침을 가지고 있는 식물이 여럿 있는데 종마다 부꽃 받침의 크기와 모양이 조금씩 다르다.

개소시랑개비

양지꽃

물양지꽃

무궁화

미국부용

접시꽃

산에서 자라는 식물

이른 봄에 눈 속에 핀 꽃

4월에 핀 꽃　　　　　뿌리잎

8월에 핀 꽃　　위에서부터 꽃이 피어 내려가는 꽃송이

양지꽃(장미과) *Potentilla fragarioides*

여러해살이풀, 높이 20~50㎝, 꽃 4~6월

산과 들의 양지쪽 풀밭에서 자란다. 뿌리에서 모여 난 뿌리잎과 줄기는 땅바닥에 방석처럼 펼쳐지며 털이 많다. 뿌리잎은 깃꼴겹잎이며 끝 부분에 달린 3장의 작은잎이 특히 크다. 줄기 끝에서 갈라진 잔가지마다 노란색 꽃이 모여 핀 모습은 꽃방석처럼 보인다. 꽃잎은 5장이며 둥그스름한 꽃잎 끝은 오목하게 들어간다. 봄에 돋는 새순을 뜯어 나물로 먹는다. 양지쪽에서 잘 자라기 때문에 '양지꽃'이라고 하며 '소시랑개비'라고도 한다.

오이풀(장미과) *Sanguisorba officinalis*

여러해살이풀, 높이 30~150㎝, 꽃 7~9월

산과 들의 풀밭에서 자란다. 잎은 어긋나고 여러 장의 작은잎이 마주 붙는 깃꼴겹잎이다. 여름이면 가지 끝마다 타원형의 검붉은색 꽃이삭이 달린다. 꽃은 위에서부터 피기 시작하는데 꽃잎이 없으며 꽃밥은 흑갈색이다. 잎을 자르면 상큼한 오이 냄새가 나서 '오이풀'이라고 한다. 이른 봄에 뿌리잎을 데쳐서 우려낸 다음 나물로 먹는다. 꽃과 잎을 말려서 차처럼 끓여 마시기도 한다. 오이풀은 설사나 피를 멈추게 하거나 화상을 치료하는 약으로 쓴다.

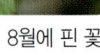

8월에 핀 꽃　　　　　열매 모양

7월에 핀 꽃

날개의 방향이 서로 다른 꽃

열매 모양

짚신나물(장미과) *Agrimonia pilosa*

여러해살이풀, 높이 30~100㎝, 꽃 6~8월

산과 들의 풀밭이나 길가에서 자란다. 잎은 어긋나고 여러 장의 작은잎이 마주 붙는 깃꼴겹잎이다. 잎자루 밑에 달리는 반달 모양의 턱잎은 크고 한쪽에만 톱니가 있다. 가지 끝에 노란색 꽃이 이삭 모양으로 모여 달린다. 열매에 갈고리 같은 억센 털이 많이 나 있어 사람의 옷이나 짐승의 털에 잘 달라붙는다. 봄에 돋는 새순을 나물로 먹는다. 열매가 옛날 사람들이 신고 다니던 짚신에 잘 달라붙고 나물로 먹어서 '짚신나물'이라고 한다.

물레나물(물레나물과) *Hypericum ascyron*

여러해살이풀, 높이 50~100㎝, 꽃 6~8월

산과 들의 양지쪽 풀밭에서 자란다. 줄기와 가지 끝마다 큼직한 노란색 꽃이 한 송이씩 하늘을 보고 핀다. 5장의 꽃잎은 선풍기 날개처럼 한쪽 방향으로 치우친 모양이고 가운데에는 붉은색이 도는 수술이 많다. 봄에 어린잎을 뜯어서 살짝 데친 다음 무쳐서 나물로 먹는다. 꽃의 모양이 물레바퀴가 도는 모양과 비슷하고 어린잎을 나물로 먹어서 '물레나물'이라고 한다. 한방에서 뿌리는 간을 보호하거나 피를 멈추게 하는 등의 약재로 쓴다.

8월에 핀 꽃 　　　　위로 말려 올라가는 열매

이질풀(쥐손이풀과) *Geranium thunbergii*

여러해살이풀, 높이 30~50cm, 꽃 8~9월

산기슭의 풀밭이나 길가에서 자란다. 줄기는 가지가 많이 갈라지며 비스듬히 자란다. 잎은 마주나고 잎몸은 손바닥처럼 3~5갈래로 갈라진다. 가지 끝이나 잎겨드랑이에서 자란 꽃대 끝에 2~3개의 홍자색 꽃이 피는데 흰색 꽃이 피는 것도 있다. 열매는 5갈래로 갈라져서 뒤로 말리며 말리는 힘으로 씨앗이 튕겨 나간다. 풀을 베어 햇볕에 말린 것을 설사를 멈추게 하는 약으로 사용한다. 설사를 하는 이질병의 치료에 쓰여서 '이질풀'이라고 한다.

꽃의 짜임새 ① 방사대칭꽃

식물들은 암술과 수술을 중심으로 꽃잎을 돌려 가며 가지런히 배열해 곤충의 눈에 잘 띄도록 하였다.

꽃잎이 가지런히 배열된 꽃의 중심을 평면으로 잘랐을 때 왼쪽과 오른쪽이 똑같은 모양으로 나누어지는 선(대칭축)이 몇 개씩 있는 꽃을 '방사대칭꽃'이라고 한다. 방사대칭꽃은 '대칭축이 방사상으로 배열되는 꽃'이라는 뜻이며 대부분의 속씨식물에서 볼 수 있다. 방사대칭꽃은 꽃잎의 수에 따라 대칭축의 수가 다르다.

방사대칭꽃은 곤충이 어느 방향에 있더라도 바로 꽃을 보고 날아 올 수 있는 장점이 있다. 하지만 곤충이 여러 방향에서 날아오기 때문에 암술에 꽃가루를 골고루 묻히지 못하는 경우도 생긴다.

자주달개비

애기똥풀

이질풀

열매 모양

터지는 열매

8월에 핀 꽃

물봉선(봉선화과) *Impatiens textori*

한해살이풀, 높이 40~70cm, 꽃 8~9월

산골짜기 냇가에서 자란다. 붉은색이 도는 줄기는 살이 많으며 마디가 통통하게 튀어나온다. 고깔 모양의 홍자색 꽃은 옆을 보고 매달리는데 뒤쪽의 기다란 꿀주머니는 끝 부분이 안쪽으로 말린다. 봉선화(봉숭아)와 생김새가 비슷하며 물가에서 잘 자라기 때문에 '물봉선'이라고 한다. 가늘고 긴 열매는 익으면 열매껍질이 터지면서 스프링처럼 말리는 힘으로 씨앗이 멀리 튀어나간다. 잎과 줄기는 피부병을 치료하는 약재로 쓴다.

꽃의 짜임새 ② 좌우대칭꽃

방사대칭꽃은 곤충이 어느 방향에 있더라도 바로 꽃을 보고 날아 올 수 있는 장점이 있지만 곤충이 여러 방향에서 날아오기 때문에 암술에 꽃가루를 골고루 묻히지 못하는 경우도 생긴다.

방사대칭꽃의 단점을 없애기 위해 꽃들은 또 다른 변신을 하였다. 즉 곤충이 일정한 방향에서만 꽃에 접근하게 만든 것이다. 이런 모양의 꽃은 꽃받침조각이나 꽃잎의 모양이 서로 다르며 보통 대칭축이 하나밖에 없기 때문에 '좌우대칭꽃'이라고 한다.

곤충이 좌우대칭꽃의 꿀을 먹기 위해서는 몸이 대칭축에 일치하도록 접근해야 하기 때문에 곤충의 등 같은 일정한 부위에 꽃가루를 정확히 묻히거나 받을 수가 있다.

물봉선

제비꽃

자란

식물이 사는 곳

잎 모양

7월에 핀 꽃

열매 속의 씨앗

갈퀴나물(콩과) *Vicia amoena*
여러해살이덩굴풀, 길이 1~2m, 꽃 6~9월

산기슭이나 들의 풀밭에서 자란다. 덩굴지는 줄기는 잎자루 끝에 있는 덩굴손으로 다른 물체를 감고 오른다. 잎은 어긋나고 여러 장의 작은잎이 새깃처럼 마주 붙는 깃꼴겹잎이며 잎자루 끝 부분은 2~3갈래로 갈라진 덩굴손으로 변한다. 잎겨드랑이에서 자라는 긴 꽃대에 나비 모양의 홍자색 꽃이 촘촘히 모여 달린다. 새순은 나물로 먹으며 가축의 사료로도 쓰인다. 덩굴손이 갈퀴와 모양이 비슷하고 나물로 먹기 때문에 '갈퀴나물'이라고 한다.

6월 말에 핀 꽃

나물로 먹는 새싹

나비나물(콩과) *Vicia unijuga*
여러해살이풀, 높이 50~100cm, 꽃 7~8월

산과 들의 풀밭이나 길가에서 자란다. 여러 대가 모여 나는 줄기는 네모지고 조금 딱딱하다. 잎은 어긋나고 2장씩 달리며 밑부분에 큰 턱잎이 있다. 잎겨드랑이에서 자라는 긴 꽃대에 나비 모양의 홍자색 꽃이 촘촘히 모여 달리는데 한쪽 방향을 보고 달린다. 꼬투리 열매는 길이가 3cm 정도이고 털이 없다. 봄에 돋는 새순을 나물로 먹는다. 2장씩 잎이 달린 모양이 나비가 날개를 편 모양과 비슷하고 나물로 먹기 때문에 '나비나물'이라고 한다.

열매

8월에 핀 꽃

마디가 잘라지는 열매

도둑놈의갈고리(콩과) *Hylodesmum podocarpum* ssp. *oxyphyllum*
여러해살이풀, 높이 60~90cm, 꽃 7~8월

산과 들의 숲 속이나 숲 가장자리에서 자란다. 잎은 어긋나고 3장의 작은잎이 모여 달린 세겹잎이다. 잎겨드랑이에서 나온 기다란 꽃대에 자잘한 분홍색 꽃이 모여 핀다. 2개의 마디로 이루어진 꼬투리 열매는 끝 부분에 갈고리 같은 가시가 있다. 열매 겉에는 잔가시가 있어 사람의 옷이나 짐승의 털에 잘 달라붙는다. 이처럼 갈고리가 있는 열매가 언제 붙는지 모르게 옷에 달라붙어서 '도둑놈의갈고리'라는 이름을 얻었다. 잎줄기는 가축의 먹이로 쓴다.

8월에 핀 꽃

나물로 먹는 새싹

참나물(미나리과) *Pimpinella brachycarpa*
여러해살이풀, 높이 50~80cm, 꽃 6~9월

산의 숲 속 응달에서 자란다. 잎은 어긋나고 3장의 작은잎이 모여 달리는 세겹잎이며 잎자루 밑부분은 넓어져서 줄기를 감싼다. 줄기와 가지 끝마다 자잘한 흰색 꽃이 촘촘히 피는 꽃송이가 달린다. 봄에 돋는 어린잎을 나물로 먹는데 향기와 맛이 좋아서 나물 중에서도 진짜 나물이라는 뜻으로 '참나물'이라는 이름을 얻었다. 어린잎으로 겉절이를 해서 날로 먹기도 하고 데쳐서 참기름이나 고추장에 무쳐 먹기도 한다. 밭에서 재배하기도 한다.

8월에 핀 꽃 　　　　나물로 먹는 새싹

6월에 핀 꽃 　　　　암술과 수술

기름나물(미나리과) *Peucedanum terebinthaceum*

여러해살이풀, 높이 30~90㎝, 꽃 7~9월

양지바른 산기슭이나 소나무 숲에서 자란다. 잎은 어긋나고 여러 장의 작은잎으로 이루어진 겹잎이며 긴 잎자루 밑부분은 넓어져서 줄기를 감싼다. 줄기와 가지 끝마다 자잘한 흰색 꽃이 촘촘히 피는 꽃송이가 달린다. 봄에 돋는 어린잎을 나물로 먹는데 잎이 기름을 칠한 것처럼 맨질거리고 뜯으면 고소한 향기가 나서 '기름나물'이라는 이름으로 불린다. 가을에 뿌리와 함께 캐서 말린 것을 감기나 기관지의 염증을 치료하는 약재로 쓴다.

큰까치수염/큰까치수영(앵초과) *Lysimachia clethroides*

여러해살이풀, 높이 50~100㎝, 꽃 6~8월

산의 양지쪽에서 자란다. 줄기 끝의 꽃송이는 비스듬히 휘어지고 자잘한 흰색 꽃이 다닥다닥 피어 올라간다. 수술과 꽃받침, 꽃잎은 각각 5개씩이지만 흰색 꽃잎이 6장인 것도 가끔 볼 수 있다. 비스듬히 처지는 꽃송이가 수염을 닮아서인지 '큰까치수염'이라고 하고 개의 꼬리를 닮았다고 '개꼬리풀'이라고도 한다. 북한에서는 '꽃꼬리풀'이라고 부른다. 봄에 채취한 새싹을 삶아서 물에 우려낸 다음 말려서 묵나물로 먹는다.

4월에 핀 꽃 　　　　열매

앵초(앵초과) *Primula sieboldii*

여러해살이풀, 높이 15~40㎝, 꽃 4~5월

산의 습지나 냇가에서 자란다. 뿌리에서 모여 나는 주걱 모양의 잎은 주름이 지며 가장자리가 얕게 갈라지고 긴 흰색 털로 덮여 있다. 잎 사이에서 자란 꽃줄기 끝에 홍자색 꽃이 모여 핀다. '앵초(櫻草)'라는 한자 이름은 '앵두와 비슷한 꽃이 피는 풀'이라는 뜻이다. 꽃이 아름다워 관상용으로도 심는다. 봄 화초로 사랑을 받는 '프리뮬러'는 앵초가 속한 속명으로 서양에서 개발된 앵초의 원예 품종을 모두 일컫는 이름이다. 어린싹을 데쳐서 나물로 먹는다.

앵초 꽃의 비밀

수술이 긴 꽃 　　　　암술이 긴 꽃

식물들은 적은 비용으로 꽃을 만들기 위해 보통 암술과 수술이 한 꽃 안에 있는 '양성화'를 만든다. 하지만 양성화는 암술과 수술이 가까이 있어서 제꽃가루받이가 이루어질 가능성이 높다. 하지만 제꽃가루받이는 유전적으로 좋지 않은 씨앗을 만들기 때문에 식물들은 이를 피하기 위해 여러 가지 방법을 쓴다.

앵초 꽃을 보면 모두 모양이 같은 꽃이 핀다. 하지만 **꽃의 대롱 부분을 세로로 잘라 보면 수술과 암술이 길이가 서로 다른 두 가지 꽃이 피는 것을 볼 수 있다.** 수술이 긴 꽃은 짧은 암술보다 수술이 먼저 자라고, 암술이 긴 꽃은 짧은 수술보다 암술이 먼저 자라서 제꽃가루받이를 피한다. 또 암술과 수술이 서로 떨어져 있는 것도 제꽃가루받이를 피하는 데 도움이 된다.

산에서 자라는 식물

10월에 핀 꽃 　　　　　　　　　새싹

용담(용담과) *Gentiana scabra* var. *buergeri*

여러해살이풀, 높이 20~60㎝, 꽃 8~10월

산의 풀밭에서 자란다. 줄기 끝과 잎겨드랑이에 자주색 종 모양의 꽃이 피는데 꽃잎 가장자리가 5갈래로 갈라져 뒤로 젖혀진다. 한 방에서 뿌리는 '용담'이라고 하여 위를 튼튼하게 해 주는 약으로 쓴다. '용담(龍膽)'이라는 한자 이름은 '용의 쓸개'라는 뜻으로 약으로 쓰는 뿌리의 맛이 몹시 써서 붙여졌다. 여러 대가 모여 나는 줄기에 여름부터 가을까지 계속 꽃이 피는 모습이 보기 좋아 관상용으로 심기도 하고, 꽃꽂이 재료로 쓰기도 한다.

꽃 모양

5월에 핀 꽃 　　　　　　　　골무 모양의 열매

골무꽃(꿀풀과) *Scutellaria indica*

여러해살이풀, 높이 20~30㎝, 꽃 5~6월

산기슭이나 숲 가장자리에서 자란다. 줄기 끝에 자주색 꽃이 한쪽을 보고 2줄로 다닥다닥 핀다. 긴 원통형 꽃은 끝 부분이 입술 모양으로 윗입술꽃잎은 투구 모양이고, 아랫입술꽃잎에는 자주색 점이 있다. 동글납작한 열매가 바느질할 때 쓰는 골무와 비슷하게 생겨서 '골무꽃'이라는 이름을 얻었다. 열매 윗부분이 오목한 것이 접시와도 비슷하다. 봄에 돋는 새순을 나물로 먹는다. 벌레에 물렸을 때 잎을 짓찧어 바른 다음 물로 씻어 낸다.

6월에 핀 꽃 　　　　　　　　7월의 열매

꿀풀(꿀풀과) *Prunella vulgaris* ssp. *asiatica*

여러해살이풀, 높이 20~40㎝, 꽃 5~7월

산과 들의 풀밭에서 자란다. 줄기 끝에 달리는 원통형 꽃이삭에 자주색 입술 모양의 꽃이 촘촘히 돌려 가며 핀다. 꽃에는 꿀이 많아 벌과 나비가 많이 모인다. 작은 꽃을 뽑아서 밑부분을 입으로 빨면 단 꿀물이 나와서 '꿀풀'이라고 한다. 한자 이름은 '하고초(夏枯草)'라고 하는데 '하지가 지나면 줄기가 말라 죽는 풀'이라는 뜻이다. 봄에 새순을 뜯어서 나물로 먹는다. 줄기와 잎을 말려서 혈압을 내리는 약으로 쓰기도 한다.

꽃 모양

7월에 핀 꽃 　　　　　　　　열매송이

익모초(꿀풀과) *Leonurus japonicus*

두해살이풀, 높이 50~100㎝, 꽃 7~9월

밭둑이나 길가에서 자란다. 잎은 3갈래로 깊게 갈라진다. 줄기 윗부분의 잎겨드랑이에 자잘한 입술 모양의 홍자색 꽃이 모여 핀다. 익모초는 오래전부터 약으로 썼으며 즙을 내어 마시는데 맛이 무척 쓰다. '익모초(益母草)'는 '어머니에게 유익한 풀'이라는 뜻으로 특히 아기를 낳은 부인들에게 약으로 먹이면 좋기 때문에 붙여진 이름이며 '육모초'라고 부르기도 한다. 술로 담그거나 차로 끓여 마시기도 하는데 혈액 순환을 도와준다고 한다.

산에서 자라는 식물

8월에 핀 꽃   열매

꽃며느리밥풀(열당과) *Melampyrum roseum*

한해살이풀, 높이 30~50㎝, 꽃 7~8월

산의 풀밭에서 자란다. 길쭉한 달걀형의 잎은 줄기에 2장씩 마주
난다. 줄기나 가지 윗부분에 이삭 모양의 꽃송이가 달린다. 꽃 밑
에 달리는 작은잎에는 가시 같은 털이 있다. 붉은색 입술 모양의
꽃은 밑에서부터 차례대로 피어 올라가는데 아랫입술꽃잎 안쪽에
2개의 밥풀 같은 무늬가 있다. 스스로 햇빛을 받아 양분을 만들기
도 하지만 다른 식물의 뿌리에 제 뿌리를 박고 물과 양분을 빼앗
기도 한다. 이런 식물을 '반기생식물'이라고 한다.

 ## 시집살이와 며느리밥풀꽃 이야기

며느리밥풀꽃

옛날 어느 산골 마을에 심술궂은 어머니와 아들 내외가 살고 있었습니다. 시어머니는 결혼한 아들이 제 부인만 위한다고 생각하여 며느리를 미워하기 시작했습니다. 시어머니는
며느리에게 집안일뿐만 아니라 농사일까지 모두 시키면서 사사건건 트
집을 잡아 며느리를 구박하며 모진 시집살이를 시켰습니다. 어느 날 저
녁밥을 짓던 며느리는 밥이 잘되었는지 확인하려고 밥알 몇 개를 입에
넣었습니다. 그 모습을 본 시어머니는
"누가 버릇없이 어른보다 먼저 밥을 먹니!"
하며 주걱을 빼앗아 사정없이 며느리를 때렸습니다. 며느리는 용서해 달
라고 빌었지만 시어머니는 매질을 더한 뒤에 집 밖으로 내쫓았습니다.
집에서 쫓겨난 며느리는 끝내 집으로 돌아가지 못하고 길가에서 시름시
름 앓다가 죽고 말았습니다. 다음 해 며느리가 죽은 자리에서 꽃이 피어
났는데 빨간 입술 모양의 꽃잎 안쪽에는 2개의 하얀 밥알이 묻어 있었습
니다. 사람들은 이 꽃을 '며느리밥풀꽃'이라고 부르기 시작했습니다. '꽃
며느리밥풀'이라고도 부릅니다.

7월에 핀 꽃   꽃과 열매

파리풀(파리풀과) *Phryma leptostachya* var. *oblongifolia*

여러해살이풀, 높이 30~70㎝, 꽃 7~9월

산과 들의 약간 그늘진 곳에서 자란다. 잎은 마주나고 달걀형이
다. 줄기나 가지 끝에 연자주색 꽃이 이삭 모양으로 모여 달린다.
입술 모양의 작은 꽃은 옆을 향하지만 꽃가루받이가 끝나면 점차
밑을 향한다. 기다란 열매는 거꾸로 달리는데 끝이 갈고리 모양이
라서 동물의 털이나 사람의 옷에 잘 달라붙는다. 유독식물로 뿌리
를 찧어 만든 즙을 묻힌 종이로 파리를 잡아서 '파리풀'이라고 한
다. 뿌리를 찧어서 벌레에 물린 데나 종기에 바른다.

꽃 모양

6월에 핀 꽃   열매

쥐오줌풀(인동과) *Valeriana fauriei*

여러해살이풀, 높이 40~80㎝, 꽃 5~6월

산의 풀밭이나 숲 속에서 자란다. 줄기나 가지 끝에 달리는 꽃송
이에 연한 붉은색 꽃이 촘촘히 모여 핀다. 깔때기 모양의 꽃부리
는 5갈래로 갈라진다. 봄에 돋는 새순을 뜯어서 나물로 먹는다.
한방에서 뿌리줄기는 통증을 줄여 주는 진통제로 사용하며, 뿌리
줄기에서 향료를 뽑아내 사용하기도 한다. 뿌리에서 강한 냄새가
나는데 쥐의 오줌 냄새와 비슷해서 '쥐오줌풀'이라고 한다. 서양에
서는 고양이가 이 냄새를 좋아해서 '고양이풀'로 불린다.

산에서 자라는 식물

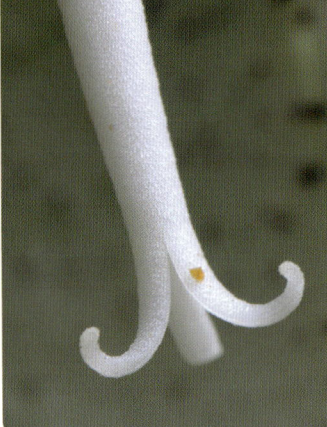

6월에 핀 꽃 　　　　　암술머리는 셋으로 갈라진다.

초롱꽃(초롱꽃과) *Campanula punctata*

여러해살이풀, 높이 30~80㎝, 꽃 5~7월

산의 풀밭이나 숲 가장자리에서 자란다. 줄기는 곧게 자라며 전체에 거친 털이 나 있다. 잎은 어긋나고 달걀형이며 끝이 뾰족하다. 줄기 윗부분의 잎겨드랑이에 황백색 꽃이 밑을 향해 핀다. 기다란 원통형 꽃은 밤에 불을 밝히는 초롱과 모양이 비슷해서 '초롱꽃'이라고 한다. 꽃 속에 기다란 암술을 수술이 둘러싸고 있는데 수술이 먼저 피고 스러지면 암술머리 끝이 갈라지면서 꽃가루받이를 한다. 봄에 돋는 새순을 나물로 먹는다.

종소리가 들릴 듯한 초롱꽃 이야기

옛날 어느 마을에 종지기 노인이 살고 있었습니다. 종지기 노인은 젊었을 때 싸움터에 나갔다가 무릎을 다쳤고, 이후 종지기가 되어 평생 열심히 종을 쳤습니다. 마을 사람들은 종지기 노인이 때마다 정확하게 울려 주는 종소리를 듣고 규칙적인 생활을 할 수 있었습니다.

그러던 어느 날 마을에는 성주가 새로 부임해 왔습니다. 새 성주는 마음씨가 고약해서 마을 사람들을 괴롭혔습니다. 하루에도 몇 번씩 울리는 종소리가 듣기 싫었던 새 성주는 종 치는 것을 금지시켰습니다. 금지령이 떨어진 그날 밤에 종지기 노인은 마지막으로 종을 치기 위해서 종각에 올랐고, 종을 친 다음에는 슬픔을 견디지 못해 그만 높은 종각에서 떨어져 스스로 목숨을 끊고 말았습니다.

이듬해 종지기 노인이 떨어져 죽은 자리에 종을 닮은 꽃이 피어났습니다. 이 꽃을 본 마을 사람들은 '초롱꽃'이라고 불렀습니다. 그래서인지 초롱꽃의 꽃말은 '충실, 정의'입니다.

8월에 핀 꽃 　　　　　　　　열매

도깨비바늘(국화과) *Bidens bipinnata*

한해살이풀, 높이 30~100㎝, 꽃 8~9월

산과 들의 빈터에서 자란다. 원통형의 꽃송이 가장자리의 노란색 꽃잎은 1~5장으로 꽃송이마다 다르다. 바늘처럼 생긴 씨앗의 끝부분에는 4개의 잔가시가 있는데 가시에는 거꾸로 된 털이 있어 사람의 옷이나 짐승의 털에 잘 달라붙는다. 바늘 모양의 열매가 나도 모르는 사이에 옷에 붙어 있기 때문에 '도깨비바늘'이라고 한다. 아이들이 열매를 던져서 옷에 붙이는 놀이를 한다. 봄에 돋는 싹을 데쳐서 물로 우려낸 후 나물로 먹는다.

6월에 핀 꽃 　　　　　　우산 모양의 새싹

우산나물(국화과) *Syneilesis palmata*

여러해살이풀, 높이 50~100㎝, 꽃 6~9월

산의 숲 속에서 자란다. 동그란 잎은 잎몸이 7~9갈래로 깊게 갈라진다. 길게 자란 줄기 윗부분에 연한 홍색을 띠는 원통형 꽃송이가 촘촘히 달린다. 봄에 돋는 싹을 데쳐서 말린 것을 묵나물로 먹는다. 어린싹이 나올 때 잎이 우산처럼 퍼지면서 나오고 나물로 먹어서 '우산나물'이라고 하며 고깔처럼 보여서 '고깔나물'이라고도 한다. 한자 이름은 '토아산(兎兒傘)'인데 '어린 토끼의 우산'이라는 뜻이다. 잎의 모양이 보기 좋아 관상용으로 심기도 한다.

4월에 핀 꽃 　　　　　　　솜털을 뒤집어 쓴 새싹

8월에 핀 꽃 　　　　　　　참취 재배

솜방망이(국화과) *Tephroseris kirilowii*

여러해살이풀, 높이 20~60㎝, 꽃 4~5월

산기슭의 양지바른 풀밭에서 자란다. 타원형의 뿌리잎은 땅바닥에 방석처럼 펼쳐진다. 봄에 뿌리잎 사이에서 자란 줄기 끝에 노란색 꽃송이가 모여 핀다. 봄에 돋아나는 줄기와 잎은 거미줄 같은 흰색 털로 덮여 있는데 털로 덮인 줄기 끝에 꽃봉오리가 뭉쳐 있는 모양 때문에 '솜방망이'라는 이름을 얻었다. 한자 이름으로 '구설초(狗舌草)'라고 하는데 '개의 혓바닥을 닮은 풀'이라는 뜻으로 뿌리잎의 모양이 혓바닥을 닮았다. 봄에 어린싹을 나물로 먹는다.

참취(국화과) *Doellingeria scaber*

여러해살이풀, 높이 1~1.5m, 꽃 8~10월

산의 숲 속이나 풀밭에서 자란다. 뿌리잎은 기다란 하트형이며 잎자루가 길고, 꽃이 필 즈음이면 말라 죽는다. 줄기에서 갈라진 잔가지마다 흰색 꽃송이가 달린다. 봄에 돋는 어린 뿌리잎을 나물로 먹는데 산나물 중에서도 진짜 맛있는 취나물이라서 '참취'라는 이름을 얻었다. 잎을 삶아서 말려 두었다가 두고두고 묵나물로 먹는다. 맛있는 나물로 찾는 사람이 많아 비닐하우스에서 재배해서 시장에 내다 판다. 뱀에 물렸을 때 뿌리를 찧어 붙이기도 한다.

털로 덮인 열매

4월에 핀 꽃 　　　　　　　잎 뒷면이 솜털로 덮인 새싹

솜나물(국화과) *Leibnitzia anandria*

여러해살이풀, 높이 10~60㎝, 꽃 3~9월

산의 건조한 풀밭에서 자란다. 봄에 뿌리에서 모여 나는 달걀형의 잎은 뒷면에 흰색 털이 빽빽이 나 있고 나물로 먹기 때문에 '솜나물'이라고 한다. 이른 봄에 뿌리잎 사이에서 자란 10~20㎝ 높이의 꽃줄기 끝에 흰색 꽃송이가 달린다. 꽃송이는 해가 비치는 낮에만 꽃이 피고, 날씨가 흐리거나 밤이 되면 꽃잎을 접고 오므라든다. 흰색 솜털로 덮인 뿌리잎을 말려 부싯돌로 쳐서 불을 붙게 하는 부싯깃으로 사용하여 '부싯깃나물'이라고도 부른다.

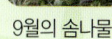 ## 두 얼굴을 가진 솜나물

9월의 솜나물 　　　　　닫힌꽃 　　　닫힌꽃 단면

솜나물은 봄에 핀 꽃이 열매를 맺으면 키가 쑥 자란다. 가을이 되면 줄기는 30~60㎝ 높이로 곧게 자라고 그 끝에 긴 달걀형의 꽃봉오리가 다시 만들어진다. 재미있는 점은 이 꽃봉오리는 꽃잎이 벌어지지 않는다는 것이다. 꽃봉오리는 벌어지지 않고 그대로 열매가 되는데 꽃봉오리 속에 들어 있는 암술과 수술이 제꽃가루받이를 해서 씨앗을 맺는다. 이런 꽃을 '닫힌꽃' 또는 '폐쇄화'라고 한다. 이처럼 솜나물은 1년에 두 번 꽃을 피우는데, 가을에 피는 꽃은 제꽃가루받이를 해서 확실하게 씨앗을 만들어 퍼뜨린다.

산에서 자라는 식물

10월에 핀 꽃　　나물로 먹는 새싹

8월에 핀 꽃　　나물로 먹는 새싹

톱풀(국화과) *Achillea alpina*

여러해살이풀, 높이 50~120㎝, 꽃 7~10월

산과 들의 풀밭에서 자란다. 줄기에 어긋나는 기다란 잎은 양쪽 가장자리에 가지런한 톱니가 있다. 잎의 모양이 나무를 자르는 톱과 비슷하게 생겨서 '톱풀'이라고 한다. 잎이 갈라진 모양을 보고 '가새풀'이라고도 하고, 잎의 톱니가 지네의 발처럼 생겼다고 '지네풀'이라고도 한다. 줄기 끝에서 갈라진 꽃가지마다 흰색 꽃송이가 촘촘히 모여 달린다. 봄에 돋는 새순을 나물로 먹는다. 한방에서 풀은 상처를 치료하는 약재로 쓴다.

구절초(국화과) *Chrysanthemum zawadskii* var. *latilobum*

여러해살이풀, 높이 50㎝ 정도, 꽃 9~10월

산과 들의 풀밭에서 자란다. 줄기나 가지 끝에 피는 연한 홍색 꽃은 차츰 흰색으로 변한다. 한방에서 부인병이나 위장병을 치료하는 약재로 사용한다. '구절초(九節草)'는 9개의 마디를 가졌다는 한자 이름으로 음력 9월 9일이면 9마디가 되는데 이때 채취한 것이 약효가 좋다 하여 붙여진 이름이다. '선모초(仙母草)'라고도 하는데 '신선의 엄마풀'이라는 뜻으로 특히 부인병에 약효가 뛰어나서 붙여진 이름이다. 어린싹은 나물로 먹는다.

꽃 모양

10월에 핀 꽃　　산국 꽃밭

털이 달린 씨앗

7월에 핀 꽃　　나물로 먹는 뿌리잎

산국(국화과) *Dendranthema boreale*

여러해살이풀, 높이 60~90㎝, 꽃 9~10월

산에서 자라며 작은 국화 모양의 노란색 꽃이 피어서 '산국'이라고 한다. 또 '들에서 피는 국화'라는 뜻으로 '야국(野菊)'이라고도 하는데 대표적인 들국화의 하나이다. 봄에 돋는 어린싹을 나물로 먹는다. 향기로운 꽃을 따서 술에 넣어 국화주로 담그고 국화차로 만들어 마시며, 국화전도 부쳐 먹는다. 한방에서 꽃을 말린 것은 머리가 아프거나 열을 내리는 약재로 쓴다. 또 말린 꽃으로 베갯속을 넣고 자면 머리가 맑아진다고 한다.

엉겅퀴(국화과) *Cirsium japonicum*

여러해살이풀, 높이 50~100㎝, 꽃 6~8월

산과 들의 풀밭에서 자란다. 줄기와 가지 끝에 붉은색 꽃송이가 위를 향해 핀다. 엉겅퀴는 출혈을 멈추게 하고 염증을 막는 효과가 있어 즙을 내어 상처에 붙인다. 그래서 '피를 엉키게 한다'는 뜻으로 '엉겅퀴'라는 이름을 얻었다. 봄에 뿌리잎을 캐서 나물로 먹거나 국거리로 먹는데 잎 가장자리에 날카로운 가시가 있어서 '가시나물'이라고도 한다. 연한 줄기는 껍질을 벗겨 날로 먹으며 된장이나 고추장에 박아 두었다가 먹기도 한다.

씀바귀 꽃 모양

5월에 핀 꽃

흰씀바귀 꽃 모양

씀바귀(국화과) *Ixeridium dentatum*

여러해살이풀, 높이 20~50㎝, 꽃 5~6월

산과 들의 풀밭에서 자란다. 잔가지 끝마다 노란색 꽃이 모여 피는데 꽃잎은 보통 5장이지만 더 많은 것도 있다. 뿌리잎과 뿌리를 함께 캐서 봄나물로 먹는데 쓴맛이 나기 때문에 '씀바귀'라고 한다. 씀바귀는 살짝 데친 다음 물에 담가 쓴맛을 우려내어 나물로 무쳐 먹으며 김치로 담그기도 한다. 이 쓴맛은 입맛을 돋우고 위를 튼튼하게 하며, 여름에 더위를 타지 않게 해 준다고 한다. 잎을 자르면 나오는 흰색 즙을 부스럼에 바르면 효과가 있다.

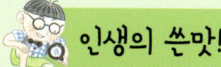
인생의 쓴맛!

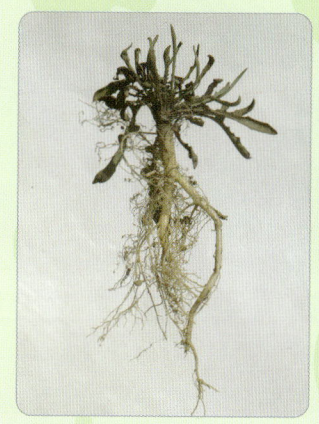

봄에 캔 씀바귀 나물

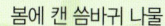

크기가 작은 좀씀바귀

중국에서는 아이가 태어나면 엄마 젖을 먹이기 전에 '오향(五香)'이라는 다섯 가지 맛을 경험하게 해 주는 풍습이 있다.

먼저 식초 한 방울을 먹이고, 이어서 짠 소금을 핥게 한다. 그리고 씀바귀를 자르면 나오는 흰색 즙을 혀에 묻혀서 쓴맛을 느끼게 해 주면 아이는 울음을 터뜨린다. 그 다음에 가시나무의 가시로 아이의 혀끝을 살짝 찌른 후 마지막으로 달콤한 사탕을 핥게 한다. 이러한 중국의 풍습은 신맛, 짠맛, 쓴맛과 아픔을 맛보고 견뎌 내야만 비로소 인생의 단맛을 맛볼 수 있음을 경험시켜 주기 위해서라고 한다.

6월에 핀 꽃

고들빼기 나물

고들빼기(국화과) *Crepidiastrum sonchifolium*

두해살이풀, 높이 30~80㎝, 꽃 5~9월

산과 들에서 자란다. 잔가지마다 노란색 꽃송이가 달리는데 꽃잎은 활짝 벌어진다. 한자 이름 '고도(苦茶)'가 '고독바기'로 변했다가 '고들빼기'가 되었다고 한다. 어린잎과 뿌리를 캐서 봄나물로 먹는데 약간 쓴맛이 나서 '씬나물'이라고도 한다. 이 쓴맛은 입맛을 돋울 뿐만 아니라 소화에도 도움을 준다. 줄기를 자르면 나오는 흰색 즙을 사마귀에 바르면 저절로 떨어져서 '젖나물'이라고도 한다. 한방에서 열을 내리며 독을 없애 주는 약재로 쓴다.

억새밭

9월의 억새

잎 가장자리의 날카로운 가시

억새/참억새(벼과) *Miscanthus sinensis*

여러해살이풀, 높이 1~2m, 꽃 8~9월

산과 들의 풀밭에서 무리 지어 자란다. 줄기에 어긋나는 좁고 긴 칼 모양의 잎은 억세고 가장자리에 날카로운 톱니가 있어서 살갗을 스치면 칼로 베인 듯이 상처가 난다. 그래서 '억새'라는 이름을 얻었다. 줄기 끝에 자주색 꽃이삭이 촘촘히 달린다. 열매가 익으면 씨앗에 붙은 털이 부풀어 열매이삭이 흰색 털뭉치처럼 피어나 매우 아름답다. 그래서 관상용으로 심기도 한다. 예전에 산촌에서는 볏짚 대신에 억새 줄기로 초가지붕을 이었다.

4월에 핀 꽃　　　　　　꽃덮개에 싸여 있는 꽃

천남성(천남성과) *Arisaema amurense* var. *serratum*

여러해살이풀, 높이 20~35㎝, 꽃 4~6월

산에서 자란다. 곧게 자라는 줄기에 1장의 겹잎이 달린다. 줄기 끝에 꽃이 피는데 꽃이삭을 싸고 있는 녹색의 꽃덮개는 윗부분이 모자처럼 생겼다. 천남성은 독성이 매우 강해 왕이 죄인에게 독약을 보내 자살하게 만드는 약인 사약의 원료로 쓰였다. 땅속의 동그란 덩이줄기는 가래를 삭이는 약으로도 쓴다. '천남성(天南星)'은 '남쪽 하늘의 별'이라는 뜻으로 약으로 쓰는 덩이줄기의 약효를 별의 기운에 빗대어 붙인 한자 이름이다.

도깨비방망이 모양의 꽃이삭

3월에 핀 꽃　　　　　꽃이 시들 즈음 돋는 잎

앉은부채(천남성과) *Symplocarpus renifolius*

여러해살이풀, 높이 10~40㎝, 꽃 3~5월

산골짜기에서 자란다. 잎보다 먼저 꽃이 피는데 자갈색 얼룩무늬가 있는 타원형의 꽃덮개 속에 도깨비방망이 모양의 꽃이 들어 있다. 꽃에서는 역겨운 냄새가 난다. 부채처럼 크고 둥글넓적한 잎이 뿌리에서 모여 난다. 바닥에 부채처럼 큰 잎이 펼쳐져 있어서 '앉은부채'라고 한다. 또 도깨비방망이 모양의 꽃이삭이 부처님 머리를 닮았고 꽃덮개는 부처님을 둘러싼 후광 같아서 '앉은부처'라고 부르던 것이 '앉은부채'로 변했다고도 한다.

성전환을 하는 천남성

수꽃이삭　　　　　　　암꽃이삭

천남성은 암그루와 수그루가 서로 다른 '암수딴그루'이다. 기다란 꽃이삭은 녹색의 꽃덮개 속에 들어 있는데 수꽃이삭에는 연자주색 꽃밥을 가진 수꽃이 모여 달리고, 암꽃이삭에는 연녹색 암꽃이 촘촘히 돌려 가며 달린다.

천남성의 어린 그루는 먼저 수꽃을 피운다. 그러다 어느 정도 크게 자라면 암꽃이 피는 암그루로 바뀐다. 즉 남자가 여자로 몸이 바뀌는 '성전환'을 하는 것이다. 열매를 맺는 데 온 정성을 쏟은 암그루는 다음 해에는 꽃이 피지 않거나 다시 수꽃이 피는 수그루로 바뀌는 성전환을 한다.

열을 내는 꽃 앉은부채

노랑앉은부채

이른 봄에 꽃이 피는 앉은부채는 사람처럼 체온을 조절하는 능력을 가지고 있다. 꽃샘추위에 내린 눈이 앉은부채를 덮으면 영하의 날씨 속에서도 앉은부채의 꽃은 주위의 눈을 녹이고 모습을 드러낸 것을 볼 수 있다. 이때 꽃덮개 속에 손가락을 넣어 보면 따스함을 느낄 수 있는데 앉은부채의 꽃이 열을 내기 때문이다. 연구 결과에 의하면 영하의 날씨에도 꽃덮개 속의 온도는 15~22℃를 유지한다고 한다.

앉은부채는 땅속에 깊이 내린 뿌리의 양분을 이용해서 열을 내는데, 꽃을 찾아온 파리나 꽃등에 등은 따스한 꽃 속에서 오래 머물면서 꽃가루를 먹으며 앉은부채의 꽃가루받이를 도와준다.

잎겨드랑이의 살눈

8월에 핀 꽃

싹이 튼 살눈

5월에 핀 꽃

산마늘을 재배하는 밭

참나리(백합과) *Lilium lancifolium*

여러해살이풀, 높이 1~2m, 꽃 7~8월

산과 들의 풀밭이나 개울가에서 자란다. 잎겨드랑이에 흑자색의 둥근 살눈이 생긴다. 줄기 윗부분에 황적색 꽃이 밑을 향해 피는데 밑에서부터 차례대로 피어 올라간다. 6장의 꽃잎은 뒤로 말리며 겉에 흑자색 반점이 많이 있다. 꽃 모양이 아름다워 관상용으로 심기도 한다. 나리 종류 중에서 꽃이 크고 화려해서 '진짜 나리'라는 뜻으로 '참나리'라고 한다. 땅속의 둥근 비늘줄기를 굽거나 쪄서 먹고 봄에 돋는 새싹은 나물로 무치거나 볶아 먹는다.

산마늘(수선화과) *Allium ochotense*

여러해살이풀, 높이 40~70㎝, 꽃 5~7월

산의 숲 속에서 자란다. 땅속의 비늘줄기에서 2~3장의 타원형 잎이 나온다. 가늘고 긴 꽃줄기 끝에 흰색 꽃이 둥글게 모여 핀다. '산에서 자라는 마늘'이라는 뜻으로 '산마늘'이라고 한다. 비늘줄기와 어린잎을 나물로 먹는다. 잎은 매우면서도 독특한 향이 있으며 쌈으로 먹거나 무쳐서 먹는다. 울릉도에서는 식량이 없을 때 산마늘의 새싹을 먹으면서 목숨을 부지해서 목숨을 뜻하는 '명(命)' 자를 써서 '명이' 또는 '맹이'라고 부른다.

5월에 핀 꽃

꽃 모양

삿갓나물(여로과) *Paris verticillata*

여러해살이풀, 높이 30~40㎝, 꽃 5~6월

산의 숲 속에서 자란다. 줄기 끝에 여러 장의 타원형 잎이 원을 이루며 수평으로 돌려난다. 줄기 끝에서 자란 꽃대 끝에 노란색 꽃이 위를 향해 핀다. 동그란 열매는 검은색으로 익는다. 봄에 돋는 어린 새싹이 우산나물처럼 생겨서 나물로 먹을 수 있을 듯 보이지만 독성이 강하므로 먹지 않도록 조심해야 한다. 줄기에 돌려난 잎의 모양이 삿갓을 닮았고 나물거리처럼 보여서 '삿갓나물'이라고 하며 '삿갓풀'이라고도 한다.

 ### 삿갓나물 새싹의 성장

씨앗에서 나온 삿갓나물의 새싹은 처음에는 적은 수의 잎이 달리지만 해가 지나면서 자랄수록 잎의 숫자가 늘어나며, 다 자란 것은 8장의 잎이 돌려난다.

❶
❷
❸
❹
❺
❻

산에서 자라는 식물

8월에 핀 꽃　　　　　눈에 덮인 맥문동

맥문동(아스파라거스과) *Liriope muscari*

여러해살이풀, 높이 30~50㎝, 꽃 6~8월

산과 들에서 자란다. 흔히 뿌리 끝이 커져서 땅콩 같이 된다. 뿌리가 보리를 닮아 '맥문'이라고 하며 겨울에도 잎이 푸르러 '겨울 동' 자를 써서 '맥문동(麥門冬)'이라고 한다. 잎 사이에서 자란 꽃줄기에 자주색 꽃이 이삭 모양으로 달린다. 사계절 푸른 잎이 보기 좋아 화단에 잔디 대신에 심어 기르기도 한다. 뿌리는 흔히 차를 만들어 마시며 목욕할 때 넣기도 한다. 한방에서 뿌리는 기력을 북돋우고 폐를 튼튼하게 해 주는 약재로 쓴다.

5월에 핀 꽃　　　　　봄에 돋은 새싹

은방울꽃(아스파라거스과) *Convallaria keiskei*

여러해살이풀, 높이 20~30㎝, 꽃 5월

산의 바람이 잘 통하는 숲 속이나 풀밭에서 자란다. 뿌리줄기가 땅속에서 옆으로 길게 벋으면서 무리 지어 자란다. 비스듬히 휘어지는 꽃줄기 윗부분에 은방울 모양의 흰색 꽃이 조롱조롱 매달려 피기 때문에 '은방울꽃'이라고 한다. 기독교에서는 순백의 청초한 꽃을 보고 '성모 마리아의 꽃'이라고 한다. 꽃말은 '순결, 다시 찾은 행복'이다. 콩알만 한 둥근 열매는 붉은색으로 익는다. 봄에 돋는 어린잎을 삶아서 우려낸 다음 나물로 먹는다.

9월에 핀 꽃　　　　　마늘 모양의 알뿌리와 잎

석산/꽃무릇(수선화과) *Lycoris radiata*

여러해살이풀, 높이 30~50㎝, 꽃 9~10월

남부 지방에서 자란다. 타원형의 비늘줄기에서 모여 나는 칼 모양의 잎은 여름에 말라 죽는다. 초가을에 비늘줄기에서 자란 꽃줄기 끝에 붉은색 꽃이 빙 둘러 가며 핀다. 6장의 꽃잎은 뒤로 말리고 암술과 수술이 길게 벋는다. 꽃이 진 다음에 새잎이 돋는다. 한자 이름 '석산(石蒜)'은 '돌처럼 단단한 마늘'이라는 뜻이다. 잎이 무릇을 닮았고 아름다운 꽃이 피어서 '꽃무릇'이라고도 한다. 단단한 비늘줄기는 물에 우려낸 다음 마늘처럼 먹을 수 있다.

5월에 핀 꽃　　　　꽃봉오리　　　　열매

붓꽃(붓꽃과) *Iris sanguinea*

여러해살이풀, 높이 30~60㎝, 꽃 5~6월

산과 들의 풀밭에서 무리 지어 자란다. 가늘고 긴 칼 모양의 잎은 줄기 밑부분에서 겹쳐 난다. 줄기 끝에 2~3개의 자주색 꽃이 핀다. 옆으로 펼쳐지는 바깥쪽 꽃잎에는 노란색 바탕에 자주색 그물 무늬가 있다. 꽃봉오리의 모습이 붓과 닮아서 '붓꽃'이라고 한다. 꽃 모양이 아름다워 관상용으로 화단에 심기도 한다. 많은 재배 품종이 개발되었으며 꽃 색깔도 여러 가지이다. 한방에서 뿌리줄기는 소화를 돕거나 피부병을 치료하는 약재로 쓰인다.

7월에 핀 꽃 　　　 꽃이삭 　　　 열매

3월에 핀 꽃 　　　 어린 열매 　　　 묵은 열매

타래난초(난초과) *Spiranthes sinensis*

여러해살이풀, 높이 10~40㎝, 꽃 5~8월

산의 양지쪽 풀밭이나 논둑 근처에서 자란다. 몇 장이 모여 나는 뿌리잎은 긴 칼 모양으로 밑부분은 줄기를 감싼다. 뿌리잎 사이에서 나온 가느다란 줄기는 채찍처럼 길게 자란다. 줄기 윗부분의 꽃이삭에 분홍색 꽃이 한쪽 방향을 보고 밑에서부터 차례대로 피어 올라간다. 난초 종류로 꽃이삭이 실타래처럼 꼬여서 '타래난초'라고 한다. 꽃이 진 다음에 타원형의 열매가 열린다. 병을 앓고 난 후 허약해진 몸의 원기를 보충하는 약재로 쓰기도 한다.

보춘화/춘란(난초과) *Cymbidium goeringii*

늘푸른여러해살이풀, 높이 10~25㎝, 꽃 3~4월

남부 지방 산의 숲 속에서 자란다. 국수 다발처럼 희고 굵은 뿌리에서 가늘고 긴 칼 모양의 잎이 모여 나서 사방으로 비스듬히 퍼진다. 사철 푸른 잎의 모양이 보기 좋아 관상용으로 화분에 심어 기른다. 이른 봄에 잎 사이에서 꽃줄기가 나와 그 끝에 1~2개의 연한 황록색 꽃이 옆을 보고 피는데 향기가 있다. 한자 이름 '보춘화(報春花)'는 '봄을 알리는 꽃'이라는 뜻이다. 다른 한자 이름으로 '춘란(春蘭)'이라고도 하는데 '봄에 피는 난초'라는 뜻이다.

5월에 핀 꽃 　　　 흰색 꽃이 피는 흰자란

자란(난초과) *Bletilla striata*

여러해살이풀, 높이 30~50㎝, 꽃 5~6월

남부 지방의 산기슭 양지쪽 풀밭에서 자란다. 밑부분에서 칼 모양의 잎 5~6장이 서로 감싸면서 자라서 짧은 줄기처럼 된다. 잎 사이에서 길게 자란 꽃줄기 끝에 큼직한 홍자색 꽃이 피어 올라간다. 가운데에 있는 꽃잎은 세로로 주름진 모습이 특이하다. 꽃이 아름다워서인지 사람들에 의해 훼손되어 자생지에서는 희귀식물로 보호하고 있다. 하지만 재배하는 것은 흔히 볼 수 있다. 한자 이름 '자란(紫蘭)'은 '자주색 꽃이 피는 난초'라는 뜻이다.

자란 꽃의 속임수

자란은 크고 아름다운 홍자색 꽃이 피기 때문에 눈에 잘 띈다. 꽃은 6장의 꽃덮이조각으로 이루어져 있는데 가운데 맨 아래쪽의 속꽃덮이조각은 세로로 주름이 진 모습으로 벌과 같은 곤충이 내려 앉기 좋도록 되어 있다. 꽃의 아름다운 모양에 이끌려 찾아온 벌은 꿀을 빨기 위해 꽃잎 가운데로 들어가지만 자란의 꽃은 꿀을 만들지 않기 때문에 허탕만 치고 나올 수밖에 없다. 하지만 자란은 이미 벌의 등에 꽃가루를 묻힌 다음이다. 벌은 또 다른 꽃을 찾아가지만 역시 꿀이 없으므로 그냥 나오게 된다. 그 사이에 자란은 벌의 등에 묻은 꽃가루로 꽃가루받이를 끝낸다.

자란 꽃의 아름다움에 속아서 몇 차례 꽃을 찾아다니던 벌이 속은 것을 깨닫게 되면 다시는 찾아가지 않는다. 하지만 자란 꽃이 피는 5~6월은 많은 곤충이 왕성하게 활동하는 계절이고 꽃이 피어 있는 기간도 길기 때문에 끊임없이 벌이 속아서 찾아온다. 덕분에 자란은 벌에게 먹이를 주지 않고도 꽃가루받이를 마칠 수 있다.

산에서 자라는 식물

씨앗

8월의 열매 　　　　　 단풍이 든 나무

가래나무(가래나무과) *Juglans mandshurica*

갈잎큰키나무, 높이 20m 정도, 꽃 4~5월

산에서 자란다. 잎은 어긋나고 깃꼴겹잎이며 봄에 잎이 돋을 때 꽃도 함께 핀다. 둥근 열매는 이삭 모양으로 길게 모여 달린다. 열매 속에 든 씨앗을 '가래'라고 하며 호두처럼 단단한 껍질 속에 든 속살을 먹는데 맛이 고소하다. 단단한 씨앗 2개를 손안에 넣고 비벼서 지압하면 혈액 순환이 잘된다고 한다. 덜 익은 가래 열매를 짓이겨서 물에 풀면 독성 때문에 물고기가 잠시 기절해서 떠오르면 잡는데 흔히 '가래탕'이라고 한다.

3월에 핀 꽃 　　　　　 7월의 열매

개암나무(자작나무과) *Corylus heterophylla*

갈잎떨기나무, 높이 2~3m, 꽃 3~4월

산에서 자란다. 동그스름한 잎은 어긋나며 어릴 때는 앞면에 자주색 무늬가 있다. 갈색으로 익는 둥근 열매를 '개암'이라고 하며 날로 먹거나 구워 먹고, 가루를 내서 떡을 만들기도 하였다. 씨앗으로 짠 기름은 식용 기름이나 등불 기름으로 사용하였다. 밤보다 크기가 작고 맛도 덜해서 '개밤나무'라고 부르던 것이 변해 '개암나무'가 되었다. 정월 대보름에 밤이나 호두와 함께 부럼으로 깨물었는데 그 소리가 커서 도깨비들이 도망간다고 한다.

날개가 있는 씨앗

8월의 열매 　　　　　 나무껍질

물박달나무(자작나무과) *Betula davurica*

갈잎큰키나무, 높이 10~20m, 꽃 4~5월

주로 중부 이북의 산에서 자란다. 회갈색 나무껍질은 여러 겹으로 얇게 벗겨진 조각들이 그대로 붙어 있어서 눈에 잘 띈다. 나무껍질에는 기름 성분이 있어서 불을 붙이면 '째짝' 소리를 내며 잘 타서 지방에 따라서는 '째짝나무'라고 부르기도 한다. 기다란 원통형의 열매이삭은 밑으로 늘어지고 갈색으로 익는다. 박달나무와 가까운 나무로 봄에 줄기에 구멍을 내서 나오는 물(수액)을 채취해서 음료수로 마셨기 때문에 '물박달나무'라는 이름을 얻었다.

 암꽃과 수꽃의 방향이 반대인 식물

암꽃이삭

수꽃이삭

가래나무 　　　　　 물박달나무

식물은 제꽃가루받이를 하면 유전적으로 좋지 않은 씨앗을 만들 수 있어서 여러 가지 방법으로 피한다. 가래나무나 물박달나무는 암꽃과 수꽃이 한 그루에 따로 피는 암수한그루로 암꽃이삭은 위를 향하고, 수꽃이삭은 밑으로 늘어진 모양을 하고 있다.

가래나무나 물박달나무처럼 암꽃과 수꽃의 방향이 다른 식물은 주로 풍매화에 많은데 바람에 날린 꽃가루는 자신의 암꽃에는 잘 닿지 못하고 멀리서 날아온 다른 그루의 꽃가루가 쉽게 닿을 수 있다. 그리고 암술과 수술의 성숙 시기가 다른 경우도 많다.

3월에 핀 꽃　　　　　　　7월의 열매

오리나무(자작나무과) *Alnus japonica*

갈잎큰키나무, 높이 15~20m, 꽃 3월

산기슭 개울가나 논둑에서 자란다. 꼬리 모양의 수꽃이삭은 밑으로 늘어진다. 화학비료가 없던 옛날에는 오리나무 가지를 잘게 썰어 논에 비료로 뿌렸다. 그래서인지 지금도 논둑에서 자라는 오리나무를 쉽게 볼 수 있다. 나무껍질이나 열매를 물감 원료로 써서 '물감나무'라는 별명을 가지고 있다. 오리나무로 만든 숯은 화력이 강해 대장간의 화덕에서 숯으로 사용하였다. 예전에 거리를 나타내기 위해 5리마다 심어서 '오리나무'라는 이름을 얻었다.

3월에 핀 꽃　　　　　　　7월의 어린 열매

사방오리(자작나무과) *Alnus firma*

갈잎작은키나무, 높이 7~10m, 꽃 3~4월

주로 남부 지방의 산에서 자란다. 잎보다 먼저 피는 꼬리 모양의 연노란색 수꽃이삭은 밑으로 처진다. 예전에 우리나라에 벌거숭이 산이 많았을 때 헐벗은 산에서 흙이 씻겨 내려오는 것을 막는 사방 공사를 하면서 거친 땅에서도 잘 자라는 나무를 골라 심었다. '사방오리'는 일본 원산의 오리나무 종류로 사방공사용으로 많이 심어서 붙여진 이름이다. 사방오리와 같은 오리나무 종류는 뿌리에 뿌리혹박테리아가 기생하고 있어서 거친 땅에서도 잘 자란다.

4월에 핀 꽃

6월의 열매　　　　　　　나무껍질

서나무/서어나무(자작나무과) *Carpinus laxiflora*

갈잎큰키나무, 높이 10~15m, 꽃 4~5월

중부 이남의 산에서 자란다. 나무껍질은 오래되면 울퉁불퉁해져서 '근육나무'라는 별명을 가지고 있다. 봄에 잎보다 먼저 꽃이 피는데 꽃이삭은 밑으로 늘어진다. 열매이삭도 밑으로 늘어지는데 날개를 가진 씨가 촘촘히 붙어 있다. 한자 이름이 '서목(西木)'이라서 '서나무'로 불리며 '서어나무'라고도 한다. 목재는 치밀하며 잘 갈라지지 않아 가구로 만든다. 나무 모양이 보기 좋고 가을 단풍이 아름다워 관상수로 심지만 공해에는 약하다.

🔍 우리나라 나무의 왕 서나무

제주도 한라산의 서나무 숲

사람이 간섭하지 않고 헐벗은 산을 그대로 두면 풀밭이 되었다가 키가 작은 떨기나무가 들어와 자라고 나중에는 키가 큰 나무가 자라기 시작하면서 자연적으로 숲이 만들어진다. 이처럼 숲이 오랜 시간에 걸쳐 서서히 변해가는 과정을 '숲의 천이 과정(遷移過程)'이라고 한다.

천이 과정의 마지막 단계에는 크게 자라고 오래 사는 나무들이 숲을 이루게 되는데 이런 숲을 '극상림(極相林)'이라고 한다. 우리나라에서 극상림을 이루는 대표적인 나무가 '서나무'로 우리나라 나무의 왕이라고 할 수 있다.

산에서 자라는 식물

4월에 핀 꽃 　　　　　　8월 말의 열매

5월 초에 핀 꽃 　　　　　　9월의 열매

졸참나무(참나무과) *Quercus serrata*

갈잎큰키나무, 높이 20m 정도, 꽃 5월

도토리가 열리는 참나무의 한 종류로 산에서 자란다. 잎은 어긋나고 긴 달걀형이며 잎자루가 있고 날카로운 톱니가 있다. 도토리 열매는 꽃이 핀 그해 가을에 익는다. 도토리깍정이의 표면에는 비늘조각이 기와처럼 포개져 있다. 도토리는 묵으로 쑤어 먹는다. 참나무는 '진짜 나무'라는 뜻이며 참나무 중에서 잎과 열매가 가장 작아서 '졸병 참나무'라는 뜻의 '졸참나무'가 되었다. 나무껍질은 물감 재료로 쓴다. 목재는 표고버섯을 재배하는 나무로 쓴다.

갈참나무(참나무과) *Quercus aliena*

갈잎큰키나무, 높이 20~25m, 꽃 5월

도토리가 열리는 참나무의 한 종류로 산에서 자란다. 잎은 어긋나고 거꾸로 된 달걀형이며 잎자루가 있고 물결 모양의 톱니가 있다. 도토리 열매는 꽃이 핀 그해 가을에 익는다. 도토리깍정이의 표면에는 비늘조각이 기와처럼 포개져 있다. 가을 늦게까지 달려 있는 잎은 황갈색으로 아름다워서 '가을 참나무'라고 하던 것이 '갈참나무'로 변했다고 한다. 주변에 흔한 나무로 도토리가 열리기 때문에 '도토리나무'라고도 한다.

5월 초에 핀 꽃 　　　　　　8월의 열매

신갈나무(참나무과) *Quercus mongolica*

갈잎큰키나무, 높이 20~30m, 꽃 4~5월

도토리가 열리는 참나무의 한 종류로 산 중턱 이상에서 가장 많이 자란다. 잎은 어긋나고 거꾸로 된 달걀형이며 잎자루가 거의 없고 물결 모양의 큰 톱니가 있다. 도토리 열매는 꽃이 핀 그해 가을에 익는다. 도토리깍정이의 표면에는 비늘조각이 기와처럼 포개져 있다. 도토리는 가루를 내어 묵을 쑤어 먹는다. 나무꾼들이 숲 속에서 짚신 바닥이 헤지면 가장 흔한 이 나무 잎을 다시 깔고 신어서 '신갈나무'라는 이름을 얻었다.

참나무로 만드는 참숯

참나무 목재를 구워 만든 참숯

숯은 단단한 나무를 공기가 차단된 숯가마에 넣고 구워서 만드는데 우리나라에서는 주로 참나무 목재로 만든 참숯을 이용한다. 참숯은 화력이 세고 불이 오래가기 때문에 최고로 쳤다.

숯은 요리를 만들 때 이용할 뿐 아니라 예전에는 다리미용으로 많이 썼다. 또 더러운 것을 제거하고 깨끗하게 만드는 살균력도 강해 간장독 안에는 꼭 참나무 숯을 넣었다. 아이를 낳은 집 문간에 거는 금줄에도 숯덩이를 끼웠다. 그 밖에 숯은 냄새를 없애 주며 물을 깨끗하게 거르는 데도 사용하며, 물을 많이 머금기 때문에 천연 가습기로도 쓴다.

5월 초에 핀 꽃 · 9월의 열매

5월 초에 핀 꽃

7월의 열매 · 나무껍질

떡갈나무(참나무과) *Quercus dentata*

갈잎큰키나무, 높이 15~20m, 꽃 4~5월

도토리가 열리는 참나무의 한 종류로 산에서 자란다. 잎은 어긋나고 거꾸로 된 달걀형이다. 잎자루가 거의 없고 물결 모양의 큰 톱니가 있으며 뒷면은 갈색 털이 있다. 도토리 열매는 꽃이 핀 그해 가을에 익는다. 도토리깍정이는 적갈색 비늘 조각으로 수북이 덮여 있다. 도토리는 가루를 내어 묵을 쑤어 먹는다. 떡을 찔 때 크고 넓적한 잎을 깔아서 '떡갈나무'가 되었다고 한다. 고기를 구울 때 쓰는 숯은 참나무로 만든 것을 제일로 친다.

굴참나무(참나무과) *Quercus variabilis*

갈잎큰키나무, 높이 20~25m, 꽃 5월

도토리가 열리는 참나무의 한 종류로 산기슭이나 산 중턱에서 자란다. 나무껍질은 코르크질이 두껍게 발달하여 누르면 폭신거린다. 잎은 어긋나고 긴 타원형이며 가장자리에 톱니가 있고 뒷면은 흰색이 돈다. 도토리 열매는 꽃이 핀 다음 해 가을에 익는다. 도토리깍정이는 얇은 비늘 조각으로 수북이 덮여 있는데 비늘조각은 젖혀진다. 도토리는 가루를 내어 묵을 쑤어 먹는다. 줄기에 골이 져서 '골참나무'라고 하던 것이 변해 '굴참나무'가 되었다.

4월에 핀 꽃 · 9월의 열매

상수리나무(참나무과) *Quercus acutissima*

갈잎큰키나무, 높이 20~25m, 꽃 4~5월

도토리가 열리는 참나무의 한 종류로 마을 근처 산기슭에서 자란다. 잎은 어긋나고 긴 타원형이며 가장자리에 톱니가 있고 뒷면은 연녹색이다. 도토리 열매는 꽃이 핀 다음 해 가을에 익는다. 도토리깍정이는 얇은 비늘 조각으로 수북이 덮여 있는데 비늘조각은 젖혀진다. 도토리는 가루를 내어 묵을 쑤어 먹는다. 목재로는 숯을 만든다. 아이들은 도토리를 불에 구워 먹었으며 도토리로 팽이치기나 구슬치기, 공기놀이를 하며 놀았다.

 수랏상에 오른 도토리묵 이야기

조선 시대에 일본이 우리나라를 쳐들어온 '임진왜란'이 일어났습니다. 미처 전쟁 준비를 하지 못했던 조선의 군대는 계속 후퇴할 수밖에 없었습니다.

선조 임금도 왜군을 피해 우리나라

도토리묵

북쪽 국경 지대인 의주까지 피난을 갔습니다. 갑작스런 피난길이라 식량이 부족해서 모두 고생을 하고 있었습니다. 임금님이 드시는 수랏상에도 올릴 음식이 부족해서 할 수 없이 도토리묵을 만들어서 올렸습니다. 배가 고팠던 선조 임금은 도토리묵을 맛있게 먹곤 했습니다.

그 뒤 전쟁이 끝나고 대궐로 돌아온 선조 임금은 피난 시절 먹던 도토리묵을 자주 찾았습니다. 그래서 '도토리가 임금님의 수라에 오른다'고 '오를 상(上)' 자를 써서 '상수라'라고 하였고 '도토리나무'는 '상수라나무'라고 불렀습니다. 상수라나무는 후에 발음하기 편하게 변하여 '상수리나무'가 되었다고 합니다.

산에서 자라는 식물

6월 초에 핀 꽃	9월의 열매

꾸지뽕나무(뽕나무과) *Maclura tricuspidata*

갈잎떨기나무~작은키나무, 높이 3~8m, 꽃 5~6월

중부 이남의 산기슭이나 마을 근처에서 자란다. 잎겨드랑이에 가지가 변한 날카로운 가시가 있다. 가을에 붉은색으로 익는 열매는 단맛이 나며 먹을 수 있다. '꾸지뽕나무'는 뽕나무가 아닌 것이 굳이 뽕나무가 되겠다고 우겨서 붙여진 이름이라고 하는데 잎을 뽕잎처럼 누에의 먹이로 쓴다고 하니 어느 정도 근거가 있는 이야기이다. 목재는 활을 만드는 재료로 뛰어나 황해도에서는 '활뽕나무'라고 부른다. 나무껍질은 한지를 만드는 원료로 쓴다.

4월에 핀 꽃	5월의 열매

느릅나무(느릅나무과) *Ulmus davidiana* var. *japonica*

갈잎큰키나무, 높이 15~30m, 꽃 3~4월

산골짜기에서 자란다. 이른 봄에 잎보다 먼저 자잘한 적갈색 꽃이 뭉쳐 핀다. 동글납작한 타원형 열매는 가장자리가 날개로 되어 있어 바람에 잘 날린다. 봄에 돋은 새순을 나물로 먹거나 밀가루와 섞어 느릅떡을 만들어 먹는다. 어린 가지의 속껍질로 새끼를 꼬거나 깔개를 만들었다. 뿌리껍질은 위장을 튼튼하게 하는 약으로 쓰는데 물에 담가 두면 흐늘거린다. '느릅나무'라는 이름은 '힘없이 흐늘거린다'는 뜻을 가진 '느른하다'에서 유래하였다.

 ## 느릅나무에 생기는 벌레혹

느릅나무 벌레혹

느티나무 벌레혹

갈참나무 벌레혹

떡갈나무 벌레혹

벚나무 벌레혹

동백나무 벌레혹

때죽나무 벌레혹

느릅나무나 느티나무 잎에는 혹 모양의 벌레혹이 있는 것을 볼 수 있다. 외줄면충의 알은 나무껍질 틈 등에서 겨울을 난다. 봄이 되면 알에서 깨어난 애벌레가 느릅나무의 새잎으로 이동해 수액을 빨아 먹기 시작한다. 잎은 애벌레가 만든 상처를 치료하기 위해 잎몸을 부풀게 해서 벌레를 감싼다. 그러면 애벌레는 혹 속에서 안전하게 수액을 빨아 먹으면서 자란다. 늦은 봄이 되면 애벌레는 날개가 달린 어른벌레가 되어 혹을 깨고 바깥 세상으로 나온다. 곤충의 애벌레마다 좋아하는 나뭇잎이 따로 있으며 벌레혹의 생김새도 제각기 다르다.

4월에 핀 꽃 　　　　　　　　　　　5월의 열매

버드나무(버드나무과) *Salix pierotii*

갈잎큰키나무, 높이 20m 정도, 꽃 4월

산골짜기나 냇가에서 자란다. 가지를 잡아당기면 잘 부러진다. 가지가 부드러워 '부들나무'라고 부르던 것이 변해 '버드나무'가 되었다고 한다. 잎보다 먼저 긴 타원형의 꽃이삭이 달린다. 잎을 씹으면 쓴맛이 나는데 열을 내리거나 통증을 가라앉히는 작용을 한다. 아스피린은 버드나무 종류의 뿌리를 원료로 해서 만든다. 버들가지를 한자로 '양지(楊枝)'라고 하는데, 양지로 이(치아)를 청소하는 것을 '양지질'이라고 하다가 지금의 '양치질'이 되었다.

4월에 핀 꽃 　　　　　　　　　　　5월의 열매

갯버들(버드나무과) *Salix gracilistyla*

갈잎떨기나무, 높이 2~3m, 꽃 3~4월

산골짜기나 개울가에서 자란다. 줄기는 여러 대가 모여 난다. 이른 봄에 잎보다 먼저 긴 타원형의 꽃이삭이 달린다. 봄에 털을 뒤집어쓴 꽃봉오리를 흔히 '버들강아지'라고 하는데 산골짜기에서 봄이 온 것을 제일 먼저 알리는 봄의 전령사이다. 요즘은 꽃봉오리가 달린 가지를 잘라 꽃꽂이 재료로 쓴다. 가지에 물이 오르면 껍질을 벗겨 버들피리를 만드는데 흔히 '호드기'라고 한다. 버드나무 종류로 개울가에서 잘 자라서 '갯버들'이라고 한다.

12월의 열매 　　　　　　　　　줄기에 기생한 어린 겨우살이

겨우살이(단향과) *Viscum coloratum*

늘푸른떨기나무, 높이 50~80㎝, 꽃 3~4월

참나무나 밤나무 등에 기생해서 자란다. 여러 대가 모여 나는 줄기는 가지가 계속 둘로 갈라진다. 가지 끝에 길쭉한 잎이 2장씩 마주나고, 동그란 열매는 겨울에 연노란색으로 익는다. 새가 열매를 먹다가 끈적거리는 씨앗을 다른 나뭇가지에 묻히면 싹이 트고 뿌리를 내린다. 다른 나무의 물과 양분을 빼앗아 먹고 스스로도 광합성을 하는 반기생식물이다. 겨울에도 잎이 푸르러서 '겨울살이'라고 하던 것이 변해 '겨우살이'가 되었다고 한다.

하얀 속살이 얼음처럼 보여서 얼음과일이라고 하던 것이 '으름'이 되었다고 하는 사람도 있어요.

9월의 열매 　　　　　　　　　익어서 벌어진 열매

으름덩굴(으름덩굴과) *Akebia quinata*

갈잎덩굴나무, 길이 5~6m, 꽃 4~5월

중부 이남의 산과 들에서 자란다. 잎은 5장의 작은잎이 손바닥 모양으로 둥글게 모여 달리고, 잎겨드랑이에 자주색 꽃이 모여 달린다. 소시지 모양의 열매는 가을에 익으면 세로로 갈라지면서 속에 있는 열매살이 드러나는데 열매살의 모양은 바나나와 비슷하고 맛도 비슷하다. 다만 열매살 속에는 씨앗이 많이 들어 있어서 먹기에 조금 불편하다. 봄에 돋는 새순을 나물로 먹는다. 질긴 덩굴은 끈으로 쓰거나 생활용품으로 만들었다.

9월의 열매

5월에 핀 꽃　　　　매의 발톱처럼 날카로운 가시

4월에 핀 꽃　　　　　　　　9월의 열매

매발톱나무(매자나무과) *Berberis amurensis*

갈잎떨기나무, 높이 2m 정도, 꽃 5~6월

중부 이북의 산에서 자란다. 여러 대가 모여 나는 줄기에 날카로운 가시가 있다. 가시는 3갈래로 갈라진 모습이 매의 발톱처럼 날카롭게 보여서 '매발톱나무'라고 한다. 짧은 가지에서 밑으로 처지는 꽃송이에 노란색 꽃이 촘촘히 달린다. 타원형 열매가 가득 달린 열매송이는 가을에 붉은색으로 익는다. 꽃과 열매의 모양이 아름다워 관상수로 심는데 흔히 생울타리를 만든다. 봄에 돋는 새순을 나물로 먹는데 잘 데쳐서 우려낸 다음 무쳐 먹는다.

생강나무(녹나무과) *Lindera obtusiloba*

갈잎떨기나무, 높이 2~6m, 꽃 3~4월

산에서 자란다. 이른 봄에 잎보다 먼저 가지 가득 노란색 꽃이 핀다. 잎몸은 3갈래로 갈라지기도 한다. 잎이나 어린 가지를 잘라 비비면 생강 냄새와 비슷한 상큼한 냄새가 나서 '생강나무'라고 한다. 가지로 이쑤시개를 만들면 향기가 좋다. 중부 이북에 사는 사람들은 차나무 대신에 은은한 향기가 나는 생강나무 어린잎을 따서 말렸다가 차로 만들어 마시거나 부각을 만들어 먹기도 하였다. 씨앗으로 짠 기름은 부인들의 머릿기름 등으로 썼다.

5월에 핀 꽃　　　　　　　　8월의 열매

함박꽃나무(목련과) *Magnolia sieboldii*

갈잎작은키나무, 높이 7~10m, 꽃 5~6월

산에서 자란다. 대부분의 목련 종류는 꽃이 먼저 피지만 함박꽃나무는 목련 종류이면서도 잎이 다 자란 늦은 봄에 꽃이 핀다. 고개를 살짝 숙이고 피는 꽃송이의 가운데에 있는 붉은색 수술과 연노란색 암술이 보기 좋고 향기도 있다. 큼직한 꽃이 함박꽃(작약)과 비슷하여 '함박꽃나무'라고 한다. 다른 이름으로 '산목련'이라고도 하는데 '산에서 피는 목련'이라는 뜻이다. 북한에서는 '나무에 피는 난초'라는 뜻으로 '목란(木蘭)'이라고 부르며 북한의 나라꽃이다.

암술이 먼저 자라는 암술선숙

❶

암술

수술

❷

암술이 스러지면서 수술이 벌어진다.

❸

수술

윗부분의 암술부터 피기 시작한다.　　수술이 활짝 벌어지며 꽃가루가 나온다.

함박꽃나무는 꽃잎이 벌어지면 가운데에 있는 꽃턱 윗부분의 암술이 먼저 벌어지고 붉은색 수술은 꽃턱 밑부분에 촘촘히 포개져 있다. 암술의 꽃가루받이가 끝난 후에 수술이 벌어지면서 꽃가루가 나오는 방법으로 제꽃가루받이를 피하는데 이를 '암술선숙'이라고 한다.

식물이 제꽃가루받이가 일어날 위험에도 불구하고 양성화를 만드는 까닭은 비용 문제 때문이다. 암꽃과 수꽃을 따로 만들려면 비용이 2배나 많이 들기 때문에 둘을 한 꽃에 배치하면서 피는 시기를 조절해 제꽃가루받이를 피하는 꾀를 쓴다.

7월에 핀 꽃 · 장식꽃 모양

6월에 핀 꽃 · 가지 단면의 골속

산수국(수국과) *Hydrangea macrophylla* ssp. *serrata*

갈잎떨기나무, 높이 1m 정도, 꽃 6~8월

산골짜기나 숲 속에서 자란다. 가지 끝마다 둥근 접시 모양의 큼직한 꽃송이가 달린다. 꽃송이 가장자리의 꽃은 꽃잎처럼 생긴 4장의 꽃받침조각만 가지고 있어 열매를 맺지 못하고 곤충을 불러들이는 역할만 하는데 이런 꽃을 '무성화'라고 하며, 보기만 아름답다 하여 '장식꽃'이라고도 한다. 가운데에 촘촘히 모여 핀 꽃은 열매를 맺는다. 산수국의 꽃 색깔은 토양에 따라 연한 남색~분홍색이 된다. 수국 종류로 산에서 자라서 '산수국'이라고 한다.

국수나무(장미과) *Stephanandra incisa*

갈잎떨기나무, 높이 1~2m, 꽃 5~6월

산기슭이나 산골짜기의 숲 가장자리에서 자란다. 줄기는 여러 대가 모여 나고 가지 끝이 비스듬히 휘어진다. 잎은 어긋나고 달걀형이며 끝이 뾰족하고 얕게 갈라지기도 한다. 가지 끝의 꽃송이에 자잘한 황백색 꽃이 촘촘히 모여 핀다. 가지를 자르면 가운데에 있는 골속의 흰색 부분이 국수 가락과 비슷해서 '국수나무'라고 한다. 또 많은 가지가 덤불처럼 엉기며 자라는 모습이 그릇에 담긴 국수 가락과 비슷해서 붙여진 이름이라고도 한다.

5월에 핀 꽃 · 6월의 열매

산딸기(장미과) *Rubus crataegifolius*

갈잎떨기나무, 높이 1~2m, 꽃 5~6월

산의 숲 가장자리에서 자란다. 붉은색이 도는 줄기에는 날카로운 가시가 나 있다. 잎은 어긋나고 넓은 달걀형이며 가장자리가 3~5갈래로 갈라진다. 가지 끝에 흰색 꽃이 몇 개씩 모여 피고 동그란 딸기 열매가 열린다. 열매는 지름이 1~1.5㎝로 우리가 사 먹는 딸기보다 크기가 작지만 단맛이 나며 먹을 수 있다. 산에서 자라고 딸기 모양의 열매가 열려서 '산딸기'라고 한다. 한방에서 덜 익은 열매를 말린 것은 몸의 원기를 보충하는 약재로 쓴다.

 ### 딸기와 산딸기의 차이점

딸기와 산딸기는 열매의 모양이 비슷하고 이름도 비슷하지만 열매의 구조는 전혀 다르다. 딸기의 열매살은 꽃턱이 자란 부분으로 표면을 따라 깨알 같은 씨앗이 박혀 있으며 뱀딸기도 같은 구조이다.
반면에 산딸기 열매는 많은 열매가 촘촘히 모여 있는 송이 열매로, 작은 열매마다 씨앗이 들어 있으며 닥나무 열매도 같은 구조이다.

산딸기

닥나무

딸기

뱀딸기

5월에 핀 꽃 　　　　　　　　　　　　조팝나무 군락

조팝나무(장미과) *Spiraea prunifolia* var. *simpliciflora*

갈잎떨기나무, 높이 1.5~2m, 꽃 4~5월

양지쪽 산기슭이나 밭둑에서 자란다. 무더기로 모여 나는 줄기는 비스듬히 휘어진다. 봄이 오면 가지 가득 흰색 꽃이 피어나 풍성한 꽃 방망이를 만든다. 가지 가득 피어나는 꽃이 좁쌀을 튀겨 놓은 듯해서 '조밥나무'라고 부르던 것이 변하여 '조팝나무'가 되었다. 흰색 꽃이 가득한 나무 모양이 아름다워 관상수로 심는다. 꽃에 꿀이 많아 벌이 모여드는 밀원 식물이기도 하다. 나무에 통증을 누그러뜨리는 성분이 있어 진통제의 원료로도 쓰인다.

6월에 핀 꽃 　　　　　　　　　　　　새순 가지

찔레꽃(장미과) *Rosa multiflora*

갈잎떨기나무, 높이 2~4m, 꽃 5~6월

산기슭이나 개울가에서 자란다. 줄기에 가시가 있으며 가지 끝은 밑으로 처진다. 가지 끝에 흰색 꽃이 모여 핀다. 조상들은 향기로운 꽃잎을 모아서 만든 꽃주머니로 베갯속을 넣기도 하였다. 봄철에 돋는 통통하면서도 연한 새순을 골라 껍질을 까서 먹기도 한다. 새순을 꺾다가 줄기의 가시에 살을 찔리면 '찌르네'라고 하던 말이 변해서 '찔레'가 되었다고 한다. 우리가 기르고 있는 장미와 가까운 종으로 우리나라의 들장미라고 할 수 있다.

4월에 핀 꽃 　　　　　　　　　　　　9월의 열매

귀룽나무(장미과) *Prunus padus*

갈잎큰키나무, 높이 10~15m, 꽃 4~6월

산골짜기에서 자란다. 잎은 어긋나고 긴 달걀형이다. 새가지 끝에서 늘어지는 꽃송이에 자잘한 흰색 꽃이 촘촘히 모여 달린다. 작고 동그란 열매는 6월에 검은색으로 익는데 떫은맛이 나서 먹기 어렵다. 작은 가지를 말린 것을 '구룡목(九龍木)'이라고 하여 소화를 돕는 약재로 이용한다. '구룡목', 즉 '구룡나무'라는 이름이 변해서 '귀룽나무'가 되었다고 한다. 어린 가지를 꺾으면 역겨운 냄새가 나는데 옛날 사람들은 이 냄새를 파리를 쫓는 데 이용하였다.

 부지런한 귀룽나무의 새순

얼음에 싸인 어린잎 　　　　얼어 죽은 새순과 새로 돋은 잎

귀룽나무는 다른 나무보다 비교적 일찍 새순이 돋는다. 잎이 일찍 돋으면 다른 나무보다 빨리 양분을 만들 수 있는 장점이 있지만 꽃샘추위를 만나면 얼음에 싸이기도 한다. 눈이나 얼음에 덮인 귀룽나무 잎은 대부분이 추위를 잘 견디며 끄떡없이 자란다.

하지만 귀룽나무 새순도 견디지 못하는 꽃샘추위가 있는데 눈은 오지 않고 찬바람만 쌩쌩 부는 경우이다. 이런 추위에는 많은 새순이 얼어 죽고 만다. 그러면 곁에서 새로운 잎이 돋아나서 살아남지만 그해에는 꽃이 제대로 피지 못한다.

6월에 핀 꽃　　　　　　　　　9월의 열매

팥배나무(장미과) *Sorbus alnifolia*

갈잎큰키나무, 높이 10~15m, 꽃 4~6월

산에서 자란다. 잎은 어긋나고 달걀형이며 잎맥이 뚜렷하다. 가지 끝의 꽃송이에 배꽃을 닮은 흰색 꽃이 모여 핀다. 작은 열매는 팥과 생김새가 비슷하며 붉은색으로 익는다. 배나무와 비슷하지만 열매가 팥알만 해서 '팥배나무'라고 한다. 열매는 떫은맛이 나서 먹기 어렵지만 겨우내 매달려 있으면서 새들의 먹이가 된다. 목재는 비교적 무겁고 단단해서 마룻바닥을 깔거나 기구를 만들며 숯을 만드는 재료로도 쓴다. 잎은 붉은색 물감으로 쓴다.

 숲에 가면 왜 시원할까?

숲길

더운 여름에 세수를 하고 선풍기 바람을 쐬면 무척 시원하다. 이는 선풍기 바람에 물이 증발하면서 주위의 열도 함께 빼앗아 가기 때문이다.

숲에 있는 나뭇잎도 광합성을 하면서 남은 물을 공기 구멍을 통해 내보내는 '증산작용(蒸散作用)'을 하기 때문에 주위의 열을 빼앗아 잎을 시원하게 만든다. 이러한 잎의 증산작용 때문에 무더운 여름철에 숲에 들어가면 시원하게 느껴진다. 그래서 숲을 천연 에어컨이라고 할 수 있다.

증산작용은 햇빛이 강하거나 온도가 높을수록, 또 공기가 건조할수록 활발하게 일어난다.

4월에 핀 꽃　　　　　　　　　6월의 열매

돌배나무(장미과) *Pyrus pyrifolia*

갈잎작은키나무, 높이 5~8m, 꽃 4~5월

중부 이남의 산에서 자란다. 잎은 어긋나고 달걀형이며 끝이 뾰족하다. 봄에 잎이 돋을 때 흰색 꽃도 함께 핀다. 산에서 자라는 야생 배나무로 시장에서 파는 배보다 크기는 훨씬 작지만 모양은 똑같다. 하지만 열매살은 퍼석거리고 단맛보다는 신맛이 강하다. '돌배나무'의 돌은 품질이 낮은 것을 이를 때 쓰는 말로 '품질이 낮은 배'라는 뜻이다. 가을에 열매를 따서 술을 담가 먹는다. 어린 나무는 배나무 접을 붙이는 대목으로 사용한다.

5월에 핀 꽃　　　　　　　　　7월의 열매

고추나무(고추나무과) *Staphylea bumalda*

갈잎떨기나무, 높이 2~3m, 꽃 5~6월

산골짜기나 숲 속에서 흔히 자란다. 잎은 마주나고 3장의 작은잎이 모여 달리는 세겹잎이다. 작은잎의 모양이 고춧잎을 닮아서 '고추나무'라고 한다. 가지 끝에 자잘한 흰색 꽃이 모여 피는데 꽃송이는 아래로 늘어진다. 고무 베개처럼 부푼 반원형 열매는 윗부분이 2갈래로 갈라지고 갈라진 끝이 뾰족하며 가을에 익는다. 봄에 돋는 새순은 살짝 데쳐서 나물로 무쳐 먹기도 하고 샐러드나 국거리로도 이용하며, 삶아서 말렸다가 묵나물로도 이용한다.

195

식물이 사는 곳

8월에 핀 꽃　　　　　　단풍이 든 나무

싸리(콩과) *Lespedeza bicolor*

갈잎떨기나무, 높이 2~3m, 꽃 7~8월

산과 들에서 흔히 자란다. 잎은 어긋나고 3장의 작은잎이 모여 달리는 세겹잎이다. 잎겨드랑이와 가지 끝에 나비 모양의 붉은색 꽃이 모여 핀다. 타원형의 꼬투리 열매는 누운 털이 약간 있으며 가을에 갈색으로 익는다. 싸리는 줄기가 단단하면서도 탄력성이 좋아 소쿠리나 채반과 같은 생활용품으로 만들었으며, 줄기를 묶어서 마당을 청소하는 빗자루로 만들었다. 또 줄기를 엮어서 담장이나 문을 만들었다. 싸리로 만든 문은 '사립문'이라고 부른다.

6월에 핀 꽃　　　　　　9월의 열매

족제비싸리(콩과) *Amorpha fruticosa*

갈잎떨기나무, 높이 3m 정도, 꽃 5~6월

길가나 개울가에서 자란다. 헐벗은 산이나 강둑에 심기 위해 북아메리카에서 사방공사용으로 들여온 나무이다. 매우 빨리 자라며 헐벗은 땅에서도 잘 퍼져 나간다. 가지 끝에 달리는 꼬리 모양의 꽃송이에 진한 보라색 꽃이 피어 올라간다. 잎이나 가지를 자르면 역겨운 냄새가 난다. 싸리처럼 자라고 꽃 색깔이 족제비 색깔과 비슷하며 냄새가 나서 '족제비싸리'라고 한다. 씨앗에서 짠 기름으로 비누 등을 만든다. 가는 가지로 광주리를 엮기도 한다.

8월에 핀 꽃　　　　　　10월의 열매

칡(콩과) *Pueraria montana* var. *lobata*

갈잎덩굴나무, 길이 10m 이상, 꽃 7~8월

산과 들에서 자란다. 잎은 어긋나고 3장의 작은잎이 모여 달리는 세겹잎이다. 잎겨드랑이에서 자란 꽃송이에 붉은색 나비 모양의 꽃이 모여 핀다. 한자 이름은 '갈(葛)'인데 '츩'으로 잘못 읽고 쓰던 것이 변해 '칡'이 되었다고 한다. 굵은 뿌리는 '갈근'이라고 하여 칡차를 만들어 마신다. 예전에는 줄기의 껍질로 '갈포'라는 옷감을 짰으며 요즘에는 '갈포 벽지'를 만드는 재료로 사용한다. 질긴 줄기는 새끼줄 대신 사용하기도 한다.

 ### 배고픔을 견디게 한 구황식물

칡뿌리

30여 년 전만 하더라도 우리나라 사람들은 흉년이 들어 식량이 부족하면 이른 봄부터 들과 산으로 올라가 나물을 뜯거나 풀뿌리를 캐고 나무껍질을 벗겨 먹으며 살아야만 하였다. 이렇게 평소에는 잘 먹지 않지만 흉년이나 전쟁 등을 당했을 때 굶주림을 면하기 위해 식량 대신 먹던 식물을 '구황식물'이라고 한다.

대표적인 구황식물로는 칡이나 둥굴레의 뿌리, 취나 쑥과 같은 산나물, 소나무 꽃가루나 나무껍질 등이 있다. 우리나라의 산과 들에서 자라는 구황식물은 850여 종이나 된다고 한다.

4월에 핀 꽃　　　　　7월의 열매

5월에 핀 꽃　　　　　10월의 열매

복자기/나도박달(무환자나무과) *Acer triflorum*
갈잎큰키나무, 높이 15m 정도, 꽃 4~5월

산의 숲 속에서 자란다. 잎은 마주나고 세겹잎이다. 봄에 잎이 돋을 때 꽃도 함께 피는데 가지 끝에 자잘한 연녹색 꽃이 모여 달린다. 양쪽에 날개가 있는 열매는 팔(八)자 모양으로 벌어지며 바람에 날려 퍼진다. 이른 봄에 줄기에서 수액을 채취해 음료로 마신다. 단풍나무 종류 중에서도 가을 단풍이 아름다운 종으로 유명하며 관상수로 많이 심는다. 목재가 치밀하고 단단해서 '나도박달나무'라는 이름으로 불리기도 하며 가구 등을 만드는 데 쓴다.

개옻나무(옻나무과) *Toxicodendron trichocarpum*
갈잎작은키나무, 높이 3~8m, 꽃 5~6월

산의 숲 속이나 숲 가장자리에서 자란다. 잎은 어긋나고 깃꼴겹잎이며 작은잎 가장자리에 2~3개의 톱니가 있는 것도 있다. 암수딴그루로 잎겨드랑이에서 자란 꽃송이에 자잘한 황록색 꽃이 모여 핀다. 둥글납작한 열매는 겉에 가시 같은 털이 촘촘히 있고 가을에 황갈색으로 익는다. 옻나무 종류이지만 옻칠을 얻을 수 없어서 '개옻나무'라고 한다. 개옻나무도 만지면 옻이 올라서 온몸에 여드름 같은 것이 돋으면서 가렵기 때문에 조심하는 것이 좋다.

9월 초에 핀 꽃　　　　　9월의 열매

붉나무(옻나무과) *Rhus chinensis*
갈잎작은키나무, 높이 7m 정도, 꽃 8~9월

산과 들에서 자란다. 깃꼴겹잎은 잎자루에 날개가 있다. 가을 단풍이 불타는 듯 강렬한 붉은색이라서 '붉나무'라고 한다. 평안도나 전라도에서는 아예 '불나무'라고 부른다. 가지 끝의 커다란 꽃송이에 자잘한 황백색 꽃이 촘촘히 모여 핀다. 포도송이처럼 매달리는 열매는 표면이 흰색 가루로 덮여 있는데 짠맛이 난다. 옛날에 소금이 귀한 산골에서는 이 가루를 모아 소금 대신 음식에 넣어 먹거나 두부를 만드는 간수로 사용하였다.

 ### 커다란 벌레혹 오배자

10월의 붉나무

오배자

오배자 단면

붉나무에는 봄에 잎자루의 날개 부분에 진딧물의 일종인 오배자면충이 기생하면서 커다란 벌레혹을 만든다. 귀 모양의 벌레혹은 속이 비어 있고 많은 벌레가 기생하고 있다. 이 벌레의 크기가 처음보다 5배나 크게 자라기 때문에 '오배자(五倍子)'라는 한자 이름을 얻었다.
한방에서 오배자를 귀한 약재로 사용하는데 특히 설사를 멈추는 데 효험이 있으며 피를 멈추거나 독을 풀어 주는 약재로도 쓴다. 오배자에는 '탄닌'이 많이 들어 있어서 옷감을 물들이는 물감으로도 사용하며 잉크를 만드는 원료로도 쓴다.

식물이 사는 곳

주걱 모양의 날개가 있는 열매

7월에 핀 꽃

나무껍질

6월에 핀 꽃

8월의 열매

피나무(아욱과) *Tilia amurensis*

갈잎큰키나무, 높이 20~25m, 꽃 6~7월

산의 숲 속에서 자란다. 잎은 어긋나고 하트형이며 끝이 뾰족하다. 가지 끝에 자잘한 연노란색 꽃이 모여 피는데 향기가 좋아 곤충이 많이 모여든다. 여러 개의 꽃이 달린 꽃자루에 주걱 모양의 날개가 붙어 있다. 잔털이 빽빽이 나 있는 동그란 열매는 가을에 익는다. 열매로 스님들이 쓰는 염주를 만들기도 한다. 질긴 나무껍질을 벗겨 노끈이나 망태 등을 만드는 재료로 썼다. 나무껍질이 소중하다고 해서 '껍질 피(皮)' 자를 써서 '피나무'라고 한다.

다래(다래나무과) *Actinidia arguta*

갈잎덩굴나무, 길이 10m 정도, 꽃 5~6월

산에서 자란다. 이른 봄에 줄기에서 수액을 채취하여 음료로 마시는데 신경통에 좋다고 한다. 잎은 어긋나고 타원형이며 끝이 뾰족하다. 암수딴그루로 잎겨드랑이에 흰색 꽃이 모여 핀다. 동그스름한 열매는 늦가을에 황록색으로 익으며 달콤한 맛이 나는데 머루와 함께 대표적인 야생 과일로 손꼽힌다. 단맛이 나는 열매에서 '다래'라는 이름이 유래된 것으로 보인다. 열매는 보통 날로 먹지만 과실주를 담그기도 한다. 봄에 돋는 새순을 나물로 먹는다.

8월의 열매

6월에 핀 꽃

열매 단면

개다래(다래나무과) *Actinidia polygama*

갈잎덩굴나무, 길이 10m 정도, 꽃 6~7월

산골짜기나 숲 속에서 자란다. 덩굴지는 줄기는 다른 물체를 감고 오른다. 암수딴그루로 잎겨드랑이에 향기가 있는 흰색 꽃이 1~3개씩 모여 밑을 보고 피는데 꽃밥은 노란색이다. 길쭉한 타원형 열매는 끝이 뾰족하고 가을에 황갈색으로 익는데 혓바닥을 찌르는 듯한 맛이 있고 달지 않다. 다래와 비슷하지만 열매를 먹지 못하기 때문에 '개다래'라고 한다. 북한에서는 '말다래'라고 한다. 한방에서 열매는 신경통이나 관절염을 치료하는 약재로 쓴다.

 개다래 잎에는 왜 흰색 무늬가 있을까?

흰색 무늬가 있는 잎

흰색 무늬가 변한 잎

개다래 덩굴

개다래는 장마가 시작되는 초여름에 꽃이 핀다. 꽃은 잎 뒤에 숨어서 밑을 보고 피기 때문에 사람이든 곤충이든 꽃을 발견하기가 쉽지 않다. **개다래도 물론 달콤한 꽃향기로 곤충에게 꽃이 핀 것을 알리지만 장마철에는 향기만으로는 부족하다고 느껴서인지 잎의 일부분을 꽃잎처럼 하얗게 만들어 자신을 알린다.** 곤충은 흰색 잎을 보고 날아와 잎 뒤에 숨어 있는 꽃을 찾아 꿀을 빤다.

꽃이 시들고 나면 잎은 흰색 무늬가 희미해지면서 어느 정도 초록빛을 되찾고 광합성을 하면서 양분을 만든다.

6월에 핀 꽃 · 9월의 열매

꽃가지

9월의 열매 · 보리를 닮은 씨앗

왕머루(포도과) *Vitis amurensis*

갈잎덩굴나무, 길이 10m 정도, 꽃 5～7월

잎과 마주나는 덩굴손으로 나무 등을 감고 오른다. 잎과 마주나는 꽃송이에 자잘한 황록색 꽃이 모여 핀다. 가을에 검은색으로 익는 작은 포도송이 모양의 열매는 새콤달콤한 맛이 나는데 날로 먹기도 하고 술을 담그기도 하며 잼을 만들어 먹기도 한다. 머루의 한 종류로 크게 자라서 '왕머루'라고 한다. '산에서 자라는 포도'라는 뜻으로 '산포도'라고도 한다. 봄에 돋는 새순을 데쳐서 나물로 먹는다. 줄기는 탄력성이 좋아 지팡이를 만든다.

보리수나무(보리수나무과) *Elaeagnus umbellata*

갈잎떨기나무, 높이 2～4m, 꽃 5～6월

산에서 자란다. 긴 타원형 잎의 뒷면은 은백색을 띤다. 잎겨드랑이에 모여 피는 깔때기 모양의 꽃은 끝이 4갈래로 갈라진다. 꽃이 필 때는 흰색이지만 점차 누런색으로 변한다. 둥근 열매는 가을에 붉게 익는데 먹으면 약간 떫으면서도 달콤한 맛이 나서 아이들이 많이 따 먹는다. 향기로운 꽃으로 차를 만들어 마신다. 보리수나무는 땅을 기름지게 하는 능력이 있어서 비료 나무 역할도 한다. 씨앗이 보리쌀과 비슷해서 '보리수나무'가 되었다고 한다.

꽃 모양

6월에 핀 꽃 · 열매 · 열매 단면

열매 모양

8월에 핀 꽃 · 나물로 먹는 새순

박쥐나무(층층나무과) *Alangium platanifolium*

갈잎떨기나무, 높이 2～6m, 꽃 5～6월

산의 숲 속에서 자란다. 끝이 3～5갈래로 얕게 갈라진 잎의 모양이 박쥐가 날개를 편 모양과 비슷해서 '박쥐나무'라고 한다. 잎겨드랑이에 매달리는 꽃은 흰색 꽃잎이 용수철처럼 뒤로 말리고 기다란 암술과 노란색 수술이 술처럼 늘어진다. 동그스름한 열매는 가을에 진한 푸른색으로 익는다. 봄에 돋는 어린잎을 나물로 먹는데 흔히 쌈을 싸서 먹거나 장아찌를 담가 먹으며 쌉싸래한 맛이 난다. 한방에서 뿌리는 진통제나 마취제로 사용한다.

두릅나무(두릅나무과) *Aralia elata*

갈잎떨기나무～작은키나무, 높이 3～5m, 꽃 8～9월

산의 길가나 빈터에서 자란다. 줄기와 가지에는 날카로운 가시가 많다. 가지 끝에 달리는 커다란 꽃송이에 자잘한 흰색 꽃이 촘촘히 모여 달린다. 동그란 작은 열매는 가을에 검은색으로 익는다. 봄에 돋는 새순을 '두릅'이라고 하며 나물로 먹는데 향긋한 봄나물로 유명하다. 두릅은 살짝 데쳐서 초고추장에 찍어 먹거나 튀김으로 만들어 먹는다. 한자 이름은 '목두채(木頭菜)'인데 '나뭇가지 끝의 채소'라는 뜻이다. 뿌리껍질은 가래를 삭이는 등 약재로 쓴다.

산에서 자라는 식물

꽃송이

6월에 핀 꽃 / 10월의 열매

산딸나무(층층나무과) *Cornus kousa*

갈잎큰키나무, 높이 7m 정도, 꽃 5~6월

산에서 자란다. 가지 끝에 큼직한 흰색 꽃이 피는데 십자 모양으로 된 4장의 포가 꽃잎처럼 보인다. 그 가운데에 있는 둥근 공 모양이 실제 꽃이 모여 있는 꽃송이다. 동그란 열매는 가을에 붉은색으로 익는데 딸기와 비슷하고 단맛이 나며 먹을 수 있다. 산에서 자라고 딸기 모양의 열매가 열려서 '산딸나무'라고 한다. 꽃과 열매가 아름답고 나무 모양이 단정하여 관상수로 심는다. 목재는 단단하고 질겨서 물레의 북이나 농기구 등을 만드는 데 쓰인다.

6월에 핀 꽃 / 줄기에 가지가 층층으로 달린다.

층층나무(층층나무과) *Cornus controversa*

갈잎큰키나무, 높이 10~20m, 꽃 5~6월

산에서 자라며 관상수로도 심는다. 잎은 어긋나고 타원형이며 끝이 뾰족하고 잎맥은 5~8쌍이다. 새가지 끝에 달리는 꽃송이에 자잘한 흰색 꽃이 촘촘히 달린다. 꽃에는 꿀이 많아서 벌이 많이 모여든다. 작고 동그란 열매는 가을에 붉은색으로 변했다가 검은색으로 익는다. 곧게 자라는 줄기에 가지가 층층으로 돌려나기 때문에 '층층나무'라고 한다. 목재는 색이 연하고 나이테로 인한 무늬가 두드러지지 않아서 공예품을 만드는 재료 등으로 쓴다.

가늘면서도 탄력이 있는 가지

6월에 핀 꽃 / 나무껍질

말채나무(층층나무과) *Cornus walteri*

갈잎큰키나무, 높이 10~15m, 꽃 5~6월

산골짜기에서 자란다. 나무껍질은 흑갈색이며 그물처럼 갈라진다. 잎은 마주나고 타원형이며 끝이 뾰족하고 잎맥은 4~5쌍이다. 가지 끝의 꽃송이에 자잘한 흰색 꽃이 촘촘히 모여 피는데 꿀이 많아 벌이 모여든다. 작고 동그란 열매는 가을에 검은색으로 익는다. 가늘면서도 탄력이 있는 가지는 말채찍으로 사용하기가 좋아서 '말채나무'라는 이름을 얻었다. 지금도 궁궐이나 지방의 관아터 등에는 예전부터 기르던 말채나무가 남아 있는 것을 볼 수 있다.

 지네를 물리치는 말채나무 이야기

옛날 어느 산골 마을에 해마다 가을만 되면 1,000년 묵은 지네 떼가 몰려와 곡식을 먹어 치우면서 마을 사람들을 괴롭혔습니다. 사람들은 가을만 되면 공포에 질리고 늘 굶주려야만 했습니다. 어느 해 마을을 지나가던 젊은이가 지네 이야기를 듣더니 동네 사람들에게 말했습니다.

"보름달이 뜨기 전에 지네가 나타나는 자리에 독한 술을 갖다 놓으세요. 그러면 제가 지네를 없애겠습니다."

보름달이 뜨자 지네들이 마을로 내려왔습니다. 지네 떼는 술독을 발견하자 모두 좋아하며 술을 실컷 마시고 취해서 잠이 들었습니다. 젊은이는 지네들이 깊은 잠에 빠진 틈을 타서 목을 모두 베어 버렸습니다. 마을 사람들은 모두 기뻐하며 젊은이에게 남아서 마을을 지켜달라고 간청하였습니다. 그러자 젊은이는 가지고 있던 말채찍을 땅에 꽂으며 이렇게 말했습니다.

"앞으로 이 말채찍이 있는 한 다시는 지네들이 마을에 나타나지 못할 것입니다."

다음 해 봄이 되자 말채찍은 새순이 돋고 뿌리를 내리며 크게 자랐고 지네들은 다시 나타나지 않았습니다. 지금도 말채나무 주변에는 지네가 나타나지 않는다고 합니다.

6월에 핀 꽃　　　　　　　　　7월의 열매

때죽나무(때죽나무과) *Styrax japonicus*

갈잎작은키나무, 높이 7~8m, 꽃 5~6월

산에서 자란다. 흰색 종 모양의 꽃들이 2~5개씩 밑을 보고 달리는데 향기가 좋다. 타원형 열매는 연한 녹색을 띤다. 독성분이 들어 있는 열매를 찧어 냇물에 풀면 물고기들이 기절해서 떠오르는 것을 잡는다. 이처럼 물고기가 떼로 죽는다는 데서 '때죽나무'라는 이름이 유래되었다. 옛날에 비누가 없던 시절에는 이 열매를 푼 물에 빨래를 했는데 때가 죽죽 빠진다고 '때죽나무'가 되었다고도 한다. 열매로 짠 기름은 머릿기름 등으로 쓴다.

🔍 때죽나무의 겨울눈

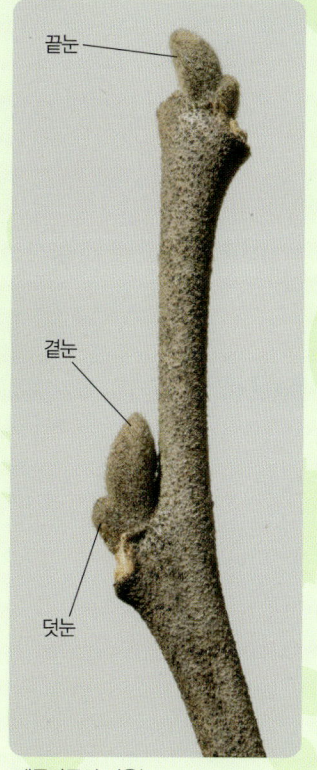

끝눈

곁눈

덧눈

때죽나무의 겨울눈

가을에 낙엽을 떨군 때죽나무의 앙상한 나뭇가지를 자세히 살펴보면 끝에 작고 뾰족한 겨울눈을 볼 수 있다. 겨울눈은 나무가 봄에 새순이나 꽃을 내기 위해 준비해 놓은 눈으로 추운 겨울을 나기 위해 여러 겹의 비늘조각이나 털 등으로 싸서 보호하고 있다.

'가지 끝에 달리는 겨울눈'은 '끝눈' 또는 '정아(頂芽)'라고 하고, '가지의 옆 부분에 달리는 겨울눈'은 '곁눈' 또는 '측아(側芽)'라고 한다. 간혹 '끝눈이나 곁눈의 옆이나 아래에 크기가 조금 작은 눈'이 나란히 달리는 경우도 있는데 '덧눈' 또는 '부아(副芽)'라고 한다.

덧눈은 끝눈이나 곁눈이 제 구실을 못할 때 대신 역할을 하기 위해 만들어 놓은 예비용 겨울눈이다.

6월에 핀 꽃　　　　　　　　　7월의 열매

쪽동백나무(때죽나무과) *Styrax obassia*

갈잎작은키나무~큰키나무, 높이 6~15m, 꽃 5~6월

산에서 자란다. 가지 끝에 달리는 기다란 꽃송이에 종 모양의 흰색 꽃이 밑을 보고 핀다. 흰색 꽃이 구슬을 꿰어 놓은 것처럼 길게 달려서 '옥령화(玉鈴花)'라고도 부른다. 밑으로 늘어지는 열매송이에 동그스름한 열매가 모여 달린다. 씨앗으로 짠 기름은 예전에 동백기름처럼 머릿기름으로 썼다. '쪽'은 '작다'는 뜻으로 열매나 씨앗의 크기가 동백나무보다는 작아서 '쪽동백나무'라고 한다. 나무 모양이 아름다워 관상수로 심고 단단한 목재는 조각재로 쓴다.

🔍 쪽동백나무의 겨울눈

잎자루 밑부분은 볼록하다.

잎자루 속에 눈이 들어 있다.

잎자국은 겨울눈을 빙 둘러싸고 있다.

여름이 한창일 무렵이면 대부분의 갈잎나무가 잎겨드랑이에 겨울눈을 만든 모습을 볼 수 있다. 하지만 쪽동백나무 가지를 보면 어디에서도 겨울눈을 찾아볼 수가 없다.

쪽동백나무의 잎자루를 자세히 보면 밑부분이 유난히 볼록한 것을 볼 수 있는데 그 이유는 **잎자루 속에 숨어서 겨울눈을 만들고 있기 때문이다.** 잎자루를 제껴 보면 속에 겨울눈이 들어 있는 것을 확인할 수 있다. 그래서 낙엽이 진 후에 쪽동백나무의 겨울눈을 살펴보면 둘레를 잎자국이 빙 둘러싸고 있는 것을 볼 수 있다.

5월에 핀 꽃　　　　　　　　　10월의 열매

5월에 핀 꽃　　　　　　　　　9월의 열매

노린재나무(노린재나무과) *Symplocos sawafutagi*

갈잎떨기나무, 높이 2~5m, 꽃 5~6월

산에서 자란다. 잎은 어긋나고 타원형이며 끝이 뾰족하다. 새가지 끝의 꽃송이에 자잘한 흰색 꽃이 촘촘히 모여 피는데 꽃잎 밖으로 많은 수술이 벋는다. 타원형 열매는 가을에 푸른색으로 익는다. 염색을 할 때 물이 잘 들도록 도와주는 역할을 하는 물질을 '매염제'라고 하는데 노린재나무를 태우고 남은 재를 전통 염색을 할 때 매염제로 쓴다. 그런데 잿물의 색깔이 약간 누른색을 띠어서 '노린재나무'가 되었다고 한다. 단단한 줄기로는 지팡이를 만든다.

물푸레나무(물푸레나무과) *Fraxinus rhynchophylla*

갈잎큰키나무, 높이 10~25m, 꽃 4~5월

산에서 자란다. 새가지 끝이나 잎겨드랑이의 꽃송이에 자잘한 황록색 꽃이 모여 피고 꽃송이 모양대로 가늘고 길쭉한 열매가 열린다. 가지를 꺾어 물에 담그면 녹색이 우러나와 물이 푸른색을 띠므로 '물푸레나무'라고 한다. 단단한 목재는 질기고 탄력이 있어 야구 방망이나 스키에 필요한 운동 기구 재료로 쓰인다. 옛날에는 가지를 가지고 '도리깨'라는 농기구를 만들었고 도끼 자루나 회초리를 만드는 데도 요긴하게 썼다. 잿물은 염색 재료로 쓰인다.

4월에 핀 꽃　　　　　　　　　8월의 열매

진달래(진달래과) *Rhododendron mucronulatum*

갈잎떨기나무, 높이 2~3m, 꽃 4~5월

산에서 자란다. 봄에 잎이 돋기 전에 가지 끝에 분홍색 깔때기 모양의 꽃이 모여 핀다. 시골 아이들은 봄이면 산에 올라 진달래꽃을 따 먹으면서 남은 기다란 꽃술을 엮어 꽃싸움을 하고 놀았다. 어른들은 꽃을 따다가 찹쌀가루 반죽에 얹어 화전을 지져 먹었다. 이처럼 진달래꽃은 먹을 수 있는 꽃이어서 '참꽃'이라고 하였다. 꽃잎으로 술을 담그기도 하는데 흔히 '두견주'라고 한다. '진달래'는 달래보다 더 좋은 꽃인 '진짜 달래'라는 뜻을 지녔다.

꽃들은 어떻게 꽃이 피는 시기를 알까?

밤에 꽃이 피는 달맞이꽃

중국에서는 전쟁에서 죽은 촉나라 왕이 두견새로 변하였고, 두견새가 흘린 눈물이 떨어져 핀 꽃을 진달래, 즉 '두견화'라고 한다. 그러고 보면 봄에 두견새가 울 즈음이면 어김없이 진달래 꽃이 핀다. 진달래는 두견새의 울음 소리를 듣고 꽃이 피는 걸까? 식물도 동물처럼 외부의 환경이 바뀌는 것을 알아챈다. 즉 계절이 바뀌면서 밤낮의 길이가 달라지고 온도가 변화하는 것을 느끼며 민감하게 반응한다. 이처럼 식물이 1년 동안 낮 길이를 인식하면서 계절 변화에 반응하는 것을 '광주기성(光週期性)'이라고 한다. 식물은 광주기성을 통해 밤낮의 길이와 계절의 변화를 인식하고 항상 똑같은 계절이나 시기에 새싹이나 꽃을 피우고 단풍이 든다. 진달래는 봄에 낮이 길어지면 꽃이 피기 시작하는데 이런 식물은 '장일식물'이라고 하고, 국화처럼 낮의 길이가 짧아지는 가을에 꽃이 피는 것은 '단일식물'이라고 한다.

식물을 광주기성과 함께 하루 24시간의 변화를 인식하는데 이를 '일주기성(日週期性)'이라고 한다. 그래서 달맞이꽃은 꼭 밤에만 꽃을 피울 수 있는 것이다.

5월에 핀 꽃   8월의 열매

철쭉꽃(진달래과) *Rhododendron schlippenbachii*

갈잎떨기나무, 높이 2~5m, 꽃 4~5월

산에서 자란다. 봄에 잎이 돋을 때 꽃도 함께 피는데 가지 끝마다 연분홍색 깔때기 모양의 꽃이 모여 핀다. 진달래꽃과는 달리 철쭉꽃은 먹을 수 없기 때문에 '개꽃'이라고도 하였다. 한자 이름은 '척촉(擲躅)'이라고 하는데 '철쭉꽃을 보고 머뭇거린다'는 뜻으로 아름다운 꽃을 보고 발걸음을 머뭇거려서 붙여진 이름이라고 하며, 또양이 독성이 있는 철쭉은 먹지 못하고 머뭇거려서 붙여진 이름이라고도 한다. '척촉'이 변해서 '철쭉'이 되었다고 한다.

꽃을 바치는 노래, 헌화가 이야기

신라 성덕왕 때 순정공은 강릉 태수가 되어 부인인 수로와 함께 강원도로 떠났습니다. 동해 바닷가에 이르러 점심을 먹는데 주변의 절벽 위에 철쭉꽃이 많이 피어 있었습니다. 아름다운 철쭉꽃을 보고 수로 부인이 말했습니다.

"저 꽃을 제게 꺾어다 줄 사람 없나요?"

하지만 험한 절벽은 높고 가팔라서 오르기가 쉽지 않아 보였습니다. 너무 위험하다고 생각한 때문인지 일행 중에는 누구도 나서는 사람이 없었습니다. 그때 마침 소를 몰고 지나가던 한 노인이 수로 부인의 말을 듣고 대답했습니다.

"제가 꺾어다 드리지요."

노인은 험한 절벽을 기어올라가 철쭉꽃을 한아름 꺾어 내려와 수로 부인에게 바치면서 노래를 불렀습니다.

"자주색 바위 끝에 잡고 있는 암소를 놓게 하시고, 나를 아니 부끄러워하시면 꽃을 꺾어 바치오리다."

이 노래의 제목은 〈헌화가(獻花歌)〉라고 하는데 '꽃을 바치는 노래'라는 뜻입니다. 헌화가 이야기는 역사책인 《삼국유사》에 실려 있습니다.

5월에 핀 꽃   9월의 열매

산철쭉(진달래과) *Rhododendron yedoense* var. *poukhanense*

갈잎떨기나무, 높이 1~2m, 꽃 4~5월

산에서 자란다. 봄에 가지 끝마다 2~3개의 자홍색 꽃이 핀다. 꽃술에는 진득한 액이 묻어 나오는데 독성이 있으므로 먹으면 위험하다. 꽃이 필 때 길쭉한 잎이 함께 돋는다. 여름과 가을에 나는 잎은 봄에 먼저 난 잎보다 작은데 남부 지방에서 자라는 것은 잎이 푸른 채 겨울을 나기도 한다. 철쭉 종류로 산에서 자라서 '산철쭉'이라고 한다. 산철쭉은 많은 재배 품종이 만들어져 관상용으로 심고 있는데 흔한 '영산홍'도 산철쭉의 원예종이다.

진달래와 철쭉과 산철쭉 구분하기

진달래 열매   진달래 잎

진달래는 먼저 꽃이 피고 꽃이 시들 즈음 잎이 돋기 시작한다. 잎 뒷면은 비늘조각으로 덮인다. 열매는 길쭉하고 세로로 둔한 모가 지며 끝에 뾰족한 암술대가 남아 있다.

철쭉꽃 열매   철쭉꽃 잎

철쭉꽃은 꽃이 필 때 잎도 함께 나오기 시작한다. 거꿀달걀형 잎은 가지 끝에 둥글게 모여 달린다. 열매는 달걀형이며 셋 중에서 가장 큰 편이고 끝에 뾰족한 암술대가 남아 있다.

산철쭉 열매   산철쭉 잎

산철쭉은 꽃이 필 때 잎도 함께 나오기 시작한다. 잎은 셋 중에서 가장 길쭉하다. 열매는 둥근달걀형이며 털이 있고 끝에 뾰족한 암술대가 남아 있다.

산에서 자라는 식물

6월에 핀 꽃 겨울눈 가지 열매송이

흰작살나무

작살나무(꿀풀과) *Callicarpa japonica*

갈잎떨기나무, 높이 1~3m, 꽃 6~8월

산골짜기나 숲 가장자리에서 자란다. 원줄기를 중심으로 가지는 양쪽으로 2갈래씩 갈라진다. 잎겨드랑이에 연한 자주색 꽃이 모여서 피는데 향기가 난다. 구슬처럼 작은 열매들은 가을에 보라색으로 익으며 오래도록 매달려 있다. 고기를 잡을 때 쓰는 작살은 나무 막대에 삼지창 모양의 쇠붙이를 붙여서 만든다. 길고 뾰족한 겨울눈이 달린 가지의 모양이 작살을 닮아서 이름이 '작살나무'이다. 보라색 열매가 달린 나무 모습이 보기 좋아 관상수로 심는다.

9월의 열매

8월의 누리장나무

7월에 핀 꽃

누리장나무(꿀풀과) *Clerodendrum trichotomum*

갈잎떨기나무, 높이 2m 정도, 꽃 7~8월

중부 이남의 산기슭이나 바닷가에서 자란다. 잎은 마주나고 달걀형이며 끝이 뾰족하다. 가지 끝의 커다란 꽃송이에 흰색 꽃이 모여 피는데 암술과 수술이 꽃잎 밖으로 길게 뻗는다. 잎을 만지거나 자르면 고약한 누린내가 나서 '누리장나무'라고 한다. 냄새 때문에 지방에 따라서는 '구릿대나무'라고 부르기도 하고 '개나무'라고도 한다. 하지만 꽃과 열매가 아름다워 관상수로 심기도 한다. 봄에 돋는 새순을 데쳐서 우려낸 다음 나물로 무쳐 먹는다.

어린 나무 어린잎

5월에 핀 꽃 8월의 열매

오동나무(오동나무과) *Paulownia coreana*

갈잎큰키나무, 높이 10~15m, 꽃 5~6월

우리나라에 자라는 나무 중에 가장 넓적한 잎을 가지고 있는데 어린 나무에 달린 잎은 승용차 바퀴보다 더 크다. 꽃은 잎보다 먼저 피는데 가지 끝에 연보라색 꽃이 모여 핀다. 목재는 나뭇결이 아름답고 갈라지거나 뒤틀리지 않으며 좀이 잘 슬지 않아 가구를 만드는 데 으뜸으로 쳤다. 또 울림이 좋아 거문고나 가야금 같은 악기를 만들면 소리가 맑고 곱다. 또 가벼운 목재라서 나막신을 만들어 신었다. 한자 이름 '오동(梧桐)'에서 이름이 유래되었다.

꽃 모양

6월에 핀 꽃 9월의 열매

백당나무(연복초과) *Viburnum opulus* ssp. *calvescens*

갈잎떨기나무, 높이 3m 정도, 꽃 5~6월

산에서 자란다. 가지 끝에 동그란 접시 모양의 흰색 꽃송이가 달린다. 꽃송이 가장자리에는 꽃잎만 가진 장식꽃이 빙 둘러 가며 있다. 동글납작한 꽃송이의 모양을 보고 북한에서는 '접시꽃나무'라고 부른다. 꽃에는 꿀이 많아서 벌이 많이 모여든다. 콩알만 한 열매들은 가을에 빨간색으로 익으며 겨울까지 매달려 있다. 물렁거리는 열매를 만지면 고약한 냄새가 나는데 새들이 냄새를 맡고 모여든다. 꽃과 열매가 아름다워서 관상수로 심는다.

5월에 핀 꽃

2개씩 짝지어 피는 꽃

2개씩 짝지어 달리는 열매

괴불나무(인동과) *Lonicera maackii*

갈잎떨기나무, 높이 2~4m, 꽃 5~6월

산기슭이나 골짜기에서 자란다. 잎겨드랑이에 흰색 꽃이 2개씩 짝을 지어 피는데 향기가 있다. 꽃은 입술 모양으로 2갈래로 갈라지며 윗입술꽃잎은 끝이 4갈래로 얕게 갈라진다. 동그란 열매는 가을에 붉은색으로 익으며 먹을 수 있다. 2개가 붙어 있는 열매의 모양이 개불알을 닮아서 '개불알나무'라고 하던 것이 변해 '괴불나무'가 되었다고 한다. 이름이 고약해서인지 북한에서는 '아귀꽃나무'라고 부른다. 꽃과 열매의 모양이 보기 좋아 관상수로 심는다.

괴불나무 종류 나무들의 열매

분홍괴불나무 열매

길마가지나무 열매

왕괴불나무 열매

홍괴불나무 열매

괴불나무는 인동과 괴불나무속에 속한다. 우리나라에서 자라는 **괴불나무속 나무**들은 꽃이 사이좋게 2개씩 짝을 지어 피는 특징이 있다. 자루 끝에 바짝 붙은 채로 두 꽃의 씨방은 각각 동그란 열매로 자란다.

괴불나무는 2개의 동그란 열매가 나란히 붙어 자란 모습이지만 길마가지나무나 왕괴불나무는 2개의 열매가 자라면서 절반 정도 합쳐져서 괴불나무보다 더 개불알과 비슷한 모양이 된다.

홍괴불나무는 열매 2개가 완전히 하나처럼 합쳐지는데 암술대의 흔적이 2개여서 합쳐진 것임을 알 수 있다.

5월에 핀 꽃

8월의 열매

병꽃나무(인동과) *Weigela subsessilis*

갈잎떨기나무, 높이 2~3m, 꽃 5~6월

산골짜기 개울가에서 흔히 자란다. 잎겨드랑이에 긴 깔때기 모양의 꽃이 1~2개씩 달린다. 갓 피어난 꽃 색깔은 황록색이지만 시간이 지나면서 점차 자홍색으로 변하기 때문에 두 가지 색깔의 꽃이 함께 달린 것을 볼 수 있다. 길쭉한 열매는 가을에 익으면 2갈래로 갈라진다. 꽃의 모양이 병을 닮아서 '병꽃나무'라고 한다는데 열매의 모양이 기다란 병 모양을 꼭 닮았다. 꽃이 아름다워 관상수로 개발된 품종들을 화단이나 길가에 심고 있다.

5월에 핀 꽃

10월의 열매

청미래덩굴(청미래덩굴과) *Smilax china*

갈잎덩굴나무, 길이 2~5m, 꽃 4~5월

중부 이남의 산에서 자란다. 줄기는 마디마다 굽고 갈고리 같은 거친 가시가 있다. 동그스름한 잎은 두껍고 표면이 반질거린다. 잎겨드랑이에 있는 덩굴손으로 다른 물체를 감고 오른다. 봄에 잎이 돋을 때 연노란색 꽃도 함께 핀다. 동그란 열매는 가을에 붉게 익는다. 열매를 '명감' 또는 '망개'라고 하며 아이들이 따 먹지만 푸석거리고 맛이 텁텁하다. 혹같이 생긴 덩이뿌리를 '토복령(土茯苓)'이라고 하는데 가루를 내어 먹거나 한약재로 쓴다.

깊은 산에서 자라는 식물

국토의 70% 이상이 산일 정도로 산이 많은 우리 국토를 보면 주로 동쪽과 북쪽 지방에 높은 산이 많다. 사람들이 사는 곳 가까이에 있는 산들은 사람 손길을 많이 타서 숲을 이루는 나무와 풀의 종류가 지역에 따라 비슷비슷하다. 하지만 사람의 발길이 잘 미치지 않는 깊은 산속으로 가면 땅이 비옥하고 숲도 발달해서 흔히 볼 수 없는 식물들을 많이 만날 수 있다.

깊은 산속의 얼레지 꽃밭

4월에 핀 꽃 　　　　　　　　새싹

6월에 핀 꽃 　　　　　　　봄눈에 덮인 새싹

미치광이풀(가지과) *Scopolia japonica*
여러해살이풀, 높이 30~60㎝, 꽃 4~5월

깊은 산에서 자란다. 잎은 어긋나고 타원형이며 끝이 뾰족하다. 잎겨드랑이에 피는 종 모양의 적갈색 꽃은 자루가 길고 밑으로 비스듬히 처진다. 이 풀에는 신경을 흥분시키는 성분이 들어 있어서 소가 먹으면 미친 듯이 날뛰기 때문에 '미치광이풀'이라는 이름을 얻었다. 봄에 돋는 새싹이 산나물처럼 보여서 잘못 채취하기도 하는데 먹으면 위험하므로 주의해야 한다. 한방에서 덩이줄기는 진통제로 사용하지만 독성이 강하므로 주의해야 한다.

범꼬리(마디풀과) *Bistorta manshuriensis*
여러해살이풀, 높이 50~100㎝, 꽃 6~7월

산의 풀밭에서 자란다. 뿌리줄기가 벋으면서 무리 지어 자란다. 여러 대가 모여 나는 줄기는 마디가 두드러진다. 뿌리잎은 넓은 달걀형이고 끝이 뾰족하며 잎자루가 길다. 가느다란 줄기 끝에 달리는 기다란 원통형 꽃이삭은 자잘한 연분홍색이나 흰색 꽃이 촘촘히 모여 핀다. 꽃이삭의 모양이 호랑이 꼬리를 닮아서 '범꼬리'라고 부른다. 꽃받침에 싸여 있는 열매는 3개의 모가 진다. 한방에서 뿌리줄기는 열을 내리는 약재로 쓴다.

4월에 핀 꽃   4월 말의 열매

복수초(미나리아재비과) *Adonis amurensis*

여러해살이풀, 높이 10~25㎝, 꽃 3~4월

깊은 산의 숲 속에서 자란다. 이른 봄에 새싹이 나오면 줄기 끝에 노란색 꽃 한 송이가 먼저 피고, 줄기가 점차 자라면서 잎이 벌어지기 시작한다. 잎몸은 새깃처럼 가늘게 갈라진다. 여름에 익는 동그란 열매는 별사탕처럼 표면이 우툴두툴하다. 꽃이 아름다워 관상용으로 화단에 심으며, 한방에서 진통제나 심장을 튼튼하게 해 주는 약재로 쓴다. 한자 이름 '복수초(福壽草)'는 황금색 꽃이 새해에 행복과 장수를 기원한다고 해서 붙여진 이름이다.

 오목 거울로 곤충을 모으는 복수초

햇빛을 반사해 반짝거리는 꽃잎

깊은 산에서 자라는 복수초는 이른 봄에 꽃이 피는데 꽃은 한낮에만 활짝 피고 추운 밤에는 오므라든다. 따스한 햇빛을 받아 꽃이 핀 모습을 보면 반짝거리는 꽃잎 안쪽은 오목 거울처럼 안으로 굽은 모습이며, 햇빛을 반사해 암술과 수술이 있는 꽃 안쪽 부분을 따뜻하게 만든다.

눈속에서 핀 꽃

꽃등에는 꽃 가운데에 앉으면 몸을 녹이면서 꽃가루를 먹을 수 있기 때문에 쌀쌀한 날씨에도 복수초를 찾아와 오래도록 머물면서 꽃가루받이를 도와준다.

8월에 핀 꽃   10월의 열매

투구꽃(미나리아재비과) *Aconitum jaluense*

여러해살이풀, 높이 1m 정도, 꽃 8~9월

산의 숲 속에서 자란다. 잎은 어긋나고 손바닥처럼 3~5갈래로 깊게 갈라진다. 옆을 향해 피는 보라색 꽃은 위쪽의 꽃잎이 고깔처럼 덮고 있는 모습이 군인들이 쓰는 투구와 비슷해서 '투구꽃'이라고 한다. 한방에서 뿌리는 '초오(草烏)'라고 하는데 뿌리의 색깔이 까마귀처럼 검은색이라서 붙여진 이름이며 심장을 튼튼하게 하거나 몸을 따뜻하게 해 주는 약재로 쓴다. 하지만 독성이 강하므로 주의해야 한다.

 투구꽃의 꽃가루받이

위 꽃받침   꽃잎
옆막이 꽃받침
꽃술뭉치
발판 꽃받침

꽃 정면(사진 왼쪽)과 꽃 옆면의 단면(사진 오른쪽)

투구꽃에서 보라색 꽃잎처럼 보이는 것은 모두 꽃받침으로 총 5장이다. 위 꽃받침 속에는 기다란 높은음자리표를 닮은 2장의 꽃잎과 2개의 꿀샘이 숨어 있다. 옆쪽의 꽃받침 2장은 벌이 옆에서 들어오지 못하도록 막는 역할을 하고, 밑에 있는 2장의 꽃받침은 벌이 내려앉는 발판 역할을 한다.

벌은 정면에서 꽃에 내려야만 꿀이 들어 있는 위꽃잎 안으로 갈 수 있다. 위 꽃받침 속의 꿀을 빨려면 꽃술뭉치를 헤집고 올라가야 하는데 이때 꽃가루받이가 이루어진다.

모여 피는 꽃

꽃 단면

6월 말에 핀 꽃 | 흰색 꽃

8월에 핀 꽃 | 새싹

자주꽃방망이(초롱꽃과) *Campanula glomerata*

여러해살이풀, 높이 40～100㎝, 꽃 7～9월

중부 이북의 산의 풀밭에서 자란다. 곧게 자라는 줄기 끝이나 윗부분의 잎겨드랑이에 자주색 꽃이 모여 핀다. 줄기 윗부분에 자주색 꽃이 촘촘히 달려 있는 모습을 보고 '자주꽃방망이'라고 한다. 종 모양의 꽃은 끝이 5갈래로 갈라져서 약간 벌어진다. 열매는 3개의 방으로 이루어져 있으며 검은색 씨앗이 들어 있다. 한방에서 고혈압이나 위통 등을 치료하는 약재로 쓴다. 꽃이 아름다워 관상용으로 심기도 한다. 봄에 돋는 어린싹은 나물로 먹는다.

금강초롱꽃(초롱꽃과) *Hanabusaya asiatica*

여러해살이풀, 높이 30～90㎝, 꽃 8～9월

중부 이북의 깊은 산 숲 속이나 바위틈에서 자란다. 달걀형의 잎은 줄기 중간 부분에 4～6장이 촘촘히 어긋난다. 줄기 윗부분에 초롱 모양의 자주색 꽃이 밑을 향해 여러 개가 핀다. 밤에 불을 밝히는 초롱 모양의 꽃이 금강산에서 맨 처음 발견되어서 '금강초롱꽃'이라고 한다. 열매는 익으면 옆면의 아래쪽에서 열리는 구멍으로 씨앗이 나온다. 금강초롱꽃은 오직 우리나라에서만 자라는 우리나라 특산식물이다. 꽃이 아름다워 관상용으로 심기도 한다.

8월에 핀 꽃 | 잎이 붉은 흑동자꽃(원예 품종)

동자꽃(석죽과) *Lychnis cognata*

여러해살이풀, 높이 40～90㎝, 꽃 7～8월

산의 숲 속이나 풀밭에서 자란다. 곧게 자라는 줄기는 마디가 뚜렷하다. 줄기 끝과 잎겨드랑이에 주황색 꽃이 옆을 보고 몇 개씩 모여 핀다. 긴 곤봉 모양의 꽃받침에 붙어 있는 5장의 꽃잎은 끝부분이 오목하게 패고 납작하게 펼쳐진다. 꽃이 아름다워 관상용으로 심으며 잎이 흑자색을 띠는 재배 품종도 있다. 그늘에서도 잘 자라며 햇빛을 많이 받으면 잎이 탈 수 있으므로 습기가 있는 반그늘에서 기르는 것이 좋다.

스님을 기다리는 동자꽃 이야기

산 아래를 보고 피는 동자꽃

옛날 깊은 산속 암자에 스님과 어린 동자승이 살고 있었습니다. 가을이 깊어지자 스님은 겨울을 나는 데 필요한 물건을 준비하러 마을로 내려가고 암자에는 동자승만 남았습니다.

스님이 마을에서 물건을 준비하는 사이에 갑자기 큰 눈이 내렸습니다. 산에 눈이 많이 쌓이는 바람에 길이 막혀서 스님은 겨우내 암자로 돌아갈 수가 없었습니다. 산에 홀로 남은 동자승은 산 아래를 하염없이 바라보면서 스님을 기다리다가 그만 굶어 죽고 말았습니다.

봄이 되어서 눈이 녹자 스님은 헐레벌떡 암자로 올라갔지만 동자승은 싸늘한 시체로 변해 있었습니다. 스님은 동자승을 양지바른 암자 한쪽에 고이 묻어 주었습니다. 여름이 되자 동자승의 무덤가에 동자의 얼굴처럼 발그레한 꽃이 피었는데 그 꽃송이들이 모두 산 아래를 바라보고 있었습니다. 스님은 이 꽃이 동자승의 넋이 환생한 것이라고 생각하여 '동자꽃'이라고 불렀습니다.

꽃말은 '기다림'입니다.

8월에 핀 꽃   11월의 열매

7월에 핀 꽃   9월의 열매

곰취(국화과) *Ligularia fischeri*

여러해살이풀, 높이 50~200㎝, 꽃 7~9월

깊은 산의 습지나 풀밭에서 자란다. 하트형의 뿌리잎은 잎자루가 길다. 여름에 줄기 윗부분에 노란색 꽃송이가 촘촘히 모여 달린다. 봄에 돋는 어린잎을 나물로 먹는다. 어린잎으로 쌈을 싸먹기도 하고 삶아서 무쳐 먹기도 한다. 데쳐서 말린 것은 두고두고 묵나물로 먹는다. 취나물의 한 종류로 곰이 좋아하기 때문에 '곰취'라는 이름으로 불린다. 맛과 향이 좋기 때문에 밭에서 재배하기도 한다. 뿌리는 폐를 튼튼히 하고 가래를 삭이는 약으로 쓴다.

솔나리(백합과) *Lilium cernum*

여러해살이풀, 높이 70㎝ 정도, 꽃 7~8월

강원도 이북의 깊은 산에서 자란다. 곧게 자라는 줄기 중간 이하에 솔잎처럼 가느다란 잎이 촘촘히 돌려 가며 달린다. 줄기 윗부분에서 갈라진 잔가지마다 홍자색 나리꽃이 고개를 숙이고 피는데 뒤로 말리는 꽃잎 안쪽에 자주색 반점이 있다. 나리 종류의 하나로 솔잎 모양의 잎이 달려서 '솔나리'라고 한다. 분홍색 꽃이 아름다워 관상용으로 심어 기른다. 땅속의 비늘줄기는 쪄서 먹거나 구워 먹고 가루를 내서 죽이나 국수를 만들어 먹기도 한다.

곤충을 부르는 꽃잎 안쪽의 표적

4월에 핀 꽃   얼룩무늬가 있는 잎

5월에 핀 꽃   꽃 모양

얼레지(백합과) *Erythronium japonicum*

여러해살이풀, 높이 10~20㎝, 꽃 4~5월

깊은 산의 숲 속에서 무리 지어 자란다. 뿌리줄기에서 2장의 잎이 나와서 수평으로 퍼진다. 타원형 잎은 표면에 자주색 얼룩무늬가 있어서 '얼레지'라는 이름을 얻었다. '가재무릇'이라고도 한다. 잎 사이에서 자란 꽃줄기 끝에 홍자색 꽃이 밑을 보고 핀다. 6장의 꽃잎은 밑부분에 W자 무늬가 있고 꽃이 피면 꽃잎이 뒤로 말린다. 밤이 되면 꽃잎을 오므리고 잠이 든다. 봄에 돋는 잎을 뜯어서 나물로 먹고 땅속의 비늘줄기는 설사를 멈추는 약재로 쓴다.

감자난(난초과) *Oreorchis patens*

여러해살이풀, 높이 30~50㎝, 꽃 5~6월

산의 숲 속에서 자란다. 난초 종류의 하나로 땅속에 감자 모양의 비늘줄기가 있어서 '감자난'이라고 한다. 보통 1장의 뿌리잎이 나와 비스듬히 퍼지는데 대나무 잎처럼 길쭉하고 세로 잎맥을 따라 골이 진다. 잎 사이에서 자란 꽃줄기에 황갈색 꽃이 촘촘히 피어 올라간다. 흰색의 아랫입술꽃잎에는 진한 색의 반점이 있다. 여름에 잎이 말라 죽고 가을에 돋아난 새잎이 그대로 겨울을 난다. 한방에서 땅속의 비늘줄기는 종기를 치료하는 약재로 쓴다.

식물이 사는 곳

암꽃이삭

5월의 어린 열매 | 길고 납작한 잎자루를 가진 잎

8월의 열매

줄기 단면에서 나오는 수액

사시나무(버드나무과) *Populus tremula* var. *davidiana*

갈잎큰키나무, 높이 10~25m, 꽃 4~5월

깊은 산에서 자란다. 암수딴그루로 잎이 돋기 전에 먼저 꼬리 모양의 꽃이삭이 늘어진다. 열매이삭이 만들어질 즈음 잎이 돋기 시작한다. 잎은 어긋나고 둥근달걀형이며 가장자리에 얕은 톱니가 있고 잎자루가 길다. 길고 납작한 잎자루에 달린 잎몸은 약한 바람에도 잘 흔들린다. 이를 빗대어서 조상들은 무서움이나 추위에 떠는 사람을 보고 '사시나무 떨듯 한다'라는 속담을 쓴다. 다른 이름으로 잎이 파드득거린다고 해서 '파드득나무'라고도 한다.

거제수나무(자작나무과) *Betula costata*

갈잎큰키나무, 높이 30m 정도, 꽃 5~6월

깊은 산에서 자란다. 나무껍질은 연한 회갈색이며 종잇장처럼 얇게 벗겨진다. 암수한그루로 잎이 돋을 때 꽃도 함께 피며 달걀형의 열매이삭은 위를 향한다. 이른 봄에 줄기에서 수액을 받아 마시는데 미네랄을 비롯한 무기물이 풍부한 건강 음료로 위장병이나 신경통 등에 좋다. '거제수'는 '거재수(去災水)'라는 한자 이름이 변한 것이며 '재앙을 물리치는 물'이라는 뜻으로 수액을 마시면 재앙을 물리친다는 이야기가 전해 온다.

4월에 핀 꽃

6월의 열매

10월의 나무

어린 나무의 나무껍질

노목의 나무껍질

박달나무(자작나무과) *Betula schmidtii*

갈잎큰키나무, 높이 20~30m, 꽃 4~5월

깊은 산에서 자란다. 흑회색을 띠는 줄기에는 가로줄무늬가 있으며 매끈하지만 나이가 들면서 껍질이 갈라지고 거칠어진다. 원통형 열매이삭은 위를 향한다. 박달나무 목재는 우리나라에서 자라는 나무 중에 가장 단단해서 나무를 자르는 도끼날이 망가지기도 한다. 단단한 목재는 다듬이질할 때 쓰는 홍두깨나 디딜방아의 절구공이, 쟁기 등을 만드는 재료로 썼다. 특히 정월 놀이에 쓰는 윷은 박달나무 윷을 최고로 친다. 고로쇠나무처럼 이른 봄에 줄기에서 수액을 받아 마신다. 우리나라의 건국 이야기에 환웅이 무리 3천을 거느리고 태백산 신단수 아래에 내려와 도읍을 정하고, 환웅과 곰이 변한 웅녀와의 사이에서 태어난 단군이 고조선을 세웠다고 한다. 단군 신화에 나오는 신단수는 일반적으로 박달나무라고 생각하는데 '신단수(神檀樹)'나 '단군(檀君)'에 들어 있는 '단(檀)'이라는 한자어가 '박달나무'를 뜻하기 때문이다. 우리 민족을 흔히 '배달민족'이라고 하는데 '배달나무'가 변해 '박달나무'가 되었다고 하는 사람도 있다.

쉬땅나무 군락

7월에 핀 꽃

봄에 돋는 새순

9월의 열매

5월에 핀 꽃

겨울눈

봄에 돋는 새순

쉬땅나무/개쉬땅나무(장미과) *Sorbaria sorbifolia* var. *stellipila*

갈잎떨기나무, 높이 2m 정도, 꽃 6~8월

중부 이북의 산기슭 계곡이나 습지에서 자란다. 뿌리가 땅속줄기처럼 벋으면서 많은 줄기가 모여 난다. 잎은 어긋나고 13~25장의 작은잎이 마주 붙는 깃꼴겹잎이다. 줄기 끝에서 갈s라진 잔가지마다 자잘한 흰색 꽃들이 촘촘히 모여 달려 원뿔형의 커다란 꽃송이를 만든다. 꽃송이가 수수 이삭 모양이라서 '쉬땅나무'라는 이름을 얻었다. 관상용으로 공원에 심는데 흔히 촘촘히 심어서 생울타리를 만든다. 봄에 돋는 새순을 나물로 먹는다.

마가목(장미과) *Sorbus commixta*

갈잎작은키나무, 높이 6~8m, 꽃 5~6월

깊은 산에서 자란다. '마가목'은 '마아목(馬牙木)'이라는 한자 이름이 변한 것인데 '말이빨나무'라는 뜻으로 봄에 돋는 새순이 말의 이빨처럼 튼튼해서 붙여졌다. 대부분의 나무 새순은 연하고 부드러워서 쉽게 잘라지는데 마가목의 새순은 질겨서 손으로 잡아당겨도 잘 잘라지지 않는다. 봄에 가지 끝에 커다란 흰색 꽃송이가 달리고 동그란 열매는 붉은색으로 익는다. 꽃과 열매가 달린 나무 모양이 보기 좋아 관상수로 심는다.

4월에 핀 꽃

6월의 열매

고로쇠나무(무환자나무과) *Acer pictum*

갈잎큰키나무, 높이 20m 정도, 꽃 4~5월

산의 숲 속에서 자란다. 봄에 잎이 돋을 때 연노란색 꽃도 함께 핀다. 잎몸은 손바닥처럼 5갈래로 갈라진다. 양쪽에 날개가 있는 팔(八)자 모양의 열매는 바람에 날려 퍼진다. 이른 봄에 나무줄기에서 채취하는 수액은 약간 단맛이 나며 음료로 마신다. 한자 이름은 '골리수(骨利樹)'인데 '뼈에 이로운 물을 가진 나무'라는 뜻이며 시간이 지나면서 '고로쇠'로 변하였다. 목재는 단단하고 질겨서 체육관 마룻바닥이나 운동 기구를 만드는 재료로 쓴다.

 천연 음료로 마시는 고로쇠 수액

줄기에 드릴로 구멍을 뚫고 호스를 연결해 수액을 받는다.

봄이 오면 나무들은 잎을 틔우는 데 쓰기 위해 뿌리에서 물과 양분을 빨아들여 줄기로 올려 보낸다. 줄기에 구멍을 뚫어 이 수액을 뽑아내는데 미네랄이 풍부하고 단맛이 약간 난다. 고로쇠 수액은 지역에 따라 맛이 조금씩 다르며 천연 음료로 마시는데 오래 보관하기가 어렵다. 날씨가 맑고 밤과 낮의 기온 차이가 큰 날일수록 고로쇠 수액이 많이 나오지만, 바람이 불거나 흐린 날에는 수액이 잘 나오지 않는다. 고로쇠처럼 수액을 받아 마시는 나무로는 거제수나무, 자작나무, 다래나무 등이 있다.

식물이 사는 곳

높은 산에서 자라는 식물

높은 산은 날씨가 춥고 낮과 밤의 기온차가 크며 바람이 세고 메마른 땅이라서 식물이 살아가기 어려운 환경이다. 이곳에는 여러해살이풀과 키가 작은 떨기나무 등이 땅바닥을 기며 살아가는데 일반적으로 뿌리가 발달하며 잎은 작고 두꺼운 편이다. 고산 식물의 꽃은 비교적 크고 색깔이 진하며 향기도 진한 것이 많은데 높은 산에 많지 않은 곤충을 불러 모으기 위해서이다.

꽃샘추위를 만난 두메닥나무

4월에 핀 꽃

7월의 어린 열매

두메닥나무(팥꽃나무과) *Daphne koreana*
갈잎떨기나무, 높이 30~100㎝, 꽃 4~5월

높은 산의 숲 속에서 자란다. 큰 나무 밑에서 자라는 나무는 다른 나무가 잎이 무성해지기 전에 꽃을 피우고 열매를 맺어야 한다. 봄에 일찍 핀 황백색 꽃은 꽃샘추위에 눈보라를 자주 만나지만 꿋꿋하게 열매를 맺는 강인함을 지녔다. 잎은 어긋나고 긴 달걀형으로 부드러우며 뒷면은 흰색이 돈다. 동그란 열매는 가을에 붉은색으로 익는다. 닥나무처럼 나무껍질을 종이의 원료로 쓰며 두메산골에서 자라기 때문에 '두메닥나무'라고 한다.

7월에 핀 꽃

4월의 묵은 열매

만병초(진달래과) *Rhododendron fauriei*
늘푸른떨기나무, 높이 1~3m, 꽃 6~7월

높은 산 숲 속에서 자란다. 가지 끝에 모여 달리는 좁은 타원형 잎은 두꺼운 가죽질이며 뒷면은 흰색이 돈다. 사계절 푸른 잎을 달고 있지만 높은 산의 겨울 추위 때문에 얼어 죽는 잎이 많다. 가지 끝에 깔때기 모양의 흰색 꽃이 모여 핀다. '만병초(萬病草)'는 한방에서 쓰는 한자 이름으로 '여러 가지 병에 쓰이는 풀'이라는 뜻이다. 주로 잎을 고혈압이나 감기 등을 치료하는 약재로 쓰는데 독성분이 있으므로 함부로 쓰지 않도록 주의해야 한다.

6월에 핀 꽃 | 9월의 열매

6월에 핀 꽃 | 백리향 군락

산앵도나무(진달래과) *Vaccinium koreanum*

갈잎떨기나무, 높이 1~1.5m, 꽃 5~6월

높은 산에서 자란다. 잎은 어긋나고 타원형이며 끝이 뾰족하다. 묵은 가지에 달리는 꽃송이에 종 모양의 분홍색 꽃이 고개를 숙이고 2~3개가 핀다. 가을에 붉은색으로 익는 달걀형의 열매는 끝 부분에 남아 있는 꽃받침조각 때문에 절구 같아 보인다. 열매는 단맛이 나고 날로 먹으며 술을 담그기도 한다. 산에서 자라고 앵두처럼 생긴 작은 열매는 먹을 수 있어서 '산앵도나무'라는 이름을 얻었다. 열매가 달린 가지를 꽃꽂이 재료로도 쓴다.

백리향(꿀풀과) *Thymus quinquecostatus*

갈잎떨기나무, 높이 3~15cm, 꽃 6~8월

높은 산 꼭대기에서 자란다. 줄기는 가지가 많이 갈라지고 땅바닥을 기면서 자란다. 잎은 마주나고 긴 타원형이다. 여름에 가지 윗부분의 잎겨드랑이에 입술 모양의 작은 홍자색 꽃이 모여 피는데 향기가 진하다. 한자 이름 '백리향(百里香)'은 '향기가 100리까지 퍼져 나간다'는 뜻으로 진한 꽃향기 때문에 이름 붙여졌다. 잔디처럼 땅바닥을 촘촘히 덮고 꽃향기가 좋아 관상용으로 많이 심으며 차를 만들어 마시기도 한다.

7월에 핀 꽃 | 8월의 열매

5월에 핀 꽃 | 6월의 열매

바람꽃(미나리아재비과) *Anemone narcissiflora*

여러해살이풀, 높이 20~40cm, 꽃 7~8월

중부 이북 높은 산의 습기가 있는 풀밭에서 자란다. 손바닥 모양의 잎은 3갈래로 깊게 갈라지며 갈래조각은 다시 잘게 갈라진다. 줄기 끝의 잎이 돌려난 사이에서 자란 1~4개의 꽃대에 흰색 꽃이 핀다. 5장의 흰색 꽃잎 가운데에 모여 있는 수술은 꽃밥이 노란색이다. 꽃이 지면 편평한 타원형 열매가 열린다. 속명 '아네모네(Anemone)'는 그리스어로 '바람'이라는 뜻이며 여기에서 '바람꽃'이라는 이름이 유래되었다.

하늘매발톱(미나리아재비과) *Aquilegia flabellata*

여러해살이풀, 높이 10~30cm, 꽃 6~8월

북부 지방의 높은 산 풀밭에서 자란다. 잎은 여러 장의 작은잎이 모여 달리는 겹잎이며 작은잎은 2~3갈래로 얕게 갈라진다. 줄기 끝에 1~3개의 남보라색 꽃이 피는데 안쪽 꽃잎은 미색을 띤다. 꽃부리 끝 부분이 매발톱처럼 안으로 굽은 모양이고 하늘색 꽃이 피어서 '하늘매발톱'이라고 한다. 원통형의 열매는 5개의 방으로 나누어져 있다. 꽃이 아름답기 때문에 관상용으로 많이 심으며 꽃 색깔이 조금씩 다른 여러 품종이 개발되었다.

높은 산에서 자라는 식물

7월에 핀 꽃 · 잎

산오이풀(장미과) *Sanguisorba hakusanensis*

여러해살이풀, 높이 30~80㎝, 꽃 8~9월

높은 산 중턱 이상에서 자란다. 뿌리에서 깃꼴겹잎이 모여 난다. 줄기 끝에서 갈라진 가지마다 달리는 꼬리 모양의 붉은색 꽃이삭은 비스듬히 처진다. 꽃이삭에는 꽃잎이 없는 자잘한 꽃들이 촘촘히 달린다. 잎을 비비면 오이 냄새가 나는 오이풀 종류로 깊은 산에서 자라서 '산오이풀'이라고 한다. 한방에서 뿌리는 열을 내리고 피를 멈추는 지혈제로 사용한다. 꽃이 아름다워 관상용으로 가꾸기도 한다. 봄에 돋는 어린싹을 나물로 먹는다.

 남는 물을 내보내는 잎의 배수현상

산오이풀 잎의 배수현상

식물의 뿌리에서 흡수된 물은 낮이면 잎에서 광합성을 하면서 증산작용에 의해 잎 뒷면의 공기구멍으로 빠져나가 공기 중으로 퍼진다.

하지만 밤이 되면 뿌리에서는 여전히 물을 흡수하지만 빛이 없어 광합성을 못하기 때문에 남는 물을 물구멍 등의 배수 조직을 통해 잎 밖으로 내보낸다. 이러한 현상을 '잎의 배수현상(排水現象)'이라고 하며 '일액현상(溢液現象)'이라고도 한다.

이른 새벽에 잎 가장자리에 물방울이 맺혀 있는 것은 이슬보다는 배수로 나온 물일 가능성이 높다.

꽃봉오리

8월에 핀 꽃 · 꽃 모양

닻꽃(용담과) *Halenia corniculata*

한해살이풀, 높이 10~60㎝, 꽃 7~8월

강원도 이북의 높은 산 풀밭에서 자란다. 잎은 마주나고 긴 타원형으로 끝이 뾰족하며 3~5갈래의 잎맥이 나란히 벋는다. 줄기 끝이나 잎겨드랑이에 연노란색 꽃이 모여 핀다. 꽃부리는 끝 부분이 연노란색이며 살짝 벌어지고 밑부분에는 4개의 기다란 흰색 꿀주머니가 비스듬히 위로 구부러진다. 꽃 모양이 얕은 바닷물 속에 넣어서 배를 정박시키는 데 쓰는 닻과 비슷하여 '닻꽃'이라고 한다. 길쭉한 열매는 익으면 둘로 갈라지며 씨앗이 나온다.

5월에 핀 꽃 · 알프스에서 자라는 에델바이스

산솜다리(국화과) *Leontopodium leiolepis*

여러해살이풀, 높이 7~20㎝, 꽃 5~7월

설악산 이북의 높은 산에서 자란다. 산에서 자라고 전체가 흰색 솜털로 덮여 있어서 '산솜다리'라는 이름을 얻었다. 줄기는 여러 대가 모여 난다. 잎은 어긋나고 넓은 선형~거꿀피침형이며 뒷면에는 흰색 솜털이 빽빽하다. 줄기 끝에 흰색 포가 둘러 있는 가운데에 연노란색 꽃송이가 달린다. 알프스에서 자라는 솜다리 종류는 흔히 '에델바이스'라고 부르는데 관상용으로 개발되었으며 우리나라에도 들어와 심고 있다.

7월에 핀 꽃 　　　　　　　　　잎줄기

구름떡쑥(국화과) *Anaphalis sinica* subsp. *morii*

여러해살이풀, 높이 5~20cm, 꽃 8~9월

높은 산의 건조한 풀밭이나 바위틈에서 자란다. 뿌리줄기가 옆으로 벋으며 여러 대의 줄기가 나와 무리 지어 자란다. 긴 타원형 잎은 줄기에 촘촘히 달리며 뒷면에는 솜털이 빽빽이 나 있어 회백색을 띤다. 줄기 끝에 여러 개의 황백색 꽃송이가 촘촘히 모여 있다. 들에서 자라는 떡쑥과 생김새가 비슷하고 구름이 지나가는 한라산 높은 곳에서 자라서 '구름떡쑥'이라고 한다. 풀 전체를 가래를 삭이거나 위를 튼튼하게 하는 용도의 약재로 쓴다.

5월에 핀 꽃 　　　　　　　뿌리에서 모여 난 잎

나도옥잠화(백합과) *Clintonia udensis*

여러해살이풀, 높이 20~70cm, 꽃 5~7월

높은 산의 숲 속에서 자란다. 짧은 땅속줄기에서 수염뿌리가 퍼진다. 뿌리잎은 타원형이며 2~5장이 모여 나 사방으로 비스듬히 퍼진다. 봄에 잎 사이에서 자란 꽃줄기 끝에 흰색 꽃이 모여 핀다. 6장의 꽃잎은 옆으로 퍼진다. 넓적한 뿌리잎 사이에서 흰색 꽃송이가 자란 모양이 옥잠화와 비슷해서 '나도옥잠화'라고 한다. 꽃이 피고 난 후부터 꽃줄기가 길게 자라기 시작하며 동그란 열매는 진한 남색으로 익는다. 봄에 어린 새싹을 뜯어 나물로 먹는다.

두루미 날개 모양의 잎

눈에 덮인 새싹

6월의 두루미꽃 군락

두루미꽃(아스파라거스과) *Maianthemum bifolium*

여러해살이풀, 높이 8~15cm, 꽃 5~6월

높은 산의 숲 속에서 자란다. 가느다란 뿌리줄기가 옆으로 벋으며 퍼져 나가 무리 지어 자란다. 줄기에 2~3장의 잎이 어긋나는데 하트형의 잎은 가장자리에 얕은 톱니가 있고 앞면에 광택이 있다. 줄기 끝에 자잘한 흰색 꽃이 모여 피는데 4장의 꽃잎은 뒤로 젖혀진다. 2장의 잎 사이로 흰색 꽃송이가 자란 모양이 두루미와 비슷해서 '두루미꽃'이라고 한다. 동그란 열매는 붉은색으로 익는다. 봄에 돋는 어린잎은 살짝 데쳐서 양념에 무쳐 먹는다.

꽃 모양

눈에 덮인 꽃

5월에 핀 꽃

노랑무늬붓꽃(붓꽃과) *Iris odaesanensis*

여러해살이풀, 높이 20~25cm, 꽃 4~5월

태백산맥의 높은 산에서 자란다. 칼 모양의 잎은 줄기 밑부분에서 2줄로 얼싸안으며 서로 어긋난다. 잎 사이에서 자란 꽃줄기 끝에 흰색 붓꽃이 위를 향해 핀다. 붓꽃 종류로 흰색 꽃잎 가운데에 노란색 무늬가 있어 '노랑무늬붓꽃'이라고 한다. 타원형 열매는 3개의 모가 진다. 우리나라에서만 자라는 우리나라 특산식물이다. 칼 모양의 잎과 꽃이 아름다워 관상용으로도 심는데 키가 작으므로 화단에 무더기로 심으면 보기가 좋다.

물에서 자라는 식물

연못이나 늪, 논, 개울가처럼 물과 가까이 사는 식물을 '물풀' 또는 '수초(水草)'라고 한다. 물풀은 개구리밥처럼 물 위에 떠서 사는 것도 있고, 검정말처럼 물속에 잠겨서 사는 것도 있다. 물속에 잠겨서 사는 식물은 몸의 전체 표면으로 필요한 물이나 양분을 흡수하며 살아간다. 또 연꽃처럼 뿌리는 물속에 박고 잎과 꽃은 물 밖으로 나와 자라는 식물도 있다. 부들이나 창포처럼 물가에서 자라는 것도 많이 있다.

6월의 연못

물풀이 사는 곳

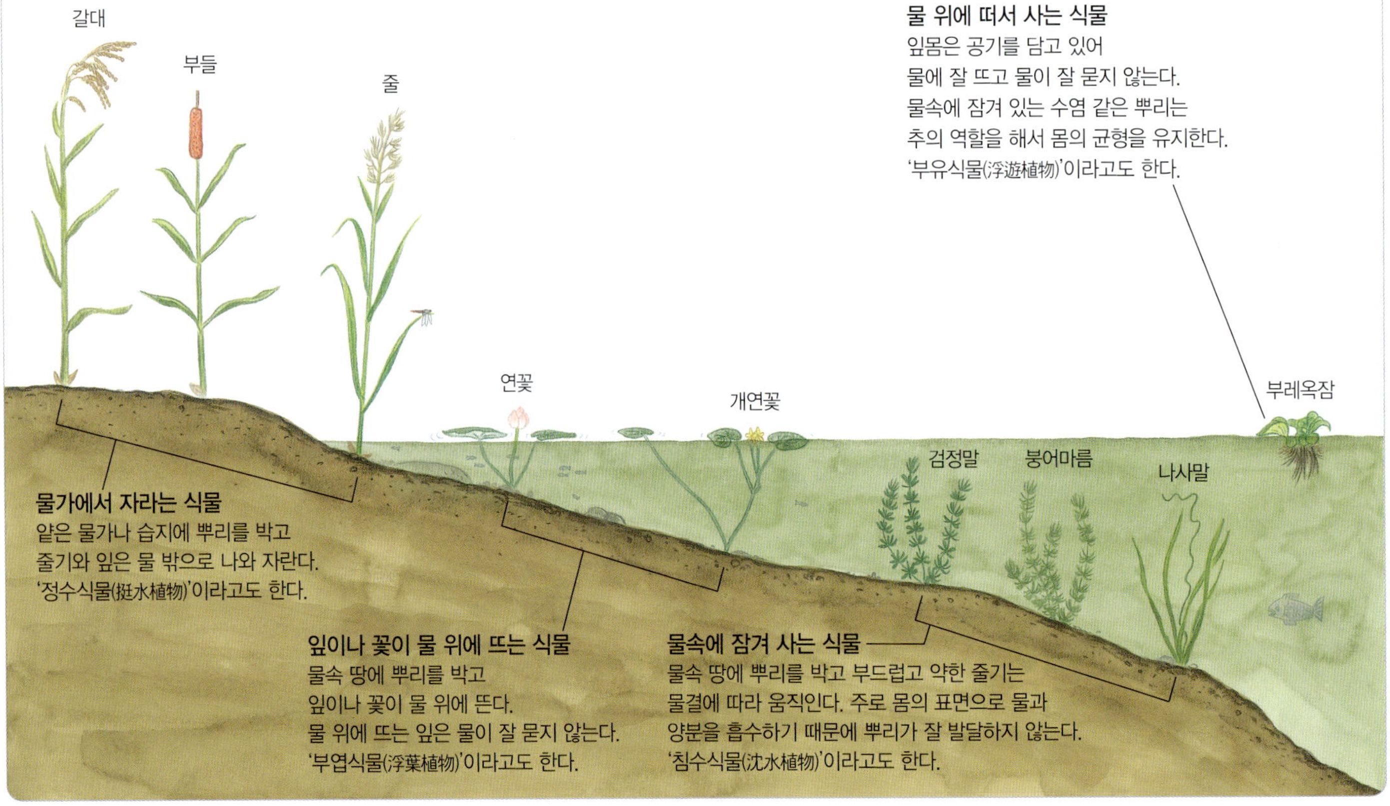

갈대

부들

줄

물 위에 떠서 사는 식물
잎몸은 공기를 담고 있어
물에 잘 뜨고 물이 잘 묻지 않는다.
물속에 잠겨 있는 수염 같은 뿌리는
추의 역할을 해서 몸의 균형을 유지한다.
'부유식물(浮遊植物)'이라고도 한다.

연꽃

개연꽃

검정말   붕어마름   나사말

부레옥잠

물가에서 자라는 식물
얕은 물가나 습지에 뿌리를 박고
줄기와 잎은 물 밖으로 나와 자란다.
'정수식물(挺水植物)'이라고도 한다.

잎이나 꽃이 물 위에 뜨는 식물
물속 땅에 뿌리를 박고
잎이나 꽃이 물 위에 뜬다.
물 위에 뜨는 잎은 물이 잘 묻지 않는다.
'부엽식물(浮葉植物)'이라고도 한다.

물속에 잠겨 사는 식물
물속 땅에 뿌리를 박고 부드럽고 약한 줄기는
물결에 따라 움직인다. 주로 몸의 표면으로 물과
양분을 흡수하기 때문에 뿌리가 잘 발달하지 않는다.
'침수식물(沈水植物)'이라고도 한다.

흰색 꽃이 피는 백련

8월에 핀 꽃

열매

연꽃(연꽃과) *Nelumbo nucifera*

여러해살이풀, 높이 50~100㎝, 꽃 7~8월

연못이나 늪에서 자란다. 물속 땅에서 옆으로 벋는 뿌리줄기는 원통형으로 속에는 여러 개의 구멍이 뚫려 있다. 뿌리줄기는 계속 이어지면서 자라기 때문에 '연근(蓮根)'이라고 하며 여기에서 '연꽃'이라는 이름도 유래되었다. 연근은 생채로 먹거나 요리에 이용한다. 뿌리줄기에서 돋아난 크고 둥근 잎과 커다란 연분홍색 꽃은 물 밖으로 나온다. 열매는 물뿌리개 꼭지 모양이다. 씨앗은 '연밥'이라고 하여 껍질을 까서 날로 먹는데 단맛이 조금 난다.

 ## 공기구멍으로 숨을 쉬는 물풀

식물은 잎을 이용해 호흡을 하는 것처럼 뿌리도 숨을 쉰다. 식물의 뿌리는 호흡으로 얻은 산소를 이용해 양분을 흡수하는 데 필요한 에너지를 만들어 낸다. 대부분의 식물은 뿌리가 물에 잠겨 있으면 공기가 통하지 않아서 호흡을 못하고 뿌리가 썩어 죽고 만다. 그래서 화분에도 물빠짐 구멍을 만들어 준다. 하지만 연꽃과 같은 물풀은 물속에서도 뿌리가 썩지 않는데

연꽃 잎자루 단면

이들의 줄기와 뿌리에는 공기가 통하는 구멍이 있기 때문이다.

연꽃은 잎자루의 공기구멍과 뿌리의 공기구멍이 서로 연결되어 있어서 잎의 숨구멍에서 호흡한 공기를 잎자루를 통해 뿌리까지 보낼 수 있다. 또 대부분의 식물은 숨구멍이 잎의 뒷면에 있지만 연잎은 앞면에 있다. 연잎의 뒷면은 물과 가까워서 공기가 잘 통하지 않기 때문에 앞면에 숨구멍이 있는 것이다.

연근

연근 단면의 공기구멍

개연꽃 군락

5월에 핀 꽃

씨앗을 싸고 있는 물질

개연꽃(수련과) *Nuphar japonica*

여러해살이풀, 높이 20~30㎝, 꽃 6~8월

개울이나 연못에서 자란다. 굵은 뿌리줄기가 옆으로 벋는다. 물 위에 뜨는 잎은 하트형이며 광택이 있고 물이 잘 묻지 않는다. 긴 꽃자루가 물 위로 자라 끝에 1개의 노란색 꽃이 핀다. 둥근달걀형 열매는 물속에서 익는다. 씨앗은 납작한 스펀지 모양의 물질에 싸여 있으며 물에 떠서 퍼진다. 연꽃과 사는 모습이 비슷하지만 연꽃만큼 아름답지 못해서 '개연꽃'이라고 한다. 한방에서는 뿌리줄기를 몸이 허약하거나 피로를 회복시켜 주는 약재로 쓴다.

열매

8월에 핀 꽃

물 위에 떠다니는 씨앗

가시연꽃(수련과) *Euryale ferox*

한해살이풀, 높이 20~120㎝, 꽃 8~9월

연못이나 저수지에서 자란다. 동그란 잎은 지름이 20~120㎝로 큼직하고 물 위에 뜨며 양면 잎맥 위에 가시가 있다. 가시로 덮인 꽃줄기는 물 밖으로 고개를 내밀고 붉은 보라색 꽃이 핀다. 연꽃 종류로 전체가 가시로 덮여 있어서 '가시연꽃'이라고 한다. 둥근 타원형 열매는 겉에 가시가 있고, 씨앗은 물에 떠서 퍼진다. 원통형 뿌리줄기는 토란처럼 삶아 먹고 씨앗은 가루를 내어 떡으로 만들어 먹는다. 멸종 위기 식물로 법으로 보호하는 희귀식물이다.

붉은색 꽃이 피는 품종

노란색 꽃이 피는 품종

8월에 핀 꽃

미국수련(수련과) *Nymphaea odorata*

여러해살이풀, 높이 5~12㎝, 꽃 6~8월

연못에서 자란다. 굵고 짧은 뿌리줄기에서 모여 난 잎은 물 위에 뜬다. 둥그스름한 잎은 한쪽이 깊게 갈라지고 광택이 있으며 매끄러워서 물이 잘 묻지 않는다. 뿌리줄기에서 꽃줄기가 자라 그 끝에 흰색 꽃이 피는데 연꽃과 모양이 비슷하다. 꽃은 낮에만 피고 밤에는 오므라들기 때문에 '잠자는 연꽃'이라는 뜻으로 '수련(睡蓮)'이라고 한다. 꽃이 질 때는 꽃잎을 오므린 채로 물속으로 가라앉는다. 여러 색깔의 꽃이 피는 수련 품종이 재배되고 있다.

 수련의 꽃가루받이

꽃 가운데의 끈끈한 점액질

수술이 안으로 굽은 꽃

갓 핀 수련 꽃의 가운데 부분은 오목하게 파여 있는데 그곳에는 점액질이 고여 있고, 둘레에는 많은 수술이 빙 둘러싸고 있다. 꽃가루를 먹으러 날아온 꽃등에가 수술에 앉아서 꽃가루를 떨어뜨리면 끈끈한 점액질에 달라붙으면서 꽃가루받이가 확실하게 이루어진다.

꽃가루받이가 끝난 꽃은 다음 날에도 꽃잎이 벌어지지만 수많은 수술이 안으로 굽어서 중심부는 들여다 보이지 않는다. 꽃을 보고 찾아온 꽃등에는 꽃가루를 먹으면서 몸에 꽃가루를 묻힌 채 다른 꽃을 찾아간다.

6월의 꽃봉오리

벌레를 잡아먹은 잎

끈끈이주걱(끈끈이귀개과) *Drosera rotundifolia*

여러해살이풀, 높이 6~30㎝, 꽃 7~8월

양지바른 습지에서 자란다. 주걱 모양의 잎은 뿌리에서 모여 난다. 잎 표면에는 붉은색 털이 많이 나 있는데 털에는 끈끈한 액체가 묻어 있다. 그래서 '끈끈이주걱'이라고 한다. 이 끈끈한 털에 작은 벌레가 붙으면 잎이 오므라들면서 벌레를 잡는다. 그런 다음 털에서 소화액을 내어 벌레를 소화시키고 양분을 흡수한다. 끈끈이주걱은 양분이 모자라는 산성 토양에서 자라면서 벌레를 잡아 양분을 보충하는데 이런 식물을 '식충식물'이라고 한다.

8월에 핀 꽃

열매

잎자루 단면

마름(부처꽃과) *Trapa japonica*

한해살이풀, 높이 3~5㎝, 꽃 7~8월

연못이나 늪에서 자란다. 물속 줄기잎은 실처럼 가늘고 물 위로 나온 잎은 마름모꼴 비슷한 삼각형이다. 통통한 잎자루 속은 스펀지처럼 되어 있고 그 안에 공기가 들어 있어 물 위에 뜬다. 잎겨드랑이에서 나온 꽃대 끝에 흰색 꽃이 핀다. 납작한 세모꼴 열매는 양쪽에 가시가 있고 매우 딱딱하다. 열매 속살은 먹을 수 있으며 밤처럼 맛이 고소하지만 많이 먹으면 배탈이 날 수 있다. 이름인 '마름'은 '물밤 → 말밤 → 마람 → 마름'으로 변한 것으로 추정한다.

잎줄기 　　　　　　　　　8월에 핀 꽃

잎줄기 　　　　　　　　　이삭물수세미

붕어마름(붕어마름과) *Ceratophyllum demersum*

여러해살이풀, 길이 20~40㎝, 꽃 7~8월

연못의 물속에서 자란다. 가지의 마디마다 실같이 갈라진 가는 잎들이 빽빽하게 돌려난다. 줄기와 잎에서 직접 물과 양분을 흡수해서 살아간다. 붕어마름은 물에 녹아 있는 이산화탄소를 이용해서 광합성을 하고 산소를 내보내기 때문에 물을 깨끗하게 만든다. 여름에 잎겨드랑이에 꽃잎도 없는 작은 붉은색 꽃이 1개씩 피며 꽃가루가 물결을 따라 떠돌면서 꽃가루받이를 한다. 마름의 물속 잎과 비슷한 잎 사이에 붕어가 잘 숨어서 '붕어마름'이라고 한다.

물수세미(개미탑과) *Myriophyllum verticillatum*

여러해살이풀, 길이 50㎝ 정도, 꽃 7~8월

연못이나 고인 물속에서 자란다. 물속 땅바닥에 뿌리를 박고 줄기는 물속에 잠긴 채 물결치는 대로 흔들리면서 살아간다. 물속에서 모여 자라는 모습이 수세미와 비슷해서 '물수세미'라고 한다. 여름에 물 위로 내민 줄기의 잎겨드랑이에 자잘한 황백색 꽃이 모여 피는데 크기가 작아 눈에 잘 띄지 않는다. 어항의 물풀로 사용하는데 물을 깨끗이 해 주는 역할을 한다. 비슷한 물풀로 '이삭물수세미'가 있는데 줄기 끝의 꽃송이가 이삭 모양이라서 구분된다.

8월에 핀 꽃 　　　　　　　　　열매

8월에 핀 꽃

활짝 핀 꽃

시든 꽃

어리연꽃(조름나물과) *Nymphoides indica*

여러해살이풀, 높이 7~20㎝, 꽃 7~8월

연못에서 자란다. 물속 진흙 땅에서 수염 같은 잔뿌리가 사방으로 퍼져 나간다. 뿌리에서 자란 가늘고 긴 줄기에 1~3장의 잎이 드문드문 달린다. 둥그스름한 잎은 한쪽이 깊게 갈라지고 광택이 있으며 물 위에 뜬다. 잎자루 밑부분에서 자란 꽃줄기에 10여 개의 흰색 꽃이 모여 피는데 중심부는 노란색이며 꽃잎의 안쪽은 긴 흰색 털로 덮여 있다. '어리'는 '비슷하다'는 뜻으로 연꽃과 비슷해서 '어리연꽃'이라고 한다. 열매 끝에는 암술대가 남아 있다.

노랑어리연꽃(조름나물과) *Nymphoides peltata*

여러해살이풀, 높이 3~12㎝, 꽃 7~9월

연못에서 자란다. 물 밑의 흙 속에서 뿌리줄기가 옆으로 길게 벋으며 퍼져 나간다. 물속에서 비스듬히 벋은 줄기에 달리는 둥근 잎은 한쪽이 깊게 갈라지고, 잎자루가 길며 물 위에 뜬다. 잎겨드랑이에서 물 밖으로 자란 꽃줄기 끝에 노란색 꽃이 핀다. 나팔 모양의 꽃은 끝이 깊게 5갈래로 갈라지고 꽃잎 가장자리가 실 모양으로 가늘게 갈라진다. 어리연꽃을 닮은 노란색 꽃이 피어서 '노랑어리연꽃'이라고 한다. 부스럼이 난 곳에 즙을 내어 바른다.

물에서 자라는 식물

8월에 핀 꽃 　　　　　　　　　　　잎줄기

미나리(미나리과) *Oenanthe javanica*

여러해살이풀, 높이 20~50㎝, 꽃 7~9월

습지에서 자라며 흔히 논밭에서 재배한다. 둥근 줄기는 속이 비어 있으며 잎몸은 새깃 모양으로 갈라진다. 잎과 마주나는 꽃가지 끝에 자잘한 흰색 꽃이 촘촘히 모여 핀다. 연한 줄기와 잎을 채소로 이용하는데 독특한 향기가 입맛을 돋워 준다. 미나리를 기르는 논을 '미나리꽝'이라고 하는데 가을에 미나리를 잘라서 논에 뿌리면 겨울 동안 새순이 돋아나 미나리꽝이 된다. 미나리의 '미'는 '물'이 변한 말이며 '미나리'는 '물에서 자라는 채소'라는 뜻이다.

6월에 핀 꽃 　　　　　　　　　잎의 벌레잡이주머니

참통발(통발과) *Utricularia australis*

여러해살이풀, 높이 15㎝ 정도, 꽃 8~9월

뿌리가 없이 연못 물속에 떠서 자란다. 잎은 새깃처럼 여러 차례 갈라지며 갈래조각은 실처럼 가늘다. 갈래조각의 일부는 좁쌀만 한 크기의 동그란 벌레잡이주머니가 되어 벌레를 빨아들인 후 소화액을 내어 양분을 흡수한다. '통발'은 잎에 달린 벌레잡이주머니를 고기 잡는 통발에 비유해서 붙인 이름이다. 잎겨드랑이에서 물 밖으로 자란 꽃줄기 끝에 노란색 꽃이 핀다. 줄기 끝에서 모여 난 잎이 물속에 가라앉아 겨울을 난다.

7월의 열매 　　　　　　　　　겨울의 열매이삭

부들(부들과) *Typha orientalis*

여러해살이풀, 높이 1~1.5m, 꽃 6~7월

연못가나 습지에서 무리 지어 자란다. '잎이 부드러워서 부들부들하다'는 뜻에서 '부들'이라고 하며 꽃이삭의 감촉이 벨벳처럼 부드러워 '부들'이 되었다고도 한다. 예전에는 부드러운 잎으로 방석을 만들어 썼고, 요즘에는 꽃이 핀 줄기를 잘라 꽃꽂이 재료로 쓴다. 솜 같은 열매나 꽃가루는 피를 멈추는 데 이용하였다. 말린 꽃가루는 치질이나 부인병에 쓰였다. 봄에 돋는 새순은 뿌리와 함께 쪄서 먹기도 한다. 열매이삭은 말려서 횃불 대용으로 썼다.

 ### 부들의 원통형 꽃이삭

수꽃이삭

암꽃이삭

부들 꽃이삭

수꽃이삭 단면 　　　　　　꽃가루

여름에 줄기 끝에 달리는 부들의 꽃이삭은 원통형으로 윗부분에는 수꽃이삭이 달리고 그 밑에는 암꽃이삭이 달린다. 꽃이삭에 촘촘히 달리는 꽃은 꽃잎이 없으며 수꽃의 꽃가루가 바람에 날려서 암꽃에 닿으면 꽃가루받이가 이루어진다. 이런 꽃이삭을 '육수꽃차례'라고 한다.

연녹색 암꽃이삭은 꽃가루받이가 끝나면 점차 적갈색으로 익는데 모양이 아이들이 먹는 소시지를 닮았다. 열매이삭은 겨울에는 갈색 솜방망이처럼 부풀어 씨앗이 바람에 퍼진다.

갈라진 열매 속의 씨앗

8월에 핀 꽃   물 위에 뜬 씨앗

꽃 모양

9월에 핀 꽃   열매

뚜껑덩굴(박과) *Actinostemma lobatum*

한해살이덩굴풀, 길이 2m 정도, 꽃 8~9월

물가에서 자란다. 덩굴지는 줄기는 잎과 마주나는 덩굴손으로 감고 오른다. 잎겨드랑이에 황록색 꽃이 핀다. 달걀형의 열매는 도토리처럼 밑부분에 가시 같은 돌기가 있다. 자루에 대롱대롱 매달린 열매는 바람에 잘 흔들린다. 열매는 익으면 가운데가 뚜껑 모양으로 갈라지면서 2개의 흑갈색 씨앗이 나온다. 덩굴풀로 열매가 뚜껑처럼 열리기 때문에 '뚜껑덩굴'이라는 이름을 얻었다. 가벼운 씨앗은 물 위에 떠서 퍼진다.

가시박(박과) *Sicyos angulatus*

한해살이덩굴풀, 길이 4~8m, 꽃 6~9월

물가에서 자란다. 덩굴지는 줄기는 잎과 마주나는 덩굴손으로 감고 오른다. 암수한그루로 잎겨드랑이에서 자란 꽃송이에 연녹색 꽃이 모여 핀다. 박과 비슷한 식물로 둥글게 뭉쳐나는 열매가 가느다란 가시로 덮여 있어 '가시박'이라고 한다. 가시는 작고 가늘지만 단단해서 옷을 뚫고 들어오며 찔리면 아프다. 북아메리카 원산의 귀화식물로 강가를 따라 퍼져 나가는데 다른 풀과 나무를 뒤덮어 죽게 만들기 때문에 문제가 된다.

9월에 핀 꽃   11월의 갈대

갈대(벼과) *Phragmites australis*

여러해살이풀, 높이 1~3m, 꽃 8~9월

습지나 냇가에서 무리 지어 자란다. 곧게 자라는 줄기는 마디가 있고 속이 비어 있는 것이 대나무를 닮았다. 줄기에 갈잎이 져서 '갈대'라고 부른 것으로 추측하며 줄여서 '갈'이라고도 한다. 줄기 끝에 커다란 자주색 꽃이삭이 달린다. 털이 달린 씨앗은 겨울바람을 타고 퍼진다. 줄기를 잘라 자리를 엮어 방에 깔기도 하고 초가집 지붕도 이었다. 또 이삭으로 빗자루를 만들어 썼다. 뿌리줄기에서 돋는 새순은 죽순처럼 나물로 먹고 펄프 원료로도 이용한다.

 소리가 애달픈 팬파이프 이야기

그리스 신화에 등장하는 목축의 신인 '판'은 몸의 반이 염소의 모습을 하고 있습니다. 어느 날 판은 '시링크스'라는 요정을 보고 한눈에 반했습니다. 판은 매일같이 시링크스를 찾아가 사랑을 고백했습니다.

"시링크스님, 제발 저의 사랑을 받아 주세요."

하지만 시링크스는 달의 여신 아르테미스에게 순결을 지키며 살겠다는 약속을 했기 때문에 판의 사랑을 받아 줄 수가 없었습니다. 시링크스가 끝까지 모른 체하자 화가 난 판은 시링크스를 납치하기로 결심하고 뒤쫓기 시작했습니다. 깜짝 놀란 시링크스는 죽을 힘을 다해 도망을 쳤습니다. 하지만 판은 산양으로 변해 날쌔게 쫓았습니다. 판에게 쫓기던 시링크스는 강물에 막혀 더 이상 도망을 칠 수가 없게 되었습니다.

"강의 요정님! 저를 좀 구해 주세요."

강의 요정들은 불쌍한 시링크스를 갈대로 변하게 했고 판의 손에는 한 줌의 갈대만이 남게 되었습니다. 판은 너무 슬픈 나머지 갈대를 잘라 엮어 피리를 만들어 불었습니다. 그 악기가 애달픈 소리를 내는 '팬파이프'로 '판의 피리'라는 뜻입니다.

물에서 자라는 식물

7월에 핀 꽃 　　　　　　　　　　　　　　 꽃 모양

물속의 검정말 　　　　　　　　　　　　 검정말 군락

줄(벼과) *Zizania latifolia*

여러해살이풀, 높이 1~2m, 꽃 8~9월

연못이나 냇가에서 무리 지어 자란다. 굵은 뿌리줄기가 진흙 속으로 벋으며 퍼져 나간다. 억센 잎은 가장자리가 날카로워서 스치면 살갗을 베일 수 있다. 여름에 줄기 끝에 커다란 꽃이삭이 달리고 열매를 맺는다. 깜부기에 걸린 대는 물속에서 버섯같이 되며 식용으로 한다. 줄기와 잎으로 깔개나 방석을 만들며 가축의 먹이로도 쓴다. 흉년이 들어 식량이 떨어지면 씨앗을 채집해서 좁쌀과 함께 섞어 죽을 쑤어 먹었다.

검정말(자라풀과) *Hydrilla verticillata*

여러해살이풀, 높이 30~60cm, 꽃 8~9월

늪이나 연못에서 자란다. 대부분 무리 지어 자라며 줄기는 물속에 잠긴 채 물결을 따라 이리저리 움직인다. 검은색이 도는 말 종류라서 '검정말'이라고 한다. 암수딴그루로 잎겨드랑이에 길게 자란 꽃자루 끝에 작은 암꽃이 달리는데 물 밖으로 나와 핀다. 물속에서 자라는 수꽃은 꽃이 피면 떨어져 나와서 물결을 따라 떠다니다가 암꽃을 만나면 꽃가루받이가 이루어진다. 줄기가 잘라지면 물 밑으로 가라앉아 뿌리를 내리고 다시 자라기도 한다.

9월에 핀 꽃

5월에 핀 꽃 　　　　　　　　　　　　　 8월의 열매이삭

나사말(자라풀과) *Vallisneria natans*

여러해살이풀, 높이 30~70cm, 꽃 8~9월

물이 흐르는 도랑이나 연못에서 자란다. 하얀색 뿌리줄기가 땅속으로 벋으며 마디에서 수염뿌리가 내린다. 마디에서 모여 나는 잎은 긴 끈 모양으로 매우 부드러우며 물에 잠긴 채 물결을 따라 이리저리 움직인다. 암수딴그루로 수면 위로 나온 꽃대 끝에 연노란색 꽃이 피는데 수꽃의 꽃가루는 물 위를 떠다니다가 암꽃을 만나면 꽃가루받이가 이루어진다. 꽃가루받이가 끝나면 긴 꽃대는 나사처럼 꼬이고 물속에서 자라는 말 종류라서 '나사말'이라고 한다.

창포(창포과) *Acorus calamus*

여러해살이풀, 높이 70~100cm, 꽃 5~7월

연못가나 개울가에서 자란다. 무리 지어 자라는 모습이 부들과 비슷하다. 한자 이름 '창포(菖蒲)'의 '창'은 '창포'를, '포'는 '부들'을 뜻하는데 창포가 부들을 닮아서 붙여진 이름이다. 식물 전체에 향기가 있다. 줄기와 잎 중간에 기다란 황록색 꽃이삭이 달린다. 단오에는 뿌리와 잎을 우려낸 물로 여자들이 머리를 감거나 몸을 씻는 풍습이 있었다. 또 뿌리줄기로 비녀를 만들어 머리에 꽂으면 귀신을 쫓아내고 병도 막아 준다고 믿었다. 술을 담가 먹기도 한다.

8월에 핀 꽃　　　　　　　　수술과 헛수술

헛수술

암술

수술

물옥잠(물옥잠과) *Monochoria korsakowi*

한해살이풀, 높이 20~40㎝, 꽃 9월

논이나 물가에서 자란다. 물속에 뿌리를 박고 잎과 줄기가 모여 난다. 잎몸은 하트형이며 광택이 난다. 줄기와 잎자루에는 스펀지 같은 구멍이 많다. 줄기 윗부분에 푸른 보라색 꽃이 촘촘히 둘러가며 옆을 향해 핀다. 물옥잠은 두 가지의 수술을 가지고 있는데 눈에 잘 띄는 노란색 수술은 곤충을 불러 모으는 역할을 하고, 눈에 잘 띄지 않는 자주색 수술은 곤충의 몸에 꽃가루를 묻히는 역할을 한다. 물에서 자라고 옥잠화를 닮아서 '물옥잠'이라고 한다.

잎자루의 공기주머니

7월에 핀 꽃　　　　　　　　잎자루 단면

부레옥잠(물옥잠과) *Eichhornia crassipes*

여러해살이풀, 높이 20~30㎝, 꽃 8~9월

연못에서 자라며 어항에 심어 기르기도 한다. 물속에 잠겨 있는 수염뿌리에서 동그스름한 잎이 모여 난다. 통통하게 부푼 잎자루 속은 스펀지처럼 되어 공기를 담고 있기 때문에 물에 잘 뜬다. 줄기 윗부분의 꽃송이에 보라색 꽃이 핀다. 물옥잠과 비슷하고 잎자루의 공기주머니가 마치 물고기의 부레와 같은 구실을 해서 '부레옥잠'이라고 한다. 원산지인 남아메리카에서는 여러해살이풀이지만 겨울이 있는 우리나라에서는 1년밖에 살지 못한다.

6월의 개구리밥　　　　　　　뒷면의 뿌리

개구리밥(천남성과) *Spirodela polyrhiza*

여러해살이풀, 높이 1~1.5㎝, 꽃 5~8월

논이나 연못에서 자란다. 물 위에 뜨는 둥그스름한 몸은 '엽상체'라고 하며 지름 1㎝ 정도로 광택이 나고 물이 잘 묻지 않는다. 엽상체는 잎과 같은 역할을 한다. 엽상체의 밑부분에서 가느다란 뿌리가 물속으로 내린다. 논에 많아서 개구리가 물 밖으로 고개를 내밀 때 입가에 밥풀처럼 붙는다고 해서 '개구리밥'이라고 한다. 한자 이름은 '부평초(浮萍草)'인데 '물 위에 떠서 사는 풀'이라는 뜻이다. 한방에서 피부병이나 가려움증 등을 치료하는 약재로 쓰기도 한다.

 ### 개구리밥의 왕성한 번식

❶ 1개의 엽상체

❷ 위쪽에 새 엽상체가 생겼다.

❸ 2개의 엽상체로 자랐다.

❹ 3개의 엽상체로 늘어났다.

여름에 날씨가 더워질수록 논에는 개구리밥이 빽빽이 들어차는 것을 볼 수 있다. 이 많은 개구리밥은 어떻게 생겼을까? 개구리밥을 살펴보면 엽상체 옆에서 작은 엽상체가 새로 만들어지는 것을 확인할 수 있다.

개구리밥은 엽상체가 4~5개로 불어나게 되면 서로를 연결하고 있던 실이 끊어지면서 나누어진다. 나누어진 엽상체 옆에는 다시 어린 엽상체가 만들어진다. 이렇게 몸이 나누어지는 방법으로 불어나기 때문에 얼마 안 가서 논은 개구리밥으로 뒤덮인다. 물론 여름에 꽃을 피우고 씨앗을 만들어 번식하기도 한다.

바닷가에서 자라는 식물

바닷가에서 자라는 식물

바닷가는 땅에 소금기가 많아서 식물이 물을 흡수하기가 어려운 조건이며 바닷바람이 강해서 여기에 적응한 식물만이 살아갈 수 있다. 바닷가 모래사장에서 자라는 식물은 수분이 부족해서 뿌리를 깊게 내리며 건조에도 잘 견디는 식물만 무리를 이루며 살아간다. 바닷가에서 자라는 식물 중에는 이름이 '갯'으로 시작하는 종류가 많은데 '바닷가에서 자란다'는 뜻이다.

바위틈에서 자라는 해국

6월의 시든 꽃과 어린 열매

나무 모양

줄기

단풍이 든 줄기

곰솔/해송(소나무과) *Pinus thunbergii*

늘푸른바늘잎나무, 높이 20~25m, 꽃 4~5월

바닷가에서 자란다. 소나무와 비슷하지만 줄기 윗부분이 붉은색을 띠는 소나무와 달리 줄기 전체가 흑갈색이다. 그래서 한자 이름은 '흑송(黑松)'인데 우리말로 '검은 소나무'라는 뜻이며 줄여서 '검솔'이라고 부르던 것이 변해 '곰솔'이 되었다. 봄에 돋는 새순은 흰색이 돈다. 긴 바늘잎은 2장이 한 묶음이며 단단하고 거칠다. 암수한그루로 수꽃이삭은 황갈색이며 솔방울열매는 꽃이 핀 그 다음 해에 익는다. 바닷가에서 바람을 막는 방풍림으로 심는다.

통통마디(비름과) *Salicornia europaea*

한해살이풀, 높이 10~30㎝, 꽃 8~9월

바닷가 갯벌에서 자란다. 원통형의 줄기에서 가지가 마주 갈라지며 잎은 퇴화하여 거의 보이지 않는다. 통통한 줄기는 다육질이며 마디가 많아서 '통통마디'라고 한다. 가을에는 줄기가 붉은색으로 단풍이 든다. 통통한 줄기를 잘라서 국을 끓이거나 갈아서 밀가루에 넣고 전을 부쳐 먹는다. 줄기에 소금기가 들어 있어서 짠맛이 나기 때문에 '함초(鹹草)'라고도 하는데 '짠풀'이라는 뜻이다. 통통마디에는 미네랄이 풍부해서 건강 식품으로 이용한다.

바닷가의 해당화

7월에 핀 꽃   열매

해당화(장미과) *Rosa rugosa*

갈잎떨기나무, 높이 1~1.5m, 꽃 5~7월

바닷가 모래땅에서 자라며 줄기에는 작은 가시가 많이 나 있다. 가지 끝에 큼직한 붉은색 꽃이 피는데 향기가 진해서 향수의 원료로 쓰인다. 꽃잎을 따서 씹기도 하는데 씹을수록 입안 가득 향기가 퍼진다. 말린 꽃잎으로 만든 향주머니를 여인들이 몸에 지니고 다녔다고 한다. 또 말린 꽃잎으로 술을 담그기도 하고 차로 만들어 마신다. 한방에서 뿌리는 치통이나 관절염을 치료하는 약재로 쓴다. '해당화(海棠花)'는 한자 이름에서 유래되었다.

벌노랑이 군락

7월에 핀 꽃   열매

벌노랑이(콩과) *Lotus corniculatus* var. *japonicus*

여러해살이풀, 높이 30㎝ 정도, 꽃 5~8월

산과 들의 풀밭이나 바닷가에서 무리 지어 자란다. 줄기와 가지는 옆으로 눕거나 비스듬히 선다. 깃꼴겹잎은 작은잎이 5장인데 밑의 2장은 줄기에 가까이 붙어 있어서 턱잎처럼 보인다. 꽃자루 끝에 모여 피는 노란색 나비 모양의 꽃은 점차 붉은색이 돈다. 주로 벌판에서 자라고 노란색 꽃이 아름답게 모여 피어서 '벌노랑이'라고 한다. 긴 타원형의 꼬투리에 검은색 씨앗이 들어 있다. 한방에서 뿌리는 몸의 기운을 회복하거나 열을 내리는 약재로 쓴다.

갯메꽃 군락

6월에 핀 꽃   열매

갯메꽃(메꽃과) *Calystegia soldanella*

여러해살이덩굴풀, 높이 15~30㎝, 꽃 5~7월

바닷가 모래땅에서 자란다. 흰색의 굵은 뿌리줄기가 옆으로 길게 벋으면서 무리 지어 자란다. 덩굴지는 줄기에 어긋나는 둥근 하트형의 잎은 두껍고 광택이 있다. 잎겨드랑이에서 잎보다 길게 자라는 꽃자루 끝에 나팔 모양의 분홍색 꽃이 핀다. 메꽃 종류로 바닷가에서 자라서 '갯메꽃'이라고 한다. 동그란 열매는 꽃받침에 싸여 있고 속에 검은색 씨앗이 들어 있다. 봄에 돋는 어린싹은 나물로 먹고 땅속줄기는 캐서 날로 먹거나 쪄서 먹는다.

모래땅에서 자라는 갯메꽃의 적응력

7월 초 해수욕장의 갯메꽃

바닷가의 모래땅에서 자라는 갯메꽃은 보통 5~6월에 꽃이 피지만 7월에 피는 것도 드물지 않게 만날 수 있다. 하지만 해수욕장의 모래밭에서 자라는 갯메꽃은 해수욕장의 개장 시기를 아는 것처럼 7월이면 꽃이 핀 것을 거의 볼 수가 없다. 열매는 대부분이 갈색으로 익는다.

해수욕장이 개장되어 사람들이 몰려들면 잘 익은 열매는 사람들의 발에 밟혀 씨앗이 퍼진다. 꽃이 피는 시기와 열매를 맺는 시기가 여름 휴가철과 잘 맞아 떨어지기 때문에 갯메꽃은 앞으로도 해수욕장에서 잘 적응하며 살아갈 것이다.

식물이 사는 곳

5월에 핀 꽃　　　　　　4월의 군락

7월에 핀 꽃　　　　　　6월의 군락

등대풀(대극과) *Euphorbia helioscopia*

두해살이풀, 높이 25〜35㎝, 꽃 5월

풀밭이나 길가에서 자란다. 여러 대가 모여 나는 줄기를 자르면 흰색 즙이 나온다. 이 즙이 피부에 닿으면 두드러기나 물집이 생길 수 있어 주의해야 한다. 줄기 끝에 접시 모양의 꽃송이가 달리는데 가장자리는 잎 같은 포가 빙 둘러 있고 안에 자잘한 꽃이 모여 핀다. 등대는 '등잔을 얹어 놓는 대'를 뜻하며 줄기 끝에 둥글고 납작한 꽃송이의 모양이 등대와 비슷해서 '등대풀'이라고 한다. 한방에서 가래를 삭이거나 각종 염증을 가라앉히는 약재로 쓴다.

갯실새삼(메꽃과) *Cuscuta chinensis*

한해살이덩굴풀, 꽃 7〜8월

바닷가에서 자란다. 순비기나무나 갯메꽃 등에 기생해서 양분을 얻어 자란다. 씨앗에 싹이 터서 줄기가 다른 식물을 감고 오르면 땅속뿌리가 녹아 없어진다. 줄기는 털이 없고 왼쪽으로 감고 올라가며 뚜렷한 잎이 없다. 실새삼처럼 줄기가 가늘고 바닷가에서 자라서 '갯실새삼'이라고 한다. 실새삼과 비슷하지만 흰색 꽃부리가 열매보다 긴 것으로 구분할 수 있다. 한방에서 씨앗은 간과 신장을 보호하고 눈을 밝게 해 주는 약재로 쓴다.

6월에 핀 꽃　　　　　　뿌리

7월에 핀 꽃　　　　　　10월의 열매

갯방풍(미나리과) *Glehnia littoralis*

여러해살이풀, 높이 10〜20㎝, 꽃 6〜7월

바닷가 모래땅에서 자란다. 바닷바람을 이겨 내기 위해 뿌리잎은 땅바닥에 펼치고 줄기는 낮게 자란다. 모래땅에서 물을 흡수하기 위해 뿌리는 땅속으로 깊게 들어간다. 잎은 여러 장의 작은잎이 모여 달린 겹잎이며 두껍고, 앞면은 광택이 있다. 줄기 끝의 커다란 꽃송이에 자잘한 흰색 꽃이 촘촘히 모여 핀다. 풍병을 막아 주는 '방풍(防風)'과 같은 약재로 쓰이며 바닷가에서 자라기 때문에 '갯방풍'이라고 한다. 봄에 돋는 어린잎은 나물로 먹는데 향이 좋다.

순비기나무(꿀풀과) *Vitex trifolia* ssp. *litoralis*

갈잎떨기나무, 높이 30〜70㎝, 꽃 7〜9월

바닷가 모래땅에서 자란다. 줄기는 길게 옆으로 벋으며 군데군데에서 뿌리를 내린다. 제주도 사투리로 해녀가 잠수질하는 것을 '숨비기'라고 하는데 뿌리가 모래 속으로 파고 드는 모습을 보고 '숨비기나무'라고 하던 것이 변해 '순비기나무'가 되었다고 한다. 가지 끝에 자주색 입술 모양의 꽃이 촘촘히 모여 옆을 보고 핀다. 잎과 가지에는 향기가 있어 목욕 물에 넣는 향료로도 쓴다. 한방에서 열매는 두통을 멈추게 하는 약재로 쓴다.

11월에 핀 꽃　　　　　무늬잎 품종

털머위(국화과) *Farfugium japonicum*

늘푸른여러해살이풀, 높이 30～70㎝, 꽃 9～10월

남부 지방의 바닷가에서 자란다. 뿌리잎은 둥근 하트형이며 두껍고 광택이 있다. 잎은 나물로 먹는 머위 잎과 비슷하지만 뒷면이 회백색 털로 덮여서 '털머위'라고 한다. 꽃줄기 윗부분에 노란색 꽃송이가 촘촘히 모여 핀 모습이 아름답다. 남부 지방에서 관상용으로 화단에 심기도 하는데 잎에 무늬가 있는 품종도 있다. 어린 잎자루는 머위처럼 나물로 먹는다. 잎은 상처를 치료하거나 습진에 바르고, 생선 중독에 해독제로 생즙을 마시기도 한다.

뿌리잎

10월에 핀 꽃　　　　　바위틈에서 핀 해국

해국(국화과) *Aster spathulifolius*

여러해살이풀, 높이 30～60㎝, 꽃 7～11월

주로 남부 지방의 바닷가 바위틈이나 모래땅에서 자란다. 줄기 밑부분은 나무처럼 단단해진다. 주걱 모양의 잎은 줄기 밑부분에서는 촘촘히 돌려나며 줄기 윗부분에서는 서로 어긋난다. 잎과 줄기는 털로 덮여 있다. 주로 가을에 가지 끝마다 연한 자주색 꽃송이가 하늘을 보고 핀다. 털이 달린 씨앗은 바람을 타고 퍼진다. 풍성하게 피는 꽃의 모양이 보기 좋아 관상용으로 심고, 분재를 만들기도 한다. 한자 이름 '해국(海菊)'은 '바다의 국화'라는 뜻이다.

11월에 핀 꽃　　　　　9월의 어린 열매

문주란(수선화과) *Crinum asiaticum* var. *japonicum*

늘푸른여러해살이풀, 높이 50～80㎝, 꽃 7～9월

제주도 바닷가의 모래땅에서 자란다. 짧은 줄기 끝에 칼 모양의 긴 잎이 뭉쳐나 사방으로 퍼지며 윗부분은 뒤로 젖혀진다. 잎 사이에서 자란 꽃줄기 끝에 흰색 꽃이 모여 피는데 꽃잎은 가늘게 갈라지며 향기가 짙다. '문주란(文珠蘭)'은 한자 이름이며 꽃향기가 멀리 퍼져서 '천리향(千里香)'이라는 별명도 갖고 있다. 가벼운 씨앗은 바닷물에 잘 떠서 퍼진다. 문주란이 무리를 이루어 자라는 제주도의 토끼섬은 천연기념물 19호로 지정되어 보호받고 있다.

 ## 바닷물에 떠서 퍼지는 씨앗

문주란 씨앗

문주란 씨앗 단면

싹이 튼 코코스야자 씨앗

문주란의 씨앗은 속살이 스펀지처럼 가볍고 누르면 폭신거리지만, 질긴 겉껍질에 싸여 있어서 바닷물에 잠겨도 물이 스며들지 않는다. 문주란 씨앗은 바닷물에 떠다니다가 육지에 닿으면 뿌리를 내리고 싹을 틔운다. 바닷물에 떠서 퍼지는 열매로 코코스야자 열매가 있는데 열매의 겉부분은 단단하지만 속이 비어 있어서 물에 잘 뜬다. 이 열매는 해류를 타고 떠다니다가 육지에 닿으면 싹이 터서 자란다. 그래서 코코스야자는 아시아, 아프리카, 오세아니아 등의 열대와 아열대 지방 바닷가에 널리 퍼져 자란다.

난대림에서 자라는 식물

난대 기후는 연평균 기온이 13℃ 이상인 지역으로 우리나라는 남해안과 제주도를 비롯한 남쪽 섬이 해당된다. 이곳에는 동백나무나 후박나무 같은 상록활엽수가 자라는데 이를 '난대림'이라고 한다. 이 지역은 기후가 온화해 사람이 많이 살기 때문에 숲이 대부분 파괴되어 자연적인 상록활엽수림은 얼마 남지 않았다. 파괴된 산에 소나무를 조림한 숲도 흔히 볼 수 있다.

겨울의 난대림(전남 완도)

6월에 핀 꽃

고목 줄기

후박나무(녹나무과) *Machilus thunbergii*

늘푸른큰키나무, 높이 15~20m, 꽃 5~6월

울릉도와 남쪽 바닷가에서 자란다. 긴 타원형 잎은 가지 끝에서 촘촘히 어긋난다. 잎겨드랑이에서 자란 꽃송이에 자잘한 황록색 꽃이 모여 피고 동그란 열매가 열린다. 크게 자라는 나무로 남부 지방에서 관상수나 가로수로 심고 바닷가의 방풍림으로도 이용된다. 나무껍질을 말려서 한약재로 쓰는데 감기나 이질 등을 치료하는 데 효과가 있다고 한다. 나무껍질이 두껍고 커서 '두터울 후(厚)', '클 박(朴)' 자를 써서 '후박나무'라고 한다.

 잎이 반짝이는 조엽수

'조엽수(照葉樹)'는 '비치는 잎을 가진 나무'라는 뜻이다. 조엽수의 잎은 진한 녹색으로 질긴 가죽질이며 표면에 큐티클층이 발달하여 광택이 있기 때문에 '조엽(照葉)'이라고 한다.

우리나라 남해안 지역의 난대림은 사계절이 뚜렷하며 여름철에는 온도가 높고 비가 많지만, 겨울에는 조금 춥고 건조한 기후여서 주로 조엽수림이 발달한다. 광택이 있는 잎 표면의 큐티클층

7월의 후박 열매와 반짝이는 잎

은 햇빛을 반사해서 잎이 수증기를 내보내는 증산작용을 방해하기 때문에 건조한 겨울을 견뎌 낼 수 있다. 또 조엽수는 겨울의 추위와 건조에 견딜 수 있도록 겨울눈이 발달하는데 겨울눈은 비늘잎이나 나뭇진 등으로 싸여 있어서 겨울의 추위를 막아 준다.

만두 모양의 열매

5월에 핀 꽃

봄에 돋는 새순

붓순나무(오미자과) *Illicium anisatum*

늘푸른작은키나무, 높이 2~5m, 꽃 3~4월

남쪽 섬에서 자란다. 잎은 어긋나고 긴 타원형이며 광택이 있다. 가지 끝에 연노란색 꽃이 모여 핀다. 꽃봉오리의 모양이 붓을 닮아서 '붓순나무'라고 하는데 새로 돋는 잎의 모양도 붓을 닮았다. 만두 모양의 열매는 6~12개의 방으로 이루어져 있으며 각 방마다 씨앗이 들어 있는데 씨앗에는 독이 있다. 붓순나무는 독특한 향기가 나며 이 냄새를 짐승들이 싫어하여 흔히 무덤가에 심는다. 꽃 향기가 좋아 남부 지방에서 관상수로 심는다.

5월에 핀 꽃

8월의 어린 열매

굴거리(굴거리나무과) *Daphniphyllum macropodum*

늘푸른큰키나무, 높이 10m 정도, 꽃 5~6월

남부 지방의 산에서 자란다. 가지 끝에 잎이 모여 달린 모습이 보기 좋아 남부 지방에서 관상수나 가로수로 심고 있다. 나무껍질과 잎을 삶은 물은 피부병을 치료하거나 구충제로 사용한다. 한자 이름은 '교양목(交讓木)'인데 '교양'은 '서로 양보한다'는 뜻으로 가지 끝에 새잎이 돋아나면 묵은 잎은 자리를 양보하고 밑으로 처져서 붙여진 이름이다. '굴거리'라는 이름은 '늙은 이파리가 고개를 숙이고 산다'는 의미의 '굴거(屈居)'에서 유래되었다고 한다.

5월에 핀 꽃

9월의 어린 열매

감탕나무(감탕나무과) *Ilex integra*

늘푸른작은키나무, 높이 6~10m, 꽃 4~5월

남부 지방의 산에서 자란다. 잎은 어긋나고 긴 타원형이며 가죽처럼 질기다. 암수딴그루로 잎겨드랑이에 자잘한 황록색 꽃이 촘촘히 모여 핀다. 콩알만 한 작은 열매는 가을에 붉은색으로 익는다. 나무껍질을 벗겨서 물에 담갔다가 으깨면 진득거리는데 새를 잡는 끈끈이 재료로 썼다. 한자 이름 '감탕(甘湯)'은 '엿을 고아 낸 솥을 부신 단 물'을 말하는데 이 액체가 감탕과 비슷해서 '감탕나무'라는 이름을 얻었다. 남부 지방에서 관상수로 많이 심는다.

5월에 핀 꽃

10월의 열매

호랑가시나무(감탕나무과) *Ilex cornuta*

늘푸른떨기나무, 높이 3~4m, 꽃 4~5월

남부 지방의 바닷가 산기슭에서 자란다. 모서리가 예리한 가시로 되어 있는 길쭉한 육각형의 잎은 가죽처럼 질기고 두꺼우며 광택이 있다. 잎의 가시가 어찌나 날카로운지 호랑이도 무서워한다고 하여 '호랑가시나무'라고 한다. 제주도에서는 '가시낭'이라고 부른다. 가을에 붉게 익는 둥근 열매는 짙푸른 잎과 잘 어울려서 크리스마스 장식으로 쓰인다. 한방에서 가지와 잎은 무릎이 쑤시거나 허리가 아픈 증상을 치료하는 약재로 쓴다.

7월에 핀 꽃　　　　　　9월의 열매

후피향나무(펜타필락스과) *Ternstroemia gymnanthera*

늘푸른큰키나무, 높이 10~15m, 꽃 6~7월

남쪽 바닷가에서 자란다. 가지 끝에 모여 나는 타원형 잎은 가죽질이고 광택이 있다. 잎겨드랑이에 고개를 숙이고 피는 흰색 꽃은 점차 연노란색으로 변한다. 동그란 열매는 붉은색으로 익으면 윗부분이 갈라지면서 붉은색 씨앗이 드러난다. 한자 이름 '후피향(厚皮香)'의 '후피'는 '두터운 수피(나무껍질)'를 뜻하며 두꺼운 나무껍질에서 향기가 나서 붙여진 이름이다. 향기가 나는 나무껍질은 다갈색 물을 들이는 물감으로 쓰인다. 관상수로 많이 심는다.

열매

12월에 핀 꽃　　　　　　익어서 벌어진 열매

동백나무(차나무과) *Camellia japonica*

늘푸른작은키나무, 높이 5~7m, 꽃 12월~이듬해 4월

남부 지방에서 자란다. 잎은 어긋나고 타원형이며 가죽처럼 질기고 광택이 있다. 가지 끝에 붉은색 꽃이 핀다. 한겨울부터 봄까지 피는 꽃은 동박새가 꽃가루받이를 도와주는 조매화이다. 동그란 열매는 익으면 껍질이 벌어지면서 밤색 씨앗이 나온다. 씨앗으로 짠 기름은 먹기도 하고 부인들의 머릿기름으로도 쓴다. 꽃이 아름다워 관상수로 심으며 많은 재배 품종이 있다. 한자 이름 '동백(冬柏)'은 겨울에 푸른 잎을 달고 꽃이 피어서 붙여졌다.

11월에 핀 꽃　　　　　　4월의 열매

팔손이(두릅나무과) *Fatsia japonica*

늘푸른떨기나무, 높이 2~3m, 꽃 11~12월

남쪽 섬에서 자란다. 여러 대가 모여 나는 줄기는 가지가 갈라지지 않는다. 손바닥 모양의 잎은 가장자리가 8갈래로 갈라진다고 '팔손이'라고 하는데 실제로는 7~9갈래로 갈라지는 것이 많다. 잎은 두꺼운 가죽질이며 광택이 있다. 잎의 모양이 보기 좋아 관엽식물로 널리 기르고 있다. 줄기 윗부분에 공처럼 둥근 흰색 꽃송이가 무더기로 모여 달린다. 잎을 목욕물에 넣으면 류머티즘에 좋다고 하며 잎을 삶아서 가래를 삭이는 약으로도 쓴다.

 ### 잎가지가 여덟 개인 팔손이 이야기

옛날 인도에 '바스라'라는 공주가 있었습니다. 공주가 열일곱살이 되자 어머니는 쌍가락지를 선물로 주었습니다.

"바스라야, 이 반지는 우리 왕실에서 대대로 전해 오는 반지란다. 잘 간직하렴."

공주는 어머니에게 받은 반지를 화장대 위에 올려놓았습니다. 어느 날 공주의 방을 청소하던 시녀가 화장대 위에 놓여 있던 예쁜 쌍가락지를 보고 탐이 나서 양손 엄지손가락에 끼워 보았습니다. 그런데 어찌된 일인지 반지가 빠지지 않는 것이었습니다. 당황한 시녀는 더 큰 반지를 덮어 쌍가락지를 감추었습니다.

반지가 없어진 것을 알게 된 공주는 궁궐의 모든 사람을 모아 놓고 조사를 시작했습니다. 드디어 반지를 훔친 시녀의 차례가 되었습니다.

"손을 내밀어 보아라."

공주의 말에 반지를 훔친 시녀가 엄지손가락을 감추고 손을 내밀자 갑자기 천둥벼락이 치면서 시녀는 나무로 변했습니다. 여덟 손가락만 내민 시녀가 변한 나무가 '팔손이'라고 합니다.

5월의 열매

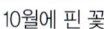

10월에 핀 꽃 　　　　　　보리를 닮은 씨앗

7월에 핀 꽃 　　　　　　9월의 열매

보리밥나무(보리수나무과) *Elaegnus macrophylla*

늘푸른덩굴나무, 길이 2~4m, 꽃 9~11월

남쪽 바닷가에서 자란다. 길게 벋는 줄기는 서로 엉키면서 자란다. 잎은 어긋나고 타원형이며 뒷면은 은백색을 띤다. 잎겨드랑이에 모여 피는 흰색 꽃은 점차 누런색으로 변한다. 다음 해 봄에 붉게 익는 긴 타원형 열매는 은백색 비늘조각으로 덮여 있으며 먹을 수 있다. 열매가 익을 즈음 보리를 수확하기 때문에 '보리밥나무'라고 하며 씨앗의 생김새가 보리쌀과 같아서 붙여진 이름이라고도 한다. '보리똥나무'라고도 한다.

마삭줄(협죽도과) *Trachelospermum asiaticum*

늘푸른덩굴나무, 길이 5~10m, 꽃 5~6월

남부 지방에서 자란다. 덩굴지는 줄기는 줄기에서 나오는 붙음뿌리로 다른 물체에 붙고 오른다. 가지 끝이나 잎겨드랑이에서 나온 꽃송이에 흰색 꽃이 모여 피는데 5장의 꽃잎은 바람개비 모양이며 점차 누런색으로 변한다. 기다란 열매는 2개가 나란히 늘어지며 익으면 세로로 쪼개지면서 털이 달린 씨앗이 바람에 날려 퍼진다. 줄기가 삼으로 꼰 노끈인 '마삭(麻索)'처럼 질겨서 '마삭줄'이라고 한다. 담쟁이덩굴처럼 벽면을 가리는 용도로 심기도 한다.

9월에 핀 꽃 　　　　　　무늬잎 품종

열매

11월에 핀 꽃 　　　　　　꽃이 가득 핀 나무

협죽도(협죽도과) *Nerium oleander*

늘푸른떨기나무, 높이 3~4m, 꽃 7~8월

인도 원산으로 남쪽 섬에서 관상수로 심는다. 가지 끝의 꽃송이에 붉은색 꽃이 모여 피며 향기가 있다. 흰색 꽃이나 겹꽃이 피는 품종도 있다. 한자 이름 '협죽도(夾竹桃)'의 '협죽'은 '대나무처럼 좁은 잎을 가졌다'는 뜻이고 '도'는 '복숭아꽃을 닮았다'는 뜻으로 잎과 꽃의 생김새를 보고 붙인 이름이다. 다른 이름으로 '유도화(柳桃花)'라고도 하는데 같은 뜻을 가진 이름이다. 심장을 튼튼하게 하는 약으로 쓰지만 독성이 강하므로 주의해야 한다.

병솔나무(도금양과) *Callistemon citrinus*

늘푸른떨기나무, 높이 2~4m, 꽃 여름~가을

호주 원산으로 남쪽 섬에서 관상수로 심는다. 부드러운 가지는 끝부분이 밑으로 비스듬히 처진다. 길쭉한 잎은 가지에 촘촘히 어긋나며 가죽처럼 질기다. 가지 끝에 붉은색 꽃이 촘촘히 돌려 가며 피는데 기다란 수술이 꽃잎 밖으로 벋는다. 꽃가지 모양이 시험관을 닦는 솔과 비슷해서 '병솔나무'라고 한다. 영어 이름도 '보틀 부러쉬(Bottle Brush)'로 '병솔'이라는 뜻이다. 가지에 바짝 붙어 있는 열매는 크기가 5~6mm이며 2~3년 동안 달려 있다.

식물이 사는 곳

열대우림에서 자라는 식물

열대 지방은 적도를 중심으로 연평균 기온이 20℃ 이상인 지역으로 항상 기온이 높고 비가 많이 오는 것이 특징이다. 열대의 고온다습한 기후는 식물이 자라는 데 좋은 조건으로 많은 식물이 빽빽한 밀림을 이루고 자라서 '열대우림(熱帶雨林)'이라고 한다. 열대우림에서 자라는 식물 중에서 관상 가치가 있는 것들은 온실이나 가정집의 실내에서 관엽식물로 많이 기른다.

동남아시아의 열대우림

늘어지는 줄기

나무줄기에 붙어 자란다.

꽃가지

새가 꿀을 빨아 먹는 조매화

수염틸란드시아 (파인애플과) *Tillandsia usneoides*

여러해살이풀, 높이 1~6m

열대 지방에서 자란다. 뿌리가 없고 잎을 통해 공기 중의 습기를 흡수하며 자라는 착생식물이다. 줄기와 잎은 회녹색으로 매우 가늘며 습기가 높으면 녹색이 조금 짙어진다. 틸란드시아 종류로 나무줄기나 가지에 걸쳐서 늘어진 모양이 수염과 비슷해서 '수염틸란드시아'라고 한다. 작은 황록색 꽃이 피며 줄기를 잘라 원하는 장소에 걸어 두면 다시 번식한다. 반그늘을 좋아하며 우리나라에서 기를 때는 분무를 자주 해 주어야 한다.

헬리코니아 (헬리코니아과) *Heliconia* cv.

늘푸른여러해살이풀, 높이 2m 정도

열대 아메리카 원산으로 타원형 잎은 바나나 잎을 닮았다. 줄기 끝에 커다란 꽃이삭이 달리는데 꽃이삭은 위로 서는 것과 밑으로 처지는 두 가지 종류가 있다. 꽃의 모양은 언뜻 보면 새가 앉아 있는 모양과 비슷한데 그래서인지 새가 꽃가루받이를 도와주는 조매화이다. 작은 꽃을 받치는 칼 모양의 노란색 포가 아름답다. 열대 지방의 대표적인 화초로 많은 재배 품종이 개발되었는데 포의 색깔이 붉은색, 분홍색, 노란색 등 여러 가지이다.

가지에서 내린 줄기   열매가지

나무 모양   물을 저장한 줄기

열매가지   코끼리가 물을 먹으려고 줄기에 낸 상처

인도반얀나무(뽕나무과) *Ficus benghalensis*

늘푸른큰키나무, 높이 30m 정도

열대 아시아 원산이다. 줄기와 가지에서 실 같은 공기뿌리가 길게 늘어져 땅에 닿으면 뿌리를 내리고 새로운 줄기가 되기 때문에 계속 옆으로 퍼지면서 넓은 면적을 차지하며 자란다. 크게 자란 나무는 멀리서 보면 한 그루가 빽빽한 숲을 이룬 것처럼 보인다. 밀림 속에서 공기뿌리를 잔뜩 늘어뜨린 모습은 무섭게 느껴진다. 원주민들은 큼직한 잎을 접시 대용으로 쓰기도 하며 인도코끼리가 좋아하는 먹이라고 한다. 열대 지방에서 관상수로 심고 있다.

바오밥나무(아욱과) *Adansonia digitata*

늘푸른큰키나무, 높이 20m 정도

아프리카와 호주 원산으로 5,000년까지 사는 나무도 있다. 건조한 곳에서는 줄기 속에 물을 저장해 술통처럼 부풀어 올라 '병나무(Bottle tree)'라는 이름으로도 불린다. 긴 타원형 열매는 약간 달면서도 상쾌한 신맛이 나는데 날로 먹거나 말려서 가루를 내어 먹는다. 씨앗으로는 기름을 짜고 잎은 채소로 먹는다. 아프리카에서는 신성한 나무로 여기기 때문에 오래된 큰 나무가 많다. 생 텍쥐페리가 지은 책《어린 왕자》에 나와 더욱 유명해진 나무이다.

흰색 꽃이 피는 품종

꽃가지   여러 색깔의 꽃이 피는 나무

꽃가지   노란색 꽃이 피는 품종

부겐빌레아(분꽃과) *Bougainvillea glabra*

늘푸른덩굴나무, 길이 4~5m

남아메리카 원산이다. 가지 끝이나 윗부분의 잎겨드랑이에 모여 피는 연노란색 꽃은 둘레에 3장의 붉은색 꽃잎 같은 포가 있다. 햇볕과 양분이 충분하면 1년 내내 꽃이 피고 포의 수명도 길기 때문에 열대 지방을 대표하는 꽃이 되었다. 포의 색깔이 주황색, 보라색, 분홍색, 노란색, 흰색 등 여러 가지 품종이 개발되었는데 포의 모양이 조금씩 다르고 무늬잎 품종도 있다. '부겐빌레아'는 이 꽃을 발견한 프랑스의 항해가 '드 부겐빌레'의 이름에서 유래되었다.

푸르메리아 루브라(협죽도과) *Plumeria rubra*

늘푸른작은키나무, 높이 7~8m

열대 아메리카 원산이다. 가지를 자르면 나오는 우유 같은 흰색 즙은 독이 있으므로 살에 닿지 않도록 해야 한다. 가지 끝의 꽃송이에 붉은색 깔때기 모양의 꽃이 모여 피는데 향기가 좋다. 꽃이 아름다워 많은 재배 품종이 만들어졌으며 분홍색, 노란색, 흰색 등 여러 가지 색깔의 꽃이 피고 꽃잎에 무늬가 있는 품종도 있다. 아름다운 꽃이 1년 내내 피기 때문에 열대 지방에서 관상수로 널리 심는다. 하와이에서는 꽃으로 화환을 만들어 목에 걸기도 한다.

꽃가지   열매가지

잎 모양

열매가 늘어진 줄기   버팀뿌리가 발달한 줄기

미라클후르트(사포타과) *Synsepalum dulcificum*

늘푸른떨기나무, 높이 5~6m

서아프리카 원산이다. 타원형 열매는 길이가 2~3㎝이고 붉은색으로 익으며 속에는 1개의 씨앗이 들어 있다. 열매 자체는 단맛이 없지만 이 열매를 먹으면 쓰거나 신 음식을 먹어도 단맛을 느끼기 때문에 '미라클후르트(Miracle Fruit : 기적의 과일)'라고 불린다. 이런 효과는 30~60분 정도 지속된다고 한다. 미라클후르트 열매는 입에 넣고 1~2분간 천천히 녹여 먹는다. 원주민들은 식사를 하기 전에 이 열매를 먼저 먹는다고 한다.

케이폭나무(아욱과) *Ceiba pentandra*

늘푸른큰키나무, 높이 17~30m

열대 아메리카 원산이다. 줄기 밑부분에 납작한 버팀뿌리가 발달하기 때문에 원산지에서는 허리케인의 강풍에도 나무가 넘어지지 않는다고 한다. 주렁주렁 매달린 긴 타원형 열매는 익으면 벌어지면서 솜털에 싸인 씨앗이 나온다. 솜털은 '케이폭'이라고 하는데 가벼우면서도 탄력성이 있어 이불솜으로 쓰고, 물에 잘 뜨기 때문에 구명대나 구명 방석으로 만든다. 씨앗으로 짠 기름은 '케이폭유'라고 하며 식용 기름으로 쓰고 비누를 만드는 데도 사용한다.

꽃가지   열매가 달린 줄기

열매가지   버팀뿌리

대포알나무(오예과) *Couroupita guianensis*

늘푸른큰키나무, 높이 15~25m

열대 아메리카 원산으로 줄기는 곧게 자란다. 굵은 줄기에서 자란 가느다란 꽃가지에 큼직한 적갈색 꽃이 모여 피는데 아름다운 향기가 난다. 동그란 열매는 지름이 20㎝ 정도로 주렁주렁 매달려 있는데 갈색으로 익은 모습이 녹슨 대포알을 닮아서 '대포알나무(Cannon Ball Tree)'라는 이름을 얻었다. 열매의 딱딱한 껍질로 그릇 등을 만들어 쓴다. 꽃이 아름답고 열매가 주렁주렁 매달린 모습이 신기해서 열대 지방에서 관상수로 널리 심고 있다.

판다누스(판다누스과) *Pandanus* sp.

늘푸른작은키나무, 높이 6~10m

열대 아시아 원산이다. 줄기 밑부분에서 가는 기둥 모양의 버팀뿌리가 나와 문어발처럼 사방으로 퍼지면서 땅에 뿌리를 박는다. 기다란 칼 모양의 잎은 가지 윗부분에 모여 달린다. 가지 끝에 파인애플 모양의 동그란 열매가 열리는데 주황색으로 익는다. 잎으로는 모자, 매트, 바구니 등을 짜며 잎을 채소로 먹는 품종도 있다. 뿌리에서는 물감을 얻는다. 버팀뿌리와 잎이 달린 모양이 특색 있어 관상수로 심는데 잎에 흰색 줄무늬가 있는 품종도 있다.

꽃이 핀 나무   열매가 열린 나무

살로몬사고야자(야자나무과) *Metroxylon salomonense*

늘푸른큰키나무, 높이 15~20m

말레이시아와 뉴기니 섬 원산이다. 나무는 15년 정도 자라면 줄기 끝에서 커다란 꽃송이가 나와 꽃을 한 번 피우고 나무가 죽는다. 꽃봉오리가 나올 즈음 줄기 속에 저장한 녹말을 채취하여 알갱이로 만든다. 이것을 '사고(Sago)'라고 하기 때문에 '사고야자'라는 이름을 얻었다. 알갱이의 모양이 쌀과 비슷해서 '쌀나무'라고도 한다. 사고는 수프를 만들어 먹고 기름에 튀겨 팬케이크를 만들어 먹는다. 또 옷감을 만드는 실에 풀을 먹이는 데도 사용한다.

바닷가에서 싹이 튼 씨앗

열매가 열린 나무   음료로 마시는 열매즙

코코스야자(야자나무과) *Cocos nucifera*

늘푸른큰키나무, 높이 15~25m

열대 아시아 원산이다. 동그스름한 열매는 흔히 '코코넛(Coconut)'이라고 한다. 열매 속의 즙은 음료로 마시고 열매살로는 기름을 짜서 아이스크림, 과자, 초콜릿, 비누, 양초 등을 만드는 데 쓴다. 열매껍질로 만든 섬유는 가볍고 바닷물에 잘 썩지 않아 로프, 어망, 매트리스의 충전재, 방석 등으로 만든다. 잎은 지붕을 덮거나 모자와 매트로 만들며, 새순은 채소로, 줄기는 건축재로 이용한다. 코코스야자는 열대 지방을 대표하는 작물이자 관상수이다.

🔍 바닷물에 잠기는 맹그로브 숲

공기뿌리

바닷가의 맹그로브 숲   버팀뿌리   끝이 뾰족한 열매

열대 지방의 바닷가에 가면 나무들이 숲을 이루며 자라는 것을 볼 수 있는데 이 숲을 '맹그로브'라고 한다. 밀물 때가 되면 바닷물에 잠기기 때문에 이 나무들은 짠 소금물에 견디는 힘이 강하다. 이 나무들은 바닷물 속에서 살아가는 데 필요한 물과 공기를 어떻게 얻을까?

맹그로브 숲 나무들의 뿌리는 짠 소금물에서 소금은 제거하고 물만 흡수하는 능력이 있다. 일부 흡수된 소금 성분은 잎을 통해 내보낸다. 뿌리는 숨을 쉬기 위해 땅 위로 바늘 모양의 공기뿌리를 많이 내보낸다. 썰물 때가 되면 이 공기뿌리를 통해 부족했던 산소를 보충한다. 어떤 나무는 바닷가의 펄에

서 넘어지지 않으려고 문어발처럼 사방으로 버팀뿌리가 발달하기도 하는데 이 버팀뿌리는 호흡 작용도 함께 한다.

어떤 나무는 바닷물 속에 싹을 틔우기 위해 열매의 모양을 발전시켰다. 열매는 바늘처럼 길고 끝이 뾰족해서 떨어지는 힘으로 펄에 깊숙이 박힌다. 그리고 열매가 익어 떨어질 즈음이면 이미 싹이 터 있어서 땅에 박히면 바로 뿌리를 내리고 자랄 수 있다.

바닷가의 맹그로브 숲에는 수백 종의 바다 생물이 살고 이들을 찾아 많은 새가 모여들어 하나의 커다란 생태계를 이루며 살아간다.

식물이 사는 곳

사막에서 자라는 식물

사막은 비가 거의 오지 않고 밤과 낮의 기온 차이가 커서 식물이 살기에 어려운 환경이다. 사막에서 자라는 식물은 줄기나 잎이 두툼해져서 물을 많이 저장하는 것이 많다. 이런 식물이 '다육식물'인데 주로 아프리카에 많이 분포한다. 특히 선인장 종류는 잎을 가시로 바꾸어서 동물이 먹지 못하도록 진화했는데 주로 아메리카 대륙의 건조한 지역에 많이 분포한다.

아라비아 사막

🔍 선인장은 사막에서 살아남기 위해 어떻게 진화했을까?

사막의 선인장은 수분 증발을 막기 위해 잎을 없애고, 줄기는 굵으면서도 물이 빠져 나가지 않는 구조로 진화하였다.

목기린 : 초기의 선인장으로 아직 넓은잎을 가지고 있다.

장군선인장 : 잎이 굵은 송곳 모양으로 물의 증발을 줄인다.

손바닥선인장 : 줄기는 두툼한 손바닥 모양이며 잎이 없다.

용신목 : 잎이 가시로 변하고 줄기는 굵은 기둥 모양이다.

만월 : 둥근 줄기는 공 모양으로 진화해서 표면적을 줄였다.

맹취옥 : 공 모양의 줄기는 올록볼록한 모양으로 그늘을 만든다.

🔍 선인장의 성장

부채 모양의 선인장은 줄기가 자라면 끝 부분이 2갈래로 갈라진다.
공 모양의 선인장은 자랄수록 주름이 점점 더 많아진다.

금오모자 　　　 비화옥

🔍 선인장의 꽃

사막에도 짧은 기간이지만 비가 오는 때가 있다.
사막에 비가 내리면 선인장은 일제히 꽃을 피우고 열매를 맺는다.

난봉옥 　　　 맘밀라리아

잎가지 꽃가지

목기린(선인장과) *Pereskia aculeata*

늘푸른덩굴나무, 길이 9~12m

관상용으로 심어 기른다. 나뭇잎선인장 종류로 길게 벋는 줄기에 긴 타원형 잎이 달려 있어 선인장처럼 보이지 않는다. 다만 잎겨드랑이에 가늘고 긴 가시가 모여 나는 모습은 선인장과 비슷하다. 가지 끝에 유백색 꽃이 모여 피는데 향기가 있다. 서인도 제도 원산으로 노란색 열매는 과일로 먹는데 구우즈베리를 닮아서 '바베이도스구우즈베리'라고 부르기도 한다. 열대 지방에서는 과일나무로 기르거나 생울타리를 만드는 용도로 심는다.

잎줄기 전체 모양

장군선인장(선인장과) *Austrocylindropuntia subulata*

늘푸른여러해살이풀, 높이 4m 정도

관상용으로 온실에 심어 기른다. 원통형의 줄기에 물을 저장하고, 송곳 모양의 잎에도 물을 저장하며 수분이 증발하는 것을 최소화한다. 붉은색 꽃이 피지만 온실에서는 잘 개화하지 않는다. 건조에 매우 강하며 물을 적게 주어야 한다. 오래된 줄기에는 날카로운 가시가 난다. 남아메리카 원산으로 새로 난 줄기를 잘라 심으면 잘 번식한다. 장군선인장은 우람한 줄기가 나무처럼 자라며 '이브의 가시'라고도 부른다.

6월에 핀 꽃 9월의 열매

선인장/손바닥선인장(선인장과) *Opuntia ficus-indica*

늘푸른여러해살이풀, 높이 1~2m, 꽃 7~9월

관상용으로 심어 기르며 제주도 바닷가에서는 저절로 자란다. 잎처럼 편평한 줄기는 두툼해서 많은 물을 저장할 수 있으며 잎은 가시로 변해 2~5장씩 돋는다. '선인장(仙人掌)'은 '신선의 손바닥'이라는 뜻이며 가지가 손바닥 모양이라서 '손바닥선인장'이라고 하고 '부채선인장'이라고도 한다. 타원형 가지 윗가장자리에서 노란색 꽃이 핀다. 둥근 열매는 붉은색으로 익으며 먹을 수 있다. 아메리카 원산으로 줄기는 열을 내리는 약으로 쓰기도 한다.

 ### 전자파를 흡수하는 선인장

우리가 집에서 사용하는 텔레비전, 컴퓨터, 전자레인지 등의 전자 제품에서는 전자파가 발생한다. 연구에 의하면 사람이 전자파에 계속 쏘이게 되면 혈압이 오르고 두통이 생기며, 기억력이 떨어지고 백혈병이나 유방암 등의 발병률이 높아진다고 한다. 전자파가 많이 발생하는 방송국 송신탑 주변에 거주하는 사람들이 일반 지역 사람들보다 암 발생률이 높다는 보고도 있다.

선인장 : 상아환

식물은 몸속에 많은 수분을 가지고 있다. 이 수분은 전기를 흐르게 하는 성질을 가지고 있기 때문에 전자 제품에서 나오는 전자파의 통과를 어느 정도 억제하거나 줄이는 역할을 한다. 연구 결과에 의하면 집 안에서 기르는 식물 중에서도 잎이 없거나 적은 선인장 종류가 전자파를 더 많이 줄여 준다고 하며, 몸속에 수분이 많은 다육식물도 효과가 크고, 푸른 잎을 달고 있는 관엽식물도 전자파를 흡수하는 역할을 한다. 집 안에 식물을 기르면 실내 공기를 맑게 해 주고 전자파도 줄여 주며, 눈도 시원하게 만들어 주는 일석삼조의 효과를 얻을 수 있다.

식물이 사는 곳

9월에 핀 꽃 　　　손가락선인장 군락

비모란 　　　여러 색깔의 비모란

손가락선인장(선인장과) *Chamaecereus silvestrii*

늘푸른여러해살이풀, 높이 15㎝ 정도

관상용으로 온실에서 기르며 남부 지방의 바닷가에서 심어 기르기도 한다. 자그마한 원통형의 줄기가 모여 난 모습이 손가락을 닮아서 '손가락선인장'이라고 하며 '백단'이라고도 한다. 줄기가 땅콩 꼬투리처럼 보였는지 영어 이름은 '땅콩선인장(Peanut Cactus)'이다. 6월경에 줄기 윗부분에 붉은색 꽃이 피는데 꽃은 낮에만 핀다. 줄기 밑에서 나는 작은 가지를 떼어 심으면 잘 번식한다. 노란색 변종은 접목선인장으로 이용한다.

비모란(선인장과) *Gymnocalycium mihanovichii*

늘푸른여러해살이풀, 높이 10㎝ 정도

남아메리카 원산의 선인장에서 개발된 품종이다. 맨 처음 붉은색 변종이 발견되었는데 붉은색 모란과 비슷하다고 '붉은빛 비(緋)' 자를 써서 '비모란'이라는 이름이 만들어졌다. 삼각주선인장을 대목으로 그 위에 접목하여 기르는 접목선인장이다. 동그란 선인장은 잔가시로 덮여 있고 붉은색, 분홍색, 노란색 등 품종이 40여 종이나 된다. 비모란과 같은 접목선인장은 우리나라가 최대 수출국으로 2011년에 300만 달러 정도를 수출하였다.

 수분을 저장하는 다육식물

다육식물 화분

사막이나 높은 산처럼 건조한 지역이나 날씨에 적응해서 줄기나 잎에 많은 수분을 저장하고 있는 식물을 '다육식물(多肉植物)'이라고 한다. 다육식물의 몸은 비가 올 때 수분을 저장했다가 건조할 때에 저장된 수분을 이용하도록 진화하였으며, 주위에서 기르는 선인장이 가장 대표적이다. 다육식물은 잎이 다육인 식물과 잎은 퇴화해서 작아지거나 없어지고 줄기가 다육인 식물로 구분할 수 있다. 다육식물 중에는 비가 오는 우기에 재빨리 꽃이 피고 열매를 맺어 자손을 퍼뜨리는 것이 많다. 독특한 모양의 다육식물은 관상용으로 많이 재배한다.

활짝 핀 꽃　　　자갈을 닮은 잎

리톱스(번행초과) *Lithops* sp.

여러해살이풀, 높이 1~3㎝

관상용으로 심어 기른다. 줄기가 거의 없고 모래나 자갈에 파묻혀 잎의 윗부분만 드러난다. 매우 두꺼운 잎은 밑부분이 붙어 있으며 윗면은 반원형으로 자갈이나 말발굽과 비슷한 모양이다. 색깔도 주변의 자갈과 비슷한 보호색으로 동물의 눈에 잘 띄지 않는다. 비가 오는 계절에 채송화와 비슷한 꽃이 핀다. 아프리카의 사막에서 40여 종이 자란다. '리톱스(Lithops)'는 속명으로 '자갈을 닮은 식물'이라는 뜻이다.

꽃이 핀 줄기

잎의 클론에서 자란 뿌리

잎줄기

무늬은행목(아악무)

금접(돌나물과) *Kalanchoe tubiflora*

늘푸른여러해살이풀, 높이 1m 정도

마다가스카르 원산의 다육식물이다. 줄기에 돌려 가며 달리는 튜브 모양의 기다란 잎은 진한 색의 반점이 있다. 잎 끝에 작은 잎 모양의 클론이 만들어지는데 클론이 땅에 떨어지면 뿌리를 박고 새 식물로 자란다. 이처럼 씨앗이 아닌 잎과 같은 영양 기관이 새끼를 쳐서 번식하는 것을 '영양 생식'이라고 한다. 줄기 끝에 깔때기 모양의 주홍색 꽃이 빙 둘러 가며 고개를 숙이고 매달린 모습이 샹들리에와 비슷해서 '샹들리에'라고도 부른다.

은행목(용수과) *Portulacaria afra*

늘푸른떨기나무, 높이 2~4m

남아프리카 원산의 다육식물로 떨기나무처럼 자라며 줄기와 가지는 다육질이다. 잎은 가지에 2장씩 마주 달리며 두꺼운 다육질이다. 작은잎의 모양이 은행잎을 닮아 '은행목'이라고 한다. 잎에 흰색 무늬가 있는 품종은 '무늬은행목' 또는 '아악무'라고 한다. 가지에 자잘한 분홍색 꽃이 모여 핀다. 관상용으로 화분이나 온실에서 기르며 분재를 만들기도 한다. 원산지에서는 흔히 생울타리를 만들며 코끼리가 먹기 때문에 '코끼리먹이'라고 부른다.

활짝 핀 꽃

두툼한 줄기

거성화(협죽도과) *Stapelia gigantea*

늘푸른여러해살이풀, 높이 20cm 정도

남아메리카 원산의 다육식물이다. 줄기는 두껍고 4개의 골이 깊게 패어 있으며, 잎은 퇴화되었고 가시가 있다. 지름 10~45cm의 큼직한 별 모양의 붉은색 꽃이 피어서 '거성화(巨星花)'라고 한다. 꽃부리 안쪽은 적자색 가로무늬가 있으며 털이 촘촘히 나 있다. 꽃은 썩는 냄새로 파리를 유인해 꽃가루받이를 한다. 꽃의 냄새 때문에 '썩은꽃'이라고도 하며 꽃이 불가사리를 닮아서 '불가사리꽃'이라고도 한다. 관상용으로 온실과 화분에 심는다.

🔍 사막의 생명 오아시스

샘 오아시스

건조한 사막에서 물이 계속 공급되어 식물이 자라는 곳을 '오아시스'라고 한다. 오아시스는 지하수가 솟아 나와 생긴 '샘 오아시스'와 이집트의 나일강처럼 강이 사막을 통과하면서 만들어진 '하천 오아시스' 등이 있으며, 사람들이 사막 속의 지하수를 뽑아서 만든 '인공 오아시스'도 있다. 사막에 점점이 흩어져 있는 샘 오아시스는 사람들이 사막을 이동하거나 무역을 하는 데 중요한 거점 역할을 한다. 특히 하천 오아시스는 강을 따라 많은 사람이 모여 사는데 이집트의 나일강 유역처럼 고대 문명의 발상지는 대부분이 하천 오아시스 지역이다.

식물의 구분

식물은 지구상에 어떻게 태어났고 진화해 왔을까? 45억 년 전 탄생한 지구가 점차 식으면서 대기 속의 수증기는 물로 변해 바다를 이루었다. 38억 년 전 지구 최초의 생명체인 '원시 세포'가 생겨났고 이들이 진화하기 시작하였는데 크기가 매우 작은 이들을 통틀어 '미생물'이라고 한다.

물속에서 생활하던 미생물 중에서 녹색말 종류가 진화하면서 육지로 올라와 자라기 시작한 것이 '이끼식물'과 '고사리식물'이다. 이끼식물과 고사리식물은 홀씨주머니 속에서 만들어진 홀씨(포자)가 퍼져서 번식을 하는 '홀씨식물(포자식물)'이다. 말식물, 이끼식물, 고사리식물은 꽃이 피지 않기 때문에 '민꽃식물'이라고 하는데 '민꽃'은 '꽃이 없다'는 뜻이다. 이들은 모두 씨 대신에 홀씨로 번식하는 특징이 있다.

꽃이 피고 씨가 만들어지는 '씨식물'은 '종자식물(種子植物)'이라고도 한다. 식물 중에서 가장 발달한 무리로서 고사리식물에서 진화한 것으로 알려져 있다. 씨식물은 꽃이 피기 때문에 '꽃식물'이라고 부르기도 한다.

씨식물은 '겉씨식물'과 '속씨식물'로 나누어지는데 겉씨식물이 더 원시적인 식물이다. 속씨식물은 씨로 자랄 밑씨가 씨방 안에서 보호되지만 겉씨식물은 씨로 자랄 밑씨가 그대로 드러나 있는 점이 다르다. 속씨식물은 현재 크게 번성해서 지구상에서 가장 많이 자라는 식물 무리로 싹이 틀 때 2장의 떡잎이 나오는 '쌍떡잎식물'과 1장의 떡잎이 나오는 '외떡잎식물'로 나눈다. 쌍떡잎식물은 다시 꽃잎이 갈라지는 '갈래꽃무리'와 갈라지지 않는 '통꽃무리'로 나눈다. 이 책에서 239쪽까지 소개한 식물은 거의 대부분이 속씨식물에 포함된다.

소나무의 열매

고사리

솔이끼

마귀광대버섯

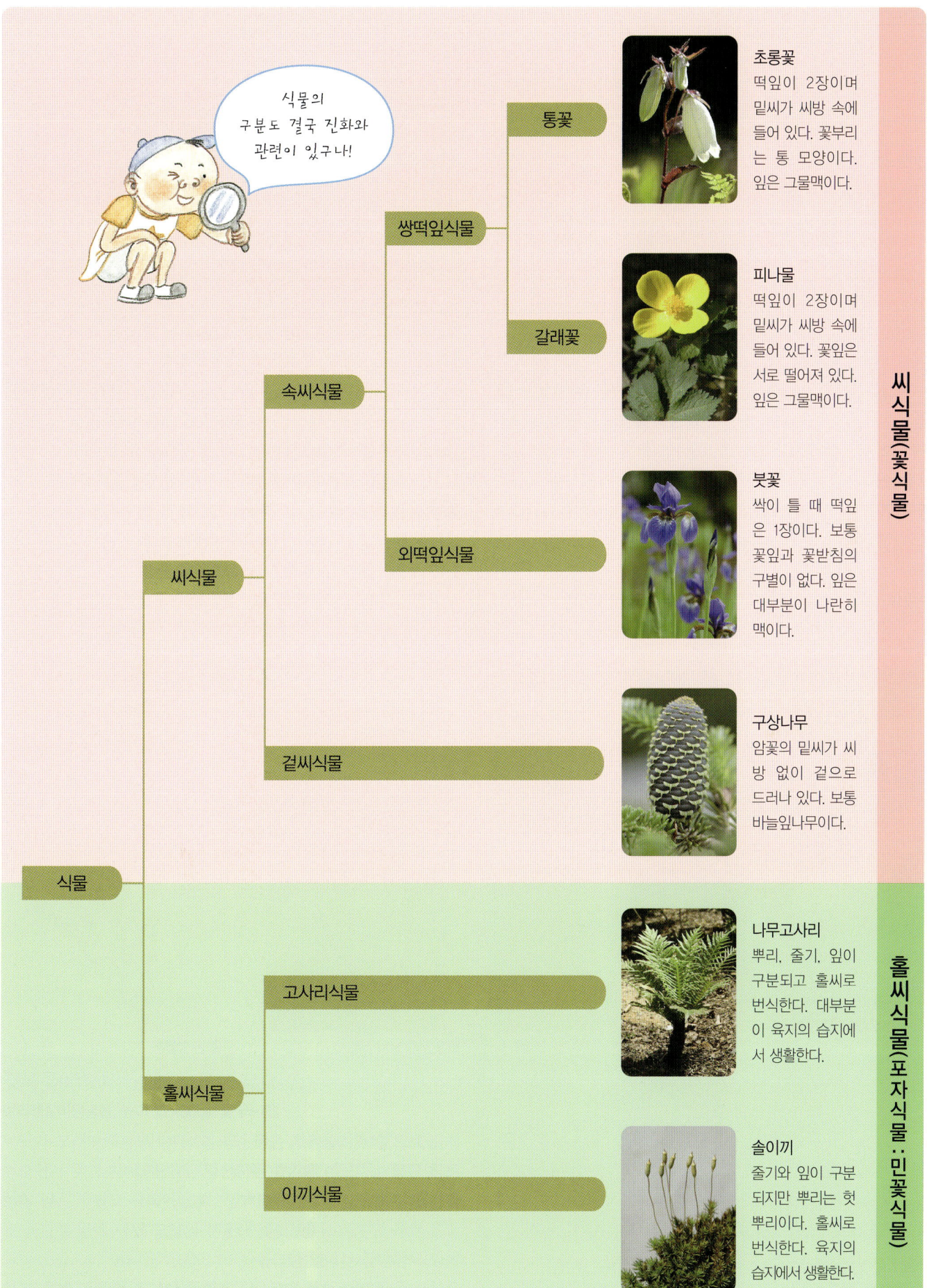

식물의 구분도 결국 진화와 관련이 있구나!

씨식물(꽃식물)

초롱꽃
떡잎이 2장이며 밑씨가 씨방 속에 들어 있다. 꽃부리는 통 모양이다. 잎은 그물맥이다.

통꽃

피나물
떡잎이 2장이며 밑씨가 씨방 속에 들어 있다. 꽃잎은 서로 떨어져 있다. 잎은 그물맥이다.

갈래꽃

쌍떡잎식물

붓꽃
싹이 틀 때 떡잎은 1장이다. 보통 꽃잎과 꽃받침의 구별이 없다. 잎은 대부분이 나란히맥이다.

외떡잎식물

속씨식물

구상나무
암꽃의 밑씨가 씨방 없이 겉으로 드러나 있다. 보통 바늘잎나무이다.

겉씨식물

씨식물

식물

홀씨식물(포자식물 : 민꽃식물)

나무고사리
뿌리, 줄기, 잎이 구분되고 홀씨로 번식한다. 대부분이 육지의 습지에서 생활한다.

고사리식물

홀씨식물

솔이끼
줄기와 잎이 구분되지만 뿌리는 헛뿌리이다. 홀씨로 번식한다. 육지의 습지에서 생활한다.

이끼식물

겉씨식물

고사리식물에서 진화한 겉씨 식물은 대부분이 크게 자라는 나무이다. 겉씨식물의 꽃은 꽃잎이 없고 암술에 씨방이 생기지 않으며, 밑씨가 겉으로 드러나 있어서 '겉씨식물'이라고 하며 '나자식물(裸子植物)'이라고도 한다. 밑씨가 겉으로 드러나 있어서 바람에 날려 퍼진 꽃가루가 직접 밑씨에 붙는다. 겉씨식물은 밑씨를 담고 있는 씨방이 없어 꽃식물에 포함시키지 않고, 암꽃이삭은 '암솔방울', 수꽃이삭은 '수솔방울' 등으로 바꿔 부르기도 한다.

소나무 숲

5월에 핀 꽃

7월의 열매　　씨앗　　속씨

은행나무(은행나무과) *Ginkgo biloba*

갈잎큰키나무, 높이 40~60m, 꽃 4~5월

흔히 가로수나 공원수로 심는다. 지구상에 살고 있는 나무 가운데 가장 오래된 나무의 하나로 살아 있는 화석으로 불린다. 가을에 노란색으로 익는 둥근 열매는 고약한 냄새가 나고 독성이 있어 만지면 두드러기가 난다. 한자 이름 '은행(銀杏)'은 '은빛 살구'라는 뜻으로 살구를 닮은 씨앗에 은빛이 돌아서 붙여진 이름이다. 씨앗은 음식으로 먹고 기침약으로도 쓴다. 부챗살 모양의 잎에 들어 있는 '징코민'이라는 성분은 혈액 순환을 돕는 약으로 쓴다.

용문사의 은행나무

용문사 은행나무

경기도 양평군 용문사에 있는 은행나무는 높이가 62m로 우리나라에서 가장 큰 나무이며 천연기념물 제30호로 지정되어 보호하고 있다. 신라의 마지막 왕자인 마의태자가 금강산으로 가는 길에 심은 나무라는 이야기가 전해져 온다.

용계리의 은행나무

용계리 은행나무

경북 안동 용계리에 있는 은행나무는 천연기념물 제115호로 지정되어 있다. 임하댐이 건설되면서 나무가 물에 잠기자 그 자리에서 15m 정도 높이로 흙을 채워 넣어 나무를 들어 올렸다. 나무에는 철 구조물이 그대로 남아 있다.

철조망으로 보호하는 주목 숲

주목 이름표

4월에 핀 꽃　　　　8월의 열매

주목(주목과) *Taxus cuspidata*

늘푸른바늘잎나무, 높이 10~20m, 꽃 4월

높은 산에서 자란다. 짧은 바늘잎은 끝이 뾰족하지만 부드러워서 찌르지는 않는다. 열매는 씨앗이 먼저 자란 뒤에 씨앗 밑부분을 싸고 있던 열매살이 자라기 때문에 윗부분은 구멍이 뚫려 있다. 붉은 색으로 익는 열매살은 단맛이 나며 먹을 수 있지만 많이 먹으면 설사를 할 수도 있다. 씨앗은 독성이 강하므로 먹지 않도록 주의해야 한다. 한자 이름 '주목(朱木)'은 '붉은 나무'라는 뜻으로 나무껍질과 속살이 붉은색이어서 붙여졌다. 흔히 주목을 '살아서 1,000년, 죽어서 1,000년'이라고 하는데 나무가 오래 살고 단단한 목재가 오래가는 것을 빗댄 말이다. 고급 목재이다 보니 마구 베어서 지금은 귀한 나무가 되었다. 얼마 남지 않은 오래된 주목은 모두 이름표를 달아 보호하고 있다.

🔍 두위봉의 주목

두위봉 주목

강원도 정선군 두위봉 정상 부근에서 자라는 세 그루의 커다란 주목은 천연기념물 제433호로 지정되었다. 세 그루 중에서 가운데에 있는 주목은 나이가 1,400살 정도로 우리나라에서 가장 나이가 많은 나무로 알려져 있다.

5월에 핀 꽃　　　　7월의 열매

비자나무(주목과) *Torreya nucifera*

늘푸른바늘잎나무, 높이 20~25m, 꽃 4~5월

남부 지방의 산에서 자란다. 짧은 바늘잎은 단단하고 끝이 뾰족해서 찔리면 아프다. 열매 속에 든 씨앗을 '비자'라고 하며 예전에는 기생충을 없애는 구충제로 이용하였다. 또 씨앗으로 짠 기름은 먹기도 하고 머릿기름이나 등잔불 기름으로 사용하였다. 목재는 결이 곱고 가공이 쉬워 가구를 만들거나 조각을 하는 재료로 썼다. 한자 이름 '비자(榧子)'의 '비'는 가지에 잎이 2줄로 나란히 달린 모습을 본뜬 글자이며 '자'는 씨앗이 중요해서 붙인 이름이다.

📷 두 나무의 줄기가 합쳐진 연리목

제주도 비자림의 비자나무 연리목

가까이 자라는 두 나무의 줄기가 맞닿아 한 나무처럼 합쳐지며 자라는 것을 '연리목(連理木)'이라고 한다. 일반적으로 같은 종류의 나무에서 잘 나타나며 접붙이기가 가능한 다른 종류의 나무끼리도 연리목이 만들어진다. 연리목은 서로 다른 두 줄기가 하나로 합쳐지는 모습이 두 남녀의 지극한 사랑에 비유되어 '사랑나무'로 불리기도 한다.

이와 비슷한 것으로 서로 다른 나무의 가지가 합쳐지는 것은 '연리지(連理枝)'라고 하는데 가지가 바람에 흔들려서 붙기가 어렵기 때문에 만나기가 힘들다.

8월의 열매　　　　　　땅 위로 올라온 공기뿌리

낙우송(측백나무과) *Taxodium distichum*

갈잎바늘잎나무, 높이 20~50m, 꽃 4~5월

북아메리카 원산으로 원뿔형으로 자라는 나무 모양이 아름다워 관상수나 가로수로 심는다. 짧은 바늘잎이 가지에 새깃 모양으로 달리는데 바늘잎과 작은 가지는 서로 어긋나게 붙는다. 가을에 깃처럼 생긴 작은 가지는 통째로 낙엽이 진다. 한자 이름 '낙우송(落羽松)'은 '깃털 모양의 솔잎이 떨어진다'는 뜻이다. 솔방울열매는 동그란 모양이다. 원산지에서는 늪지대에서 자라며 흔히 땅속뿌리에서 땅 위로 돌기 모양의 공기뿌리를 내보내어 숨을 쉰다.

8월의 열매　　　　　　　　가로수

메타세쿼이아/수송(측백나무과) *Metasequoia glyptostroboides*

갈잎바늘잎나무, 높이 20~50m, 꽃 3월

중국 원산으로 원뿔형으로 자라는 나무 모양이 아름다워 관상수나 가로수로 심는다. 짧은 바늘잎이 가지에 새깃 모양으로 달리는데 바늘잎과 작은 가지는 서로 마주난다. 작고 동그란 솔방울열매는 골이 지고 긴 자루에 매달린다. 옛날 공룡과 함께 살던 나무로 화석으로만 발견되다가 60여 년 전 중국에서 발견되어 살아 있는 화석 식물로 불린다. '메타세쿼이아(Metasequoia)'는 이 나무가 속한 속명이고 북한에서는 '수삼나무'라고 부른다.

8월의 열매　　　　　　　삼나무 가로수

삼나무(측백나무과) *Cryptomeria japonica*

늘푸른바늘잎나무, 높이 40m 정도, 꽃 3~4월

일본 원산으로 산에 심어 기르며 관상수나 가로수로 심기도 한다. 제주도에서는 귤밭의 바람을 막아 주는 방풍림으로 심고 있다. 녹색 가지에 촘촘히 돌려 가며 붙는 짧은 바늘잎은 끝이 뾰족하다. 동그란 솔방울열매는 뾰족한 돌기로 덮여 있는데 어린 솔방울열매 끝에서 다시 가지가 자라기도 한다. 곧은 목재는 단단하면서도 향이 좋아 고급 건축재나 가구재로 사용하고 배를 만드는 재료로도 널리 쓰인다. 삼나무는 한자 이름 '삼(杉)'에서 유래되었다.

9월의 열매　　　　　　　전나무 숲

전나무/젓나무(소나무과) *Abies holophylla*

늘푸른바늘잎나무, 높이 30~40m, 꽃 4~5월

깊은 산에서 자란다. 줄기는 곧게 자라고 나무는 원뿔형으로 아름다워서 관상수로 심는다. 짧은 바늘잎은 단단하고 뒷면은 흰색 줄이 있다. 원통형의 솔방울열매는 하늘을 향해 곧추 달리며 가을에 익으면 조각조각 부서지면서 날개가 달린 씨앗이 바람에 날려 퍼진다. 목재는 건축재나 가구재로 이용하며 종이를 만드는 펄프 원료로도 쓴다. 가지를 자르면 나오는 흰색 물질을 '젓'이라고 해서 '젓나무'로 부르던 것이 변해 '전나무'가 되었다.

5월에 핀 꽃   6월 말의 열매

구상나무(소나무과) *Abies koreana*

늘푸른바늘잎나무, 높이 10~15m, 꽃 4~5월

남부 지방의 높은 산 꼭대기 부근에서만 자란다. 솔방울열매 겉에 있는 작은 포조각 끝이 갈고리처럼 뒤로 젖혀진다. 한자 이름 '구상(鉤狀)'은 '갈고리 모양'이라는 뜻으로 포조각을 보고 붙인 이름이다. 구상나무는 전나무와 비슷하지만 크게 자라지 않고 솔방울열매를 달고 있는 나무 모양이 단정해서 근래에 관상수로 각광받고 있다. 특히 서양에서는 크리스마스 트리로 가장 인기가 있는 나무이다. 우리나라에서만 자라는 우리나라 특산식물이다.

 ### 구상나무는 왜 남부의 높은 산에만 있을까?

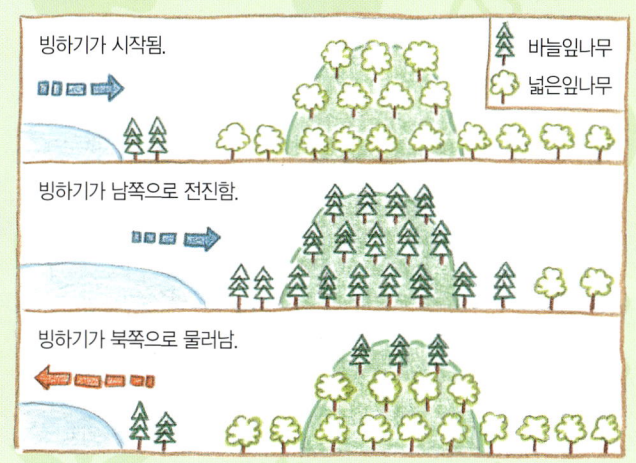

빙하기가 시작됨.

빙하기가 남쪽으로 전진함.

빙하기가 북쪽으로 물러남.

바늘잎나무 / 넓은잎나무

빙하기가 시작되어 온도가 내려가면 추운 곳에서 잘 자라는 바늘잎나무는 남쪽으로 조금씩 세력을 확장하고, 남부 지방의 넓은잎나무들은 더 남쪽으로 밀려난다. 빙하기가 다시 물러나 온도가 높아지면 바늘잎나무들은 북쪽으로 밀려나고, 그 자리를 다시 넓은잎나무들이 차지하게 된다. 하지만 온도가 낮은 높은 산 꼭대기에는 바늘잎나무의 일부가 남아서 자라게 되는데 이것이 구상나무가 남부 지방의 높은 산에만 남아 있는 이유이다. 앞으로 온도가 조금만 더 높아지면 구상나무는 우리 땅에서 멸종될지도 모른다.

8월의 열매   11월에 단풍이 든 나무

일본잎갈나무/낙엽송(소나무과) *Larix kaempferi*

갈잎바늘잎나무, 높이 20m 정도, 꽃 4~5월

일본 원산으로 산에 많이 심어 기른다. '잎갈나무'는 '해마다 잎을 새로 간다' 하여 붙여진 이름이며 일본에서 들여와서 '일본잎갈나무'라고 한다. 한자 이름은 '낙엽송(落葉松)'인데 '낙엽이 지는 소나무'라는 뜻이다. 짧은 가지 끝에 부드러운 바늘잎이 둥글게 모여 달린다. 타원형 솔방울열매는 꽃이 핀 그해 가을에 익지만 다음 해까지도 매달려 있다. 곧게 자란 줄기를 철도 침목이나 전봇대 등으로 썼기 때문에 '전봇대나무'라는 별명도 가지고 있다.

나이테는 왜 생길까?

나무의 줄기나 가지를 가로로 자르면 여러 개의 둥근 테가 촘촘히 배열된 것을 볼 수 있는데 나무의 나이를 알 수 있어서 '나이테'라고 하며 한자로는 '연륜(年輪)'이라고 한다.

사계절이 뚜렷한 우리나라에서는 기온이 높은 봄과 여름에는 나무가 왕성하게 자라고, 기온이 내려가기 시작하는 초가을부터는 더디게 자라다가 겨울에는 자람을 멈춘다. 나무가 빨리 자

일본잎갈나무 나이테

라는 봄과 여름에는 줄기에 색깔이 연하고 넓은 층이 만들어지는데 이를 '봄에 만들어진 재목'이라는 뜻의 '춘재(春材)'라고 한다. 나무가 더디 자라는 초가을부터는 색깔이 진하고 좁은 층이 만들어지는데 이를 '가을에 만들어진 재목'이라는 뜻의 '추재(秋材)'라고 한다. 춘재와 추재를 합치면 1년 동안 나무의 줄기가 자라 만들어진 나이테가 된다.

나이테는 나무의 나이뿐만 아니라 나이테의 굵기를 통해 몇 백 년 동안의 기후나 환경 등도 알아낼 수 있다. 일반적으로 넓은잎나무보다는 바늘잎나무에서 나이테가 뚜렷하게 나타난다.

9월의 꽃봉오리 · 6월의 열매

솔방울조각과 씨앗

7월의 열매 · 고소한 속씨

개잎갈나무/히말라야시더(소나무과) *Cedrus deodara*

늘푸른바늘잎나무, 높이 25~30m, 꽃 10~11월

히말라야 원산으로 정원수나 가로수로 심는다. 기다란 원뿔처럼 자라는 나무 모양이 아름다워서 세계적인 관상수로 손꼽힌다. 추위에 약해 주로 남부 지방에서 심는다. 잎갈나무와 생김새가 비슷하지만 늘푸른 잎을 달고 있어서 '개잎갈나무'라고 한다. 히말라야 원산이며 삼나무와 비슷해서 '히말라야삼나무'라고도 하고 영어 이름대로 '히말라야시더'라고 부르기도 한다. 타원형 열매는 익으면 통째로 부서지면서 날개 달린 씨앗이 바람에 날려 퍼진다.

잣나무(소나무과) *Pinus koraiensis*

늘푸른바늘잎나무, 높이 20~30m, 꽃 5~6월

높은 산에서 자란다. 근래에는 열매인 잣을 얻기 위해 많이 심어서 어디에서나 흔히 볼 수 있다. 잣나무는 한자 이름으로 '오엽송(五葉松)'이라고 하는데 소나무를 닮은 기다란 바늘잎이 5장씩 모여 나서 붙여진 이름이다. 큼직한 솔방울열매 속에 들어 있는 씨앗을 '잣'이라고 하며 단단한 껍질을 깨면 고소한 속살이 드러난다. 잣은 영양가와 열량이 높아서 허약한 몸의 기운을 보충하는 식품으로 이용하는데 흔히 잣죽으로 쑤어 먹고 음식에 고명으로 넣는다.

7월의 열매 · 11월의 나무 모양

8월의 열매 · 나무 모양

스트로브잣나무(소나무과) *Pinus strobus*

늘푸른바늘잎나무, 높이 30m 정도, 꽃 5월

북아메리카 원산으로 관상수로 심는다. 어린 나무껍질은 갈라지지 않고 매끄러우며 오래되면 나무껍질이 조금씩 갈라지기 시작한다. 잎은 잣나무처럼 5장이 한 묶음이지만 가늘고 부드러운 점이 다르다. '스트로브(Strobus)'는 종명이며 잣나무처럼 잎이 5장씩 모여 나서 '스트로브잣나무'라는 이름을 얻었다. 솔방울열매는 긴 타원형이며 밑으로 처지고 흔히 구부러진다. 날개가 달린 씨앗은 먹지 못한다. 목재는 건축재나 펄프재 등으로 쓰인다.

백송(소나무과) *Pinus bungeana*

늘푸른바늘잎나무, 높이 15m 정도, 꽃 5월

중국 원산으로 관상수로 심는다. 한자 이름 '백송(白松)'은 '흰 소나무'라는 뜻이며 소나무의 한 종류로 나무껍질이 흰색이라서 붙여졌고, '백골송(白骨松)'이라고도 한다. 북한에서는 '흰소나무'라고 부른다. 기다란 바늘잎은 3장이 한 묶음이 되어 가지에 촘촘히 붙는다. 솔방울열매는 꽃이 핀 다음 해 가을에 익는다. 흰색 얼룩무늬가 있는 나무껍질이 기품이 있는 데다가 아주 느리게 자라고, 옮겨 심기가 어려워 옛날부터 귀한 나무로 여겨 왔다.

6월에 핀 꽃　　　　　　2월의 열매　　　　　송진 채취 흔적　　　만지송(천연기념물 399호)　　경북 울진의 금강송 숲

소나무(소나무과) *Pinus densiflora*

늘푸른바늘잎나무, 높이 25~35m, 꽃 5월

산에서 자라며 한때는 숲의 40%를 차지할 정도로 많았다. 줄기 밑부분은 거북등처럼 갈라지며 회갈색이고 윗부분은 붉은색이 돈다. 기다란 바늘잎은 2장이 한 묶음이어서 '이엽송(二葉松)'이라고 한다. 암수한그루로 수꽃의 꽃가루가 바람에 날려 꽃가루받이를 하는 '풍매화'이다. 솔방울열매는 달걀형이며 꽃이 핀 다음 해 가을에 익는다. '소나무'는 우리말로 '솔'이라고 하는데 '나무 중에 으뜸'이라는 뜻이 담겨 있으며 '솔나무'가 점차 '소나무'로 변하였다. 한자로는 '송(松)'이라고 하는데 중국의 진시황이 이 나무 밑에서 비를 피한 고마움으로 나무 공작, 즉 '목공(木公)'이라는 벼슬을 내렸고, 후에 두 글자가 하나로 합쳐져서 '송(松)'이 되었다. 목재는 건축재로 널리 썼는데 줄기가 곧게 자라는 소나무를 특히 '금강송(金剛松)'이라 하여 으뜸으로 쳤다. 꽃가루는 '송홧가루'라고 하여 꿀물에 타 먹거나 꿀로 반죽해 다식을 만들어 먹었다. 한가위 때 먹는 송편은 솔잎을 깔고 쪘다. 일제 강점기에는 줄기에 V자 홈을 내고 송진을 채취해 석유 대용품으로 사용하였다.

8월의 열매　　　　나사백 : 향나무 품종으로 비늘잎만 있으며 관상수로 심는다.

향나무(측백나무과) *Juniperus chinensis*

늘푸른바늘잎나무, 높이 15~20m, 꽃 4월

중부 이남의 바닷가 주변에서 자라며 관상수로 널리 심고 있다. 어린 가지에는 짧은 바늘잎이 달리지만 점차 비늘잎이 많아진다. 동그란 열매는 꽃이 핀 다음 해 가을에 검게 익는다. 나무에서 나는 향기가 좋아 '향나무'라는 이름이 붙었다. 진한 향기는 귀신을 물리치는 힘이 있다고 여겨서 제사를 지낼 때는 꼭 향불을 켠다. 향기로운 목재는 고급 가구재나 조각재로 사용한다. 향나무는 오래 사는 나무의 하나로 1,000년이 넘게 사는 나무도 있다.

🔍 작은 나무 가꾸기, 분재

향나무 분재

화분에 심어 기른 나무가 키와 모양은 작으면서도 고목(古木)처럼 자연스러우며 운치가 있게 가꾸는 것을 '분재(盆栽)'라고 한다. 분재는 화분이라는 좁은 공간 속에서 힘든 환경을 극복하면서 자란 나무의 강인한 생명력을 느낄 수 있다.

좋은 분재 작품을 만들려면 화분에서도 자랄 수 있는 적합한 수종을 선택해야 하고 올바른 재배 기술을 익혀야 하며, 아름답게 만들 수 있는 안목도 길러야 한다. 나무 모양을 너무 인위적으로 많이 바꾼 것은 보기 안 쓰럽다고 하는 사람도 있다.

4월에 핀 꽃 · 7월의 어린 열매

측백나무(측백나무과) *Platycladus orientalis*

늘푸른바늘잎나무, 높이 5~20m, 꽃 4월

산에서 드물게 자라며 관상수로 심는다. 촘촘히 심어서 생울타리를 만들기도 한다. 비늘 모양의 잎은 나란히 포개져 달리며 앞면과 뒷면의 구분이 어렵다. 울퉁불퉁한 초록색 솔방울열매는 가을에 갈색으로 익으면 벌어져서 씨앗이 나온다. 잎은 피를 멈추는 지혈제로 쓰고, 씨앗은 신경 쇠약이나 불면증 등을 치료하는 약재로 쓴다. 한자 이름 '측백(側柏)'은 '치우칠 측'과 '측백나무 백'으로 잎이 옆으로 납작하게 자라서 붙여진 이름이라고 한다.

 측백나무의 꽃가루받이

갓 핀 암꽃

겉으로 드러난 밑씨는 액체가 나와서 꽃가루가 잘 묻어요.

꽃가루받이가 끝난 암꽃 · 열매 속 씨앗 사이에 빈 공간이 있다.

측백나무의 암꽃은 꽃잎처럼 보이는 포조각이 둘러싸고 있고 그 안에 여러 개의 밑씨가 그대로 드러나 있다. 밑씨는 꽃가루받이를 할 때면 투명한 액체가 나와서 바람에 날려온 꽃가루가 잘 묻도록 한다. 꽃가루받이가 끝나면 액체는 말라 버린다. 밑씨가 드러나 있던 꽃은 열매가 되면서 열매껍질이 씨앗을 둘러싸지만 사이사이에 빈 공간이 남아 있다.

측백나무와 같은 겉씨식물들은 암꽃이 밑씨를 보호하는 씨방이 없기 때문에 실제로는 꽃이라고 하기가 어려우며 다른 이름으로 '암솔방울'이라고 한다.

벌어진 열매 · 암꽃

7월의 어린 열매 · 서양측백 담장

서양측백(측백나무과) *Thuja occidentalis*

늘푸른바늘잎나무, 높이 10~20m, 꽃 4~5월

북아메리카 원산으로 관상수로 심는다. 줄기는 곧게 자라며 나무는 원뿔형으로 아름답다. 촘촘히 심어 생울타리를 만들기도 한다. 비늘 모양의 잎은 나란히 포개져 달리고 비비면 독특한 향기가 난다. 솔방울열매는 긴 타원형이며 가을에 익으면 조각조각 벌어지면서 날개가 있는 씨앗이 나온다. 마른 솔방울열매는 겨우내 매달려 있다. 측백나무 종류로 서양에서 들어와서 '서양측백'이라고 한다. 목재는 건축재나 가구재로 이용하며 잎에서는 향료를 얻는다.

5월의 어린 열매 · 12월의 열매

화백(측백나무과) *Chamaecyparis pisifera*

늘푸른바늘잎나무, 높이 30m 정도, 꽃 4월

일본 원산으로 산에 심어 기르며 관상수로 심기도 한다. 가지에 작고 납작한 비늘잎이 포개져 달린다. 생김새가 비슷한 편백은 추위에 약해 주로 남부 지방에서 기르지만, 화백은 추위에 좀 더 강해서 중부 지방에서도 심어 기를 수 있다. 목재의 재질은 편백보다는 거칠지만 물에 강하기 때문에 욕실을 꾸미는 건축재로 요긴하게 쓰인다. 정원수로도 많이 심으며 1줄로 심어서 생울타리를 만들기도 한다. 여러 재배 품종을 개발하여 심고 있다.

4월에 핀 꽃　　　　　　　8월의 열매

편백 숲

편백(측백나무과) *Chamaecyparis obtusa*

늘푸른바늘잎나무, 높이 30m 정도, 꽃 4월

일본 원산으로 산에 심어 기르며 관상수로 심기도 하고 바람을 막는 방풍림으로도 심는다. 비늘 모양의 잎은 나란히 포개져 달린다. 목재는 가벼우면서도 단단하고 나뭇결이 곧으며 광택이 아름답고 향기가 좋아서 고급 건축재나 가구재 등으로 널리 쓰인다. 원산지에서는 목재로 배를 만들기도 하고 나무껍질로는 지붕을 덮는다. 한자 이름 '편백(扁柏)'은 '납작할 편', '측백나무 백'으로 측백나무처럼 잎이 납작해서 붙여졌다.

피톤치드와 삼림욕

나무는 해충이나 병균으로부터 자신을 지키기 위해 '피톤치드'라는 항균 물질을 내뿜는다. 피톤치드는 항균과 함께 공기를 정화시키는 작용을 하며 향긋하고 상쾌한 냄새가 난다.

피톤치드가 많은 숲 속에 가면 기분이 상쾌해지고 머리가 맑아지기 때문에 숲을 찾아서 삼림욕을 즐기는 사람이 많다. 피톤치드는 특히 나뭇진이 많이 나오는 바늘잎나무 숲에 많은데 그중에서도 편백 숲이 으뜸이며 구상나무나 삼나무 숲에도 많다. 피톤치드는 하루 중에서도 오전 10시부터 오후 2시 사이에 가장 많이 나온다.

측백나무 종류 나무들의 잎 비교

측백나무속에 속한 나무들은 모두 고기 비늘이 포개진 모양과 비슷한 납작한 비늘잎을 가지고 있다. 이들이 달고 있는 비늘잎은 생김새가 거의 비슷해서 구분이 어렵다.

측백나무 : 비늘잎은 앞면과 뒷면이 거의 비슷해서 구분이 어렵다.

서양측백 : 뒷면은 황록색으로 앞면보다 약간 연하기 때문에 구분이 가능하다.

화백 : 비늘잎은 끝이 뾰족하고 뒷면은 흰색 부분이 많다.

편백 : 잎 뒷면은 잎이 합쳐지는 부분에 Y자 모양의 흰색 줄이 있다.

7월의 어린 열매　　　　　　　나무 모양

노간주나무(측백나무과) *Juniperus rigida*

늘푸른바늘잎나무, 높이 5~8m, 꽃 4~5월

양지바른 산에서 자란다. 줄기는 곧게 자라며 길쭉한 고깔 모양이다. 가지의 마디마다 짧은 바늘잎이 3~4장씩 돌려나는데 잎이 단단하고 끝이 바늘처럼 뾰족해서 찔리면 따갑다. 이런 잎의 성질을 이용해 생울타리로 심기도 한다. 동그란 열매는 꽃이 핀 다음 해 가을에 검은색으로 익는다. 노간주나무 가지는 단단하면서도 잘 구부러져서 소 코뚜레를 만드는 데 최고로 쳤다. 한자 이름 '노가자목(老柯子木)'이 변해서 '노간주나무'가 되었다고 한다.

민꽃식물 – 고사리식물

4억 년 전부터 나타나기 시작한 고사리식물은 '양치식물(羊齒植物)'이라고도 한다. 고사리식물은 말식물이나 이끼식물처럼 홀씨를 퍼뜨려 번식하는 민꽃식물이지만 이끼식물과 달리 뿌리, 줄기, 잎의 구분이 뚜렷하다. 고사리식물은 지구를 뒤덮을 정도로 번성하였고 키가 45m에 달하는 종이 있을 정도로 크게 자랐다. 이때 자라던 고사리무리가 땅에 묻혀 만들어진 것이 '석탄'이다.

관중 군락

모여 난 줄기

건조해서 공처럼 말린 줄기

줄기 끝의 홀씨주머니 이삭

속새 군락

바위손(부처손과) *Selaginella involvens*

늘푸른여러해살이풀, 높이 20㎝ 정도

바위틈에서 자라며 뿌리에서 많은 줄기가 나와 사방으로 퍼진다. 줄기는 건조하면 안쪽으로 말려서 공처럼 된다. 가지는 편평하게 갈라지며 앞면은 녹색이고 뒷면은 흰색이 돈다. 홀씨주머니는 작은 가지 끝에 달린다. 부처손은 한방에서 부인병에 사용하며 항암 효과가 있다고도 한다. 근래에는 관상용으로도 많이 심는다. 줄기에 가지가 편평하게 갈라진 전체 모양이 손 모양이고 바위에 붙어 자라서 '바위손'이라고 한다.

속새(속새과) *Equisetum hyemale*

여러해살이풀, 높이 30~100㎝

습한 그늘에서 자란다. 줄기는 딱딱하며 마디가 있고 끝에 달걀형의 홀씨주머니 이삭이 달린다. 한자 이름으로 '목적(木賊)'이라고 하는데 '나무를 갉아 먹는 해충'을 뜻하며 줄기에 규산이 축적되어 딱딱하므로 나무의 면을 갉아 내는 데 쓴다. '주석초'라는 이름도 있는데 딱딱한 줄기로 주석으로 만든 놋그릇을 문질러서 광택을 내어 붙여진 이름이다. 한방에서 오줌을 잘 나오게 하는 약재로 쓴다. 근래에는 관상용으로 심기도 한다.

뱀밥

홀씨주머니 단면

녹색 줄기

쇠뜨기 군락

쇠뜨기(속새과) *Equisetum arvense*

여러해살이풀, 높이 30~40㎝

땅속줄기가 길게 벋으면서 퍼져 나간다. 이른 봄에 땅속줄기에서 10~30㎝ 높이의 연한 갈색 줄기가 돋아난다. 줄기 끝에 달리는 홀씨주머니가 모여 달린 긴 타원형 이삭은 뱀 머리처럼 생겨서 흔히 '뱀밥'이라고 부른다. 홀씨주머니의 홀씨를 퍼뜨려 번식한다. 뱀밥은 줄기 중간에 흑갈색 비늘 조각이 둘러싸고 있는데 잎이 퇴화된 것이다. 뱀밥이 시들 무렵 돋는 녹색 줄기는 마디마다 네모진 잔가지가 많이 돌려난다. 녹색 줄기는 광합성을 해서 양분을 만드는 역할을 한다. 녹색 줄기를 소가 잘 뜯어 먹기 때문에 '쇠뜨기'라고 한다. 봄에 돋는 뱀밥은 뜯어다가 데쳐서 나물로 먹고 녹색 줄기는 오줌을 잘 나오게 하는 약으로 쓴다.

새로 돋는 녹색 줄기에 맺힌 물방울

무더기로 모여 난 고비

나물로 먹는 새싹

고비(고비과) *Osmunda japonica*

여러해살이풀, 높이 30~100㎝

이른 봄에 뿌리에서 돋아나는 새순은 돌돌 말린 용수철처럼 감겨 있다가 풀리고 흰색 솜털로 덮여 있다. '굽을 곡(曲)'이라는 한자에서 나온 '굽이'가 변해 '고비'가 되었다고 한다. 홀씨주머니가 달린 갈색 잎이 먼저 돋아나고 그 뒤에 여러 개의 녹색 잎이 나온다. 잎은 마주나고 깃꼴겹잎이다. 봄에 새순을 뜯어다가 삶아서 나물로 먹는데 국을 끓이거나 무쳐 먹는다. 한방에서 뿌리줄기는 감기나 피부병 등을 치료하는 약재로 쓴다.

잎맥이 둘로 갈라지는 두갈래맥
고비 잎맥

식물의 잎을 햇빛에 비추면 그물 모양으로 얽혀 있는 잎맥을 볼 수 있다. 잎맥은 뿌리에서 흡수한 물과 잎몸에서 만들어진 양분을 전달해 주는 역할을 한다. 일반적으로 외떡잎식물은 잎맥이 평행하게 배열되는 나란히맥을 가지고 있으며 쌍떡잎식물은 잎맥이 복잡하게 얽혀 있는 그물맥을 가진다.

양치식물인 고비는 하나의 잎맥이 계속 둘로 갈라지는 것을 볼 수 있는데 이를 '두갈래맥'이라고 한다. 겉씨식물인 은행나무의 잎맥도 두갈래맥이며 나란히맥이나 그물맥보다는 원시적인 잎맥이다.

뒷면 가장자리의 홀씨주머니

새싹 　　　　　　　줄기

고사리(잔고사리과) *Pteridium aquilinum* var. *latiusculum*

여러해살이풀, 높이 20~80㎝

땅속의 뿌리줄기가 옆으로 길게 벋으며 군데군데에서 줄기가 돋아난다. 줄기는 비스듬히 휘어지며 잎몸은 깃꼴로 잘게 갈라진다. 잎 뒷면의 가장자리에 홀씨주머니가 생긴다. 이른 봄에 돋아나는 아기 손 모양의 새순을 꺾어다 삶아서 나물이나 국거리로 하는데 비빔밥에 꼭 들어간다. 뿌리줄기는 열을 내리는 해열제나 오줌을 잘 나오게 하는 약으로 쓴다. 한자 이름 '곡사리(曲絲里)'에서 'ㄱ'이 탈락하면서 '고사리'가 되었다고 한다.

관중 군락

새싹 　　　　　　잎 뒷면의 홀씨주머니

관중(면마과) *Dryopteris crassirhizoma*

여러해살이풀, 높이 50~150㎝

산의 나무 그늘에서 무리 지어 자란다. 땅속의 굵은 덩어리 모양의 뿌리줄기에서 잎이 모여 나 사방으로 비스듬히 퍼진다. 잎은 새깃 모양으로 갈라지며 잎자루 밑부분에는 밤색의 비늘잎들이 붙어 있다. 잎몸 뒤편에 홀씨주머니가 2줄로 달린다. 잎이 퍼진 모양이 보기 좋아서 관상식물로 심기도 한다. 한방에서 뿌리줄기는 배 속의 기생충을 없애거나 열을 내리는 등의 약재로 썼다. 봄에 어린싹을 데쳐서 우려낸 다음 나물로 먹는다.

잎 뒷면의 홀씨주머니

기다란 잎 　　　　　　일엽초 군락

일엽초(고란초과) *Lepisorus thunbergianus*

여러해살이풀, 높이 10~30㎝

산의 습한 바위나 나무껍질에 붙어서 자란다. 뿌리줄기가 옆으로 벋으며 잎이 촘촘히 나온다. 한자 이름 '일엽초(一葉草)'는 잎이 하나씩 나기 때문에 붙여진 이름이다. 칼 모양의 잎은 두꺼운 가죽질이며 주맥이 뚜렷하고 잎자루가 길다. 뒷면의 잎맥 양쪽으로 동그스름한 홀씨주머니 이삭이 줄을 지어 달린다. 관상용으로 화분이나 온실에서 기르기도 한다. 한방에서 피를 멈추게 하거나 오줌이 잘 나오게 하는 약재로 쓴다.

나무를 타고 오르는 콩짜개덩굴 　　　잎 뒷면의 홀씨주머니

콩짜개덩굴(고란초과) *Lemmaphyllum microphyllum*

늘푸른여러해살이풀, 높이 2~4㎝

남쪽 섬의 그늘진 바위나 나무껍질에 붙어 자란다. 가는 뿌리줄기가 옆으로 벋으면서 잎이 군데군데 돋는다. 둥근 타원형 잎은 두텁고 딱딱하며 광택이 있다. 덩굴로 자라고 잎이 쪼개진 콩 모양이어서 '콩짜개덩굴'이라고 부른다. 홀씨주머니가 달리는 잎은 주걱 모양이며 위를 향하고 뒷면에 홀씨주머니가 촘촘히 달린다. 관상용으로 기르기도 하는데 습도를 높게 해 주어야 한다. 한방에서 피부에 생긴 종기나 옴에 즙을 내어 바른다.

가죽처럼 질긴 잎 / 잎 뒷면의 홀씨주머니

물 위에 뜬 잎 / 잎 뒷면

석위(고란초과) *Pyrrosia lingua*

늘푸른여러해살이풀, 높이 10~30㎝

남부 지방의 나무줄기나 바위 곁에 붙어서 자란다. 옆으로 벋는 뿌리줄기에서 긴 타원형 잎이 모여 난다. 잎은 가죽질이며 광택이 있고 뒷면은 갈색이 돈다. 한자 이름 '석위(石韋)'는 '바위 가죽'이 라는 뜻으로 바위에 붙어 자라고 잎이 가죽처럼 질겨서 붙여졌으며 '바위 옷'이라고도 부른다. 잎 뒷면 전체에 홀씨주머니가 생긴다. 관상용으로 화분이나 온실에 심어 기른다. 한방에서 잎과 뿌리는 오줌이 잘 나오게 하는 약재로 사용한다.

생이가래(생이가래과) *Salvinia natans*

한해살이풀, 높이 7~10㎝

논이나 연못의 물 위에 떠서 산다. 줄기에 잎이 3장씩 돌려나는데 물 위에는 2장의 잎이 떠 있기 때문에 잎이 마주난 것처럼 보인다. 잔털로 덮인 타원형 잎에는 물이 묻지 않고 또르르 흘러내린다. 물속에 잠기는 1장의 잎은 잎몸이 수염뿌리처럼 잘게 갈라져서 양분을 흡수하는 뿌리 역할을 한다. 가을철에 물속에 있으면서 뿌리 역할을 하는 잎의 밑부분에 털로 덮인 둥그스름한 홀씨주머니가 생기는데 겨울 철새의 먹이가 된다.

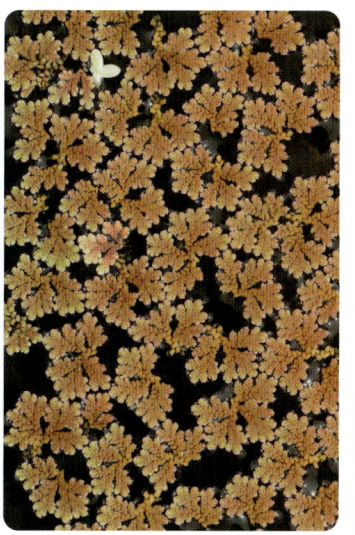

여름의 물개구리밥 / 가을의 물개구리밥

물개구리밥(생이가래과) *Azolla imbricata*

여러해살이풀, 높이 1~1.5㎝

논이나 연못의 물 위에 떠서 산다. 개구리밥처럼 물 위에 떠서 자라서 '물개구리밥'이라고 한다. 줄기는 깃꼴로 가지가 갈라지며 잎자루가 없는 잎이 촘촘히 붙는다. 잎은 물 위에 뜨고 실같이 가는 뿌리가 내린다. 잎은 여름에는 녹색이지만 가을에는 붉은색으로 변해서 연못을 붉게 물들인다. 한자 이름으로 '만강홍(滿江紅)'이라고 하는데 강이 붉은빛으로 가득 찼다는 뜻으로 아름다운 가을 단풍을 보고 붙인 이름이다. 관상용으로 기르기도 한다.

오래 전 번성했던 나무고사리

필리핀나무고사리 / 금털나무고사리

'나무고사리'는 야자나무처럼 곧게 서는 줄기가 발달하고 그 끝에 깃꼴 겹잎이 돌려나는 고사리무리를 말한다. 크게 자라는 것은 10m에 달하는 것도 있다. 약 3억 년 전 석탄기에는 커다란 나무고사리가 20~30m 높이로 크게 자라면서 숲을 이루었는데 1억 년이라는 긴 기간 동안 번성하였다. 하지만 더 진화한 씨식물에게 밀려나 지금은 열대와 아열대 지방에 일부만 남아 있다. 제주도 섶섬에서도 자라는 종이 있다고 알려졌으나 지금은 멸종되었다. 나무고사리 종류가 땅속에 묻혀 오랫동안 탄화되면서 만들어진 것이 '석탄'이다.

민꽃식물 – 이끼식물

물속에서 생활하던 녹색말 중에서 땅에 적응해서 최초로 육지로 올라와 자라기 시작한 것이 '이끼식물'로 '선태식물(蘚苔植物)'이라고도 한다. 몸은 보통 잎 모양의 엽상체이며 줄기와 잎이 구분되는 종도 있다. 하지만 뿌리는 물과 양분을 흡수하지 못하는 헛뿌리이기 때문에 물과 양분을 몸으로 흡수해야 한다. 그래서 대부분이 물가나 습지처럼 습한 곳에서 많이 자란다. 기후에 잘 적응해서 고산에서부터 추운 극지방까지 널리 분포한다.

계곡의 이끼

수그루

암그루

우산이끼(우산이끼과) *Marchantia polymorpha*

산과 들의 습기가 있는 땅에서 자란다. 뿌리, 줄기, 잎의 구분이 없고 몸 전체가 잎사귀처럼 생겼는데 이것을 '엽상체(葉狀體)'라고 한다. 엽상체 밑부분에서 수염처럼 내리는 뿌리는 몸을 고정시키는 역할만 하는 헛뿌리이며 엽상체가 물과 양분을 흡수한다. 암수딴그루로 수그루는 뒤집어진 우산 모양의 갓을 가지고 있고, 암그루는 우산살 모양의 갓을 가지고 있다. 기다란 자루 끝에 갓이 달린 모양이 우산과 비슷해서 '우산이끼'라고 한다. 우리나라를 비롯해 세계 곳곳에 널리 분포한다.

 우산이끼의 번식

납작한 수그루 뒷면에는 많은 정자가 있으며 헤엄쳐서 암그루의 난자와 수정한다. 수정이 끝난 암그루 밑부분의 홀씨주머니가 다 자라면 노란색 가루 모양의 홀씨가 퍼지며 땅에 떨어지고 새로운 싹이 터 자란다.

수그루 뒷면

암그루 뒷면

 무성아

우산이끼의 엽상체 위에는 술잔 모양의 '무성아'가 생기기도 한다. 무성아는 땅에 떨어지면 싹처럼 뿌리를 내리고 자란다.

 **헛뿌리**

우산이끼의 뿌리는 물이나 양분은 흡수하지 못하고 몸을 땅에 고정시키는 역할만 해서 '헛뿌리'라고 한다.

수그루

암그루

홀씨주머니

솔이끼 군락

줄기에 짧은 바늘 모양의 잎이 솔잎처럼 촘촘히 달려서 '솔이끼'라고 해요.

솔이끼(솔이끼과) *Polytrichum commune*

산속의 그늘진 습지에서 무더기로 모여 자란다. 줄기가 없는 우산이끼와 달리 줄기가 발달하기 때문에 대략적인 뿌리, 줄기, 잎의 구분이 되는 우산이끼보다 진화된 이끼 무리이다. 줄기는 높이가 5~20㎝로 곧게 자라며 짧은 바늘 모양의 잎이 솔잎처럼 촘촘히 돌려 가며 붙는다. 잎은 길이가 6~8㎜이며 밑부분에는 마른 잎이 갈색으로 변한다. 실 모양의 뿌리는 흰색을 띠며 물과 양분을 흡수하지 못하고 몸을 땅에 고정시키는 역할만 하는 헛뿌리이다. 물과 양분은 잎과 줄기 전체로 흡수하며 광합성도 몸 전체로 한다. 암수딴그루 식물로 수그루의 정자는 비가 내리거나 축축해지면 암그루의 난자로 헤엄쳐 가서 수정을 한다. 수정이 끝난 암그루는 실처럼 가는 줄기 끝에 긴 원통형의 홀씨주머니가 달린다. 홀씨주머니가 성숙하면 윗부분의 뚜껑이 열리면서 홀씨가 나와 바람에 날려 퍼진다. 홀씨는 살기 적당한 축축한 땅을 만나면 싹이 터서 자란다. 솔이끼의 수명은 3~5년이다. 분재를 만들 때 흙을 덮는 용도로 심으며 화단에 심기도 한다. 또 차를 만들어 마시거나 머리를 헹굴 때 사용하기도 한다.

물이끼 군락

붉은물이끼

물이끼(물이끼과) *Sphagnum palustre*

습지나 물가에서 무더기로 모여 자란다. 높이 10~20㎝로 자라는 줄기는 곧게 서고 많은 가지가 돌려난다. 두툼한 잎은 속이 비어 있어서 물을 흡수하는 능력이 뛰어나고 오래 저장할 수 있다. 이끼 무리로 두툼한 잎이 물을 잘 흡수하므로 '물이끼'라는 이름이 생겼다. 물을 많이 저장하는 특성을 이용하여 다른 식물을 캐서 멀리 운반할 때 뿌리를 싸는 재료로 쓴다. 또 화분의 흙이 마르지 않도록 덮어 기르는 재료로도 사용된다. 근래에는 모스토피어리를 만드는 재료로도 인기를 끌고 있다.

📷 나무로 만든 작품 토피어리

향나무 토피어리

물이끼를 이용한 모스토피어리

관상수를 가지치기 등으로 잘 다듬어서 여러 가지 동물 모양이나 사물의 모양과 비슷하게 만든 작품을 '토피어리'라고 한다. 토피어리를 만드는 데는 향나무처럼 잎이 늘푸른바늘잎나무나 늘푸른넓은잎나무가 많이 이용된다.

근래에는 물이끼를 이용해 만드는 '모스토피어리'가 유행하고 있는데 녹이 슬지 않는 철사로 여러 동물의 모형을 만든 뒤에 물이끼를 이용해 표면을 덮고 식물을 심어 만든다. 모스토피어리는 습기를 조절할 수 있기 때문에 실내 장식품으로도 많이 쓰인다.

말무리

말무리는 '조류(藻類)'라고도 하며 생김새가 식물과 비슷해서 예전에는 식물로 구분하였지만 근래에는 식물이 아닌 '원생생물'로 구분한다. 말무리는 먼지처럼 작은 것부터 수십 미터(m)에 이르는 것까지 종류가 다양하다. 또 사는 곳에 따라 '민물말'과 '바닷말'로 구분하기도 한다.

바닷물 속에서 자라는 바닷말은 말무리 중에서 가장 진화한 종류로 민물에 사는 해캄과 달리 홀씨로 번식한다. 바닷말은 색깔에 따라 녹색말, 갈색말, 홍색말로 나누기도 한다.

대황

바위 겉의 파래

파래 군락

청각

파래(갈파래과) *Ulva pertusa*

바닷가 바위 겉에 붙어서 자라는 녹색말. 특히 민물이 들어오는 곳에서 잘 자란다. 보통 한겨울부터 초여름까지 크게 번성한다. 종이처럼 얇은 잎은 녹색을 띠며 몸 전체로 물과 양분을 흡수한다. 몸 전체가 파란색이라서 '파래'라는 이름을 얻었다. 파래는 향기가 많고 맛이 독특하여 사람들이 즐겨 먹는 알칼리성 식품으로 피부병에 좋으며 다이어트 식품으로도 이용된다. 김을 양식하는 김발에도 잘 붙어 자란다. 이 둘을 함께 뜯어 말린 것을 '파래김'이라고 하여 김과 함께 먹는다.

청각(청각과) *Codium fragile*

바닷물 속 바위에 붙어 자라는 녹색말. 한자 이름 '청각(靑角)'은 '푸른 뿔'이라는 뜻으로 진한 녹색을 띠는 원통형의 몸이 사슴 뿔처럼 계속 갈라지기 때문에 붙여졌다. 청각은 만지면 물컹거리고 표면은 융단처럼 부드럽다. 청각을 입에 넣고 씹으면 향내가 물씬 풍기면서 사각사각 씹히는 맛이 좋아 나물처럼 초무침을 해서 먹는다. 예전에는 입냄새를 없애는 데 이용하였다. 또 청각의 향기는 젓갈이나 생선의 비린내를 없애 주기 때문에 가을에 김장을 담글 때 김치에 섞어 넣는다.

개울물 속의 해캄 덩어리　　나뭇가지에 붙어서 마른 해캄

다시마　　헛뿌리

해캄(별해캄과) *Spirogyra* sp.

늪이나 물이 천천히 흐르는 개울가에서 자라는 녹색말. 몸은 녹색을 띤 머리카락 모양으로 봄부터 여름에 걸쳐 크게 퍼져 나간다. 해캄은 뿌리, 줄기, 잎의 구분이 되지 않고 몸 전체로 물과 양분을 흡수하며 흔히 크게 번성하여 덩어리를 이룬다. 해캄을 해부현미경으로 관찰하면 사다리 모양으로 연결된 것을 볼 수 있는데 하나하나가 세포이다. 해캄은 세포가 둘로 나누어지면서 번식하기 때문에 빨리 번성한다. 가을에 세포끼리 만나 홀씨를 만들고 이 홀씨 상태로 겨울을 난 후 봄에 다시 싹이 튼다.

다시마(다시마과) *Laminaria japonica*

바닷속 바위에 붙어서 자라는 갈색말. 몸은 뿌리, 줄기, 잎의 구분이 뚜렷하며 길이가 1.5~3.5m로 크게 자란다. 뿌리는 여러 갈래로 갈라져서 바위 겉에 단단히 붙는 역할만 하는 헛뿌리이다. 줄기는 짧은 원통형이고, 띠 모양으로 길쭉한 잎몸은 가죽처럼 두껍고 가장자리가 물결 모양으로 주름이 진다. 다시마는 식용으로 하는데 요오드, 칼륨, 칼슘 등의 무기질이 많이 들어 있는 영양 식품이다. 생잎은 초고추장에 찍어 먹고, 말린 잎은 삶아서 국물을 내거나 기름에 튀겨서 반찬으로 한다.

미역　　미역귀

미역 말리기

미역(미역과) *Undaria pinnatifida*

바닷물 속 바위에 붙어서 자라는 갈색말. 몸은 뿌리, 줄기, 잎의 구분이 뚜렷하며 길이가 1~1.5m로 자란다. 단단한 고갱이 양쪽으로 발달한 진한 갈색 잎은 가장자리가 새깃 모양으로 갈라지며 미끈거린다. 줄기 밑부분에는 '미역귀'라고 부르는 홀씨잎이 달리며 이곳에서 홀씨가 만들어져 번식을 한다. 옛날부터 김과 함께 가장 즐겨 먹는 바닷말로 동해, 서해, 남해의 바닷속에서 흔히 자라며 바닷물 속에서 널리 양식을 한다. 양식을 하는 방법은 가을에 미역의 홀씨가 붙은 돌이나 밧줄을 바닷속에 넣어 두면 겨울 동안 싹이 터서 자라고 봄부터 수확을 하기 시작한다. 미역을 말리면 진한 녹갈색이 되지만 찬물에 담그면 다시 싱싱한 초록색이 되살아난다. 고려 시대부터 중국에 수출했다는 기록이 있으며 근래에는 일본에 많이 수출하고 있다. 옛날부터 아이를 낳은 산모에게 미역국을 먹이는 풍습이 있는데 고래가 새끼를 낳은 후에 미역을 뜯어 먹는 것을 보고 시작된 풍습이라고 한다. 미역을 많이 먹으면 피가 맑아지고 뼈가 튼튼해진다. '미역'이라는 이름은 '물여뀌'라는 뜻의 '매역'이 점차 변해 '미역'이 되었다고 한다.

대황

톳

대황(미역과) *Eisenia bicyclis*

바닷물 속 바위에 붙어서 자라는 갈색말. 원통형의 줄기에 대나무 잎처럼 길쭉한 잎이 모여 달리며 1.5m 이상 길이로 자란다. 몸은 진한 갈색으로 건조시키면 거무스레해지고 매우 질기다. 요오드와 칼륨 등의 무기질이 풍부한 대황은 다시마처럼 양념으로 쓰거나 반찬을 해 먹는다. 대황은 살짝 데쳐서 초고추장을 찍어 먹기도 하고, 말린 대황은 물에 불린 뒤에 양념과 젓갈을 넣고 버무려 먹기도 한다. 다시마나 미역과 함께 '알긴산'으로 채취하는데 알긴산은 피를 맑게 하고 비만을 예방한다고 한다.

톳(모자반과) *Hizikia fusiformis*

바닷속 바위에 붙어서 자라는 갈색말. 원통형의 줄기는 여러 대가 나오며 길이가 10~100㎝로 자란다. 언뜻 잎같이 보이는 잔가지가 돌려 가며 달린다. 흔히 데쳐서 나물로 먹으며 된장국으로 끓여 먹기도 한다. 옛날에 식량이 부족할 때는 곡식을 조금 넣어서 톳밥을 지어 먹기도 하였다. 맛이 독특한 톳은 철분과 칼슘 등의 무기질이 많아서 뼈를 튼튼하게 해 주기 때문에 성장기의 어린이에게 특히 좋다. 톳은 알칼리성 식품으로 혈액 순환을 돕고 장운동을 도와서 변비를 예방하는 데도 좋다.

큰잎모자반

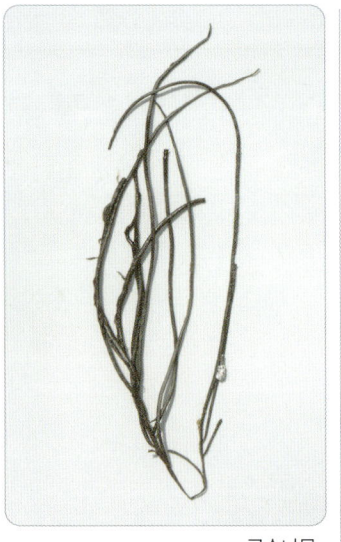

국수나물

우뭇가사리

우뭇가사리를 말리는 모습

남쪽 바닷가의 어민들은 우뭇가사리를 채취해서 말려요.

큰잎모자반(모자반과) *Sargassum coreanum*

바닷속 바위에 붙어서 자라는 갈색말. 수 미터(m) 길이로 벋는 원통형의 가는 줄기는 여러 갈래로 갈라지며 곁가지는 깃꼴로 갈라진다. 잎은 띠 모양이며 두껍고 가장자리가 매끈하다. 가축 사료로 이용한다.

국수나물(국수나물과) *Nemalion vermiculare*

바닷물 속 바위에 붙어서 자라는 홍색말. 몸은 가는 노끈 모양이며 가지가 갈라지기도 하고 당면처럼 미끈거리며 자란다. 국수 가락을 닮고 나물로 먹어서 '국수나물'이라고 한다. 한지를 만드는 데 넣기도 한다.

우뭇가사리(우뭇가사리과) *Gelidium amansii*

따뜻한 바닷속 깊이 5~10m의 바위에 붙어서 자라는 홍색말. 우뭇가사리의 몸은 가는 가지가 깃털 모양으로 촘촘히 갈라지는 모양으로 높이 10~30㎝로 자란다. 우뭇가사리를 끓여서 나오는 즙을 따로 걸러 내어 묵처럼 굳게 만든 것이 '우무'이고 우무를 말린 것이 '한천'이다. 우무는 묵처럼 양념장을 얹어 먹거나 국수를 만들어 먹는데 소화가 잘되지 않아서 다이어트 식품으로 인기가 높다. 한천은 비교적 잘 굳고 상하지 않기 때문에 젤리, 잼, 양갱 같은 과자의 원료로 쓰며 아이스크림을 만드는 데도 이용된다.

꼬시래기

돌가사리

진두발

마디잘록이

꼬시래기(꼬시래기과)
Gracilaria verrucosa

바닷물 속 바위에 붙어 자라는 홍색말. 작은 쟁반 모양의 뿌리에서 모여 나는 원통형의 줄기는 보통 20㎝ 정도 길이지만 2~3m까지 자라기도 한다. 살짝 데쳐서 나물로 먹으며 한천을 만드는 재료로도 쓴다.

돌가사리(돌가사리과)
Chondracanthus tenellus

바닷물 속 바위에 붙어 자라는 홍색말. 식물체는 모여 나고 5~12㎝ 높이로 자란다. 원통형의 가지는 여러 번 갈라지며 끝이 뾰족하고 홍자색이며 물속에서는 형광을 낸다. 한천을 만드는 재료로도 쓴다.

진두발(돌가사리과)
Chondrus ocellatus

바닷물 속 바위에 붙어 자라는 홍색말. 짧은 줄기에 얇은 가지가 계속 갈라져서 전체적으로 부채꼴 모양이 되며 15~50㎝ 높이로 자란다. 생잎을 양념에 버무려 반찬으로 한다. 식품의 첨가제로도 이용된다.

마디잘록이(마디잘록이과)
Lomentaria catenata

바닷물 속 바위에 붙어 자라는 홍색말. 줄기는 다발로 모여 나며 높이가 10~15㎝이다. 원통형의 줄기에 가는 가지가 마주나기로 계속 갈라진다. 줄기의 마디가 잘록해지기 때문에 '마디잘록이'라고 한다.

김

부챗살

볏붉은잎

김(보라털과) *Porphyra tenera*

바닷물 속 바위에 붙어 자라는 홍색말. '해태(海苔)'라고도 한다. 긴 타원형의 얇은 막처럼 생긴 잎 모양의 몸은 길이가 14~25㎝이며 가장자리가 주름이 지고 이끼처럼 붙어 자란다. 우리가 먹는 김은 네모난 발 위에 얇게 펴서 말린 것이다. 정월 대보름날 복을 싸 먹는다는 의미로 오곡밥을 김에 싸 먹는데 이를 '복쌈'이라고 하였다. 조선 시대 수랏상에 오른 김을 맛있게 먹은 임금님이 이름을 물었으나 이름이 없다 하여 김을 재배한 '김여익'이라는 사람의 성을 따서 '김'으로 부르게 하였다.

부챗살(부챗살과)
Gymnogongrus flabelliformis

바닷물 속 바위에 붙어 자라는 홍색말. 여러 대가 모여 나는 줄기는 납작한 모양이며 가죽처럼 질기고 단단하다. 가지는 여러 번 엇갈린 모양으로 갈라져서 전체적으로 부챗살 모양이 되어서 '부챗살'이라고 한다.

볏붉은잎(칼리메니아과)
Callophyllis japonica

바닷물 속 바위에 붙어 자라는 홍색말. 여러 대가 모여 나는 줄기는 짧고 납작하며 가지가 불규칙하게 갈라져서 펼치면 부채 모양이 되기도 한다. 가지는 붉은색의 연한 막질로 톱니 모양의 돌기가 많다.

버섯무리

버섯은 자라는 모습이 식물과 비슷하지만 엽록소가 없어서 광합성을 못하기 때문에 식물이나 동물이 아닌 '균무리(균류)'로 따로 구분한다. 곰팡이나 세균도 버섯과 함께 균무리에 속하며 스스로 양분을 만들지 못하므로 다른 생물에서 나온 양분을 분해해서 생활을 한다. '지의무리(지의류)'는 말식물과 균무리가 함께 생활하는 특수 식물로 바위나 나무줄기에 붙어서 산다.

고목 그루터기에 피어난 버섯은 나무의 양분을 얻어 자라면서 나무를 분해하는 역할을 한다.

큰갓버섯

어린 큰갓버섯

큰갓버섯(갓버섯과) *Lepiota procera*

여름부터 가을 사이에 숲 속이나 풀밭에서 자란다. 높이 15~30㎝로 자라는 원통형 자루는 속이 비어 있으며 윗부분에 종이 모양의 턱받이가 아래로 늘어진다. 자루 끝에 달리는 갓은 동그란 공 모양이다가 점차 퍼져서 편평해지며 가운데만 볼록하다. 갓은 자라면서 표피가 갈라진 적갈색 조각들이 떨어진다. 갓은 지름이 8~20㎝로 커서 '큰갓버섯'이라고 한다. 갓의 밑부분은 주름이 지며, 살은 질긴 솜 모양이고 흰색이다. 구워서 먹기도 하지만 비슷한 생김새의 독버섯도 있으므로 주의해야 한다.

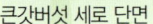

버섯의 생김새 관찰하기

갓 안쪽의 주름

큰갓버섯 세로 단면

자루의 턱받이

큰갓버섯이나 달걀버섯의 몸은 크게 '갓'과 '자루'로 이루어져 있다. 모자 모양의 갓은 안쪽에 방사 모양이나 그물코와 같은 주름이 있으며, 이 주름 표면에 있는 많은 홀씨가 퍼져 번식을 한다. 갓의 위쪽 표면에는 사마귀점이 생기는 버섯도 있다.

갓이 펴지기 전에는 갓 둘레와 자루 사이에 얇은 막이 있으며, 갓이 자라면서 막이 터져서 일부는 갓 둘레에 붙고 나머지는 자루에 남아 있는데 '턱받이'라고 한다. 큰갓버섯의 자루는 원통형으로 길지만 자루가 짧거나 없는 버섯도 많이 있다.

달걀버섯　　　　　　　어린 달걀버섯

표고버섯　　　　　　　말린 표고버섯

달걀버섯(광대버섯과) *Amanita hemibapha*

여름부터 가을에 걸쳐 참나무 숲에서 난다. 어릴 때는 달걀형의 흰색 주머니 속에 싸여 있다가 위쪽을 뚫고 땅 위로 솟는데 생김새가 달걀과 비슷해서 '달걀버섯'이라는 이름을 얻었다. 달걀형의 등황색 갓은 점차 편평하게 펴진다. 맛이 좋은 식용 버섯이다. 옛날 로마의 네로 황제는 달걀버섯을 좋아해서 달걀버섯을 가져오면 같은 양의 황금을 하사했다고 해서 '황제버섯'이라는 이름도 가지고 있다. 달걀버섯은 결이 단단하여 날로 먹거나 기름에 볶아 먹는데 물에 담그면 향미가 없어진다.

표고버섯(느타리과) *Lentinula edodes*

봄부터 가을까지 마른 나무에서 자라며 참나무 등의 줄기를 이용해 인공적으로 재배한다. 흰색 자루 끝에 달린 진한 갈색 갓은 처음에는 둥근 꼴이지만 만두 모양을 거친 후 점차 펴져서 편평해진다. 갓이 피지 않은 것을 따서 식용하는데 날로 먹거나 말려 두었다가 먹는다. 표고버섯은 향과 맛이 뛰어나서 식물성 다시 국물을 내는 데 쓰이며 채소 요리에 넣으면 마치 고기를 넣은 것과 같은 맛이 난다. 표고 속에 들어 있는 '에리다데민'이라는 성분은 핏속의 나쁜 콜레스테롤을 줄여 준다고 한다.

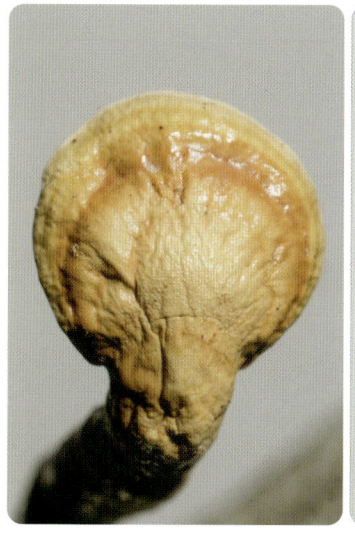 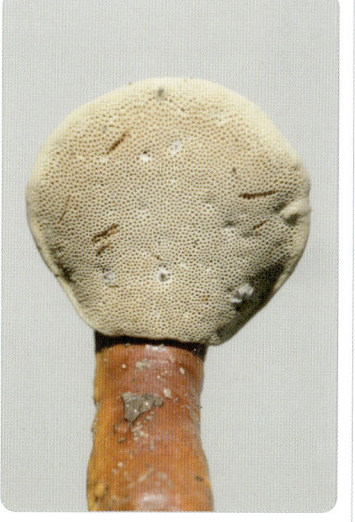

영지버섯　　　　　　　영지버섯 뒷면

 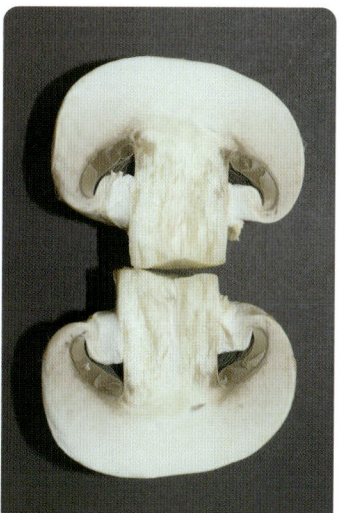

양송이　　　　　　　　양송이 단면

영지버섯/불로초(구멍장이버섯과) *Ganoderma lucidum*

초여름에서 가을까지 숲 속의 나무 그루터기나 땅에서 자란다. 갓은 반원 모양 또는 부채 모양으로 편평한 표면에 둥근 고리 무늬가 연속적으로 있고 광택이 난다. 한자 이름 '영지(靈芝)'는 '신령한 버섯'이라는 뜻으로 고대 중국에서 이 버섯을 귀한 약재로 이용했기 때문이며 '늙지 않게 해 주는 풀'이라는 뜻으로 '불로초(不老草)'로도 불린다. 영지는 기운을 북돋고 혈압을 조절하며 간을 보호하는 등의 약재로 귀하게 쓰인다. 단단하기 때문에 잘게 썰어서 차를 끓여 마시는데 맛이 매우 쓰다.

양송이(주름버섯과) *Agaricus bisporus*

세계 각지에서 널리 재배하는 식용 버섯으로 여러 재배 품종이 있다. 생김새가 소나무에 기생하는 송이버섯과 비슷하고 서양에서 들어와서 '양송이'라고 하며 '머쉬룸'이라고도 한다. 짧은 자루에 달린 갓은 처음에는 동그란 공 모양이지만 점차 편평해진다. 살은 두껍고 표면은 흰색이지만 나중에 연한 황갈색이 된다. 볏짚을 이용해서 재배하며 갓이 벌어지기 전에 채취하여 식용한다. 양송이는 요리를 해도 맛과 향이 그대로 유지되므로 볶음, 무침, 샐러드, 전골, 수프, 부침 등 여러 요리에 널리 이용된다.

버섯무리

마귀광대버섯

어린 마귀광대버섯

마귀광대버섯(광대버섯과) *Amanita pantherina*

여름부터 가을에 걸쳐 숲에서 난다. 흰색 자루 끝에 달리는 갓은 지름 5~25㎝ 크기로 둥근 산 모양에서 점차 편평한 모양이 된다. 갓의 표면은 회갈색~황갈색으로 표범의 등 무늬와 비슷하고 안쪽의 주름살은 흰색이다. 맹독을 가진 독버섯으로 먹으면 헛것이 보이거나 헛소리가 들리는 등의 환각 증상과 함께 메스꺼움이나 구토 증상이 나타나며 심하면 죽을 수도 있으므로 먹지 말아야 한다. 밥알과 함께 섞어서 파리를 잡는 데 이용한다. 우리나라를 포함한 유라시아 대륙과 아프리카에 분포한다.

 독버섯 구분하기

버섯 중에는 강한 독성을 가지고 있어서 사람이 먹게 되면 몸속에서 어떤 장애를 일으켜 중독 증세를 나타내는 것이 있는데 이를 '독버섯'이라고 한다. 독버섯은 광대버섯, 화경버섯, 미치광이버섯, 무당버섯 등 수를 헤아릴 수 없이 많으며 버섯마다 생김새와 성분, 중독 증상이 제각기 다르기 때문에 독버섯은 가려내기가 매우 어렵다.

독우산광대버섯

대부분의 사람은 독버섯과 비슷하게 생긴 식용 버섯의 생김새를 착각해서 먹게 되는 경우가 많다. 또 버섯 중에서 빛깔이 화려하고 악취가 나거나 은수저를 검게 만드는 것은 독버섯이고, 자루가 쉽게 찢어지는 것은 식용 버섯이라고 하는 등의 잘못된 정보를 믿고 버섯을 따 먹고 중독되는 경우도 있으므로 잘 알지 못하는 경우에는 야생에서 버섯을 채취해 먹는 일이 없도록 해야 한다.

노루궁뎅이버섯

노루궁뎅이버섯(산호침버섯과) *Hericium erinaceus*

여름부터 가을까지 참나무 등의 줄기에서 자라며 톱밥을 이용해 인공적으로 재배한다. 버섯은 반구형으로 앞면에는 무수한 침이나 있는 모양이 노루의 궁뎅이를 닮았다고 해서 '노루궁뎅이버섯'이라는 이름을 얻었다. 건조하면 스펀지처럼 되어 물을 빨아들인다. 식용 버섯으로 반찬을 만들거나 국, 찌개에 넣어 먹으며 차로 끓여 마신다. 섬유질이 풍부해서 장 운동을 도와 변비를 예방한다. 약으로도 이용하는데 뇌신경세포의 자람을 돕는 성분이 들어 있어서 기억력을 좋게 하고 치매를 예방하는 데 도움을 준다.

팽이버섯

팽이버섯(송이과) *Flammulina velutipes*

늦가을에서 이른 봄에 팽나무 등의 죽은 줄기나 그루터기에서 모여 나온다. 기다란 흰색 자루 끝에 달리는 조그만 갓은 반구형에서 점차 편평해진다. 톱밥에서 키우며 아삭거리면서도 쫄깃거리는 맛이 난다.

구름버섯

구름버섯(구멍장이버섯과) *Coriolus versicolor*

숲 속의 고목에 무더기로 모여 나며 1년 내내 볼 수 있다. 반원 모양의 갓은 표면은 검은색인데 회색, 흰색, 황색, 갈색, 검은색을 띠는 고리 무늬가 있고 짧은 털로 덮여 있다. 먹지는 못하고 약으로 이용한다.

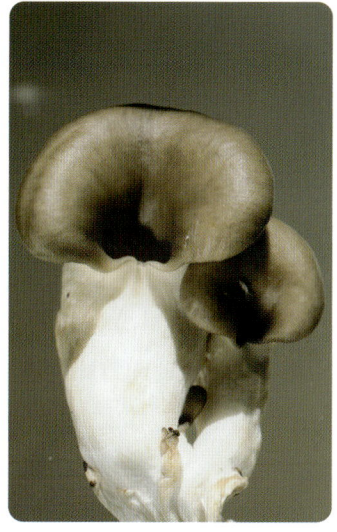
느타리버섯

느타리버섯(느타리과)
Pleurotus ostreatus

늦가을에서 봄 사이에 자라는 식용 버섯으로 농가에서는 느티나무나 볏짚 등을 이용해 재배한다. 쫄깃거리는 맛과 향이 뛰어나 반찬으로 하는데 날로 먹거나 볶아 먹기도 하며 죽을 쑤어 먹기도 한다.

싸리버섯

싸리버섯(싸리버섯과)
Ramaria botrytis

여름에서 가을까지 숲 속에서 무리 지어 자란다. 나무토막처럼 생긴 자루에서 가지가 계속 촘촘히 갈라지는데 위로 갈수록 가늘고 짧아진다. 삶아서 물에 우려낸 다음 무침이나 볶음을 해 먹는다.

혀버섯

혀버섯(붉은목이과)
Guepinia spathularia

숲 속의 죽은 나무 그루터기에 무더기로 모여 난다. 갓은 등황색으로 아교질이다. 갓이 혀 모양으로 생겨서 '혀버섯'이라고 한다. 죽은 나무에 기생하여 자라며 목재를 분해해서 썩게 만든다. 먹을 수 없다.

곰보버섯

곰보버섯(곰보버섯과)
Morchella esculenta

봄에 숲 속이나 나무 그늘에서 자란다. 원통형의 흰색 자루 끝에 달리는 갓은 육질이고 곰보처럼 우툴두툴해서 '곰보버섯'이라고 한다. 갓과 자루 속은 살이 없이 비어 있다. 먹을 수 있는 식용 버섯이다.

지도이끼

지도이끼(지의무리)
Rhizocarpon geographicum

말식물과 균무리가 함께 공생하는 지의무리는 말 무리나 균무리가 혼자서는 살아갈 수 없는 환경에서도 살아갈 수 있다. 지도이끼는 높은 산 바위 겉에서 자라며 표면은 노란색에서 녹색으로 변한다.

매화나무이끼

매화나무이끼(지의무리)
Parmelia tinctorum

지의무리의 한 종이다. 매실나무, 소나무, 벚나무 등의 줄기나 가지의 나무껍질에 생긴다. 납작한 잎 모양의 엽상체는 보통 타원형으로 퍼지며 청록색이고 가죽처럼 질기며 나무껍질에 단단히 들러 붙어 자란다.

귤에 생긴 곰팡이

곰팡이(균무리)

균무리 중에서 버섯은 몸의 형태와 구조가 발달한 무리이다. 곰팡이는 버섯무리를 제외한 몸의 구조가 간단한 하등 균무리를 일컫는 말이다. 다른 동식물에 기생해서 살아가기 때문에 음식을 상하게 만들고 우리 몸에 알레르기를 일으키기도 하며 옷감을 상하게 만들기도 한다. 하지만 술이나 된장을 만들고 항생제의 원료로 쓰이는 등 인간 생활에 도움을 주기도 한다. 일반적으로 곰팡이는 습기가 많고 온도가 높으며 햇빛이 비치지 않는 어두운 곳에서 잘 퍼진다.

태엽처럼 말린 꽃마리의 꽃이삭

소나무의 꽃가루받이

산오이풀

싱고니움

도라지 꽃밭

사위질빵의 덩굴 줄기

식물의 이해

● 식물은?

지구상에 있는 물질은 살아 움직이는 '생물(生物)'과 그렇지 않은 '무생물(無生物)'로 나눌 수 있다. 생물은 숨을 쉬며 자연 속에서 양분을 얻어 자라고, 주변 환경에 적응해 살아가면서 후손을 퍼뜨린다. 생물은 다시 '동물'과 '식물'로 나눌 수 있다. '동물(動物)'은 '움직이는 물체'라는 뜻으로 스스로 이동하면서 살아간다. '식물(植物)'은 '심어져 있는 물체'라는 뜻으로 스스로 이동할 수가 없다. 동물은 스스로 움직일 수 있어 옮겨 다니면서 먹이를 구할 수 있다. 하지만 한자리에 뿌리를 내리고 살아가는 식물은 자유롭게 옮겨 다니면서 먹이를 구할 수 없기 때문에 자연 속에서 스스로 양분을 만들어 살아간다. 식물은 뿌리를 내리고 살아가는 자연 환경에 적응하면서 살아남기 위해 끊임없이 노력하며 진화해 왔다.

층층나무 잎가지

1. 햇빛과 물을 이용해 스스로 양분을 만든다.

식물은 뿌리에서 빨아들인 물과 태양 에너지를 이용해 녹말을 만들어 내는데 이를 '광합성'이라고 한다. 광합성을 하면서 사람에게 필요한 산소를 공급해 준다.

용문사 은행나무

2. 살아 있는 한 계속 자라며 수명이 매우 길다.

식물은 죽을 때까지 양분을 만들어 내면서 계속해서 자라고, 기온이 낮은 겨울에는 자람을 멈춘다.
용문사 은행나무는 나이가 1,000살이 넘으며 높이가 62m로 우리나라에서 가장 큰 나무이다.

바위틈에서 자란 소나무

3. 스스로 이동할 수 없다.

식물의 씨앗은 땅에 떨어지면 제자리에 뿌리를 내리고 줄기가 자라기 때문에 이동할 수가 없다. 대신에 제각기 독특한 방법으로 씨앗을 널리 퍼뜨린다.

원추리 꽃밥을 먹는 여치

4. 동물의 영양 공급원이 된다.

식물이 스스로 만들어 낸 양분은 잎과 줄기, 꽃 등에 저장되어 있는데, 동물은 식물의 양분을 섭취하여 살아간다.

● 식물의 몸

일반적으로 식물의 몸은 땅속으로 내린 뿌리에서 자란 줄기에 잎이 달린다. 그리고 후손을 퍼뜨리기 위해 꽃을 피우고 열매를 맺는다.

줄기 끝에 노란색 꽃이 모여 핀다.
꽃이 지면 열매가 열리고
씨앗을 맺는다.

몸을 지탱하는
줄기에는 가느다란 잎이
마주 보고 달린다.

잎은 뿌리에서 모여 난다.
잎은 솜털로 덮여 있지만
점차 없어진다.

땅속으로 뿌리가
많이 내린다.
하나의 원뿌리에서
가느다란 곁뿌리가
많이 갈라진다.

솜방망이

● 풀과 나무의 비교

'풀'은 줄기가 단단하지 않고 나이테가 없으며 보통 가을에는 말라 죽는다. '나무'는 줄기가 단단하고 굵게 자라며 해마다 나이테가 하나씩 늘어나면서 오래 산다. 하지만 풀과 나무 모두 잎으로 광합성을 하고, 꽃을 피워 열매를 맺는 점은 같다.

한두해살이풀(꽃다지)
씨앗에서 싹이 터서 자라고 꽃이 피어서 열매를 맺는 한살이 과정이 1~2년 이내에 이루어지는 풀이다.

여러해살이풀(석산)
겨울에는 잎이나 줄기가 시들어 죽지만 뿌리는 살아 있어서 해마다 봄이 되면 싹이 터서 자라는 풀이다.

키나무(감나무)
줄기와 곁가지가 분명하게 구분되며 대략 5m 이상 높이로 자라는 나무이다. '교목(喬木)'이라고도 한다.

떨기나무(진달래)
대략 5m 이내로 자라는 키 작은 나무이다. 흔히 줄기가 모여 나는 나무가 많다. '관목(灌木)'이라고도 한다.

뿌리

씨앗이 싹 트는 모습을 보면 먼저 자라는 뿌리는 땅속을 향해 들어가고, 나중에 나온 줄기는 해를 향해 위로 자란다. 뿌리는 보통 복잡하게 갈라져서 땅속으로 넓고 깊게 들어간다. 뿌리는 물과 무기질을 흡수하고 줄기를 든든하게 받쳐 주며 잎이 만든 양분을 저장하는 역할을 한다.

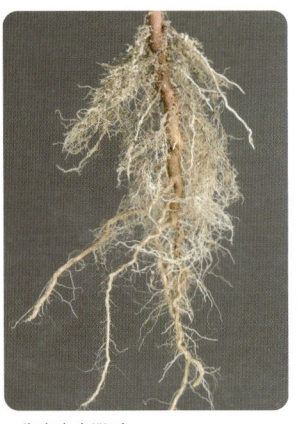

쌍떡잎식물의 뿌리

일반적으로 겉씨식물과 쌍떡잎식물은 싹이 트면 어린 뿌리가 자라서 원뿌리라고 하는 굵은 뿌리가 되고 원뿌리에서 많은 곁뿌리가 갈라져 퍼진다. 원뿌리와 곁뿌리에 나는 가는 뿌리털은 물과 양분을 직접 흡수한다.

외떡잎식물의 뿌리

일반적으로 외떡잎식물은 싹이 틀 때 나온 원뿌리는 제대로 자라지 못하고 줄기의 밑부분에서 원뿌리와 곁뿌리의 구분이 없는 가느다란 수염뿌리가 무더기로 나온다. 수염뿌리에도 가는 뿌리털이 나 있어 물과 양분을 흡수한다.

돌콩   개여뀌의 뿌리   괭이사초의 뿌리   붓꽃

● 뿌리가 하는 일

① 흡수 작용

화분에 심은 화초는 물을 주지 않으면 얼마 지나지 않아 말라 죽고 만다. 물은 식물이 살아가는 데 꼭 필요하며 물을 빨아들이는 역할을 하는 것이 뿌리이다.

부레옥잠 뿌리
물속에 잠겨 있으면서 물과 무기질을 흡수할 뿐만 아니라 몸을 바르게 지탱하는 역할도 한다.

가뭄
가뭄이 들면 물을 흡수하지 못한 식물들은 말라 죽거나 살아남아도 제대로 크지 못한다.

② 지지 작용

식물은 땅속으로 뿌리를 깊고 넓게 벋어서 바람이나 그 밖의 환경에 의해 줄기가 쓰러지지 않도록 지탱해 주는 역할을 하는데 이를 '지지작용'이라고 한다.

고추 모종
옮겨 심을 때는 제대로 뿌리를 내릴 때까지 지지대를 세워서 묶어 주어야 쓰러지지 않는다.

옥수수 버팀뿌리
줄기 밑부분의 마디에서 사방으로 버팀뿌리가 발달해 줄기를 튼튼하게 받쳐 준다.

인디안아몬드 버팀뿌리
열대 아시아에서 자라는 큰 나무로 줄기 밑부분에 둘러 가며 판자를 세운 것 같은 버팀뿌리가 발달하는데 이런 버팀뿌리를 '판근(板根)'이라고 한다.

③ 저장 작용

잎에서 광합성을 통해 만들어진 양분을 뿌리에 저장하기도 하는데 이런 뿌리를 '저장뿌리'라고 한다. 당근도 저장뿌리의 하나로 색깔이 연한 가운데 부분보다는 가장자리가 더 단맛이 난다. 그 이유는 가운데 부분은 물과 양분의 통로이고 가장자리 부분에 양분이 저장되어 있기 때문이다.

당근
원뿌리가 굵어져서 양분을 저장한다.

무
원뿌리가 굵어져서 양분을 저장한다.

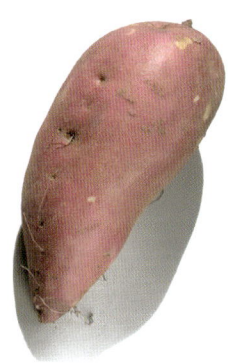

고구마
가는 뿌리 끝이 굵어져서 양분을 저장한다.

● 탈바꿈한 뿌리

바닐라
열대 아메리카 원산의 난초과 식물로 열매를 향신료로 사용한다. 덩굴줄기가 기어오르면 땅속뿌리는 없어지고 붙음뿌리가 물을 흡수하는 역할을 한다.

새삼
줄기가 다른 식물을 감고 오르면 땅속뿌리는 없어지고 줄기에서 기생뿌리가 나와 다른 식물의 줄기를 파고 들어 물과 양분을 빼앗아 자라는 기생식물이다.

줄기

줄기에 잎이 붙어 있는 자리를 '마디'라고 하며 각 마디의 중간 부분은 '마디 사이'라고 한다. 줄기에는 추운 겨울을 나고 봄에 싹이 틀 겨울눈이 준비되어 있다. 줄기의 끝에는 새로운 줄기와 잎이 나올 끝눈이 있고 그 밑의 잎겨드랑이에는 잎이나 가지가 나올 '곁눈'이 있다. 눈 중에서 꽃이 될 눈은 '꽃눈'이라고 하고 잎이 자랄 눈은 '잎눈'이라고 한다.

동백나무 가지

동백나무 꽃눈과 잎눈

동백나무 꽃눈 단면

동백나무 잎눈 단면

● 가지의 나이 구분

가지도 해마다 자라면서 점차 굵어진다. 나무줄기에 1년마다 나이테가 있는 것처럼 어린 가지에는 1년 동안 자란 자국인 마디를 볼 수 있다. 백목련 가지는 해마다 마디가 두드러져서 가지의 나이를 알아보기가 좋다. 또 가지를 자른 단면을 보면 가운데에 '골속' 또는 '수(髓)'라고 하는 부분이 있는데 나무에 따라 골속이 비어 있는 것도 있고, 골속이 꽉 차 있는 것 등 여러 가지이다.

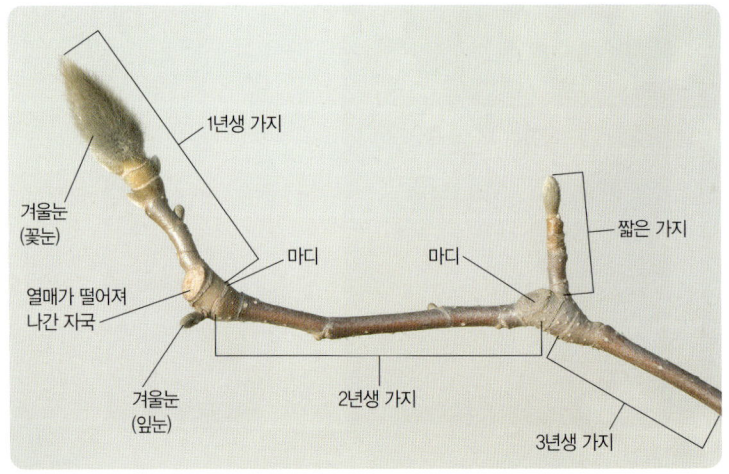

백목련 가지의 나이

개다래 가지 단면

흰색의 골속이 차 있다.

청미래덩굴의 가지 단면

골속이 없이 꽉 차 있다.

● 덩굴 줄기를 가진 식물

식물은 햇빛을 많이 받기 위해 높이 자라기 경쟁을 한다. 높게 자라려면 줄기를 굵고 튼튼하게 만들어야 하는데 시간과 양분이 많이 든다. 이를 쉽게 해결할 꾀를 낸 것이 '덩굴식물'로, 가는 줄기를 덩굴로 만들어서 다른 물체를 감거나 기댄 채 재빠르게 높이 올라간다.

호프
줄기가 다른 물체를 감고 오른다.

호박
돌돌 말리는 덩굴손으로 감고 오른다.

며느리밑씻개
밑을 향한 가시로 기대고 오른다.

담쟁이덩굴
줄기에서 내린 붙음뿌리로 달라붙고 오른다.

사위질빵
긴 잎자루가 덩굴손처럼 다른 물체를 감고 오른다.

● 줄기 단면과 나이테

식물의 줄기는 잎과 뿌리를 이어 주는 중심 부분으로 식물의 몸을 지탱하는 역할을 한다. 줄기의 가장 중요한 역할은 뿌리에서 빨아 올린 물과 잎에서 만들어진 양분을 식물 전체에 골고루 운반하는 일이다.

봄~여름에는 나무가 잘 자라지만, 가을이 되면 나무가 잎을 떨구고 자람을 멈춘다. 이런 자람의 모습이 줄기에 동그란 나이테로 만들어지는데 넓은 부분은 여름에 자란 부분이고, 진한 색 줄 부분은 가을에 느리게 자란 부분이다. 나무는 해마다 나이테를 만들기 때문에 나이테를 보고 나무가 자란 환경과 나이를 알 수 있다.

소나무 나이테

● 나무껍질

나무껍질은 동물의 피부처럼 줄기를 덮어서 나무의 속살이 다치지 않도록 해 준다. 껍질이 갈라지는 나무가 있는가 하면 껍질이 매끈한 나무도 있고, 조각조각 벗겨지는 나무도 있는 등 나무마다 특징이 있다.

단풍나무
매끈하지만 오래되면 얕게 갈라진다.

은사시나무
마름모꼴이나 타원형 무늬가 생긴다.

소나무
세로로 거북 등처럼 깊게 갈라진다.

물박달나무
여러 겹으로 종이처럼 벗겨진다.

잎

잎몸
잎맥(주맥)
턱잎
톱니(겹톱니)
잎맥(측맥)
잎자루

국수나무 잎의 구조

● 잎의 생김새

가지나 줄기에 붙는 잎은 햇빛을 받아 양분을 만드는 기관으로 종에 따라 모양이 여러 가지이다. 대부분 잎몸과 잎자루의 두 부분으로 나누어지며 잎자루 밑부분에 턱잎이 붙기도 한다. 턱잎은 보통 크기가 작고 일찍 떨어져 나가는 경우가 흔해서 없는 것처럼 보이기도 한다.

잎몸, 잎자루, 턱잎이 모두 있는 잎을 '갖춘잎' 또는 '완전잎'이라고 하며, 이 중에서 어느 한두 개가 없는 잎을 '안갖춘잎' 또는 '불완전잎'이라고 한다. 또 잎자루에 붙는 잎몸이 1개이면 '홑잎', 여러 개이면 '겹잎'이라고 한다.

● 잎이 하는 일

개암나무

쇠뜨기 싹의 증산작용

산오이풀

① **광합성으로 양분을 만든다.**

잎 표면에는 엽록소가 있어서 물과 햇빛을 이용해 양분을 만든다.

② **호흡을 한다.**

잎의 뒷면에는 군데군데에 '기공'이라는 구멍이 있는데 기공으로 호흡과 광합성에 필요한 산소와 이산화탄소가 드나든다.

③ **수증기를 내보낸다.**

잎은 기공을 통해 광합성에 사용하고 남은 수증기를 내보내는데 이를 '증산작용'이라고 한다.

● 잎맥의 종류

한련

그물맥

잎맥은 양분이나 물이 지나다니는 통로로 줄기의 관다발에 이어져 있다. 한련처럼 잎맥이 그물 모양으로 갈라지는 것을 '그물맥'이라고 한다. 대부분의 쌍떡잎식물은 그물맥을 가지고 있다.

노랑꽃창포

나란히맥

잎자루부터 잎의 끝 부분까지 줄줄이 나란하게 이어진 잎맥을 '나란히맥'이라고 한다. 대부분의 외떡잎식물은 나란히맥을 가지고 있다.

홑잎

넓은잎은 잎자루에 잎몸이 붙는 개수에 따라 홑잎과 겹잎으로 나눈다. 잎자루에 붙는 잎몸이 1개인 것을 '홑잎'이라고 한다.

갈래잎

홑잎 중에서 잎몸의 가장자리가 갈라지는 잎을 '갈래잎'이라고 한다. 갈라지는 부분을 한자어로는 '결각(缺刻)'이라고 하기 때문에 '결각잎'이라고도 한다.

먼나무　　　　　이나무　　　　　산딸기　　　　　단풍나무

겹잎

1개의 긴 잎자루에 여러 개의 작은잎이 달리는 잎을 '겹잎'이라고 한다. 겹잎은 잎자루에 붙는 작은잎의 개수와 붙는 방법에 따라 세겹잎, 손꼴겹잎, 깃꼴겹잎으로 나뉜다. '세겹잎'은 잎자루 끝에 3장의 작은잎이 모여 붙는 잎이며, '손꼴겹잎'은 잎자루 끝에 5개 이상의 작은잎이 모여 붙는 잎을 말한다. '깃꼴겹잎'은 긴 잎자루에 작은잎이 새의 깃털처럼 마주 붙는 잎을 말한다.

세겹잎(싸리)　　　손꼴겹잎(으름덩굴)　　　깃꼴겹잎(해당화)　　　2~3회 깃꼴겹잎(멀구슬나무)

잎차례

식물은 광합성을 하는 잎들이 골고루 햇빛을 많이 받을 수 있도록 잎을 배열한다. 잎이 가지에 붙는 모양을 '잎차례' 또는 '엽서(葉序)'라고 하는데 잎차례는 식물마다 대부분 일정하다. 1개의 마디에 1장이 잎이 붙는 경우 잎은 서로 어긋나게 달리는데 이런 잎차례를 '어긋나기'라고 한다. 1개의 마디에 2장의 잎이 마주 붙는 것을 '마주나기'라고 한다. 가지 끝이나 마디에 여러 장의 잎이 달리는 것은 '모여나기'라고 한다.

어긋나기(은행나무)　　　마주나기(백당나무)　　　돌려나기(협죽도)　　　모여나기(철쭉)

꽃

● 꽃의 구조

꽃은 본디 잎이 변해서 된 것으로 씨앗을 만들어서 자손을 퍼뜨리는 역할을 한다. 꽃은 종에 따라 모양과 빛깔이 여러 가지이며, 보통 꽃받침, 꽃잎, 수술, 암술의 네 가지 기관으로 이루어져 있다. 꽃잎과 꽃받침은 잎이 변해 생긴 것이며 이를 합하여 '꽃덮이'라고 한다. 꽃덮이는 암술과 수술을 보호하거나 보조하는 구실을 한다. 하나의 꽃에 꽃잎, 꽃받침, 암술, 수술의 네 가지를 모두 갖추고 있는 꽃은 '갖춘꽃'이라고 한다. 갖춘꽃은 하나의 꽃 안에 암술과 수술이 모두 들어 있어서 '양성화(兩性花)'라고도 하는데, 남성과 여성의 두 가지 성을 모두 가지고 있는 꽃이라는 뜻이다.

이질풀

꽃잎과 꽃받침은 각각 5장이고 수술의 꽃밥은 진한 청색이며 암술머리는 5갈래로 갈라진다.

안갖춘꽃 / 단성화

하나의 꽃에 꽃잎, 꽃받침, 암술, 수술의 네 가지 중 한 가지라도 갖추지 못한 꽃은 '안갖춘꽃'이라고 한다. 안갖춘꽃 중에서 하나의 꽃 안에 암술 없이 수술만 가지고 있는 꽃은 '수꽃'이라고 하고, 수술 없이 암술만 가지고 있는 꽃은 '암꽃'이라고 한다. 암꽃이나 수꽃은 한 꽃 안에 암술이나 수술을 한 가지만 가지고 있어서 '단성화(單性花)'라고 하는데 한 가지 성만 가지고 있다는 뜻이다.

수술

수꽃

암술

암꽃

으름덩굴

수꽃은 가운데에 수술만 모여 있고, 암꽃은 가운데에 여러 개의 암술이 뿔처럼 모여 있다.

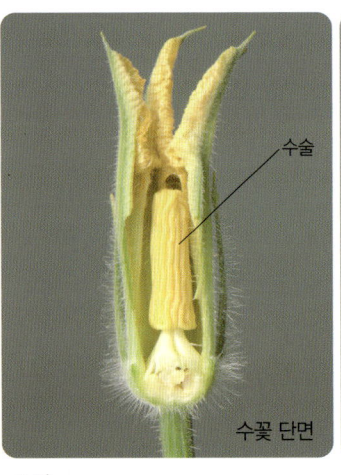

수술

수꽃 단면

암술

씨방

암꽃 단면

호박

수꽃에는 기다란 원통형의 노란색 수술만 있다. 암꽃에는 우산 모양의 암술 밑부분에 동그란 씨방이 있는데 속에 밑씨가 들어 있다. 씨방은 자라서 열매가 된다.

● 암수한그루와 암수딴그루

'암수한그루'는 하나의 그루에 암꽃과 수꽃이 따로 피는 것을 말하며 한자로는 '자웅동주(雌雄同株)'라고 한다.

'암수딴그루'는 암꽃이 피는 암그루와 수꽃이 피는 수그루가 서로 다른 것을 말하며 한자로는 '자웅이주(雌雄異株)'라고 한다.

암꽃

수꽃

자작나무(암수한그루)

수그루

암그루

이태리포플러(암수딴그루)

● 여러 가지 꽃차례

식물의 줄기나 가지에 꽃이 붙는 모양은 대부분 식물마다 일정한데 이를 '꽃차례'라고 한다.

송이꽃차례(헐떡이풀)
긴 꽃대에 작은 꽃자루가 있는 여러 개의 꽃이
어긋나게 붙는 꽃차례.

이삭꽃차례(범꼬리)
긴 꽃대에 작은 꽃자루가 없는 꽃이 이삭처럼
촘촘히 붙어서 피는 꽃차례.

꼬리꽃차례(사방오리)
작은 꽃자루가 없는 꽃이 꼬리 모양으로 처진
꽃대에 촘촘히 달린 꽃차례.

우산꽃차례(산달래)
꽃대 끝에 작은 꽃자루를 가진 꽃이 우산살 모양
으로 달리는 꽃차례.

고른꽃차례(팥배나무)
작은 꽃자루의 길이가 아래에 있는 것일수록
길어져서 꽃이 가지런히 피는 꽃차례.

갈래꽃차례(사철나무)
꽃차례의 끝에 달린 꽃 양쪽으로 꽃자루가 나와
꽃이 달리기를 반복하는 꽃차례.

나선모양꽃차례(꽃마리)
꽃이 달린 줄기가 처음에 고사리 새싹처럼 말렸
다가 조금씩 펴지는 꽃차례.

원뿔꽃차례(붉나무)
꽃자루에서 여러 개의 가지가 갈라져 전체가
원뿔형을 이루는 꽃차례.

살이삭꽃차례(싱고니움)
두툼한 육질의 꽃대에 꽃자루가 없는 작은 꽃이
촘촘히 붙어서 피는 꽃차례.

머리모양꽃차례(엉겅퀴)
줄기 끝에 많은 꽃이 촘촘히 모여 달려 전체가
한 송이 꽃처럼 보이는 꽃차례.

● 꽃가루가 옮겨지는 방법

꽃이 열매를 맺으려면 수술의 꽃가루가 암술머리에 묻는 '꽃가루받이'가 이루어져야 한다. 식물들은 꽃가루받이가 잘 이루어질 수 있도록 여러 가지 방법을 이용한다.

충매화(천일홍)
달콤한 향기와 꿀로 불러들인 곤충의 몸에 수술의 꽃가루를 묻혀서 다른 꽃의 암술에 옮기도록 하는 꽃.

풍매화(소나무)
가벼운 수술의 꽃가루가 바람에 날려서 다른 식물의 암술에 묻도록 하는 꽃.

조매화(알로에염주나무)
곤충 대신에 새를 불러들여 새의 몸에 수술의 꽃가루를 묻혀서 다른 꽃의 암술에 묻도록 하는 꽃.

수매화(나사말)
꽃가루가 물 위를 떠다니다가 다른 꽃의 암술에 닿으면 꽃가루받이가 이루어지는 꽃.

● 제꽃가루받이

사람도 서로 다른 성을 가진 사람과 만나서 결혼하는 것처럼 대부분의 식물은 다른 그루의 꽃으로부터 꽃가루를 받아 가루받이를 하는데 이를 '딴꽃가루받이'라고 한다. 딴꽃가루받이를 하면 튼튼한 씨앗을 맺을 수 있다.

이른 아침에 꽃이 피는 달개비는 맛있는 꽃가루로 곤충을 유혹해 딴꽃가루받이를 한다. 하지만 점심이 가까울 무렵까지 딴꽃가루받이가 이루어지지 않으면 기다란 수술은 둥글게 말리면서 암술머리에 꽃가루주머니를 부딪혀서 꽃가루받이를 한다. 이처럼 한 꽃의 암술과 수술이 가루받이를 하는 것을 '제꽃가루받이'라고 한다. 달개비는 딴꽃가루받이가 안되면 제꽃가루받이를 통해서라도 열매를 맺어 씨앗을 퍼뜨린다. (달개비 161쪽 참조)

제꽃가루받이를 하는 달개비꽃

● 꽃에서 열매까지

암술머리에 묻은 꽃가루는 암술대를 따라 내려가 씨방에 있는 밑씨를 만나 수정이 이루어진다. 수정이 끝나면 씨방은 열매로 자라고 그 속에 들어 있던 밑씨는 자라서 씨앗이 된다.

도라지 꽃밭

① 어린 꽃봉오리는 녹색이다.

② 꽃봉오리가 보라색으로 부푼다.

③ 끝 부분에 5개의 선이 생긴다.

④ 선을 따라 갈라져서 꽃잎이 벌어진다.

⑤ 암술 주위에 수술이 붙어 있다.

⑥ 수술이 벌어지기 시작한다.

⑦ 수술이 벌어지면서 꽃가루가 나온다.

⑧ 수술이 스러진다.

⑨ 암술머리 끝이 갈라지기 시작한다.

⑩ 갈라진 암술머리가 벌어진다.

⑪ 별처럼 벌어진 암술머리는 꽃가루를 받는다.

⑫ 꽃가루받이가 끝나면 꽃잎이 누렇게 시든다.

⑬ 꽃잎이 스러지고 씨방은 어린 열매로 자란다.

동그란 꽃봉오리가 참 예뻐요!

열매와 씨앗

● 참열매와 헛열매

매실나무(참열매)

꽃가루받이가 끝난 꽃은 열매를 맺는다. 밑씨가 들어 있는 씨방이 자라서 된 열매는 '참열매'라고 하는데 '진짜 열매'라는 뜻이다. 매실 열매는 가운데에 씨앗이 들어 있고 겉열매껍질 속에 들어 있는 속살은 가운데열매껍질과 속열매껍질로 나누어진다. 속열매껍질은 나중에 단단하게 변해 속에 들어 있는 씨앗을 보호한다.

매실나무 꽃 단면

가운데열매껍질　　속열매껍질

씨방

겉열매껍질　　씨앗

매실나무 어린 열매 단면

석류(헛열매)

씨방 이외의 부분이 변해서 열매가 된 것은 '헛열매'라고 하는데 석류는 꽃받침이 변해서 된 열매이다. 석류 꽃은 두꺼운 붉은색 꽃받침에 싸여 꽃이 피는데 꽃이 지면 이 꽃받침의 밑부분이 열매껍질로 변해서 씨방을 둘러싼다. 동그란 열매는 끝에 시든 꽃받침자국이 남아 있다. 씨방 속에 가득 든 씨앗은 새콤달콤한 맛이 나서 과일로 먹는다.

꽃받침

씨방

석류 꽃 단면

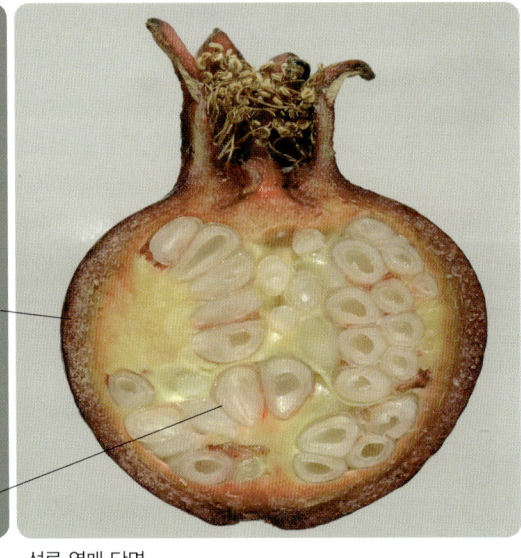

석류 열매 단면

명자나무(헛열매)

꽃에서 꽃잎, 꽃받침, 암수술이 붙어 있는 자루를 '꽃턱'이라고 한다. 명자나무는 꽃턱이 변해서 열매가 된 헛열매의 하나이다. 사과나무와 배나무도 꽃턱이 변해서 열매가 된 헛열매이다.

씨방

명자나무 꽃 단면

씨앗

씨방

꽃턱

명자나무 열매 단면

● 겉씨식물의 열매

구상나무 암꽃 단면

씨앗

구상나무의 어린 솔방울열매 단면

구상나무

바늘잎나무인 구상나무는 암꽃과 수꽃이 한 그루에 따로 피는 '암수한그루'이다. 암꽃 둘레에는 가늘게 홈이 파진 부분이 촘촘한데 틈새에 밑씨가 들어 있다. 이처럼 암꽃은 씨방이 생기지 않고 밑씨가 그대로 드러나기 때문에 '겉씨식물'이라고 한다. 바람에 날려 온 꽃가루는 벌어진 틈새로 밑씨에 붙어 꽃가루받이가 이루어진다. 어린 솔방울열매를 잘라 보면 솔방울조각 틈새로 납작한 씨앗이 드러난 채 자라는 것을 볼 수 있다.

● 씨앗의 구조

밑씨가 자라서 된 씨앗은 씨껍질에 싸여 있다. 씨껍질의 내부에는 보통 '씨눈(배)'과 '배젖(배유)'이 있다. 씨눈은 장차 씨앗이 싹 트면 어린 식물이 될 부분으로 떡잎, 씨눈줄기, 어린눈, 어린뿌리의 네 부분으로 되어 있다. 씨눈을 둘러싸고 있는 배젖은 녹말 등이 저장되어 있는 양분으로 씨눈이 싹이 터서 어느 정도 자랄 때까지 양분을 공급한다. 이처럼 배젖이 있는 감이나 옥수수 씨앗은 '유배유종자(有胚乳種子)'라고 한다. 반면 강낭콩 씨앗은 배젖이 없고 대신 떡잎에 양분을 저장하고 있기 때문에 떡잎이 크고 두꺼우며 싹이 틀 때 양분으로 쓴다. 이처럼 배젖이 없는 강낭콩 씨앗은 '무배유종자(無胚乳種子)'라고 한다.

감 배젖이 있는 씨앗(유배유종자)

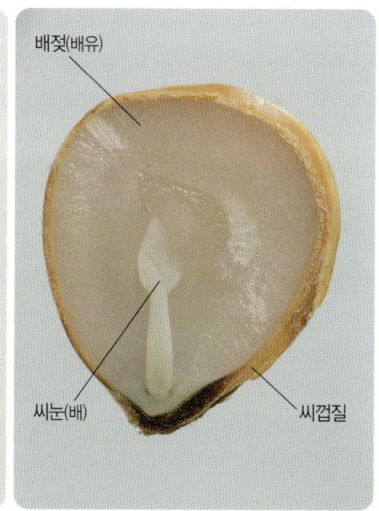

배젖(배유)

씨눈(배)

씨껍질

감 씨앗 단면

강낭콩 배젖이 없는 씨앗(무배유종자)

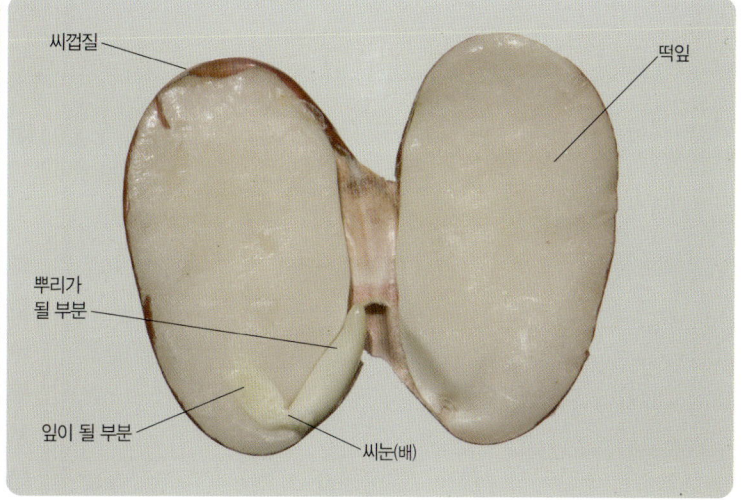

씨껍질

떡잎

뿌리가 될 부분

잎이 될 부분

씨눈(배)

강낭콩 씨앗 단면

● 씨앗이 퍼지는 방법

스스로 터져서 바싹 마른 꼬투리처럼 되는 열매는 마른 열매 껍질이 터지는 힘으로 씨앗을 튕겨 보낸다.

바람에 날려서 씨앗에 가벼운 털이나 납작한 날개가 있어서 바람을 타고 멀리 날려 퍼진다.

콩 꼬투리가 쪼개지는 힘으로 씨가 날아간다.

쥐손이풀 껍질이 위로 말리는 힘으로 씨가 날아간다.

네군도단풍 씨 한쪽에 긴 날개가 있다.

엉겅퀴 씨에 낙하산 모양의 가는 털이 있다.

동물의 몸에 붙어서 열매나 씨앗에 가시나 끈적거리는 물질이 있어서 동물이나 사람의 몸에 붙어서 퍼진다.

동물에 먹혀서 맛있는 열매를 동물이 먹으면 씨앗은 동물의 똥에 섞여서 멀리 퍼진다.

가시도꼬마리 열매 겉의 갈고리 가시로 붙는다.

멸가치 열매 겉의 끈끈한 털로 달라붙는다.

산가막살나무 동그란 열매는 붉은 색으로 익는다.

산벚나무 열매는 붉게 변했다가 검은색으로 익는다.

물 위에 떠서 가벼운 씨앗은 물 위에 오래 떠 있을 수 있어서 물을 따라 이동을 한다.

밑으로 떨어져서 동그란 씨앗은 땅에 떨어질 때 굴러서 이동하거나 다람쥐 등이 식량으로 저장한 것에 싹이 튼다.

가시연꽃 씨껍질은 개구리알의 우무질처럼 부풀어 물 위에 잘 뜬다.

코코스야자 커다란 씨는 바닷물에 떠다니다가 뭍에 닿으면 싹이 튼다.

굴참나무 동그스름한 열매는 떨어지면 데굴데굴 굴러서 퍼진다.

밤나무 동그스름한 열매는 떨어지면 데굴데굴 굴러서 퍼진다.

● 씨앗의 싹 트기

보통 한 그루에 여러 개의 열매가 열리고 열매마다 많은 씨앗이 들어 있으니 한 해에 생산되는 씨앗의 양은 엄청나다. 이 모든 씨앗이 싹 튼다면 지구는 발 디딜 틈도 없이 새싹으로 가득할 것이다. 하지만 씨앗은 필요한 조건이 맞아야 싹이 틀 수 있다. 적당한 수분과 온도, 공기, 빛 등의 조건이 갖추어지면 씨껍질을 뚫고 새싹이 나온다.

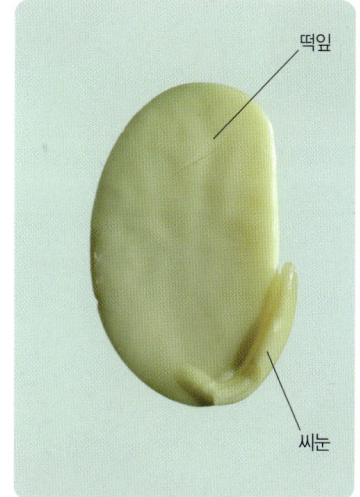
떡잎
씨눈
콩 씨앗 단면

씨껍질을 뚫고 나온 콩 새싹의 뿌리

본잎
떡잎
땅을 뚫고 나온 콩 새싹

땅콩 새싹

팥 새싹

완두콩 새싹

옥수수 새싹

● 세상에서 가장 큰 씨앗이 열리는 나무

인도양의 세이셸 제도에서 자라는 세이셸야자는 열매가 익는데 6~10년이 걸린다. 열매 속에는 1개의 씨앗이 들어 있는데 30㎝ 길이에 무게가 20㎏이나 나가는 것도 있다. 지구상에서 가장 큰 씨앗으로 바닷물에 떠다니다가 퍼진다.

잎겨드랑이에 달리는 세이셸야자 열매송이

세이셸야자 나무 모양

용어 해설

가죽질 가죽처럼 단단하고 질긴 성질. '혁질(革質)'이라고도 한다.

갈래꽃 꽃잎이 한 장 한 장 서로 떨어져 있는 꽃. '이판화(離瓣花)'라고도 한다.

갈래꽃 : 뱀딸기

갈색말 다시마나 미역처럼 주로 갈색을 띠는 말무리. 보통 녹색말보다는 더 깊고 홍색말보다는 얕은 곳에서 산다.

갈잎나무 가을에 날씨가 추워지거나 건조해지면 낙엽이 지고 다음 해 봄에 다시 잎이 나오는 나무. '낙엽수(落葉樹)'라고도 한다.

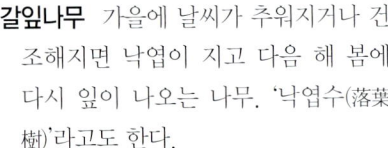
갈잎나무 : 신갈나무

겉씨식물 씨식물의 한 종류로 암술에 씨방이 생기지 않고 밑씨가 겉으로 드러나 있기 때문에 '겉씨식물'이라고 하며 '나자식물(裸子植物)'이라고도 한다. 대부분이 바늘잎나무이다.

겨울눈 봄에 잎이나 꽃을 피우기 위해 가지나 줄기에 만들어져 겨울을 나는 눈. '동아(冬芽)'라고도 한다.

겹꽃 국화처럼 여러 겹의 꽃잎으로 된 꽃을 '겹꽃'이라고 하며, 한 겹으로 이루어진 꽃은 '홑꽃'이라고 한다.

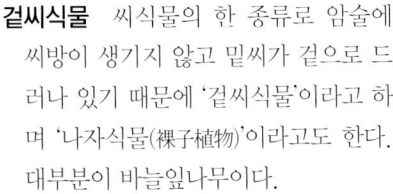
겹꽃 : 라넌큘러스

곁눈 겨울눈 중에서 잎겨드랑이에 생기는 눈. '측아(側芽)'라고도 한다.

고사리식물 꽃이 피지 않는 민꽃식물로 홀씨를 퍼뜨려 번식하며 '양치식물(羊齒植物)'이라고도 한다. 민꽃식물 중에서 가장 진화한 무리로 뿌리, 줄기, 잎이 확실히 구분된다.

골속 풀이나 나무줄기의 한가운데에 들어 있는 연한 심으로, 한자로는 '수(髓)'라고 한다.

공기뿌리 줄기에서 나와 공기 중에 드러나 있는 뿌리로 다른 물체에 몸을 붙이거나 수분을 흡수하고, 숨을 쉬는 등의 여러 가지 역할을 한다. '기근(氣根)'이라고도 한다. 반얀나무는 줄기에서 늘어진 공기뿌리가 땅에 닿으면 뿌리를 내리고 줄기가 된다.

공기뿌리 : 반얀나무

공기정화식물 실내의 오염된 공기를 흡수하고 대신 신선한 공기를 내보내는 역할을 하는 식물. 미국항공우주국에서 추천한 공기정화식물 1위는 '아레카야자'이다.

광합성 식물이 빛 에너지를 이용하여 물과 이산화탄소로부터 양분을 만드는 과정을 '광합성(光合成)'이라고 한다.

아레카야자

귀화식물 본래 우리나라에 없던 식물이 외국에서 들어와 정착해서 살아가는 식물을 '귀화식물(歸化植物)'이라고 하며, 또는 '외래식물(外來植物)'이라고도 한다.

귀화식물 : 붉은토끼풀

균무리 스스로 양분을 만들지 못하고 다른 생물에서 나온 양분을 분해해서 살아가는 무리로 식물이나 동물과 따로 구분해서 '균무리' 또는 '균류(菌類)'라고 한다. 균무리에는 세균이나 곰팡이, 버섯 등이 있다.

그물맥 잎의 주맥에서 갈라진 측맥이 그물처럼 얽힌 모양의 잎맥. '망상맥(網狀脈)'이라고도 한다. 쌍떡잎식물의 잎맥은 거의가 그물맥이다.

그물맥 : 댕댕이덩굴

기름점 기름을 분비하는 구멍으로 '유점(油點)'이라고도 한다.

기생식물 다른 식물에 붙어서 기생하면서 양분을 빨아 먹고 사는 식물을 '기생식물(寄生植物)'이라고 한다.

깃꼴겹잎 잎자루 양쪽으로 작은잎이 새 깃꼴로 마주 붙는 겹잎. '우상복엽(羽狀複葉)'이라고도 한다.

까락 벼과 식물의 깍지나 겉겨의 끝 부분이 자라서 된 털 모양의 돌기물을 말하며 '까끄라기'라고도 한다. 기다란 보리의 까락은 매우 거칠어서 가축이 잘 먹지 못한다.

보리의 까락

깍정이 참나무 등의 열매를 싸고 있는 술잔 모양의 받침. '각두(殼斗)'라고도 한다.

꺾꽂이 식물의 가지나, 줄기, 잎 등을 자르거나 꺾어 흙 속에 꽂아 뿌리를 내리고 자라게 하는 재배 방법. 씨앗이 없이 번식시키는 방법의 하나로 '삽목(挿木)'이라고도 한다.

꺾꽂이 : 호랑가시나무

꼬투리 콩과 식물의 열매 또는 열매를 싸고 있는 껍질로 보통 봉합선을 따라 터진다. '협과(莢果)'라고도 한다.

꽃가루 씨식물(종자식물) 수술의 꽃밥 속에 들어 있는 가루 모양의 알갱이. '화분(花粉)'이라고도 한다. 아마릴리스는 꽃밥이 세로로 갈라지면서 연노란색 꽃가루가 나온다.

꽃가루받이 씨식물(종자식물)의 꽃가루가 암술머리에 옮겨 붙는 것. '수분(受粉)'이라고도 한다.

꽃가루 : 아마릴리스

꽃눈 겨울눈 중에서 자라서 꽃이 될 눈. '화아(花芽)'라고도 한다.

꽃대 꽃자루가 달리는 줄기. '화축(花軸)'이라고도 한다.

꽃덮개 천남성과의 육수꽃차례를 둘러 싸고 있는 넓은 포. '불염포(佛焰苞)'라고도 한다.

꽃덮이 꽃부리와 꽃받침을 통틀어 이르는 말. '화피(花被)'라고도 하며 그 하나하나는 '꽃덮이조각'이라고 한다.

꽃덮개 : 애기앉은부채

꽃받침 꽃의 가장 밖에서 꽃잎을 받치고 있는 작은잎. '악(萼)'이라고도 하며 꽃잎과 함께 암술과 수술을 보호하는 역할을 한다. 꽃받침을 구성하는 각각의 조각은 '꽃받침조각' 또는 '악편(萼片)'이라고 한다.

꽃받침 : 팬지

꽃받침자국 꽃받침이 떨어져 나간 흔적이 열매에 남아 있는 모양.

꽃밥 수술의 끝에 달린 꽃가루를 담고 있는 주머니. '꽃가루주머니' 또는 '약(葯)'이라고도 한다.

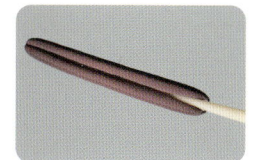
꽃밥 : 참나리

꽃봉오리 망울만 맺히고 아직 피지 않은 꽃.

꽃부리 꽃잎 전체를 이르는 말. '화관(花冠)'이라고도 한다.

꽃뿔 꽃부리나 꽃받침의 일부가 뒤쪽으로 길게 튀어나온 부분으로 속이 비어 있거나 꿀샘이 있다. '꿀주머니' 또는 '거(距)'라고도 한다.

꽃뿔 : 털제비꽃

꽃술 꽃의 암술과 수술을 아울러 이르는 말.

꽃이삭 1개의 꽃대에 무리 지어 이삭 모양으로 꽃이 달린 꽃차례를 이르는 말. '화수(花穗)'라고도 한다.

꽃자루 꽃이나 꽃차례를 달고 있는 자루. '화경(花梗)'이라고도 한다.

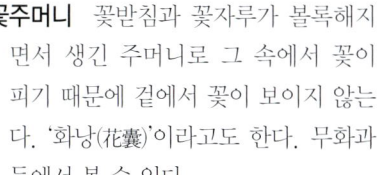
꽃이삭 : 수크령

꽃주머니 꽃받침과 꽃자루가 볼록해지면서 생긴 주머니로 그 속에서 꽃이 피기 때문에 겉에서 꽃이 보이지 않는다. '화낭(花囊)'이라고도 한다. 무화과 등에서 볼 수 있다.

꽃주머니 단면 : 천선과

꽃줄기 끝에 꽃이 달리는 줄기로 보통 잎이 달리지 않으며 포가 있다. '화경(花莖)'이라고도 한다.

꽃턱 꽃에서 꽃잎, 꽃받침, 암술, 수술이 붙어 있는 자루. '화탁(花托)'이라고도 한다.

꿀샘 꽃이나 잎 등에서 꿀을 내는 조직이나 기관. '밀선(蜜腺)'이라고도 한다. 꽃에 있는 꿀샘은 꽃가루받이를 도와 줄 곤충 등을 불러 모으는 역할을 하고, 잎에 있는 꿀샘은 개미를 불러 모아서 잎을 갉아 먹는 벌레가 접근하지 못하게 한다.

꿀샘 : 유동

끝눈 겨울눈 중에서 줄기나 가지 끝에 생기는 눈. '정아(頂芽)'라고도 한다.

나란히맥 주맥이 따로 없고 여러 잎맥이 서로 나란히 달리는 잎맥. '평행맥(平行脈)'이라고도 한다. 외떡잎식물은 대부분이 나란히맥이다.

나뭇결 세로로 켠 목재의 면에 나타나는 무늬로 주로 나이테 때문에 생긴다. 목재를 켜는 각도에 따라 평행선이나 물결 모양의 무늬가 나타난다.

나뭇결 : 옻나무

나뭇진 나무에서 분비하는 점도가 높은 액체. '수지(樹脂)'라고도 한다.

나이테 나무줄기나 가지 단면에 촘촘히 배열되는 둥근 고리 모양의 테. '연륜(年輪)'이라고도 하며 1년마다 1개씩 생기므로 나무의 나이를 알 수 있다.

나이테 : 소나무

낙엽 나뭇잎이 추위나 건조 때문에 말라서 떨어지는 현상으로 겨울에 잎을 떨구는 나무를 '낙엽수(落葉樹)' 또는 '갈잎나무'라고 한다.

난자 암컷이 자손을 퍼뜨리기 위해 만든 생식 세포를 '난자(卵子)'라고 한다. 난자는 밑씨 안에 들어 있다.

낟알 볍씨처럼 열매의 껍질과 씨앗이 단단하게 붙어서 잘 떨어지지 않는 형태의 열매를 이르는 말.

낟알 : 벼

녹색말 해캄이나 파래처럼 주로 녹색을 띠는 말무리. 바닷말도 있지만 민물에 사는 민물말도 많으며 얕은 물에서 산다.

녹즙 녹색 채소의 잎, 열매, 뿌리 등을 갈아 만든 즙. 당근처럼 녹색이 아닌 채소즙도 녹즙에 포함시키기도 한다.

늘푸른나무 사철 내내 푸른 잎을 달고 있는 나무. '상록수(常綠樹)'라고도 하며, 소나무와 대나무 등이 있다.

늘푸른나무 : 잣나무

다육식물 줄기나 잎이 살이 찌고 내부에 수분이 많은 식물을 통틀어 '다육식물(多肉植物)'이라고 한다.

닫힌꽃 꽃이 피지 않고 속에서 암술과 수술이 제꽃가루받이를 해서 열매를 맺는 꽃. '폐쇄화(閉鎖花)'라고도 한다. 제비꽃, 솜나물 등이 있다.

대롱꽃 국화과의 두상화를 이루는 꽃의 하나로 꽃부리가 대롱 모양으로 생기고 끝만 조금 갈라진 꽃. '관상화(管狀花)'라고도 한다. 가막사리는 두상화가 대롱꽃만으로 이루어져 있다.

대롱꽃 : 가막사리

덧눈 정상적인 곁눈의 상하나 좌우에 생기는 눈으로 곁눈에 이상이 생기면 대신 싹이 트는 역할을 한다. '부아(副芽)'라고도 한다.

덩굴 줄기나 덩굴손으로 물체에 감기거나 담쟁이덩굴처럼 붙음뿌리로 물체에 붙어 기어오르며 자라는 줄기로, 풀도 있고 나무도 있다. '만경(蔓莖)'이라고도 한다.

덩굴 : 미역줄나무

덩굴손 줄기나 잎의 끝이 가늘게 변하여 다른 물체를 감아 나갈 수 있도록 덩굴로 모양이 바뀐 부분. '권수(卷鬚)'라고도 한다.

덩이뿌리 고구마처럼 뿌리의 일부가 양분을 저장하여 비대해진 것. '괴근(塊根)'이라고도 한다.

덩이줄기 감자처럼 땅속에 있는 줄기의 끝 부분에 양분을 저장하여 비대해진 것. '괴경(塊莖)'이라고도 한다.

덩이뿌리 : 고구마

돌려나기 마디에 3개 이상의 잎이 돌려 붙는 것.

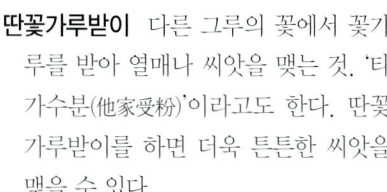
돌려나기 : 나무수국

두해살이풀 씨앗에서 싹이 터서 꽃이 피고 열매를 맺은 다음 죽을 때까지의 기간이 2년인 식물. '2년초(二年草)'라 고도 한다.

딴꽃가루받이 다른 그루의 꽃에서 꽃가 루를 받아 열매나 씨앗을 맺는 것. '타 가수분(他家受粉)'이라고도 한다. 딴꽃 가루받이를 하면 더욱 튼튼한 씨앗을 맺을 수 있다.

떡잎 씨앗에서 처음으로 싹 트는 최초 의 잎. '자엽(子葉)'이라고도 한다. 옥 수수처럼 싹이 틀 때 1장의 떡잎이 나 오는 식물을 '외떡잎식물'이라고 하고, 콩처럼 2장의 떡잎이 나오는 식물을 '쌍떡잎식물'이라고 한다. 겉씨식물인 소나무 종류는 떡잎이 6~12장으로 많 이 나온다.

떡잎 : 소나무

떨기나무 대략 5m 이내로 자라는 키가 작은 나무이다. 흔히 줄기가 모여 나 는 나무가 많으며, '관목(灌木)'이라고 도 한다.

로제트 뿌리잎이 땅 위에 방석처럼 방 사상으로 퍼져 있는 모양. 그 모양이 장미꽃과 비슷해서 '로제트(Rosette)' 라고 한다.

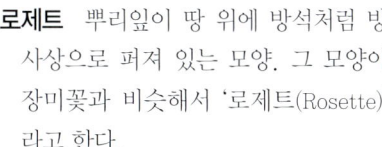
로제트 : 꽃다지

마주나기 한 마디에 2장의 잎이 마주나 는 것. '대생(對生)'이라고도 한다.

막질 얇은 막으로 된 성질을 '막질(膜質)' 이라고 한다.

말무리 물속에서 살며 뿌리, 줄기, 잎 의 구분이 되지 않고 홀씨로 번식하 며 꽃이 피지 않는다. 먼지처럼 작은 것부터 수십 미터(m)에 이르는 것 등 크기가 다양하며 '조류(藻類)'라고도 한다. 말무리는 민물말과 바닷말로 나누기도 한다.

말무리

모여나기 한 마디나 한곳에 여러 장의 잎이 무더기로 모여 난 것. '총생(叢 生)'이라고도 한다.

무기질 주로 생물의 몸이나 조직, 체액 등에 포함되어 있는 물질로 생물이 살 아가는 데 꼭 필요한 영양소이다. 무 기질(無機質)에는 칼슘, 인, 철, 요오드 등이 포함된다.

묵나물 전해에 말려 두었다가 다시 물 에 불려서 반찬을 만들어 먹는 나물로 '묵은 나물'이 줄여서 된 말이다.

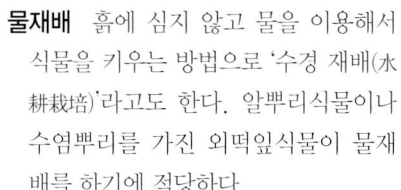
나물을 삶아 말려서 묵나물을 만든다.

물재배 흙에 심지 않고 물을 이용해서 식물을 키우는 방법으로 '수경 재배(水 耕栽培)'라고도 한다. 알뿌리식물이나 수염뿌리를 가진 외떡잎식물이 물재 배를 하기에 적당하다.

물재배 : 고구마

민꽃식물 꽃이 피지 않고 홀씨를 퍼뜨 려 번식하는 원시적인 식물로 '홀씨식 물(포자식물)'이라고도 한다. 말식물, 이끼식물, 고사리식물 등이 있다.

밑씨 암술대 밑부분의 씨방 속에 들어 있으며 수정을 한 뒤에 자라서 씨가 되는 기관. '배주(胚珠)'라고도 한다. 도라지는 씨방 속에 깨알 같은 밑씨가 뭉쳐 있다.

밑씨 : 도라지

바늘잎나무 소나무처럼 잎이 바늘 모양 으로 생긴 나무를 모두 일컫는 말. '침 엽수(針葉樹)'라고도 한다. 측백나무처 럼 비늘이 포개진 모양의 비늘잎을 가 진 나무들도 바늘잎나무에 포함되며 모두 겉씨식물에 속한다.

반기생식물 기생식물 중에서 겨우살이 처럼 푸른 잎을 이용해 스스로 양분도 만들면서 다른 식물에 기생해서 모자 라는 양분도 빼앗아 사는 식물을 '반 기생식물(半寄生植物)'이라고 한다.

반기생식물 : 겨우살이

방풍림 거센 바람을 막기 위해 나무를 촘촘히 심어 만든 숲을 '방풍림(防風 林)'이라고 한다.

버팀뿌리 식물체를 지탱하기 위해 줄기에서 나온 공기뿌리가 땅에 닿아 버팀목 역할을 하는 '지지근(支持根)'을 '버팀뿌리'라고 한다. 나무줄기의 곁뿌리가 널빤지 모양으로 사방으로 발달해서 버팀목 역할을 하는 '판근(板根)'도 버팀뿌리의 한가지이다.

버팀뿌리 : 판다누스

벌레잡이주머니 식물 잎의 일부가 주머니 모양으로 바뀌어서 벌레를 잡아먹는 일을 하는 것. '포충낭(捕蟲囊)'이라고도 한다. 벌레잡이통풀은 주맥이 길게 자라서 끝에 원통형의 벌레잡이주머니를 만든다.

벌레잡이주머니 : 벌레잡이통풀

부꽃받침 꽃받침의 바깥쪽이나 꽃받침 사이에 생기는 꽃받침 모양의 돌기를 말하며 보통 녹색을 띤다. 부꽃받침은 꽃받침과 비슷한 역할을 하며 '부악편(副萼片)' 또는 '덧꽃받침'이라고도 한다.

부꽃부리 꽃부리와 수술 사이, 또는 꽃잎 사이에서 만들어진 꽃잎처럼 생긴 작은 부속체. '부화관(副花冠)'이라고도 한다. 구슬봉이는 꽃부리가 별처럼 5갈래로 갈라지는데 사이마다 조금 작은 부꽃부리가 있어서 10갈래로 갈라진 것처럼 보인다.

부꽃부리 : 구슬봉이

부엽식물 수련처럼 물 밑바닥에 뿌리를 내리고 잎은 물 위에 떠서 사는 식물을 '부엽식물(浮葉植物)'이라고 한다.

부유식물 잎이나 식물체의 대부분이 물 위에 떠 있고 뿌리만 물속에 잠겨서 사는 식물을 '부유식물(浮遊植物)'이라고 한다.

부유식물 : 물개구리밥

분재 화분에 심은 키가 작은 나무의 줄기나 가지를 보기 좋게 가꾸어서 노목의 정취가 나게 만든 것을 '분재(盆栽)'라고 한다.

붙음뿌리 다른 것에 달라붙기 위해서 줄기의 군데군데에서 뿌리를 내는 식물의 뿌리로 '부착근(附着根)'이라고도 한다.

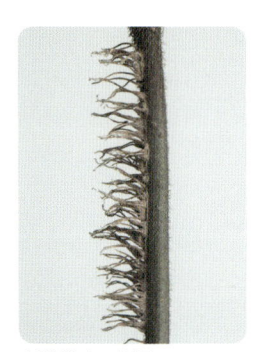
붙음뿌리 : 마삭줄

비늘잎 고기 비늘 모양으로 된 잎. '인엽(鱗葉)'이라고도 한다.

비늘줄기 땅속의 짧은 줄기 둘레에 양분을 저장한 다육질 잎이 많이 붙어서 둥근 공 모양을 이룬 땅속줄기. '인경(鱗莖)'이라고도 한다. 파나 튤립 등이 비늘줄기가 발달한다.

비늘줄기 : 튤립

비단털 비단실 같이 부드러운 털. '견모(絹毛)'라고도 한다.

뿌리잎 뿌리나 땅속줄기에서 돋아 땅 위로 나온 잎. '근생엽(根生葉)'이라고도 한다.

뿌리줄기 수평으로 자라는 땅속줄기의 한 형태로 뿌리처럼 보인다. '근경(根莖)'이라고도 한다.

뿌리잎 : 무릇

살눈 곁눈의 한 가지로 양분을 저장하고 있어 살이 많고 땅에 떨어지면 씨앗처럼 싹이 트는 조직. '주아(珠芽)'라고도 한다.

살눈 : 마

삼림욕 건강을 위해 숲을 산책하거나 온몸을 드러내고 나무가 내뿜는 피톤치드와 같은 물질을 쐬어서 살균 효과와 함께 정신적 안정을 얻는 일을 '삼림욕(森林浴)'이라고 한다.

생울타리 나무를 촘촘히 심어서 만든 울타리로 '산울타리'라고도 한다. 탱자나무나 쥐똥나무, 광나무, 꽝꽝나무, 측백나무 등이 많이 이용된다.

생울타리 : 회양목

세겹잎 작은잎 3장으로 이루어진 겹잎. '3출엽(三出葉)'이라고도 한다.

세균 생물체 가운데 가장 작아서 현미경으로만 볼 수 있는 원시적인 균무리를 '세균(細菌)'이라고 한다. 다른 생물체에 기생하여 병을 일으키기도 하고 물체를 썩게 만들거나 발효시키는 등의 역할을 한다.

세겹잎 : 싸리

세포 생물체를 이루는 가장 기본적인 단위. '세포(細胞)'가 촘촘히 모여서 생물체를 이룬다.

세포분열 1개의 세포가 2개 또는 여러 개의 세포로 갈라져 개수가 늘어나는 현상.

속씨식물 꽃이 피고 열매를 맺는 씨식물 중에서 씨방 안에 밑씨가 들어 있는 식물. '피자식물(被子植物)'이라고도 한다. 식물 중에서 가장 진화한 무리로 전체 식물의 80%를 차지하며, 쌍떡잎식물과 외떡잎식물로 나눈다.

손꼴겹잎 잎자루 끝에 여러 개의 작은 잎이 손바닥 모양으로 빙 돌려 가며 붙은 겹잎. '장상복엽(掌狀複葉)'이라고도 한다.

손꼴겹잎 : 으름덩굴

솔방울열매 소나무나 굴피나무의 열매처럼 목질의 비늘조각이 여러 겹으로 포개어진 열매로 조각 사이마다 씨가 들어 있다. '구과(毬果)'라고도 한다.

수꽃이삭 꽃이삭 중에서 수꽃이 모여 피는 꽃이삭. '웅화수(雄花穗)'라고도 한다.

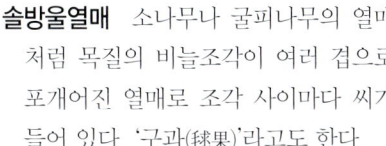

수꽃이삭 : 사방오리

수매화 물에 의해 꽃가루가 운반되는 꽃으로 꽃가루가 물에 떠다니거나 흩어지면서 가라앉다가 암술을 만나면 꽃가루받이가 이루어진다. 북한에서는 수매화(水媒花)를 '물나름꽃'이라고 한다.

수면운동 잎이나 꽃잎 등이 빛이나 온도와 같은 외부의 자극에 의해 열고 닫히는 운동. 잎이 포개지거나 꽃잎을 오므리는 등의 모습이 잠을 자는 모습과 비슷해서 '수면운동(睡眠運動)'이라고 한다.

수술 식물이 씨앗을 만드는 데 꼭 필요한 꽃가루를 만드는 기관. '웅예(雄蘂)'라고도 한다. 꽃가루를 담고 있는 꽃밥과 꽃밥을 받치고 있는 수술대의 두 부분으로 되어 있다. 수술은 보통 한 꽃에 여러 개가 모여 달린다.

수술 : 말나리

수술대 수술의 꽃밥을 달고 있는 실 같은 자루. '꽃실' 또는 '화사(花絲)'라고도 한다.

수술선숙 한 꽃 안에서 암술보다 수술이 먼저 성숙해서 꽃가루가 나오는 것으로 제꽃가루받이를 피할 수 있다. '웅예선숙(雄蘂先熟)'이라고도 한다.

수술선숙 : 애기똥풀

수액 뿌리에서 흡수되어 줄기를 통해 잎으로 가는 액체를 '수액(樹液)'이라고 한다. 대부분이 물이지만 뿌리에서 흡수한 무기질이 녹아 있다. 봄에 잎이 돋기 직전의 수액에는 뿌리에 저장되어 있던 양분도 포함해서 올려 보내는데 이를 채취해서 음료로 마시기도 한다.

수액 : 층층나무

수염뿌리 뿌리줄기의 밑동에서 길이와 굵기가 비슷한 뿌리가 수염처럼 많이 모여 나는 뿌리. '수근(鬚根)'이라고도 한다. 외떡잎식물은 한해살이풀이 많은데 짧은 기간에 물과 양분을 흡수하기에는 뿌리를 깊게 내리는 것보다 넓게 퍼지는 것이 유리하므로 수염뿌리가 발달하게 되었다.

수정 꽃가루받이가 되면 암술머리에 묻은 수술의 꽃가루가 가늘고 긴 꽃가루관을 지나 씨방 속의 밑씨와 만나 하나로 합쳐지는데 이를 '수정(受精)'이라고 하며 '정받이'라고도 한다. 수정이 이루어지면 열매와 씨가 만들어지기 시작한다.

수정 : 백합

식물체 식물의 몸 전체를 이르는 말.

식충식물 끈끈한 잎이나 벌레잡이주머니와 같은 특별한 기관을 이용해 벌레를 잡은 다음에 소화를 시켜서 양분을 얻는 식물을 '식충식물(食蟲植物)'이라고 한다.

식충식물 : 끈끈이주걱

쌍떡잎식물 속씨식물 중에서 씨앗이 싹틀 때 2장의 떡잎이 나오는 식물 무리. '쌍자엽식물(雙子葉植物)'이라고도 한다. 쌍떡잎식물은 대체로 넓은잎에 그물맥이 발달하고, 뿌리는 원뿌리와 곁뿌리의 구분이 뚜렷하다.

씨 식물의 밑씨가 수정을 한 뒤에 자란 기관. '씨앗' 또는 '종자(種子)'라고도 한다. 보통 가을에 여문 씨앗은 겨울 동안에는 잠을 자고 있다가 봄에 조건이 맞으면 싹이 터서 새로운 식물체로 자란다.

씨:쥐똥나무

씨껍질 식물의 씨를 싸고 있는 껍질. '종피(種皮)'라고도 한다.

씨방 암술대 밑부분에 있는 통통한 주머니 모양을 한 부분으로 속에 밑씨가 들어 있다. '자방(子房)'이라고도 한다.

씨방:모란

씨식물 꽃이 피고 씨를 만들어 번식하는 식물. '종자식물(種子植物)'이라고도 하고 '꽃식물'이라고도 한다. 씨식물은 씨방이 없이 밑씨가 겉으로 드러나는 '겉씨식물'과 씨방 속에 밑씨가 들어 있는 '속씨식물'로 나눈다.

알줄기 토란처럼 땅속줄기가 양분을 저장하여 동그란 모양으로 비대해진 것. '구경(球莖)'이라고도 한다.

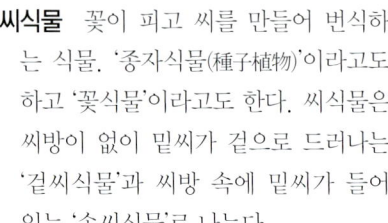

알줄기:토란

암꽃이삭 1개의 꽃대에 암꽃이 이삭 모양으로 달린 꽃차례. '자화수(雌花穗)'라고도 한다.

암수딴그루 암꽃이 달리는 암그루와 수꽃이 달리는 수그루가 각각 다른 식물. '자웅이주(雌雄異株)'라고도 한다.

암수한그루 암꽃과 수꽃이 한 그루에 따로 달리는 식물. '자웅동주(雌雄同株)'라고도 한다. 가래나무의 암꽃이삭은 위를 향하고 수꽃이삭은 밑으로 늘어서서 아래로 떨어지는 꽃가루가 암꽃에 닿지 않도록 해서 제꽃가루받이를 피한다.

암꽃
수꽃

암수한그루:가래나무

암술 꽃의 가운데에 있으며 꽃가루를 받아 씨와 열매를 맺는 기관. '자예(雌蕊)'라고도 한다. 보통 암술머리, 암술대, 씨방의 세 부분으로 이루어져 있으며 암술대가 없는 것도 흔하다.

암술머리
암술대
씨방

암술:호박

암술대 암술에서 암술머리와 씨방을 연결하는 가는 대롱 부분으로 꽃가루가 씨방으로 들어가는 길이 된다. '화주(花柱)'라고도 한다.

암술머리 암술 꼭대기에서 꽃가루를 받는 부분. '주두(柱頭)'라고도 한다.

암술선숙 한 꽃 안에서 수술보다 암술이 먼저 성숙하는 것으로 제꽃가루받이를 피하는 방법의 하나이다. '자예선숙(雌蕊先熟)'이라고도 한다.

양성화 하나의 꽃 속에 암술과 수술을 함께 갖춘 꽃. 북한에서는 양성화(兩性花)를 '두성꽃'이라고 한다. 꽃이 피는 식물의 70% 정도가 양성화일 정도로 많은 식물이 양성화를 가지고 있다.

암술   수술

양성화:털중나리

여러해살이풀 대부분 3년 이상 사는 풀. '다년초(多年草)'라고도 한다. 겨울에는 땅 위의 부분이 죽어도 땅속의 뿌리가 살아 있어서 봄이 되면 다시 새싹이 돋아난다. 겨울에도 푸른 잎을 유지하는 풀은 '늘푸른여러해살이풀' 또는 '상록다년초(常綠多年草)'라고 한다.

열매 암술의 씨방이나 부속 기관이 자라서 된 기관으로 열매살과 씨로 구성된다. 씨방이 자라서 열매살이 된 것은 '참열매', 씨방 이외의 부분이 자라서 열매살이 된 것은 '헛열매'로 나눈다. '과실(果實)'이라고도 한다.

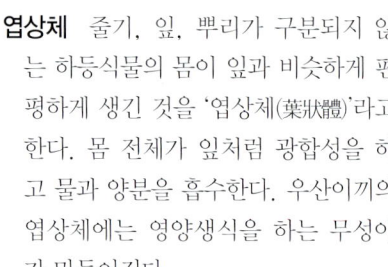

열매:당옥매

엽상체 줄기, 잎, 뿌리가 구분되지 않는 하등식물의 몸이 잎과 비슷하게 편평하게 생긴 것을 '엽상체(葉狀體)'라고 한다. 몸 전체가 잎처럼 광합성을 하고 물과 양분을 흡수한다. 우산이끼의 엽상체에는 영양생식을 하는 무성아가 만들어진다.

무성아

엽상체:우산이끼

영양생식 씨앗이 아닌 잎과 같은 영양 기관이 새끼를 쳐서 번식하는 것을 '영양생식(營養生殖)' 또는 '영양번식(營養繁殖)'이라고 한다. 뿌리줄기나 덩이줄기, 무성아 등에 의해서 번식하는 것이 그 예이다.

외떡잎식물 속씨식물 중에서 씨앗이 싹이 틀 때 1장의 떡잎이 나오는 식물 무리. '단자엽식물(單子葉植物)'이라고도 한다. 외떡잎식물은 대체로 잎은 좁고 길며 나란히맥이고 수염뿌리가 발달한다.

외떡잎식물 : 달개비

유액 식물의 유관 속에 들어 있는 흰색 또는 황갈색 등의 젖과 같은 즙을 '유액(乳液)'이라고 한다. 고무나무의 유액은 채취해서 탄성고무를 만든다.

유액 : 가시상치

육수꽃차례 다육질인 꽃대 주위에 꽃자루가 없는 수많은 잔꽃이 빽빽이 달린 꽃차례. '육수화서(肉穗花序)' 또는 '살이삭꽃차례'라고도 한다. 천남성과 꽃차례의 특징이다.

육질 줄기나 잎에 살이 찌고 내부에 수분이 많은 성질로 '다육질(多肉質)'이라고도 한다. 사막이나 높은 산 등 물이 부족하고 날씨가 건조한 지역에서 자라는 식물에서 많이 볼 수 있다. 잎과 줄기가 육질인 식물을 '다육식물'이라고 한다.

육질잎 : 청옥

이끼식물 꽃이 피지 않는 민꽃식물로 홀씨를 퍼뜨려 번식한다. '선태식물(蘚苔植物)'이라고도 한다. 최초로 땅 위로 올라와 자란 식물로 뿌리, 줄기, 잎이 잘 구분되지 않는다.

입술꽃잎 꿀풀과 식물 등에서 볼 수 있는 입술 모양의 꽃잎. '순판(脣瓣)'이라고 한다. 입술꽃잎 중에서 위쪽은 '윗입술꽃잎'이라고 하고 아래쪽은 '아랫입술꽃잎'이라고 한다.

입술꽃잎 : 벌깨덩굴

잎겨드랑이 줄기에서 잎이 나오는 겨드랑이 같은 부분으로 잎자루와 줄기 사이를 말한다. '엽액(葉腋)'이라고도 한다. 보통 1쌍의 턱잎이 달리지만 대부분은 곧 떨어진다.

잎겨드랑이 : 양버즘나무

잎눈 겨울눈 중에서 자라서 잎이나 줄기가 될 눈. '엽아(葉芽)'라고도 한다.

잎몸 잎을 잎자루와 구분하여 부르는 이름으로 잎자루를 제외한 나머지 부분. '엽신(葉身)'이라고도 한다.

잎자국 낙엽이 진 뒤에 줄기에 남아 있는 잎자루가 떨어져 나간 흔적. '엽흔(葉痕)'이라고도 한다. 물과 양분의 통로인 관다발자국이 있으며 나무마다 위치나 모양이 조금씩 다르다.

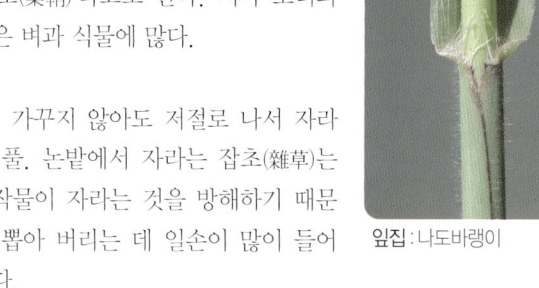
잎자국 : 가죽나무

잎자루 잎몸과 줄기를 연결하는 자루 부분. '엽병(葉柄)'이라고도 한다.

잎집 잎자루의 밑동이 발달해서 칼집 모양이 되어 줄기를 싸고 있는 부분. '엽초(葉鞘)'라고도 한다. 벼나 보리와 같은 벼과 식물에 많다.

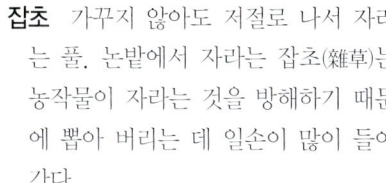
잎집 : 나도바랭이

잡초 가꾸지 않아도 저절로 나서 자라는 풀. 논밭에서 자라는 잡초(雜草)는 농작물이 자라는 것을 방해하기 때문에 뽑아 버리는 데 일손이 많이 들어간다.

장식꽃 암술과 수술이 모두 퇴화하여 없는 꽃으로 열매를 맺지 못하는 장식용 꽃. '무성화(無性花)'라고도 한다. 아름다운 꽃잎으로 곤충을 불러들이는 역할을 한다. 백당나무는 흰색 장식꽃이 꽃송이를 빙 둘러싸고 있다.

장식꽃 : 백당나무

절화 꽃꽂이나 꽃다발 재료로 쓰기 위해 줄기를 잘라 쓰는 꽃을 '절화(切花)'라고 한다.

접목선인장 서로 다른 2개의 선인장을 접을 붙여서 기른 선인장을 '접목선인장(接木仙人掌)'이라고 한다. 비모란은 삼각주 선인장을 대목으로 그 위에 접을 붙여서 기르는데 삼각주는 비모란에게 물과 양분을 공급하는 역할을 한다.

접목선인장 : 비모란

정수식물 식물체의 줄기 밑부분은 물속에 잠겨 있고 줄기 윗부분은 물 위로 나와 자라는 식물을 '정수식물(挺水植物)'이라고 한다. 갈대나 부들처럼 물가에서 자라는 식물을 말한다.

정자 수컷이 자손을 퍼뜨리기 위해 만든 생식 세포를 '정자(精子)'라고 한다. 보통 꽃가루 안에 2개의 정자가 만들어진다.

제꽃가루받이 한 꽃 안에서 자신의 꽃가루가 암술머리에 붙어서 이루어지는 꽃가루받이. '자가수분(自家受粉)'이라고도 한다. 다른 그루의 꽃가루를 받는 딴꽃가루받이가 어려울 때 제꽃가루받이를 하는 경우가 많다.

제꽃가루받이 : 달개비

조림 목재를 얻기 위해 나무를 심거나 숲을 손질해서 가꾸는 일을 '조림(造林)'이라고 한다.

조매화 새에 의해 꽃가루가 운반되어 꽃가루받이가 이루어지는 꽃. 새가 꽃의 꿀을 빨다가 부리에 묻은 꽃가루를 다른 꽃의 암술머리에 묻혀 꽃가루받이가 이루어진다. 북한에서는 조매화(鳥媒花)를 '새나름꽃'이라고 한다.

조매화 : 헬리코니아

지의무리 말식물과 균무리가 함께 생활하는 특수 식물로 '지의류(地衣類)'라고도 한다. 균무리는 말식물을 싸서 보호하고 수분을 공급하며, 말식물은 광합성으로 만든 양분을 균무리에게 나누어 주는 서로 돕고 사는 공생의 관계이다.

지의무리 : 영국병정지의

착생식물 나무나 바위에 붙어서 살아가는 식물을 '착생식물(着生植物)'이라고 한다. 온도가 높고 습기가 많은 열대 우림 같은 곳에서 흔히 볼 수 있다.

착생식물 : 박쥐란

천연기념물 자연 가운데 보존할 만한 가치가 있는 것을 나라에서 법으로 지정해 보호하는 동물, 식물, 광물, 지질, 명승지 등과 같은 자연물을 '천연기념물(天然記念物)'이라고 한다.

총포 꽃차례 밑에 모여서 붙어 있는 포를 '총포(總苞)'라고 한다. 수리취와 같은 국화과 식물에서 흔히 볼 수 있으며 포 하나하나는 '총포조각'이라고 한다. 수리취는 여러 줄로 배열되는 총포조각의 끝이 바늘처럼 뾰족하다.

총포 : 수리취

충매화 곤충에 의해 꽃가루가 운반되어 꽃가루받이가 이루어지는 꽃. 곤충이 꽃의 꿀을 빨다가 몸에 묻은 꽃가루가 다른 꽃의 암술머리에 묻어서 꽃가루받이가 이루어진다. 북한에서는 충매화(蟲媒花)를 '벌레나름꽃'이라고 한다.

충매화 : 엉겅퀴의 호랑나비

침수식물 식물체의 대부분이 물속에 잠겨서 생활하는 식물을 '침수식물(沈水植物)'이라고 한다. 부드러운 줄기는 물결의 흐름에 따라 움직이며 생활하는 것이 많다.

코르크 참나무의 껍질의 안쪽에 여러 켜로 이루어진 조직으로 탄력이 있어 가공하여 병마개 등으로 쓴다.

코르크 : 병마개

키나무 줄기와 곁가지가 분명하게 구분되며 대략 5m 이상 높이로 자라는 나무. '교목(喬木)'이라고도 한다. 보통 5~10m 높이로 자라는 나무는 '작은 키나무'라고 하고, 10m 이상 크게 자라는 나무는 '큰키나무'라고 한다.

턱잎 잎자루 기부 양쪽으로 붙어 있는 비늘 같이 작은 잎조각. '탁엽(托葉)'이라고도 한다. 쌍떡잎식물에서 흔히 볼 수 있으며 잎이 자라면서 떨어져 나가는 것이 대부분이다.

턱잎 : 국수나무

통꽃 나팔꽃처럼 꽃잎이 서로 붙어서 통꽃부리를 이룬 꽃. '합판화(合瓣花)'라고도 한다. 보통은 꽃부리가 밖으로 나갈수록 나팔처럼 점점 벌어진다.

특산식물 특정한 장소에서만 자라는 식물을 '특산식물(特産植物)'이라고 한다. 미선나무처럼 우리나라에서만 자라는 특산식물은 좁은 지역에서만 분포하는 희귀식물이기 때문에 법으로 지정해서 보호하고 있다.

특산식물 : 미선나무

펄프 식물체에 들어 있는 섬유를 공장에서 처리하여 뽑아낸 것을 '펄프(Pulp)'라고 한다. 펄프는 종이나 인조 섬유, 셀로판지 등을 만드는 원료로 쓴다.

포 꽃의 밑에 있는 작은 잎을 '포(苞)'라고 하며 '꽃턱잎'이라고도 한다. 포를 구성하는 각각의 조각은 '포조각' 또는 '포편(苞片)'이라고 한다. 무싸엔다는 붉은색 포가 꽃잎처럼 아름다우며 곤충을 불러 모은다.

붉은색 포 : 무싸엔다

품종 농작물 등의 식물을 서로 교배하는 등의 방법으로 개량해서 새로 만들어 낸 종을 '품종(品種)'이라고 한다.

풍매화 바람에 의해 꽃가루가 운반되는 꽃으로 바람에 날려 퍼진 꽃가루가 암술을 만나 꽃가루받이가 이루어진다. 북한에서는 풍매화(風媒花)를 '바람나름꽃'이라고 한다.

풍매화 : 소나무

한해살이풀 씨앗에서 싹이 터서 꽃이 피고 열매를 맺은 다음 죽을 때까지의 기간이 1년 이내인 식물로 '1년초(一年草)'라고도 한다. 한해살이풀과 두해살이풀을 합쳐서 '한두해살이풀'이라고도 한다.

한해살이풀 : 강아지풀

향료 향기를 내는데 쓰는 물질을 '향료(香料)'라고 하며 흔히 식품이나 화장품, 세제, 가죽, 고무 등의 공업 제품에 넣는다.

향신료 식물의 열매, 씨앗, 꽃, 뿌리잎 등을 음식에 넣어서 맛과 향기를 더해 주거나 소화를 도와주는 조미료로 비린내를 없애 주기도 한다. 향신료(香辛料)는 '양념'이라고도 한다. 육두구는 씨앗과 씨앗을 싸고 있는 붉은색 씨껍질을 향신료로 이용한다.

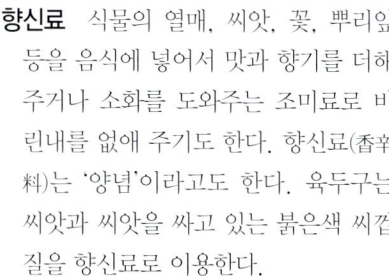
향신료 : 육두구

헛뿌리 뿌리가 물과 양분은 흡수하지 못하고 몸을 땅에 고정시키는 역할만 한다. '가근(假根)' 또는 '가짜뿌리'라고도 하며 말식물이나 이끼식물에서 흔히 볼 수 있다.

헛수술 수술에 수술대나 꽃밥이 퇴화하여 꽃가루를 만들지 못하는 수술. '가웅예(假雄蘂)'라고도 한다. 달개비는 헛수술의 노란색 꽃밥이 곤충을 불러 모으는 안내판 역할을 한다.

헛수술 : 달개비

혀꽃 국화과의 머리모양꽃차례를 이루는 꽃의 하나로 아래는 대롱 모양이고 위는 혀 모양인 꽃. '설상화(舌狀花)'라고도 한다.

홀씨 홀씨는 균무리, 말식물, 이끼식물, 고사리식물 등이 자손을 퍼뜨리기 위해 만든 세포로 '포자(胞子)'라고도 한다. 먼지처럼 작은 홀씨는 암수의 구분이 없고 바람에 날려 퍼지는데, 자라기 좋은 환경을 만나면 싹이 터서 자란다.

홀씨 : 쇠뜨기

홀씨식물 균무리, 말식물, 이끼식물, 고사리식물처럼 홀씨로 번식하는 식물. '포자식물(胞子植物)'이라고도 하며 꽃이 피지 않기 때문에 '민꽃식물'이라고도 한다.

홀씨주머니 홀씨식물에서 홀씨가 만들어지는 주머니로 줄기나 잎에 있다. '포자낭(胞子囊)'이라고도 한다. 솔이끼는 가을에 홀씨주머니가 성숙하면 윗부분의 뚜껑이 열리면서 홀씨가 바람에 날려 퍼진다.

홀씨주머니 : 솔이끼

홍색말 김이나 꼬시래기처럼 주로 홍색을 띠는 말무리. 대부분이 바닷말이며 녹색말이나 갈색말보다 더 깊은 물속에서 산다.

화석 옛날에 살던 동식물이나 활동 흔적 등이 퇴적된 지층 속에 묻혀서 그대로 보존되어 남아 있는 것을 '화석(化石)'이라고 한다. 옛날 생물의 생김새나 자연 환경, 생물의 진화 과정 등을 살피는 데 큰 도움이 된다.

화석 : 나뭇잎

찾아보기

저자 **윤주복**

식물생태연구가이며, 자연이 주는 매력에 빠져 전국을 누비며
꽃과 나무가 살아가는 모습을 사진에 담고 있다.
저서로는 《봄·여름·가을·겨울 식물도감》, 《봄·여름·가을·겨울 나무도감》,
《어린이 식물 비교 도감》, 《나무 쉽게 찾기》, 《겨울나무 쉽게 찾기》,
《들꽃 쉽게 찾기》, 《나뭇잎 도감》, 《우리나라 나무 도감》, 《나무 해설 도감》,
《APG 나무 도감》, 《APG 풀 도감》 등이 있다.

식물 학습 도감

1쇄 – 2013년 10월 29일
4쇄 – 2020년 9월 28일
지은이 – 윤주복
그린이 – 김명곤
발행인 – 허진
발행처 – 진선출판사(주)
편집 – 김경미, 이미선, 권지은, 최윤선
디자인 – 고은정, 구연화
총무·마케팅 – 유재수, 나미영, 김수연, 허인화
주소 – 서울시 종로구 삼일대로 457 (경운동 88번지) 수운회관 15층
　　　　전화 (02)720 – 5990 팩스 (02)739 – 2129
　　　　www.jinsun.co.kr
등록 – 1975년 9월 3일 10 – 92

※ 책값은 커버에 있습니다.

ISBN 978 – 89 – 7221 – 838 – 8 74400
ISBN 978 – 89 – 7221 – 771 – 8 (세트)

진선아이는 진선출판사의 어린이책 브랜드입니다.
마음과 생각을 키워 주는 책으로 어린이들의 건강한 성장을 돕겠습니다.